개념완성

통합과학
1

교재 내용 문의
교재 내용 문의는
EBS*i* 사이트(www.ebsi.co.kr)의 학습 Q&A 서비스를
활용하시기 바랍니다.

교재 정오표 공지
발행 이후 발견된 정오 사항을
EBS*i* 사이트 정오표 코너에서 알려 드립니다.
교재 → 교재 자료실 → 교재 정오표

교재 정정 신청
공지된 정오 내용 외에 발견된 정오 사항이 있다면
EBS*i* 사이트를 통해 알려 주세요.
교재 → 교재 정정 신청

개념완성

구성과 특징

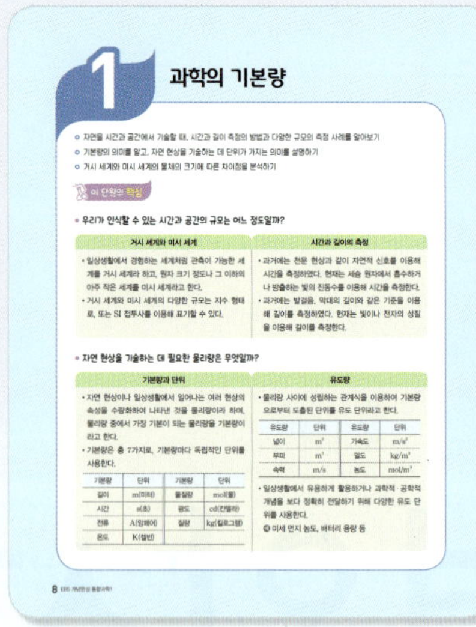

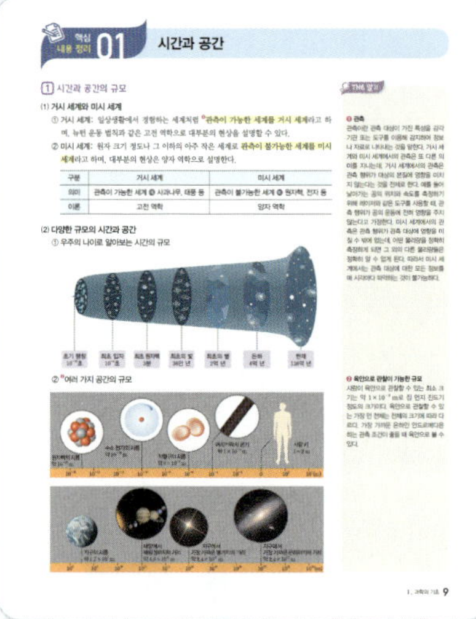

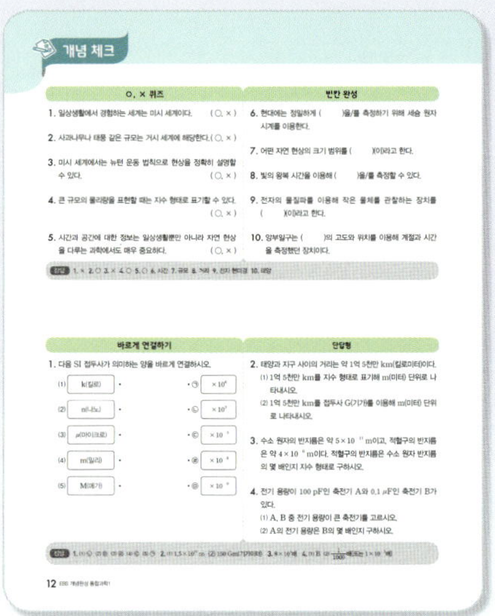

중단원 내용 정리

중단원에서 학습할 학습 목표와 함께 핵심 내용을 간략히 살펴볼 수 있습니다.

핵심 내용 정리

반드시 알아야 할 개념을 이해하기 쉽게 정리했습니다. **THE 알기** 에서는 추가 정보와 핵심 용어 등을 제시했습니다.

개념 체크

학습한 개념을 간단한 문제로 확인할 수 있도록 구성했습니다.

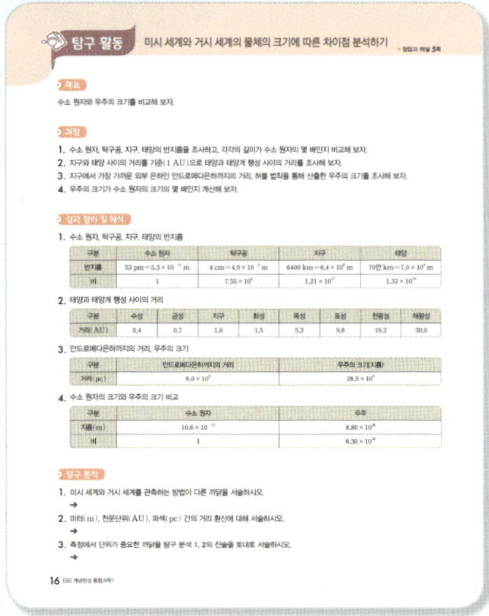

탐구 활동

교과서과 교육과정에서 제시한 필수 탐구 활동을 중심으로 탐구 목표, 과정, 결과 정리 및 해석, 탐구 분석 등의 과정을 정리하였습니다.

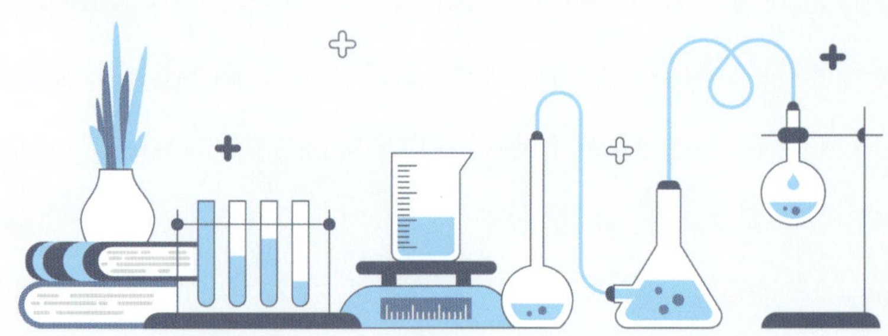

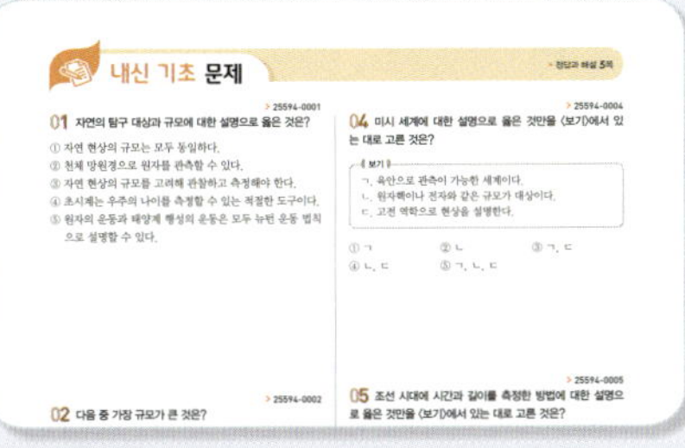

내신 기초 문제

필수 내용을 중심으로 문제를 수록하여 학교 시험에 대비할 수 있도록 하였습니다.

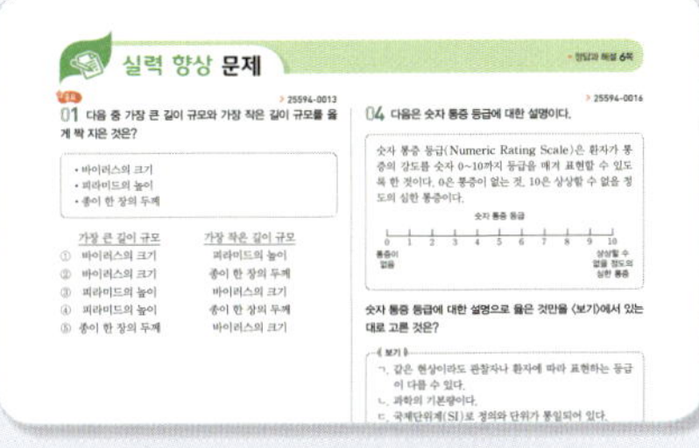

실력 향상 문제

난도가 높은 문제를 수록하여 보다 심화된 내용의 문제를 해결함으로써 응용력을 키울 수 있도록 하였습니다.

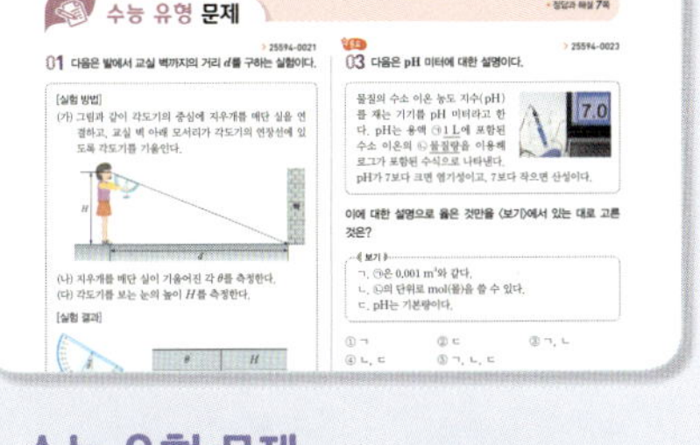

수능 유형 문제

새로운 수능에 대비하여 수능형 문항으로 유형 학습이 가능하도록 하였습니다.

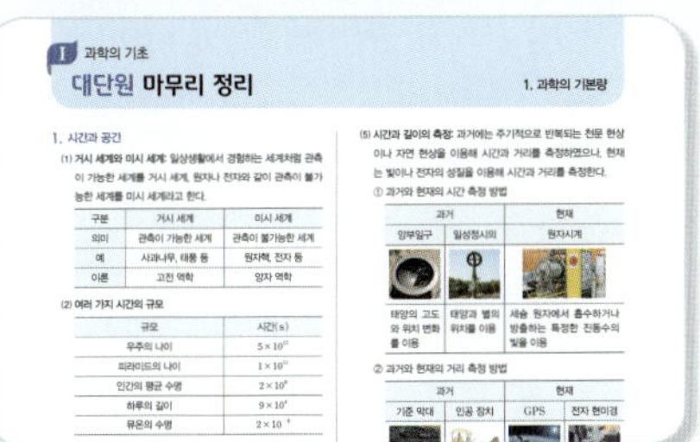

대단원 마무리 정리

대단원의 학습 내용을 개념 중심으로 일목요연하게 정리하였습니다.

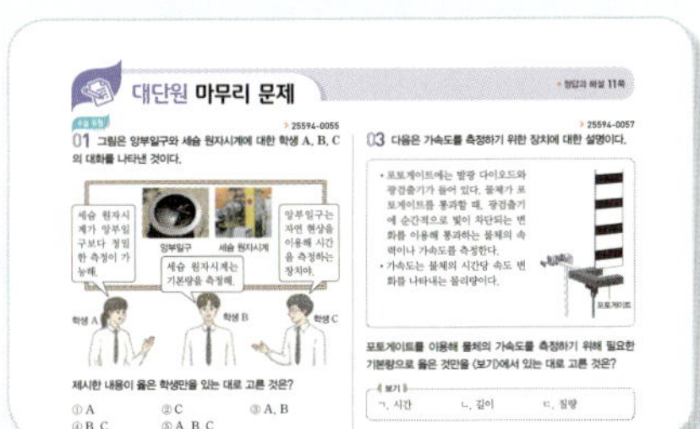

대단원 마무리 문제

학습한 내용을 최종 마무리할 수 있도록 대단원 통합형 문항을 다양한 난도로 구성하였습니다.

동아	미래엔	비상	지학사	천재
14-21	14-22	16-23	16-25	14-19
22-29	28-36	26-33	26-35	20-29
40-51	48-74	42-53	48-59	40-71
58-79	80-92	58-85	66-91	78-89
92-107	104-117	96-107	104-117	100-115
114-127	124-138	112-123	124-135	122-133
134-151	144-158	128-141	142-155	140-155
14-27	14-32	16-27	16-31	14-31
34-53	38-60	32-51	38-59	38-63
66-93	72-92	62-79	72-93	74-95
110-117	98-118	84-103	100-117	102-121
130-137	130-138	114-123	130-141	132-143
138-145	142-154	126-135	142-151	144-151

I

과학의 기초

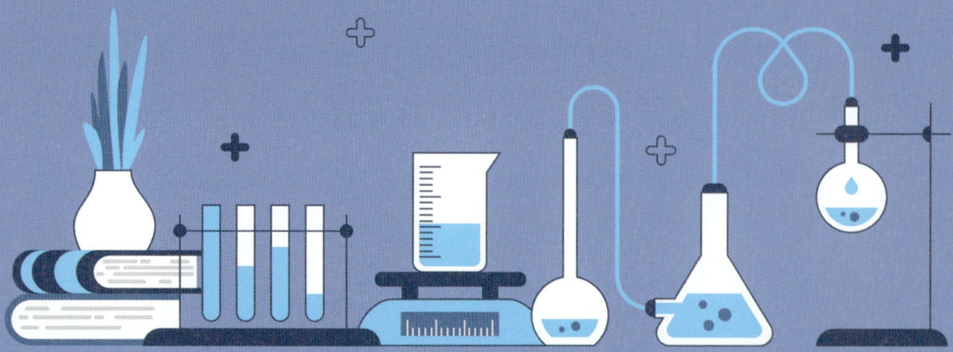

1 과학의 기본량

- 자연을 시간과 공간에서 기술할 때, 시간과 길이 측정의 방법과 다양한 규모의 측정 사례를 알아보기
- 기본량의 의미를 알고, 자연 현상을 기술하는 데 단위가 가지는 의미를 설명하기
- 거시 세계와 미시 세계의 물체의 크기에 따른 차이점을 분석하기

이 단원의 핵심

우리가 인식할 수 있는 시간과 공간의 규모는 어느 정도일까?

거시 세계와 미시 세계	시간과 길이의 측정
• 일상생활에서 경험하는 세계처럼 관측이 가능한 세계를 거시 세계라 하고, 원자 크기 정도나 그 이하의 아주 작은 세계를 미시 세계라고 한다. • 거시 세계와 미시 세계의 다양한 규모는 지수 형태로, 또는 SI 접두사를 이용해 표기할 수 있다.	• 과거에는 천문 현상과 같이 자연적 신호를 이용해 시간을 측정하였다. 현재는 세슘 원자에서 흡수하거나 방출하는 빛의 진동수를 이용해 시간을 측정한다. • 과거에는 발걸음, 막대의 길이와 같은 기준을 이용해 길이를 측정하였다. 현재는 빛이나 전자의 성질을 이용해 길이를 측정한다.

자연 현상을 기술하는 데 필요한 물리량은 무엇일까?

기본량과 단위

- 자연 현상이나 일상생활에서 일어나는 여러 현상의 속성을 수량화하여 나타낸 것을 물리량이라 하며, 물리량 중에서 가장 기본이 되는 물리량을 기본량이라고 한다.
- 기본량은 총 7가지로, 기본량마다 독립적인 단위를 사용한다.

기본량	단위	기본량	단위
길이	m(미터)	물질량	mol(몰)
시간	s(초)	광도	cd(칸델라)
전류	A(암페어)	질량	kg(킬로그램)
온도	K(켈빈)		

유도량

- 물리량 사이에 성립하는 관계식을 이용하여 기본량으로부터 도출된 단위를 유도 단위라고 한다.

유도량	단위	유도량	단위
넓이	m^2	가속도	m/s^2
부피	m^3	밀도	kg/m^3
속력	m/s	농도	mol/m^3

- 일상생활에서 유용하게 활용하거나 과학적·공학적 개념을 보다 정확히 전달하기 위해 다양한 유도 단위를 사용한다.
- 예 미세 먼지 농도, 배터리 용량 등

① 시간과 공간의 규모

(1) 거시 세계와 미시 세계

① **거시 세계**: 일상생활에서 경험하는 세계처럼 **❶**관측이 가능한 세계를 거시 세계라고 하며, 뉴턴 운동 법칙과 같은 고전 역학으로 대부분의 현상을 설명할 수 있다.

② **미시 세계**: 원자 크기 정도나 그 이하의 아주 작은 세계로 관측이 불가능한 세계를 미시 세계라고 하며, 대부분의 현상은 양자 역학으로 설명한다.

구분	거시 세계	미시 세계
의미	관측이 가능한 세계 ⓓ 사과나무, 태풍 등	관측이 불가능한 세계 ⓓ 원자핵, 전자 등
이론	고전 역학	양자 역학

(2) 다양한 규모의 시간과 공간

① 우주의 나이로 알아보는 시간의 규모

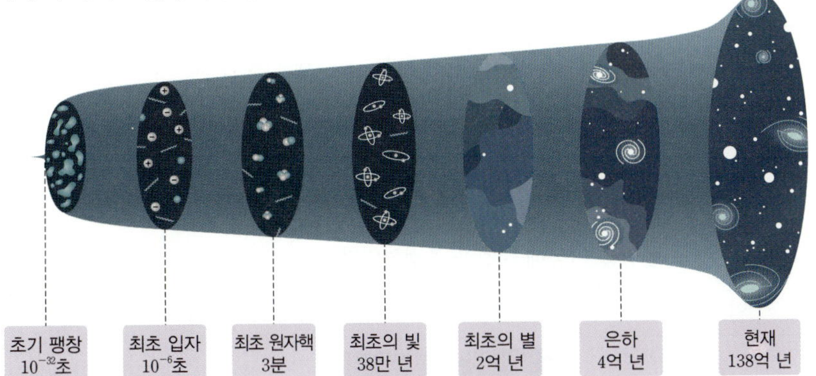

② **❷**여러 가지 공간의 규모

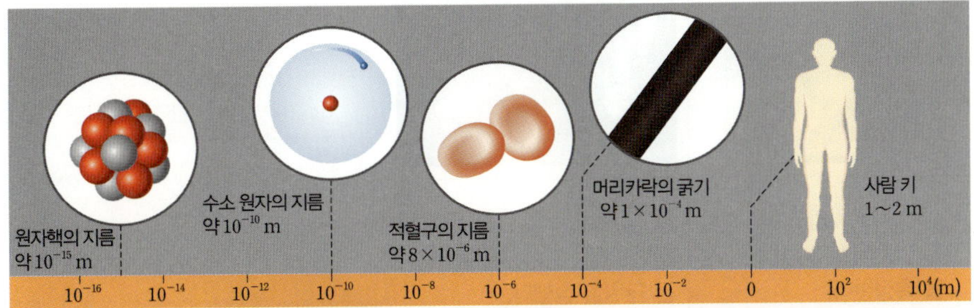

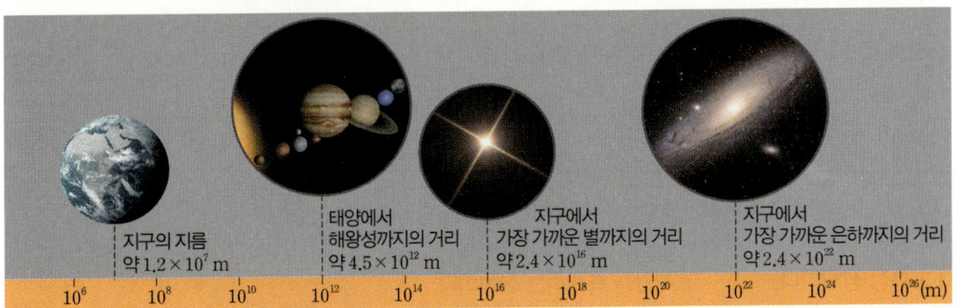

(3) 다양한 규모를 표현하는 방법

① 10의 거듭제곱인 지수 형태로 표기한다. 예 138억 년: 1.38×10^{10}년

② SI 접두사를 이용해 표기한다. 예 0.78 Mpc(메가파섹): 0.78×10^6 pc = 780000 pc

   예 100 μm(마이크로미터): 100×10^{-6} m = 0.0001 m

규모	접두어	기호	규모	접두어	기호
10^{24}	요타	Y	10^{-1}	데시	d
10^{21}	제타	Z	10^{-2}	센티	c
10^{18}	엑사	E	10^{-3}	밀리	m
10^{15}	페타	P	10^{-6}	마이크로	μ
10^{12}	테라	T	10^{-9}	나노	n
10^{9}	기가	G	10^{-12}	피코	p
10^{6}	메가	M	10^{-15}	펨토	f
10^{3}	킬로	k	10^{-18}	아토	a
10^{2}	헥토	h	10^{-21}	젭토	z
10^{1}	데카	da	10^{-24}	욕토	y

2 시간과 길이의 측정

(1) 시간의 측정

① 과거에는 태양의 위치, 달의 모양 변화와 같은 천문 현상을 이용해 시간을 측정하였다.

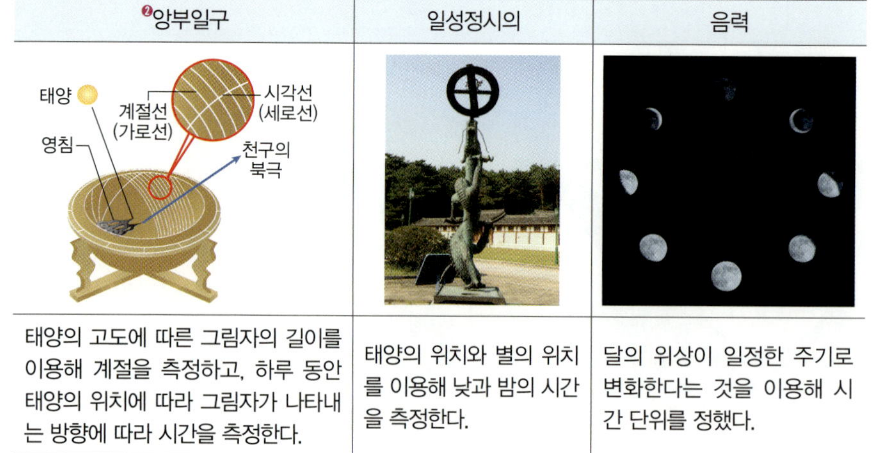

❷앙부일구	일성정시의	음력
태양의 고도에 따른 그림자의 길이를 이용해 계절을 측정하고, 하루 동안 태양의 위치에 따라 그림자가 나타내는 방향에 따라 시간을 측정한다.	태양의 위치와 별의 위치를 이용해 낮과 밤의 시간을 측정한다.	달의 위상이 일정한 주기로 변화한다는 것을 이용해 시간 단위를 정했다.

② 기술의 발전에 따라 기계식, 전자식 시계로 시간을 측정하였고, 현재는 세슘 원자에서 흡수하거나 방출하는 빛의 진동수를 이용해 시간을 측정한다.

진자 시계	수정 시계	원자시계
추의 왕복 운동이 일정한 주기가 있다는 것을 이용한 기계식 시간 측정 장치이다.	수정 발진기의 진동수가 1초당 2^{15}번이라는 것을 이용한 전자식 시간 측정 장치이다.	세슘(Cs) 원자에서 흡수하거나 방출하는 빛의 진동수를 이용해 시간을 측정하는 장치이다.

THE 알기

❶ 파섹

시차를 이용한 거리 단위로, 우주 규모의 거리를 측정할 때 사용한다.

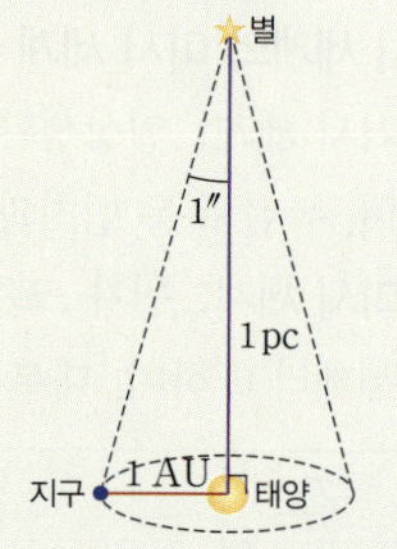

별을 중심으로 지구와 태양 사이에 생기는 각이 $1''\left(\dfrac{1°}{3600}\right)$일 때, 별과 태양 사이의 거리를 1 pc으로 정의한다.

❷ 앙부일구를 이용한 시간의 측정

하루 중 태양의 위치에 따라 그림자의 방향이 서 → 북 → 동으로 바뀌는데, 그림자의 방향과 일치하는 세로선이 측정하는 시각이다.

태양의 그림자는 계절에 따라 길이가 달라지는데, 하지에 가장 짧고, 동지에 가장 길다. 그림자의 길이는 태양의 고도를 의미하며 약 15일 간격으로 나눈 것이 24절기이다.

(2) 길이의 측정

① 과거에는 발걸음 폭, 일정한 길이의 막대, 주기적인 현상을 이용해 거리를 측정하였다.

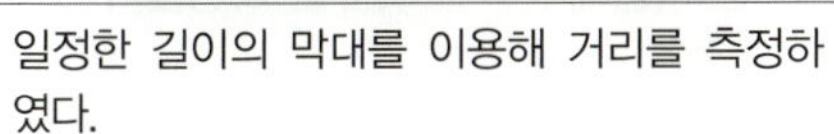

❶일정한 길이의 막대를 이용	주기적인 현상을 이용
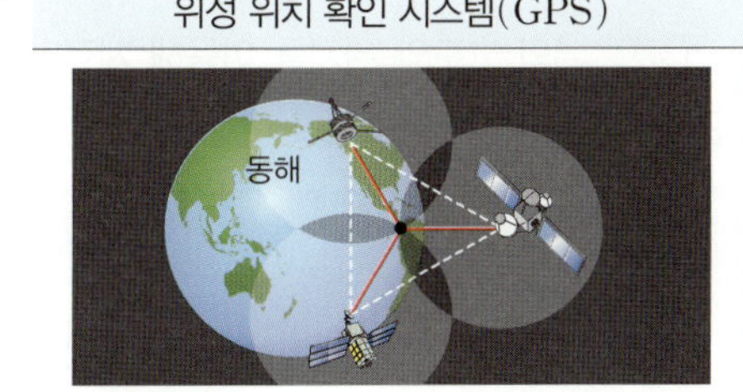	
일정한 길이의 막대를 이용해 거리를 측정하였다.	바퀴가 회전하는 수에 맞춰 종과 북을 울려 거리를 측정하였다.

② 현재는 ❷빛이나 전자의 성질을 이용해 거리를 측정한다.

위성 위치 확인 시스템(GPS)	전자 현미경
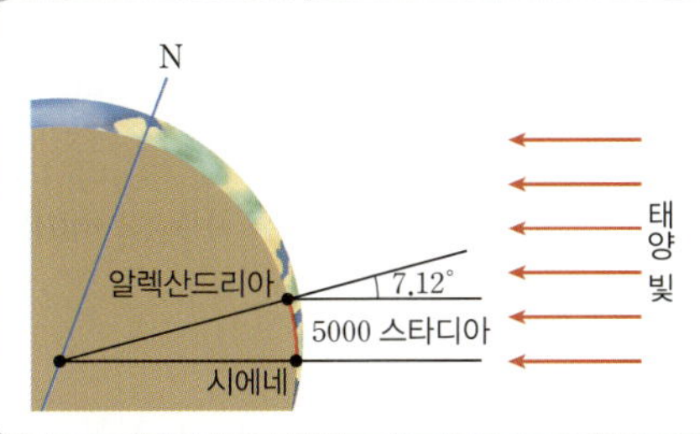	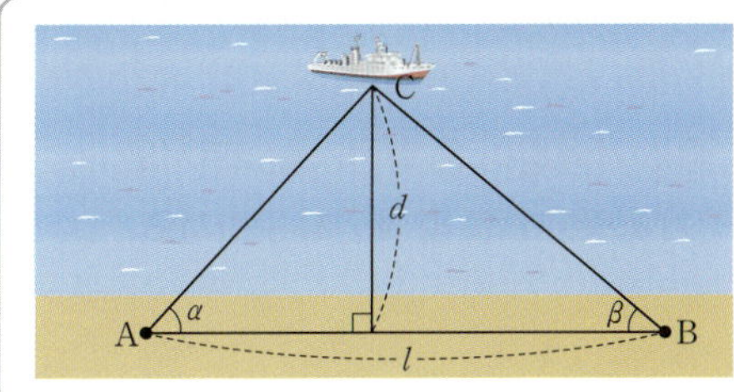
인공위성과 지표면 수신기까지 빛이 도달하는 시간을 이용하여 거리를 측정한다.	전자의 물질파를 이용해 아주 작은 물체를 관찰한다.

(3) 거리를 측정하는 다양한 방법

① 에라토스테네스의 지구 둘레 측정

- 두 지점 사이의 거리를 측정한다.(5000 스타디아＝약 900 km)
- 태양 빛에 의한 그림자의 길이를 이용해 두 지점의 태양 고도 차이가 약 7.12° 정도인 것을 알고, 비례식을 이용해 지구 둘레를 측정하였다.
  ❸7.12° : 900 km＝360° : 지구 둘레

② **삼각 측량법**: 그림과 같이 두 지점 A와 B 사이의 거리 l을 측정하고, A와 B에서 물체 C를 관측했을 때, 선분 $\overline{AB}$와 C가 이루는 각 α와 β를 측정한다. 삼각형의 성질을 이용하면 $\overline{AB}$와 C 사이의 거리 d를 구할 수 있다.

- $\overline{BC}=a$, $\overline{AC}=b$, $\angle C=\gamma$라고 하면,
  $$\frac{\sin\alpha}{a}=\frac{\sin\beta}{b}=\frac{\sin\gamma}{l}$$ 이므로
  $$b=\frac{l\sin\beta}{\sin\gamma} \text{ 또는 } a=\frac{l\sin\alpha}{\sin\gamma}$$ 이다.
  따라서 $d=b\sin\alpha=l\dfrac{\sin\alpha\sin\beta}{\sin\gamma}$ 이다.

❶ 조선 시대의 길이 측정 장치

조선 시대에는 놋쇠로 만든 일정한 길이의 유척이라는 자를 이용하여 길이를 측정했다.

❷ 빛을 이용한 거리의 측정

빛이 반사되어 되돌아온 시간을 측정하여 물체와의 거리를 측정할 수 있다.

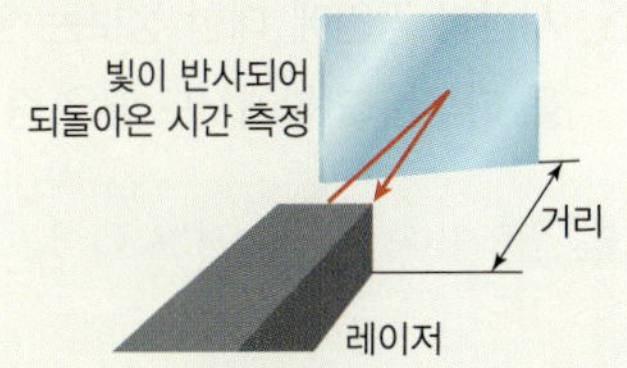

또 반사된 두 빛의 위상을 비교하여 물체의 두께를 정밀하게 측정할 수 있다.

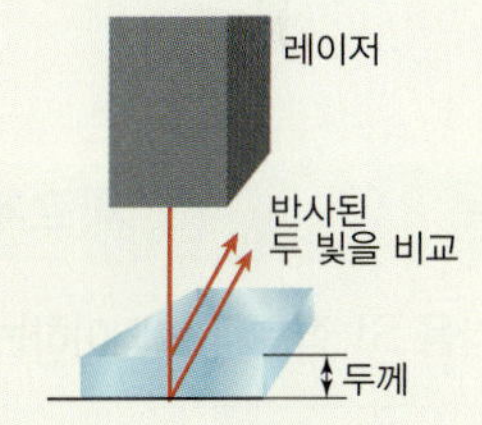

❸ 지구 둘레 측정의 오차

에라토스테네스의 지구 둘레 측정 결과는 현대의 측정과 비교해 약 15 % 정도 차이가 난다. 그 까닭은 측정한 두 지점(알렉산드리아, 시에네)이 같은 경도상에 있지 않았기 때문이다. 따라서 계산된 크기도 현재의 측정값보다 크게 나온 것이다.

○, × 퀴즈

1. 일상생활에서 경험하는 세계는 미시 세계이다. (○, ×)

2. 사과나무나 태풍 같은 규모는 거시 세계에 해당한다.(○, ×)

3. 미시 세계에서는 뉴턴 운동 법칙으로 현상을 정확히 설명할 수 있다. (○, ×)

4. 큰 규모의 물리량을 표현할 때는 지수 형태로 표기할 수 있다. (○, ×)

5. 시간과 공간에 대한 정보는 일상생활뿐만 아니라 자연 현상을 다루는 과학에서도 매우 중요하다. (○, ×)

빈칸 완성

6. 현대에는 정밀하게 (　　　)을/를 측정하기 위해 세슘 원자 시계를 이용한다.

7. 어떤 자연 현상의 크기 범위를 (　　　)(이)라고 한다.

8. 빛의 왕복 시간을 이용해 (　　　)을/를 측정할 수 있다.

9. 전자의 물질파를 이용해 작은 물체를 관찰하는 장치를 (　　　)(이)라고 한다.

10. 앙부일구는 (　　　)의 고도와 위치를 이용해 계절과 시간을 측정했던 장치이다.

정답 1. × 2. ○ 3. × 4. ○ 5. ○ 6. 시간 7. 규모 8. 거리 9. 전자 현미경 10. 태양

바르게 연결하기

1. 다음 SI 접두사가 의미하는 양을 바르게 연결하시오.

(1) k(킬로) ・ ・㉠ $\times 10^6$

(2) n(나노) ・ ・㉡ $\times 10^3$

(3) μ(마이크로) ・ ・㉢ $\times 10^{-3}$

(4) m(밀리) ・ ・㉣ $\times 10^{-6}$

(5) M(메가) ・ ・㉤ $\times 10^{-9}$

단답형

2. 태양과 지구 사이의 거리는 약 1억 5천만 km(킬로미터)이다.
(1) 1억 5천만 km를 지수 형태로 표기해 m(미터) 단위로 나타내시오.
(2) 1억 5천만 km를 접두사 G(기가)를 이용해 m(미터) 단위로 나타내시오.

3. 수소 원자의 반지름은 약 5×10^{-11} m이고, 적혈구의 반지름은 약 4×10^{-6} m이다. 적혈구의 반지름은 수소 원자 반지름의 몇 배인지 지수 형태로 구하시오.

4. 전기 용량이 100 pF인 축전기 A와 0.1 μF인 축전기 B가 있다.
(1) A, B 중 전기 용량이 큰 축전기를 고르시오.
(2) A의 전기 용량은 B의 몇 배인지 구하시오.

정답 1. (1) ㉡ (2) ㉤ (3) ㉣ (4) ㉢ (5) ㉠ 2. (1) 1.5×10^{11} m (2) 150 Gm(기가미터) 3. 8×10^4배 4. (1) B (2) $\dfrac{1}{1000}$배(또는 1×10^{-3}배)

기본량과 단위

① 기본량

(1) 물리량과 기본량

① 자연 현상이나 일상생활에서 일어나는 여러 현상에 대한 속성을 수치화하여 나타낸 것을 물리량이라고 한다.

② 많은 물리량 중에서 가장 기본이 되는 물리량을 기본량이라고 하며, 다른 물리량으로 바꿔서 사용할 수 없는 고유한 양이다.

③ 국제단위계(SI)에서 정한 기본량은 길이, 시간, 전류, 온도, 물질량, 광도, 질량으로 총 7가지이다.

(2) 기본 단위

① 기본량에 대한 정의에 따라 측정 기준이 되는 것을 기본 단위라고 한다.

② 현재 세계 대부분의 국가에서 채택하고 있는 국제단위계에서 7가지 기본 단위를 정한다.

기본량	단위
길이	m(미터)
시간	s(초)
전류	A(암페어)
온도	[1]K(켈빈)
물질량	mol(몰)
광도	cd(칸델라)
질량	kg(킬로그램)

③ 큰 단위나 작은 단위를 표기할 때는 지수 또는 접두사를 사용하여 단위를 [2]10진법 체계로 나타낸다.

④ 허용되는 비SI 단위: 관습에 따라 널리 사용되는 비SI 단위들은 향후에도 계속 사용될 것으로 예상되며 SI 단위와 함께 사용하는 것을 허용한다.

물리량	단위	명칭	SI 단위로 나타낸 값
시간	min	분	$1\ min = 60\ s$
	h	시간	$1\ h = 60\ min = 3600\ s$
	d	일	$1\ d = 24\ h = 86400\ s$
길이	AU	천문단위	$1\ AU = 149597870700\ m$
각	°	도	$1° = \left(\dfrac{\pi}{180}\right)$ [3]rad
넓이	ha	헥타르	$1\ ha = 1\ hm^2 = 10^4\ m^2$
부피	L	리터	$1\ L = 1\ dm^3 = 10^3\ cm^3 = 10^{-3}\ m^3$
질량	t	톤	$1\ t = 10^3\ kg$
에너지	eV	전자볼트	$1\ eV = 1.60217653 \times 10^{-19}\ J$

THE 알기

❶ 온도의 단위

일상생활에서는 주로 섭씨온도의 단위 °C(섭씨도)를 사용한다.

❷ 10진법과 60진법

SI 단위는 10진법을 기본으로 하며, 허용되는 비SI 단위 중 시간과 각도의 단위는 60진법을 사용한다. 고대 바빌로니아에서는 하루를 12등분해 시간을 정했는데, 그 간격이 너무 커서 정확한 의사소통이 어려웠다. 그래서 60의 절반인 30으로 또 나누어 하루를 $12 \times 30 = 360$등분하여 시간을 표현했다. 하루 동안 해가 한 바퀴 돈다고 생각했으므로 원을 360등분하는 것도 바빌로니아인에게는 자연스러운 결론이었다. 지금 우리가 사용하는 1°, 1분, 1초와 같은 단위들은 고대 메소포타미아 문명의 영향이다.

❸ 각의 단위 rad

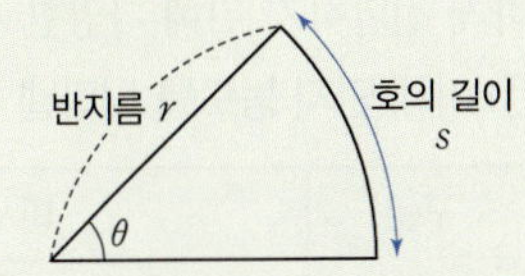

반지름이 r인 원의 일부에서 호의 길이가 s일 때, 각 $\theta = \dfrac{s}{r}$이다. 이때 각 θ의 단위는 rad(라디안)이라고 하는데, $rad = \dfrac{길이(m)}{길이(m)}$이므로 rad은 차원이 없는 단위이다.

② 유도량

(1) 유도 단위: 물리량 사이에 성립하는 관계식을 이용하여 기본량으로부터 도출된 단위이다.

유도량	의미	단위
넓이	가로 길이 × 세로 길이	m^2
부피	가로 길이 × 세로 길이 × 높이	m^3
속력, 속도	$\dfrac{\text{이동 거리}}{\text{시간}}, \dfrac{\text{변위}}{\text{시간}}$	m/s
가속도	$\dfrac{\text{속도 변화량}}{\text{시간}}$	m/s^2
밀도	$\dfrac{\text{질량}}{\text{부피}}$	kg/m^3
❶농도	$\dfrac{\text{물질량}}{\text{부피}}$	mol/m^3
광휘도	$\dfrac{\text{광도}}{\text{넓이}}$	cd/m^2

• 몇몇 중요한 유도 단위는 ❷따로 명칭이 부여되어 있다.

유도량	단위	명칭	SI 단위로 나타낸 값
진동수	Hz	헤르츠	s^{-1}
힘	N	뉴턴	$kg \cdot m/s^2$
압력	Pa	파스칼	$N/m^2 = kg/m \cdot s^2$
일, 에너지	J	줄	$N \cdot m = kg \cdot m^2/s^2$
일률, 전력	W	와트	$J/s = kg \cdot m^2/s^3$
전하량	C	쿨롬	$A \cdot s$
전압	V	볼트	$W/A = kg \cdot m^2/s^3 \cdot A$
전기 용량	F	패럿	$C/V = s^4 \cdot A^2/kg \cdot m^2$
전기 저항	Ω	옴	$V/A = kg \cdot m^2/s^3 \cdot A^2$
자기 선속	Wb	웨버	$V \cdot s = kg \cdot m^2/s^2 \cdot A$
자기장	T	테슬라	$Wb/m^2 = kg/s^2 \cdot A$

(2) 유도 단위의 활용: 일상생활에서 나타나는 현상들이나 과학적·공학적 개념들을 보다 정확하게 전달하기 위해 다양한 유도 단위를 사용한다.

① 미세 먼지 농도를 나타낼 때

구분	미세 먼지 농도	초미세 먼지 농도
수치	$13 \ \mu g/m^3$	$10 \ \mu g/m^3$
의미	미세 먼지(입자의 지름이 $10 \ \mu m$ 이하인 먼지)가 $1 \ m^3$에 $13 \ \mu g$만큼 있다.	초미세 먼지(입자의 지름이 $2.5 \ \mu m$ 이하인 먼지)가 $1 \ m^3$에 $10 \ \mu g$만큼 있다.

② 휴대용 배터리의 용량을 나타낼 때: $20000 \ mA$의 전류를 1시간 동안 지속하여 쓸 수 있는 용량을 $20000 \ mAh$라고 표기한다. 휴대용 배터리의 전압은 보통 $3.7 \ V$이므로 $20000 \ mA \times 3.7 \ V \times 1 \ h = 74000 \ mWh = 74 \ Wh$의 전력량을 의미한다.

---

❶ 농도의 다양한 표현

• 퍼센트 농도(질량 백분율): 용액 100 g 속에 녹아 있는 용질의 g수를 비율로 나타낸 것을 퍼센트 농도라고 한다. 단위는 %이다. 퍼센트 단위는 $\dfrac{\text{질량(g)}}{\text{질량(g)}} \times 100$이므로 무차원의 단위이다.

• 몰농도: 부피 1 L에 포함된 용질의 물질량을 의미하며, mol/L 또는 mol/dm^3을 쓴다.

• 몰랄농도: 용매 1 kg에 포함된 용질의 물질량을 의미하며, 차원이 $\dfrac{\text{물질량}}{\text{질량}}$이므로 단위는 mol/kg이다.

❷ 따로 명칭이 부여된 유도 단위

해당 과학 개념의 정립에 큰 역할을 한 인물의 이름을 따서 단위를 정했다. 힘과 운동에 대한 중요한 법칙을 발표한 뉴턴은 힘의 단위에, 최초의 전지를 발명한 볼타는 전압의 단위에 이름이 들어 있다.

○, × 퀴즈

1. 많은 물리량 중에서 가장 기본이 되는 물리량을 기본량이라고 한다. (○, ×)

2. 기본량은 기본 단위를 이용해 나타낸다. (○, ×)

3. 질량은 기본량 중 하나이다. (○, ×)

4. 넓이의 기본 단위는 L(리터)이다. (○, ×)

5. 힘의 단위 N은 기본량을 나타내는 단위이다. (○, ×)

6. 미세 먼지 농도의 단위로 $\mu g/m^3$를 사용한다. (○, ×)

빈칸 완성

7. 자연 현상이나 우리 주변의 여러 현상은 시간, 길이, 질량, 전류, 온도 등의 (   )(으)로 나타낼 수 있다.

8. 기본량의 종류는 모두 (   )가지이다.

9. 시간의 기본 단위는 (   )이다.

10. 1 t(톤)은 (   ) kg(킬로그램)과 같다.

11. m/s는 (   )의 단위이다.

12. (   )의 기본 단위는 kg(킬로그램)이다.

정답 1. ○ 2. ○ 3. ○ 4. × 5. × 6. ○ 7. 기본량(물리량) 8. 7 9. s(초) 10. 10^3 11. 속력(속도) 12. 질량

바르게 연결하기

1. 다음 기본량과 단위를 바르게 연결하시오.

(1) 질량 •
(2) 광도 •
(3) 길이 •
(4) 온도 •

• ㉠ cd(칸델라)
• ㉡ m(미터)
• ㉢ kg(킬로그램)
• ㉣ K(켈빈)

2. 다음 유도량과 단위를 바르게 연결하시오.

(1) 진동수 •
(2) 전압 •
(3) 일 •
(4) 자기장 •

• ㉠ J(줄)
• ㉡ V(볼트)
• ㉢ Hz(헤르츠)
• ㉣ T(테슬라)

단답형

3. 진동수를 나타내는 유도 단위는 Hz(헤르츠)이다. Hz를 기본 단위를 이용해 나타내시오.

4. 단위 부피당 들어 있는 용질의 질량을 나타내는 농도의 단위를 기본 단위를 이용하여 나타내시오.

5. 수영 선수가 50 m를 헤엄쳐 가는 데 25초가 걸렸다. 수영 선수의 평균 속력을 구하시오.

6. 부피가 20 m^3인 방에 들어 있는 미세 먼지의 질량 합이 100 μg이었다. 미세 먼지 농도를 구하시오.

7. 농도가 5 %인 포도당 용액 400 g 속에 들어 있는 포도당의 질량을 구하시오.

정답 1. (1) ㉢ (2) ㉠ (3) ㉡ (4) ㉣ 2. (1) ㉢ (2) ㉡ (3) ㉠ (4) ㉣ 3. s^{-1} 4. kg/m^3 5. 2 m/s 6. 5 $\mu g/m^3$ 7. 20 g

목표

수소 원자와 우주의 크기를 비교해 보자.

과정

1. 수소 원자, 탁구공, 지구, 태양의 반지름을 조사하고, 각각의 길이가 수소 원자의 몇 배인지 비교해 보자.

2. 지구와 태양 사이의 거리를 기준(1 AU)으로 태양과 태양계 행성 사이의 거리를 조사해 보자.

3. 지구에서 가장 가까운 외부 은하인 안드로메다은하까지의 거리, 허블 법칙을 통해 산출한 우주의 크기를 조사해 보자.

4. 우주의 크기가 수소 원자의 크기의 몇 배인지 계산해 보자.

결과 정리 및 해석

1. 수소 원자, 탁구공, 지구, 태양의 반지름

구분	수소 원자	탁구공	지구	태양
반지름	$53\ \mathrm{pm}=5.3\times10^{-11}\ \mathrm{m}$	$4\ \mathrm{cm}=4.0\times10^{-2}\ \mathrm{m}$	$6400\ \mathrm{km}=6.4\times10^{6}\ \mathrm{m}$	$70만\ \mathrm{km}=7.0\times10^{8}\ \mathrm{m}$
비	1	7.55×10^{8}	1.21×10^{17}	1.32×10^{19}

2. 태양과 태양계 행성 사이의 거리

구분	수성	금성	지구	화성	목성	토성	천왕성	해왕성
거리(AU)	0.4	0.7	1.0	1.5	5.2	9.6	19.2	30.0

3. 안드로메다은하까지의 거리, 우주의 크기

구분	안드로메다은하까지의 거리	우주의 크기(지름)
거리(pc)	8.0×10^{5}	28.5×10^{9}

4. 수소 원자의 크기와 우주의 크기 비교

구분	수소 원자	우주
지름(m)	10.6×10^{-11}	8.80×10^{26}
비	1	8.30×10^{36}

탐구 분석

1. 미시 세계와 거시 세계를 관측하는 방법이 다른 까닭을 서술하시오.

　➡

2. 미터(m), 천문단위(AU), 파섹(pc) 간의 거리 환산에 대해 서술하시오.

　➡

3. 측정에서 단위가 중요한 까닭을 탐구 분석 1, 2의 진술을 토대로 서술하시오.

　➡

내신 기초 문제

> 25594-0001

01 자연의 탐구 대상과 규모에 대한 설명으로 옳은 것은?

① 자연 현상의 규모는 모두 동일하다.
② 천체 망원경으로 원자를 관측할 수 있다.
③ 자연 현상의 규모를 고려해 관찰하고 측정해야 한다.
④ 초시계는 우주의 나이를 측정할 수 있는 적절한 도구이다.
⑤ 원자의 운동과 태양계 행성의 운동은 모두 뉴턴 운동 법칙으로 설명할 수 있다.

> 25594-0002

02 다음 중 가장 규모가 큰 것은?

① 사람의 키
② 지구의 반지름
③ 적혈구의 반지름
④ 수소 원자의 반지름
⑤ 에베레스트 산의 높이

> 25594-0003

03 다음 중 가장 짧은 시간은?

① 달의 공전 주기
② 지구의 공전 주기
③ 눈을 한 번 깜빡이는 시간
④ 공룡이 지구에 번성한 기간
⑤ 세슘 원자에서 방출되는 빛이 한 번 진동하는 데 걸리는 시간

> 25594-0004

04 미시 세계에 대한 설명으로 옳은 것만을 〈보기〉에서 있는 대로 고른 것은?

〈 보기 〉
ㄱ. 육안으로 관측이 가능한 세계이다.
ㄴ. 원자핵이나 전자와 같은 규모가 대상이다.
ㄷ. 고전 역학으로 현상을 설명한다.

① ㄱ　　　② ㄴ　　　③ ㄱ, ㄷ
④ ㄴ, ㄷ　　　⑤ ㄱ, ㄴ, ㄷ

> 25594-0005

05 조선 시대에 시간과 길이를 측정한 방법에 대한 설명으로 옳은 것만을 〈보기〉에서 있는 대로 고른 것은?

〈 보기 〉
ㄱ. 앙부일구를 이용해 시간을 측정했다.
ㄴ. 유척이라는 자를 이용해 길이를 측정했다.
ㄷ. 레이저를 이용해 길이를 측정했다.

① ㄱ　　　② ㄷ　　　③ ㄱ, ㄴ
④ ㄴ, ㄷ　　　⑤ ㄱ, ㄴ, ㄷ

> 25594-0006

★중요

06 현대에 시간과 거리를 측정하는 방법으로 적절하지 <u>않은</u> 것은?

① 지구의 둘레를 줄자를 이용해 측정한다.
② 세슘 원자시계를 이용해 시간을 정밀하게 측정한다.
③ 방사성 물질을 이용해 화석이 생성된 시기를 알아낸다.
④ 전자 현미경으로 탄소 원자를 측정하여 크기를 알아낸다.
⑤ 달 표면에 레이저를 쏘아 지구와 달 사이의 거리를 측정한다.

> 25594-0007

07 규모를 나타내는 접두사에 대한 설명으로 옳은 것은?

① M(메가)는 '$\times 10^4$'을 의미한다.
② k(킬로)는 '$\times 10^2$'을 의미한다.
③ c(센티)는 '$\times 10^{-1}$'을 의미한다.
④ m(밀리)는 '$\times 10^{-6}$'을 의미한다.
⑤ n(나노)는 '$\times 10^{-9}$'을 의미한다.

> 25594-0008

08 100 μm(마이크로미터)와 길이가 같은 것은?

① 0.1 m
② 0.01 m
③ 0.001 m
④ 0.0001 m
⑤ 0.00001 m

> 25594-0009

09 기본량에 해당하지 <u>않는</u> 것은?

① 길이
② 시간
③ 온도
④ 전류
⑤ 속력

> 25594-0010

⭐중요

10 국제단위계(SI)의 기본 단위에 대한 설명으로 옳은 것을 모두 고르면? (2개)

① 일률의 단위는 BTU이다.
② 온도의 단위는 K(켈빈)이다.
③ 길이의 단위는 '자', 'feet'이다.
④ 질량의 단위는 '온스', '파운드'이다.
⑤ 큰 단위나 작은 단위를 표현하기 위해 접두사를 사용한다.

> 25594-0011

11 유도량의 물리량과 단위를 연결한 것으로 옳지 <u>않은</u> 것은?

① 넓이—m^2
② 부피—m^3
③ 가속도—m/s
④ 밀도—kg/m^3
⑤ 농도—mol/m^3

> 25594-0012

12 질량이 1 kg인 사과 주스에 포함되어 있는 당의 질량은 120 g이다. 이에 대한 설명으로 옳은 것만을 〈보기〉에서 있는 대로 고른 것은?

┤ 보기 ├

ㄱ. 1 kg은 1000 g과 같다.
ㄴ. %(퍼센트)는 질량의 단위이다.
ㄷ. 이 사과 주스 속 당의 %(퍼센트) 농도는 12 %이다.

① ㄱ　　　　② ㄴ　　　　③ ㄱ, ㄷ
④ ㄴ, ㄷ　　　⑤ ㄱ, ㄴ, ㄷ

중요

> 25594-0013

01 다음 중 가장 큰 길이 규모와 가장 작은 길이 규모를 옳게 짝 지은 것은?

- 바이러스의 크기
- 피라미드의 높이
- 종이 한 장의 두께

	가장 큰 길이 규모	가장 작은 길이 규모
①	바이러스의 크기	피라미드의 높이
②	바이러스의 크기	종이 한 장의 두께
③	피라미드의 높이	바이러스의 크기
④	피라미드의 높이	종이 한 장의 두께
⑤	종이 한 장의 두께	바이러스의 크기

> 25594-0014

02 1 T(테슬라)는 10000 G(가우스)이다. 40 T와 그 값이 같은 것은?

① 0.4 kG 　② 4 kG

③ 40 kG 　④ 400 kG

⑤ 4000 kG

> 25594-0015

03 1 Å(옹스트롱)은 1×10^{-10} m이다. 1 Å과 그 값이 같은 것은?

① 0.1 nm(나노미터) 　② 10 nm(나노미터)

③ 100 nm(나노미터) 　④ 10 pm(피코미터)

⑤ 1000 pm(피코미터)

> 25594-0016

04 다음은 숫자 통증 등급에 대한 설명이다.

숫자 통증 등급(Numeric Rating Scale)은 환자가 통증의 강도를 숫자 0~10까지 등급을 매겨 표현할 수 있도록 한 것이다. 0은 통증이 없는 것, 10은 상상할 수 없을 정도의 심한 통증이다.

숫자 통증 등급에 대한 설명으로 옳은 것만을 〈보기〉에서 있는 대로 고른 것은?

〈 보기 〉

ㄱ. 같은 현상이라도 관찰자나 환자에 따라 표현하는 등급이 다를 수 있다.
ㄴ. 과학의 기본량이다.
ㄷ. 국제단위계(SI)로 정의와 단위가 통일되어 있다.

① ㄱ　② ㄷ　③ ㄱ, ㄴ　④ ㄴ, ㄷ　⑤ ㄱ, ㄴ, ㄷ

> 25594-0017

05 그림과 같이 어떤 물체까지 거리를 측정하기 위해 레이저를 쏘아서 되돌아온 시간을 측정하였더니 레이저 빛은 4 μs만에 되돌아왔다.

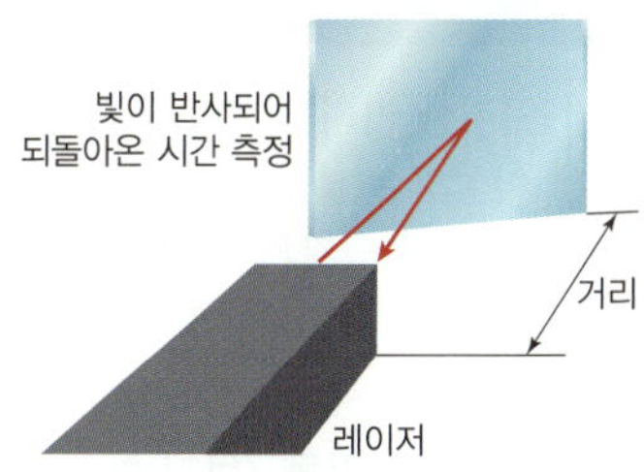

이에 대한 설명으로 옳은 것만을 〈보기〉에서 있는 대로 고른 것은? (단, 빛의 속력은 3×10^8 m/s이다.)

〈 보기 〉

ㄱ. 4 μs의 시간 규모는 해시계로 측정하는 것이 적절하다.
ㄴ. 4 μs$=4 \times 10^{-6}$ s이다.
ㄷ. 레이저에서 물체까지의 거리는 600 m이다.

① ㄱ　② ㄷ　③ ㄱ, ㄴ　④ ㄴ, ㄷ　⑤ ㄱ, ㄴ, ㄷ

> 25594-0018

06 표는 서로 다른 시간 측정 장치 X와 Y를 이용하여 순서대로 일어난 A, B, C의 발생 시각을 측정한 결과를 나타낸 것이다. X와 Y는 시간을 측정하는 단위가 서로 다르며 영점도 다르게 설정되어 있다. ㉠을 구하시오.

사건 \ 시간 측정 장치	X	Y
A	60	㉠
B	252	118
C	348	142

> 25594-0019

07 다음은 GPS 위성을 이용하여 위치를 알아내는 방법에 대한 설명이다.

GPS는 원자시계가 내장된 24개의 위성으로 구성되어 있다. 모든 위성은 각각 다른 궤도로 하루에 두 번씩 지구를 공전하면서 자신의 위치 정보가 담긴 메시지를 지구로 전송한다. GPS 수신기는 각각의 위성이 보낸 신호가 자신에게 도달하는 데 걸린 시간을 측정해서 ㉠ 위성과 자신과의 거리를 계산한다.

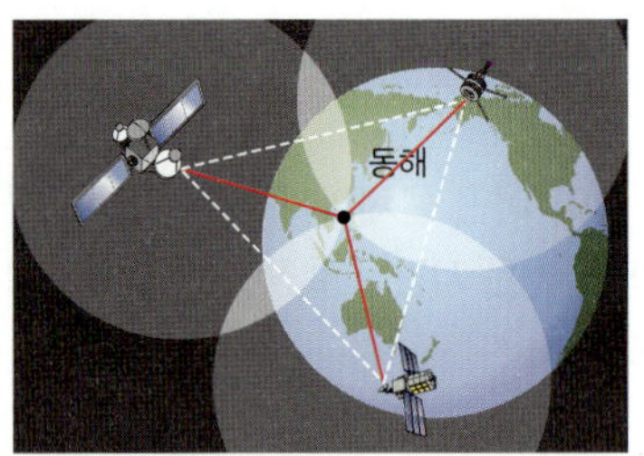

한 위성으로부터 일정한 거리를 가진 거리는 원으로 표현된다. 따라서 3개 이상의 위성으로부터 신호를 받으면 3개의 원이 겹치는 지점이 수신기의 위치이므로 자신의 위치를 정확히 알아낼 수 있다.

이에 대한 설명으로 옳은 것만을 〈보기〉에서 있는 대로 고른 것은?

보기
ㄱ. GPS 수신기는 기본량을 측정한다.
ㄴ. ㉠ 과정에서 빛의 속력을 이용한다.
ㄷ. GPS 위성에 포함된 시계는 모두 같은 시간 단위를 사용해야 한다.

① ㄱ　　② ㄷ　　③ ㄱ, ㄴ　　④ ㄴ, ㄷ　　⑤ ㄱ, ㄴ, ㄷ

> 25594-0020

08 다음은 에라토스테네스가 지구 둘레를 측정한 과정에 대한 설명이다.

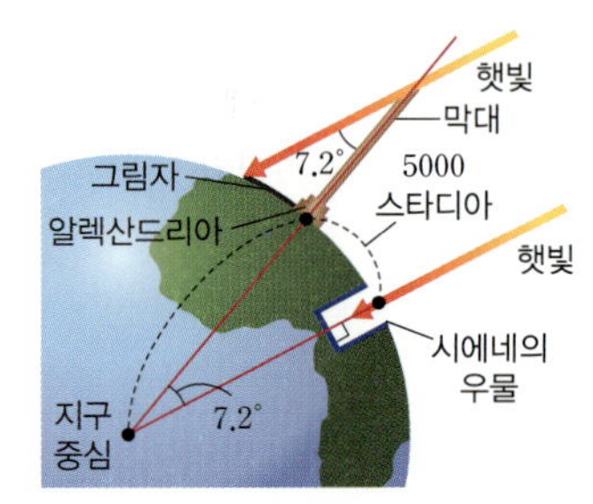

(가) 시에네의 우물에 그림자가 생기지 않을 때, 알렉산드리아에 세워진 막대의 그림자의 길이를 잰다.
(나) 막대의 길이, 그림자의 길이를 통해 알렉산드리아에서 햇빛이 입사하는 각을 구했더니 7.2°였다.
(다) 알렉산드리아와 시에네를 잇는 원호의 중심각은 7.2°이다.
(라) 낙타를 이용해 알렉산드리아와 시에네 사이의 거리를 측정해 보았더니 5000 스타디아였다.
(마) 지구의 둘레를 x라고 하면, 원의 성질에 의해 다음 식이 성립한다.
　　7.2° : 5000 스타디아＝ [㉠]
(바) 지구의 둘레는 [㉡] 스타디아이다.

(1) ㉠을 쓰고, ㉡을 구하시오.

(2) 과정 (가)~(마)에서 측정한 기본량 3가지를 쓰시오.

(3) 과정 (가)~(마)에서 전제해야 할 것이나 가정해야 할 것 2가지를 서술하시오.

> 25594-0021

01 다음은 발에서 교실 벽까지의 거리 d를 구하는 실험이다.

[실험 방법]

(가) 그림과 같이 각도기의 중심에 지우개를 매단 실을 연결하고, 교실 벽 아래 모서리가 각도기의 연장선에 있도록 각도기를 기울인다.

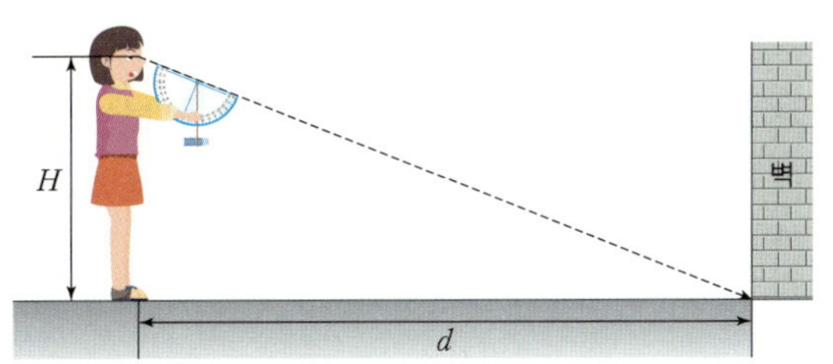

(나) 지우개를 매단 실이 기울어진 각 θ를 측정한다.
(다) 각도기를 보는 눈의 높이 H를 측정한다.

[실험 결과]

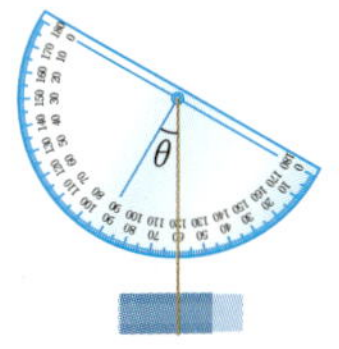

θ	H
30°	160 cm

---

d를 구하는 과정으로 옳은 것은?

① $d = 160\,\text{cm} \times \sin 30°$　　② $d = 160\,\text{cm} \times \tan 30°$

③ $d = 160\,\text{cm} \times \cos 30°$　　④ $d = \dfrac{160\,\text{cm}}{\tan 30°}$

⑤ $d = \dfrac{160\,\text{cm}}{\tan 60°}$

> 25594-0022

02 다음은 압력에 대한 설명이다.

• '힘'은 물체를 가속시키는 원인으로, 질량이 $1\,\text{kg}$인 물체가 $1\,\text{m/s}^2$의 가속도를 가질 때 가한 힘의 크기는 $1\,\text{N}$이다.
• '압력'은 단위 넓이당 수직으로 작용하는 힘의 크기로, $1\,\text{m}^2$에 $1\,\text{N}$의 힘이 작용할 때의 압력은 $1\,\text{Pa}$이다.

압력의 단위 Pa을 기본 단위로 옳게 나타낸 것은?

① $\text{kg} \cdot \text{m/s}^2$　　　　② $\text{kg} \cdot \text{m}^2/\text{s}^2$

③ $\text{kg} \cdot \text{m}^2/\text{s}^3$　　　　④ $\text{kg/m} \cdot \text{s}^2$

⑤ $\text{kg/m}^2 \cdot \text{s}^2$

> 25594-0023

03 다음은 pH 미터에 대한 설명이다.

물질의 수소 이온 농도 지수(pH)를 재는 기기를 pH 미터라고 한다. pH는 용액 ㉠1 L에 포함된 수소 이온의 ㉡물질량을 이용해 로그가 포함된 수식으로 나타낸다. 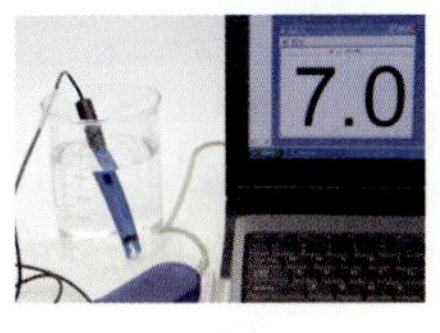
pH가 7보다 크면 염기성이고, 7보다 작으면 산성이다.

이에 대한 설명으로 옳은 것만을 〈보기〉에서 있는 대로 고른 것은?

┤ 보기 ├

ㄱ. ㉠은 0.001 m³와 같다.
ㄴ. ㉡의 단위로 mol(몰)을 쓸 수 있다.
ㄷ. pH는 기본량이다.

① ㄱ　　　　② ㄷ　　　　③ ㄱ, ㄴ

④ ㄴ, ㄷ　　　⑤ ㄱ, ㄴ, ㄷ

> 25594-0024

04 다음은 각의 단위에 대한 설명이다.

• 중심각 θ는 반지름에 대한 호의 길이로 정의한다. 반지름이 r인 원의 일부인 호의 길이가 s일 때, θ는 다음과 같다.

$$\theta = \frac{s}{r}$$

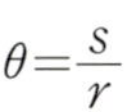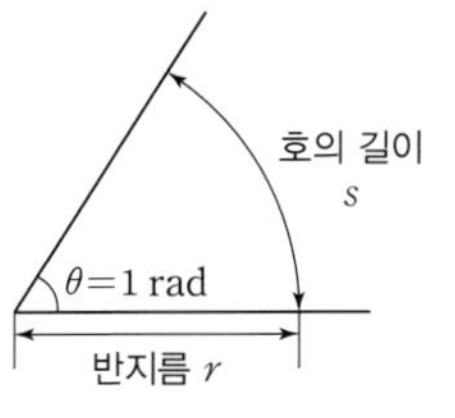

• θ의 단위는 rad(라디안)이며, $r = s$일 때 $\theta = 1$ rad이다.

이에 대한 설명으로 옳은 것만을 〈보기〉에서 있는 대로 고른 것은?

┤ 보기 ├

ㄱ. 반지름은 기본량이다.
ㄴ. rad은 기본 단위이다.
ㄷ. rad은 차원이 없는 단위이다.

① ㄱ　　　　② ㄴ　　　　③ ㄱ, ㄷ

④ ㄴ, ㄷ　　　⑤ ㄱ, ㄴ, ㄷ

2 측정 표준과 정보

- 측정과 어림의 의미를 알고, 일상생활의 여러 상황에서 측정 표준의 유용성과 필요성을 논증하기
- 자연에서 일어나는 신호를 분석하여 정보를 산출하고, 디지털 정보를 정보 통신에 활용하여 현대 문명에 미친 영향을 알아보기
- 일상생활에서 측정 표준이 활용되는 사례를 탐색하고, 스마트 기기를 이용해 여러 가지 기본량을 측정하고 분석하기

이 단원의 핵심

● 정확한 측정을 하기 위해서는 어떠한 약속이 필요할까?

측정과 어림	측정 표준
• 어떤 대상의 물리량을 기준이 되는 양과 비교하여 수치와 단위로 나타내는 것을 측정이라고 한다. • 측정 규모나 범위에 맞는 측정 도구를 선택해 측정해야 하며, 측정 도구의 한계로 인해 측정자의 판단에 의존한 측정값의 설정을 어림이라고 한다.	• 국제단위계(SI)는 측정 표준이다. • 국제단위계는 10진법을 기준으로 정립되어 있으므로 과학적 의사소통이 편리하다. • 측정 표준이 잘 정립될수록 과학 기술과 산업 분야의 신뢰도가 높아진다.

● 자연에서 오는 신호를 분석하고 활용하기 위해서는 어떤 방법이 필요할까?

신호와 센서	디지털 신호와 정보 통신
• 자연계에서 시간의 흐름에 따라 일어나는 변화를 신호라 하고, 신호를 측정하여 전기 신호로 변환하는 장치를 센서라고 한다.	• 연속적으로 변하는 신호를 아날로그 신호라 하고, 불연속적으로 변하는 신호를 디지털 신호라고 한다. • 디지털 신호는 특정한 값을 수치화하여 표현하므로 정보의 가공, 전송, 처리에 유리하다. • 아날로그 신호를 디지털 신호로 변환할 때 신호의 왜곡이 발생한다. • 많은 디지털 정보를 전송하고 공유하면서 일상생활에서 필요한 정보를 유용하게 활용한다.

감각	자극	감각 기관	센서
시각	빛	눈	광센서
청각	소리	귀	소리 센서
촉각	압력, 열	피부	압력 센서, 온도 센서
후각	기체	코	가스 센서(화학 센서)
미각	액체	혀	이온 센서(화학 센서)
움직임	운동	전정기관, 반고리관	가속도 센서

1 측정과 어림

(1) 측정

① 어떤 대상의 물리량을 기준이 되는 양과 비교해 수치와 단위로 나타내는 것을 측정이라고 한다.

② 측정 규모나 범위에 따라 적절한 측정 단위와 측정 도구를 사용해야 한다.

③ 같은 대상을 측정하더라도 측정 도구에 따라 ❶측정값의 정밀도가 달라진다.

눈금 단위가 0.5일 때	눈금 단위가 0.1일 때
가장 작은 눈금이 0.5이므로 측정 오차는 ±0.5 cm이다. 측정값은 5.0~5.5 cm 사이에 있다.	가장 작은 눈금이 0.1이므로 측정 오차는 ±0.1 cm이다. 측정값은 5.2~5.3 cm 사이에 있다.

(2) 어림

① 측정 도구에 나타나는 값과 그 값을 읽는 방법에 한계가 있으므로 측정자가 반올림과 같은 방법을 이용해 측정값을 정하는 것을 ❷어림이라고 한다.

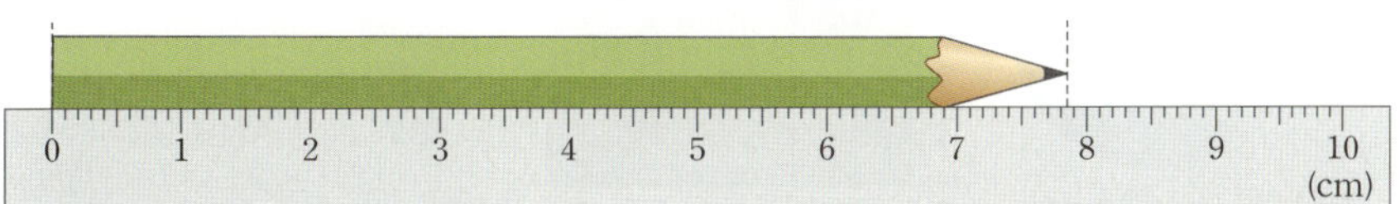

연필의 길이를 측정할 때, 측정값은 7.8 cm와 7.9 cm 사이에 있다. 측정자는 가장 작은 눈금을 $\frac{1}{2}$ 또는 $\frac{1}{4}$과 같이 임의로 나누어 현재 상태에서 가장 합리적인 측정값을 정하게 된다. 이처럼 측정 도구를 이용한 모든 측정에는 어림이 포함되어 있다.

② 도구 없이 눈으로 측정값을 짐작하거나 논리적 추론을 통해 측정값을 추정하는 행위도 어림이라고 한다.

눈으로 측정값을 짐작하는 방법	논리적 추론으로 측정값을 추정하는 방법
 초고층 건물일 경우 한 층의 높이를 짐작하고 전체 층 수를 세어 건물의 높이를 추정한다.	공룡의 몸무게처럼 실제로 측정하기 어려운 값을 알아내기 위해 키와 몸무게 사이의 관계를 이용해 공룡의 몸무게를 추정한다.

❶ 유효숫자

측정값의 마지막 숫자는 측정 도구나 측정자의 불완전성으로 인해 항상 불확실성을 가지고 있다. 예를 들어 1 cm 단위의 자로 길이를 측정할 때, 13.75 cm로 길이를 측정한다면 13까지는 꽤 정확하지만 그 뒤의 값은 불확실하다. 따라서 정확한 수치에다 불확실한 숫자 하나만 포함시킨 것이 유효숫자이다. 따라서 측정값의 유효숫자는 13.8 또는 13.7이 된다.

❷ 어림과 불확실성

측정 환경이나 측정 도구의 분해능과 같은 측정 한계 등으로 인해 측정값은 항상 불확실성을 갖게 된다. 모든 측정에는 이러한 불확실성이 존재하며, 이는 측정자의 실수나 잘못이 아니므로 아무리 조심해도 완전히 없앨 수는 없다. 따라서 모든 측정에는 이러한 불확실성에 바탕을 둔 어림이 포함되어 있다.

② 측정 표준

(1) **측정 표준**: 물리량의 측정 단위로, 물리량의 값을 정의하고 재현하기 위한 기준으로 사용되는 척도이다. 측정 기기, 측정 방법, 측정 체계를 통칭해 측정 표준이라고 한다.

(2) **과거의 측정 표준**

① 고대에는 신체 부위를 이용해 길이를 표현하였다.

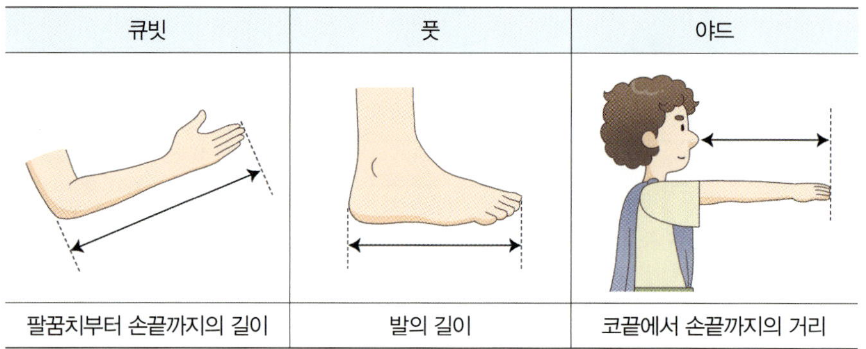

큐빗	풋	야드
팔꿈치부터 손끝까지의 길이	발의 길이	코끝에서 손끝까지의 거리

② **과거의 측정 표준**: 지구의 둘레, 지구의 자전, 일정한 크기의 물체를 이용해 측정 표준을 정립하였다.

기본량	[1]길이	시간	[2]질량
과거의 측정 표준	북극에서 적도까지 길이의 천만 분의 1을 1 m로 정하였다.	지구가 1번 자전하는 시간의 $\frac{1}{86400}$을 1초로 정하였다.	백금−이리듐 합금으로 만든 분동의 질량을 1 kg으로 정하였다.
문제점	측정 기술의 발전에 따라 1 m의 거리가 바뀔 수 있다.	지구 자전은 불규칙하므로 시간의 정확도를 보장할 수 없다.	시간이 흐름에 따라 분동의 질량이 미세하게 바뀐다.

(3) **현대의 측정 표준**

① 국제단위계(SI, International System of Units): 국제도량형총회(CGPM)를 통해 표준이 되는 양을 정하고, 현재 세계 대부분의 국가에서 채택하여 사용하는 단위계이다.

② 7가지 기본 단위를 바탕으로 이들의 곱이나 비의 형식으로 유도 단위를 표현하므로 일관성이 있고 학습하기 쉽다.

③ 10진법을 바탕으로 설계되어 크거나 작은 규모의 물리량을 표현하기에 수월하다.

④ 국제단위계에서 정의하는 기본량: 2018년 제26차 국제도량형총회에서 측정 부정확도가 0인 불변의 [3]물리 상수를 기준으로 기본량을 정의하였다.

❶ 미터원기

1 m에 해당하는 길이를 정확히 표시하기 위해 금속으로 만든 기구이다. 시간이나 온도에 따라 길이가 변하는 문제점이 있다.

❷ 질량의 측정 표준

1875년 5월 30일 프랑스 파리에서 17개국의 대표가 모여 길이, 부피, 질량의 측정 표준을 국제적인 기본 단위로 정하는 미터 협약(Meter Convention)이 체결되었다. 이때 1 kg의 정의는 기포가 없는 4 ℃의 물 1000 cm³의 질량이었다. 1889년 1차 국제도량형총회에서 질량의 정의에 맞는 1 kg의 표준 원기를 제작해 원본은 프랑스에 보관하고, 복제품 40개를 세계 각국에 보급하였다. 세계 각국이 보관하는 킬로그램 원기는 5년마다 한 번씩 프랑스가 보관하는 킬로그램 원기와 비교해 정확한 질량의 값을 보정하였다. 그런데 프랑스가 보관하는 킬로그램 원기뿐만 아니라, 각국의 킬로그램 원기가 모두 질량이 변하다 보니 어떤 것이 정확한 1 kg인지 알 수 없게 되었다. 따라서 2018년 국제도량형총회에서는 킬로그램 원기에 의한 표준을 폐기하고 플랑크 상수를 바탕으로 한 표준을 마련하여 지금까지 사용하고 있다.

❸ 물리 상수

이 상수들은 측정을 통해 여러 번 다른 값을 얻을 수 있는 측정값이 아니며 참값의 지위를 갖는다.

정의한 물리 상수	기호
세슘 원자에서 방출하는 빛의 진동수	$\Delta\nu_{Cs}$
진공에서 빛의 속력	c
플랑크 상수	h
기본 전하량	e
볼츠만 상수	k
아보가드로수	N_A
시감 효능	K_{cd}

기본량	단위	정의
시간	s(초)	세슘 원자에서 방출하는 특정한 빛이 9192631770번 진동할 때 걸리는 시간이다.
길이	m(미터)	진공 중에서 빛이 $\dfrac{1}{299792458}$ 초 동안 진행한 경로의 길이이다.
질량	kg(킬로그램)	플랑크 상수 h가 정확히 $6.62607015 \times 10^{-34}$ J·s가 되게 하는 질량의 단위이다.
전류	A(암페어)	기본 전하량 e가 정확히 $1.602176634 \times 10^{-19}$ C이 되게 하는 전류의 단위이다.
온도	K(켈빈)	볼츠만 상수 k가 정확히 1.380649×10^{-23} J/K이 되게 하는 온도의 단위이다.
물질량	mol(몰)	아보가드로수 N_A가 정확히 $6.02214076 \times 10^{23}$이 되게 하는 물질량의 단위이다.
광도	❶cd(칸델라)	진동수가 540×10^{12} Hz인 단색광의 시감 효능이 683 lm/W가 되게 하는 광도의 단위이다.

⑤ 물리 상수로부터 기본량을 정의할 때, 각각의 단위는 독립적이 아니라 상호 의존적이다. 시간의 단위인 s(초)는 총 5개(전류, 길이, 온도, 광도, 질량)의 ❷기본 단위에 영향을 준다.

(4) 측정 표준의 필요성

① 일상생활이나 산업에서 신뢰할 수 있는 측정 결과를 얻기 위해 활용한다.

② 제품의 품질, 신뢰성을 담보하여 상거래와 같은 경제 활동의 기반이 된다.

③ 측정 표준이 잘 정립되어 있을수록 과학 기술과 산업 분야의 신뢰도가 높아진다.

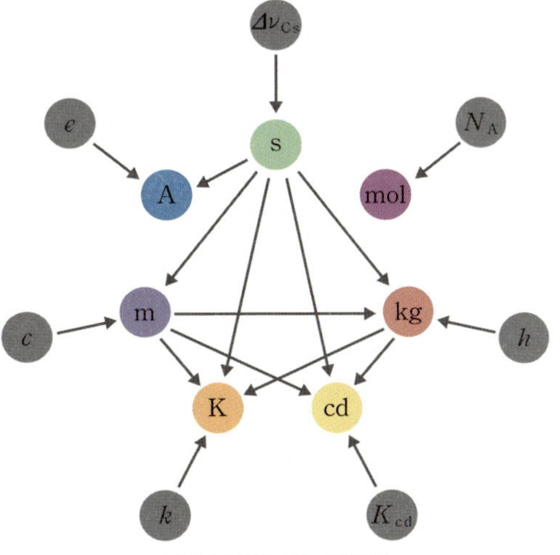

기본 단위의 상호 의존성

THE 들여다보기

◗ 야드 – 파운드 법

yd(야드)		
ft(피트)	ft(피트)	ft(피트)
in(인치) …	in(인치) …	in(인치) …

영국이나 미국에서 주로 쓰는 단위계로, 국제단위계와 달리 10진법에 기반하지 않아서 국제단위계와 혼동할 경우 과학적 의사소통에 문제가 있을 수 있다. 화성 궤도선이 화성 궤도에 진입할 때, 협업한 두 기관이 서로 다른 단위를 사용하여 궤도선이 파괴된 사고도 있다.

$$1 \text{ in} = 2.54 \text{ cm}$$
$$1 \text{ ft} = 12 \text{ in} = 30.48 \text{ cm}$$
$$1 \text{ yd} = 3 \text{ ft} = 91.44 \text{ cm}$$
$$1 \text{ mi(마일)} = 1.6093 \text{ km}$$

○, × 퀴즈

1. 어떤 대상의 물리량을 기준이 되는 양과 비교해 수치와 단위로 나타내는 것을 측정이라고 한다. (○, ×)

2. 모든 측정 단위는 정밀도가 동일하다. (○, ×)

3. 측정 도구의 한계로 인해 측정자가 측정값을 정하는 것을 어림이라고 한다. (○, ×)

4. 현재는 신체 부위를 이용해 길이 표준을 정한다. (○, ×)

5. 변하지 않는 하나의 기준으로 정확하게 측정하며, 정해진 단위를 일관되게 사용해 표현하는 것을 측정 표준이라고 한다. (○, ×)

정답 1. ○ 2. × 3. ○ 4. × 5. ○ 6. 어림 7. 국제단위계 8. 길이 9. 질량 10. 아보가드로수

빈칸 완성

6. 도구 없이 눈으로 측정값을 짐작하거나 논리적 추론을 통해 측정값을 추론하는 행위를 ( )(이)라고 한다.

7. 국제도량형총회에서 정하고 세계 대부분의 국가에서 사용하는 측정 표준의 단위계를 ( )(이)라고 한다.

8. 미터원기는 과거에 ( )의 측정 표준으로 사용되었다.

9. 현재는 플랑크 상수를 이용해 ( )의 측정 표준을 정한다.

10. 물질량은 ( )을/를 이용해 정한 측정 표준이다.

둘 중에 고르기

1. 측정 도구의 최소 측정 눈금이 (클수록, 작을수록) 더욱 정밀한 측정이 가능하다.

2. 일상생활에서 신뢰할 수 있는 결과를 얻기 위해 (측정 표준, 어림 짐작)을 사용한다.

3. 길이의 단위는 (빛의 속력, 볼츠만 상수)을/를 이용해 정의된다.

4. 국제단위계는 (미터법, 인치—파운드 법)을 이용한 측정 표준이다.

5. 국제단위계는 (2진법, 10진법)을 바탕으로 큰 단위나 작은 단위를 표현한다.

정답 1. 작을수록 2. 측정 표준 3. 빛의 속력 4. 미터법 5. 10진법 6. (1) ○ (2) ② (3) ○ (4) ② (5) ○

바르게 연결하기

6. 다음 기본량의 단위를 정의할 때, 기준이 되는 물리량을 바르게 연결하시오.

(1) kg(킬로그램) ·　　　　　· ㉠ e(기본 전하량)

(2) m(미터) ·　　　　　· ㉡ h(플랑크 상수)

(3) A(암페어) ·　　　　　· ㉢ N_A(아보가드로수)

(4) K(켈빈) ·　　　　　· ㉣ c(빛의 속력)

(5) mol(몰) ·　　　　　· ㉤ k(볼츠만 상수)

1 신호와 센서

(1) 신호와 정보

① 인간을 둘러싼 자연의 변화가 전달되는 것을 신호라고 한다.

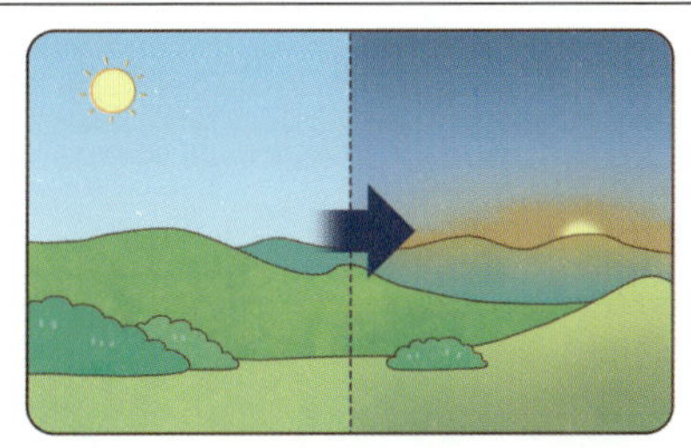

햇빛의 세기가 약해지는 것은 밤이 오는 신호이다.

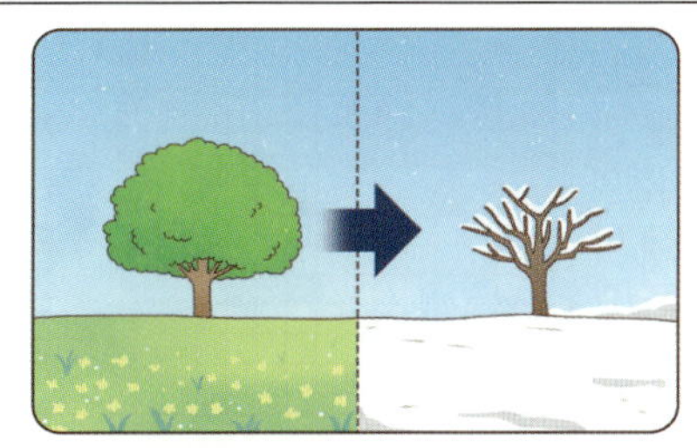

온도가 낮아지는 것은 겨울이 오는 신호이다.

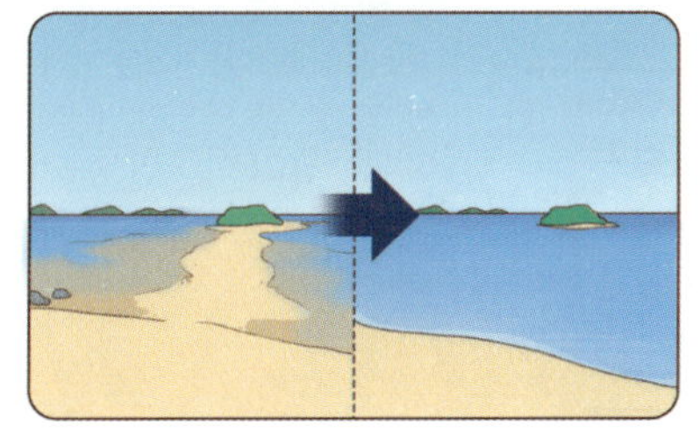

바닷물의 높낮이가 변하는 것은 지구와 달의 거리 변화에 따른 신호이다.

화산이 폭발하는 과정에서 빛, 열, 소리, 압력, 탄성파와 같은 다양한 신호가 나타난다.

② 신호를 측정하고 분석하여 실제 문제에 도움이 될 수 있도록 정리한 지식이나 자료를 정보라고 한다.

(2) 센서: 다양한 형태의 신호를 측정하여 전기 신호로 변환하는 장치를 센서라고 한다.

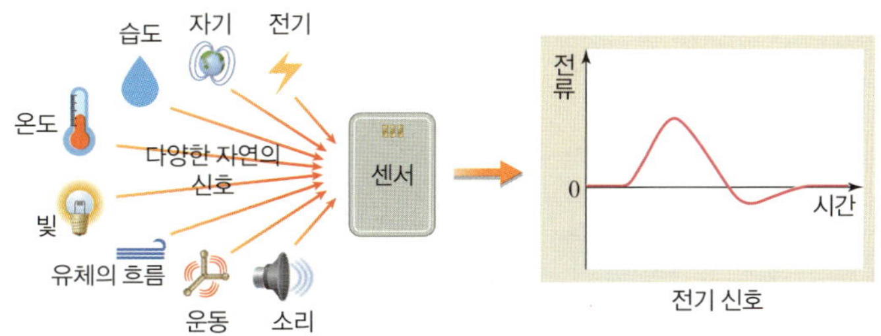

감각	자극(신호)	감각 기관	센서
시각	빛	눈	광센서(예 CCD)
청각	❶소리	귀	소리 센서(예 마이크)
촉각	압력, 열	피부	압력 센서, 온도 센서
후각	기체	코	가스 센서(화학 센서)
미각	액체	혀	이온 센서(화학 센서)
움직임	운동	전정기관, 반고리관	❷가속도 센서

❶ 초음파 센서

초음파는 진동수가 약 20000 Hz가 넘는 소리이다. 따라서 초음파 센서는 소리 센서의 일종으로 볼 수 있다.

❷ 모션 센서

물체나 사람의 움직임을 감지하는 모션 센서는 관성을 이용한 가속도 센서의 한 종류이다. 직선 운동을 감지하기도 하며, 회전 운동을 감지하기도 한다.

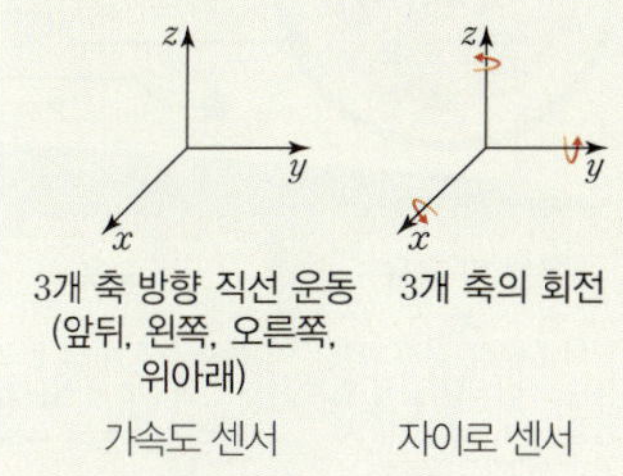

2 디지털 신호와 정보 통신

(1) 아날로그 신호와 디지털 신호

① 연속적으로 변하는 신호를 아날로그 신호라고 한다.

② 특정한 값을 단위로 불연속적으로 변하는 신호를 디지털 신호라고 한다. ❶디지털 신호는 정보를 활용한 의사소통에 유리하다.

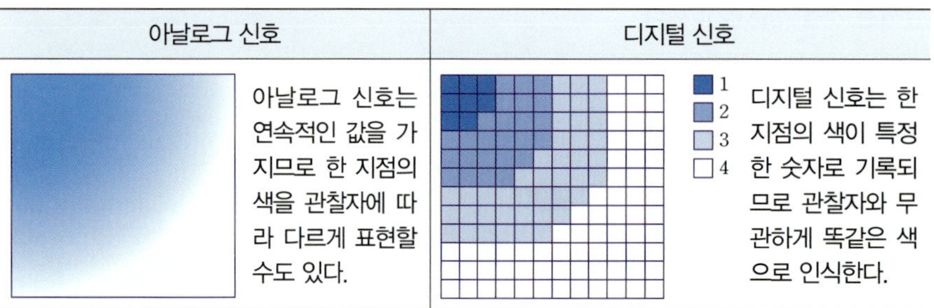

③ 아날로그 신호를 디지털 신호로 변환할 때 정보의 왜곡이 발생한다.

➡ ❷정보의 왜곡을 최소화하려면 기록하는 간격을 작게 해야 한다.

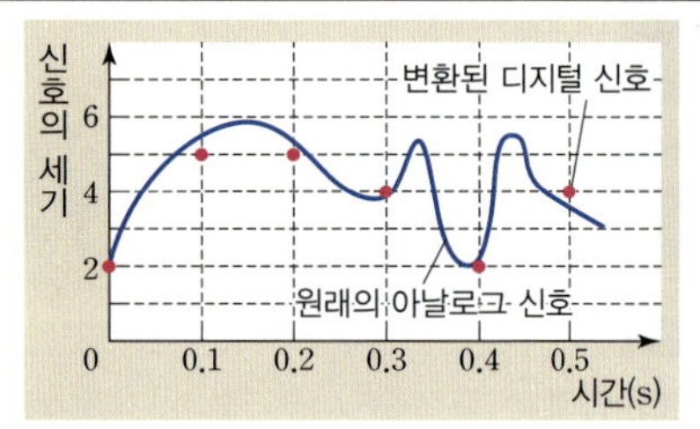

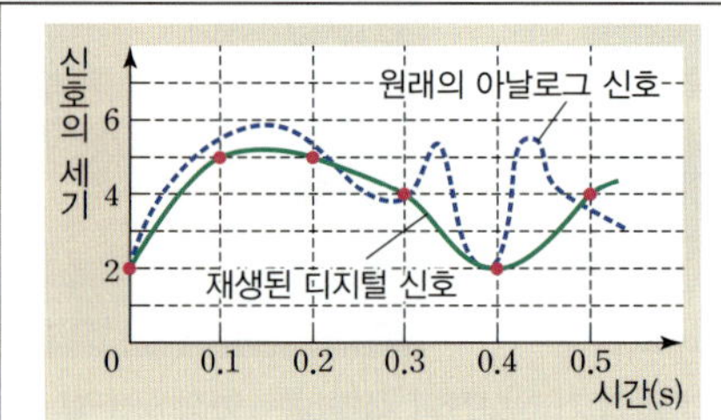

연속적인 아날로그 신호를 불연속적인 디지털 신호로 변환할 때, 기록할 수 없는 부분이 생긴다.

디지털 신호로 기록한 정보를 재생하면 기록하지 못한 아날로그 신호는 손실되어 정보의 왜곡이 발생한다.

(2) ❸디지털 정보와 현대 문명: 많은 디지털 정보를 전송하고 공유하면서 일상생활에서 필요한 정보를 보다 빠르게 습득할 수 있고, 습득한 정보를 유용하게 활용할 수 있다.

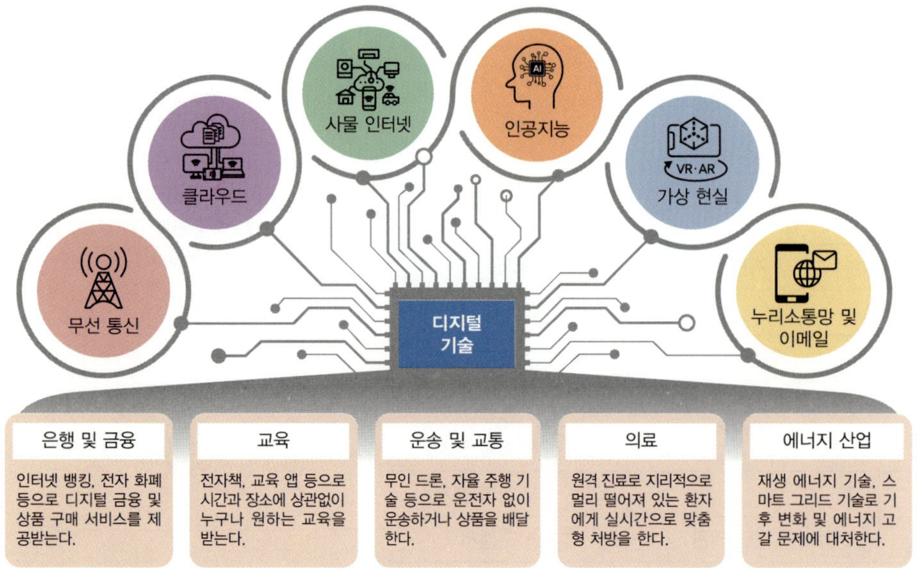

---

❶ 디지털 정보의 장점

미세한 신호를 증폭하는 것도 가능하므로 신호를 저장하거나 재생하고 전송하기에 매우 편리하다.

❷ 정보의 왜곡과 정보의 양

정보를 기록하는 간격을 작게 하면 필요한 디지털 정보의 양이 많아져 저장 공간이 많이 필요하고 처리 속도가 느려지는 단점이 있다.

❸ 최근의 디지털 기술의 발전

최근에는 빅데이터, 사물 인터넷(IoT), 인공지능(AI) 등의 기술이 발달하면서 디지털 기술은 새로운 형태의 의사소통, 협업, 문제 해결을 가능하게 하고 있다.

개념 체크

O, × 퀴즈

1. 연속적으로 변하는 신호를 디지털 신호라고 한다. (O, ×)

2. 디지털 정보는 저장과 분석이 어렵다. (O, ×)

3. 센서를 이용하면 다양한 신호를 전기 신호로 변환할 수 있다. (O, ×)

4. 디지털 정보는 아날로그 정보보다 전송이 편리하다. (O, ×)

5. 디지털 정보를 활용한 정보 통신의 발전은 현대 문명에 많은 영향을 준다. (O, ×)

바르게 연결하기

6. 센서에 입력되는 신호와 해당되는 센서의 종류를 바르게 연결하시오.

(1) 빛 •　　　　　　• ㉠ 소리 센서

(2) 소리 •　　　　　　• ㉡ 가속도 센서

(3) 열 •　　　　　　• ㉢ 화학 센서

(4) 기체 •　　　　　　• ㉣ 온도 센서

(5) 움직임 •　　　　　　• ㉤ 광센서

정답 1. × 2. × 3. O 4. O 5. O 6. (1) ㉤ (2) ㉠ (3) ㉣ (4) ㉢ (5) ㉡

둘 중에 고르기

1. 인간을 둘러싼 자연의 변화가 전달되는 것을 (신호, 정보)라고 한다.

2. 신호를 측정하고 분석하여 실제 문제에 도움이 될 수 있도록 정리한 지식이나 자료를 (정보, 센서)라고 한다.

3. 센서는 다양한 신호를 측정하여 (전기 신호, 빛 신호)로 전환한다.

4. 불연속적으로 변하는 신호를 (아날로그 신호, 디지털 신호)라고 한다.

5. 아날로그 신호를 디지털 신호로 변환할 때, 기록 간격이 (클수록, 작을수록) 정보의 왜곡이 적게 발생한다.

빈칸 완성

6. 밤이 되기 전 햇빛의 세기가 약해지는 것은 자연에서 발생하는 (　　　) 신호이다.

7. 스마트 기기에 표시된 화면은 (　　　) 정보이다.

8. 빛 신호를 전기 신호로 바꾸는 센서는 (　　　)이다.

9. 가스 누설 경보기에 설치된 센서는 미세한 가스를 감지하는 (　　　)이다.

10. 실시간으로 원격 교육을 받을 수 있는 것은 정보 통신에 (　　　) 정보가 활용된 예이다.

정답 1. 신호 2. 정보 3. 전기 신호 4. 디지털 신호 5. 작을수록 6. 아날로그 7. 디지털 8. 광센서 9. 화학 센서 10. 디지털

목표

스마트 기기로 여러 가지 기본량을 측정하고 분석할 수 있다.

과정

1. 교실의 가로 길이, 세로 길이, 높이를 어림하여 교실의 부피를 구해 본다.
2. 스마트 기기를 이용해 교실의 가로, 세로, 높이를 측정해 교실의 부피를 구한다.
3. 과정 1과 2를 통해 어림하고 측정한 교실의 부피를 비교한다.
4. 교실의 온도를 측정할 임의의 지점을 몇 군데 선택한다.
5. 스마트 기기나 온도 센서를 이용해 교실의 온도를 측정한다.
6. 냉방기 또는 난방기를 켜고 시간에 따라 온도 센서에 나타난 온도를 측정한다.

결과 정리 및 해석

1. 어림을 통한 교실의 부피 추정

어림한 방법	어림값			어림한 교실의 부피(m^3)
눈대중으로 짐작	가로(m)	세로(m)	높이(m)	300
	10	10	3	

2. 스마트 기기를 이용한 교실의 부피 측정

측정한 방법	측정값			측정한 교실의 부피(m^3)
스마트 기기 앱으로 측정	가로(m)	세로(m)	높이(m)	166
	8	8.3	2.5	

3. 교실의 온도 측정

측정 위치	처음 온도(℃)	1분 후 온도(℃)	2분 후 온도(℃)	3분 후 온도(℃)
장소 1	29.0	28.5	28.0	27.5
장소 2	29.0	28.0	27.0	26.5
장소 3	29.0	26.5	24.5	23.5

탐구 분석

1. 교실의 부피를 구할 때 어림값과 측정값이 차이가 나는 까닭을 서술하시오.
   ➡

2. 스마트 기기가 거리를 측정하는 원리를 서술하시오.
   ➡

3. 교실에서 냉난방기를 가동하였더니 냉난방기와 가까운 쪽과 먼 쪽의 온도는 최대 4 ℃까지 차이가 났다. 이를 통해 알게 된 사실을 서술하시오.
   ➡

내신 기초 문제

> 25594-0025

01 측정과 어림에 대한 설명으로 옳지 <u>않은</u> 것은?

① 측정을 할 때는 측정 단위가 필요하다.
② 어림을 통해서 논리적으로 측정값을 추정할 수 있다.
③ 측정 도구의 한계에 따라 측정자가 측정값을 정하는 행위를 어림이라고 한다.
④ 측정을 할 때는 측정 규모에 상관없이 모두 동일한 측정 도구를 사용해야 한다.
⑤ 어떤 대상의 물리량을 기준이 되는 양과 비교해 수치와 단위로 나타내는 것을 측정이라고 한다.

> 25594-0026

02 그림과 같이 눈금이 있는 측정 도구를 이용해 물의 부피를 **mL** 단위로 측정할 때, 물의 부피가 눈금과 정확히 일치하지 않았다.

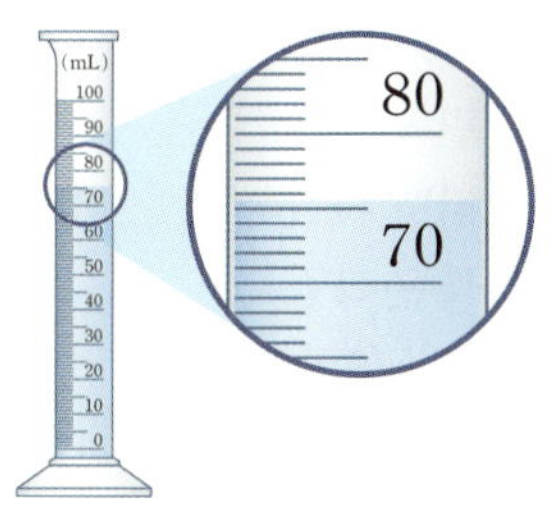

측정값으로 가장 적절한 것은?

① 70.0 mL
② 75.0 mL
③ 75.5 mL
④ 76.0 mL
⑤ 78.0 mL

> 25594-0027

03 측정 표준에 대한 설명으로 옳은 것을 모두 고르면? (2개)

① 측정 기기는 측정 표준에 해당되지 않는다.
② 측정 표준은 현재보다 과거에 더 정밀하였다.
③ 측정 표준을 이용하여 제공되는 정보는 신뢰할 수 있다.
④ 어떤 양을 측정하는 기준으로 쓰기 위한 단위를 정의하는 것이다.
⑤ 현대에는 시간에 따라 질량이 변하는 킬로그램 원기를 기준으로 질량의 측정 표준을 정의한다.

> 25594-0028

04 현재 이용하고 있는 측정 표준인 국제단위계에 대한 설명으로 옳지 <u>않은</u> 것은?

① 기본 단위는 7가지이다.
② 10진법을 바탕으로 설계되어 있다.
③ 국제도량형총회에서 그 내용을 정한다.
④ 1피트를 12인치로 하여 길이 표준을 정한다.
⑤ 기본량은 물리 상수를 바탕으로 정의되어 있다.

> 25594-0029

05 국제단위계에서 정의한 기본량과 단위에 대한 설명으로 옳지 <u>않은</u> 것은?

① 질량은 플랑크 상수 h를 기준으로 정의한다.
② 전류는 기본 전하량 e를 기준으로 정의한다.
③ 아보가드로수 N_A를 바탕으로 정의된 단위는 mol이다.
④ 1 m는 프랑스에서 보관하고 있는 미터원기의 길이로 정의한다.
⑤ 시간의 단위는 세슘 원자에서 나오는 빛의 진동수를 기준으로 정의한다.

> 25594-0030

06 다음 중 국제단위계에서 사용하는 측정 표준으로 가능한 것은?

① 미국 대통령의 발 길이
② 경복궁 후원의 한 변의 길이
③ 영국 왕의 손가락 한 마디의 길이
④ 군인이 1000걸음을 걸을 동안 이동하는 거리
⑤ 진공 중에서 빛이 특정 시간 동안 진행한 거리

내신 기초 문제

> 25594-0031

07 자연계에서 발생하는 신호의 형태에 해당하지 <u>않는</u> 것은?

① 빛
② 힘
③ 소리
④ 지진파
⑤ 모스 부호

> 25594-0032

08 센서에 대한 설명으로 옳은 것을 모두 고르면? (2개)

① 전기 신호를 내보낸다.
② 아날로그 신호를 수집한다.
③ 자연계의 신호를 그대로 내보낸다.
④ 종류에 관계없이 디지털 신호를 수집한다.
⑤ 모든 물리량을 하나의 센서로 측정할 수 있다.

> 25594-0033

09 휴대 전화로 사진을 찍을 때, 렌즈를 통해 들어간 빛을 감지하는 센서는?

① 광센서
② 힘 센서
③ 소리 센서
④ 온도 센서
⑤ 화학 센서

> 25594-0034

★중요

10 디지털 신호에 대한 설명으로 옳은 것만을 〈보기〉에서 있는 대로 고른 것은?

┤ 보기 ├
ㄱ. 정보를 압축할 수 있다.
ㄴ. 신호를 멀리까지 전송할 수 있다.
ㄷ. 복사와 편집이 편리하다.

① ㄱ   ② ㄷ   ③ ㄱ, ㄴ
④ ㄴ, ㄷ   ⑤ ㄱ, ㄴ, ㄷ

> 25594-0035

11 다음 중 아날로그 신호에 해당하는 것은?

① 화가가 종이에 그린 인물화
② 서버에 저장된 인터넷 사진
③ 컴퓨터 화면에 출력된 그림
④ 자동차 블랙박스에 녹화된 영상
⑤ 휴대용 음향 장치에 저장한 음악

> 25594-0036

12 현대 문명에서 디지털 정보를 활용하는 예로 적절하지 <u>않은</u> 것은?

① 인터넷 뱅킹을 통해 금융 서비스를 제공한다.
② 전자책, 교육 앱을 이용해 원격 교육을 받는다.
③ 문화 콘텐츠를 직접 제작하고 인터넷을 통해 공유한다.
④ 지리적으로 멀리 떨어진 환자에게 원격 진료 서비스를 제공한다.
⑤ 지방 자치 단체장의 업적을 기록한 비석으로 지역의 발전상을 알려 준다.

실력 향상 **문제**

> 25594-0037

01 현재 사용하고 있는 시간 표준에 대한 설명으로 옳은 것은?

① 지구의 공전 주기의 365분의 1로 정한다.
② 전기 에너지를 받은 수정의 진동수로 정한다.
③ 자격루에서 발생하는 물방울의 낙하로 정한다.
④ 천장에 매달려 왕복 운동하는 물체의 주기로 정한다.
⑤ 세슘(Cs) 원자에서 흡수하거나 방출하는 빛의 진동수로 정한다.

> 25594-0038

02 현재 사용하고 있는 길이 표준에 대한 설명으로 옳은 것은?

① 군인이 걸어가는 걸음 수를 기준으로 정한다.
② 엘리자베스 1세의 손가락 한 마디의 길이로 정한다.
③ 특정한 시간 동안 빛이 진공에서 진행하는 거리로 정한다.
④ 사람의 엄지손가락과 가운데 손가락 사이의 길이로 정한다.
⑤ 파리를 통과하는 자오선에서 지구 둘레를 기준으로 정한다.

> 25594-0039

03 다음 중 측정 표준을 활용한 사례가 <u>아닌</u> 것은?

① 실내 미세 먼지 농도를 확인하였다.
② 100 m 달리기 선수의 기록을 측정한다.
③ 자동차의 부품을 정확한 규격으로 제작한다.
④ 뒷산의 높이를 건물의 높이와 비교해 추정한다.
⑤ 버스의 이동 거리에 따라 지불하는 요금이 달라진다.

> 25594-0040

04 다음 중 현대의 측정 표준을 적절히 활용한 것만을 〈보기〉에서 있는 대로 고른 것은?

〈보기〉

ㄱ. 건축물의 넓이를 '평' 단위로 표기하였다.
ㄴ. 액체의 부피를 '갤런' 단위로 표기하고 판매하였다.
ㄷ. 세계적으로 공통된 표준시를 초 단위로 공유한다.

① ㄱ   ② ㄷ   ③ ㄱ, ㄴ
④ ㄴ, ㄷ   ⑤ ㄱ, ㄴ, ㄷ

> 25594-0041

05 그림은 자동차의 속도를 km/h 단위로 측정하는 모습을 나타낸 것이다.
이에 대한 설명으로 옳은 것만 〈보기〉에서 있는 대로 고른 것은?

〈보기〉

ㄱ. 측정 표준을 활용한 사례이다.
ㄴ. 길이의 기본 단위인 m(미터)를 활용한다.
ㄷ. 일상생활에서 측정 표준은 유용하게 사용된다.

① ㄱ   ② ㄴ   ③ ㄱ, ㄷ
④ ㄴ, ㄷ   ⑤ ㄱ, ㄴ, ㄷ

> 25594-0042

06 다음은 어떤 센서에 대한 설명이다.

> 그림과 같이 자동차와 잠수함은 모두 [㉠] 센서를 사용한다. 자동차나 잠수함에서 방출된 [㉠] 이/가 물체에서 반사되어 돌아올 때까지의 시간을 측정하여 물체까지의 거리를 측정한다.

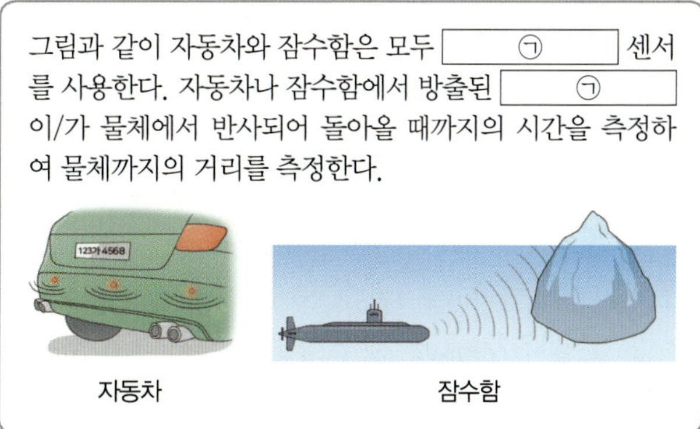

㉠은?

① 빛   ② 열   ③ 가스   ④ 이온   ⑤ 초음파

> 25594-0043

07 그림은 광원과 광센서가 있는 자동문에 사람이 다가갈 때 문이 열리는 모습을 나타낸 것이다.

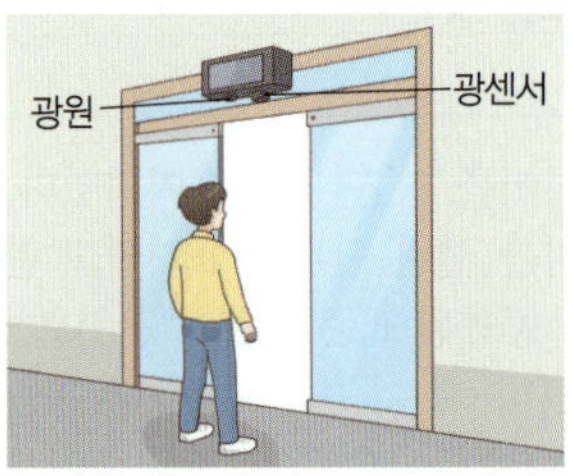

이에 대한 설명으로 옳은 것만을 〈보기〉에서 있는 대로 고른 것은?

<hr>
보기

ㄱ. 광원에서 나온 빛은 자연에서 발생한 신호이다.
ㄴ. 광원에서 나온 빛은 사람에 반사되어 광센서에 도달한다.
ㄷ. 광센서는 빛 신호를 전기 신호로 변환한다.
<hr>

① ㄱ   ② ㄷ   ③ ㄱ, ㄴ
④ ㄴ, ㄷ   ⑤ ㄱ, ㄴ, ㄷ

> 25594-0044

08 그림은 하루 동안의 걸음 수를 휴대 전화 앱을 통해 측정할 때, 휴대 전화 화면의 모습을 나타낸 것이다.

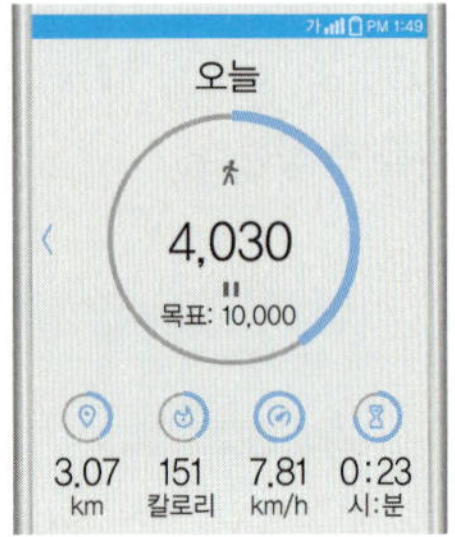

걸음 수를 측정할 때, 필요한 센서로 옳은 것은?

① 광센서   ② 화학 센서   ③ 소리 센서
④ 온도 센서   ⑤ 가속도 센서

서술형

> 25594-0045

09 다음은 몇몇 나라에서 사용하는 단위계에 대한 설명이다.

<hr>
몇몇 나라에서는 야드−파운드 법이라는 단위계를 사용한다. 야드−파운드 법에 따르면 1 mi(마일)은 약 1.61 km(킬로미터)이며, 속력도 다르게 표현한다. 야드−파운드 법에 따른 속력의 표기는 mph인데, 1시간당 이동한 거리를 마일로 나타낸 것이다. 예를 들어 50 mph는 1시간 동안 50마일을 이동한 거리이다.
그림과 같이 야드−파운드 법을 사용하는 나라에서 자동차의 최대 속력을 제한하는 경고 표지판을 설치하였다.

<hr>

(1) 50 mph의 속력은 몇 km/h에 해당하는지 구하시오.

(2) 50 mph와 50 km/h의 속력을 비교하고, 측정 표준의 필요성을 최대 속력 경고 표지판의 사례를 이용해 서술하시오.

서술형

> 25594-0046

10 그림은 여권 사진을 촬영하여 서로 다른 영상 표시 장치에 표현한 화면 A와 B를 나타낸 것이다.

(1) A와 B가 포함하는 정보의 양을 비교하여 서술하시오.

(2) B와 비교했을 때 A의 단점 2가지를 서술하시오.

01 다음은 상자 안에 들어 있는 과자의 수를 추정하는 과정을 순서대로 나타낸 것이다.

> 25594-0047

> (가) 상자 안에는 과자 12봉지가 들어 있다.
> (나) 과자 한 봉지 안에는 과자가 5줄로 2개씩 들어 있다.
> (다) 따라서 상자 1개 속에는 과자가 [㉠]개 들어 있다.

이에 대한 설명으로 옳은 것만을 〈보기〉에서 있는 대로 고른 것은?

┤ 보기 ├
ㄱ. '120'은 ㉠으로 적절하다.
ㄴ. (다)는 '어림'을 나타낸다.
ㄷ. (다)는 측정 도구가 없어도 수행할 수 있는 과정이다.

① ㄱ ② ㄷ ③ ㄱ, ㄴ
④ ㄴ, ㄷ ⑤ ㄱ, ㄴ, ㄷ

02 다음은 조선 시대에 사용한 유척에 대한 설명이다.

> 25594-0048

조선 시대에 놋쇠로 만든 자이다. 지방 수령이 개인적인 수탈을 목적으로 자의 눈금을 늘인다면 백성은 정해진 양보다 더 많은 세를 부담해야 했기 때문에 사회적으로도 큰 문제가 되었다. 따라서 암행어사에게 유척을 하사하여 지방 관청의 도량형을 확인하도록 한 것이다.

이에 대한 설명으로 옳은 것만을 〈보기〉에서 있는 대로 고른 것은?

┤ 보기 ├
ㄱ. 유척은 조선 시대 길이의 측정 표준이었다.
ㄴ. 유척은 조선 시대에 길이 단위를 점검하는 데 사용하였다.
ㄷ. 측정 표준이 잘 정립되어 있을수록 신뢰도가 높아진다.

① ㄱ ② ㄷ ③ ㄱ, ㄴ
④ ㄴ, ㄷ ⑤ ㄱ, ㄴ, ㄷ

★중요

03 다음은 미터원기와 미터 협약에 대한 자료이다.

> 25594-0049

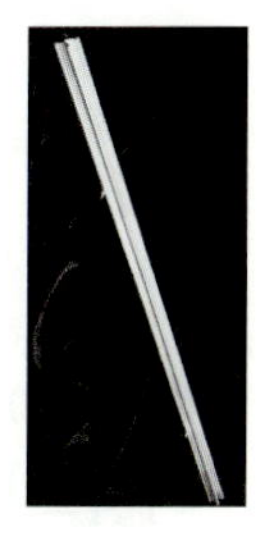

18세기 말 프랑스 왕립과학아카데미에서 ㉠지구 북극에서 적도까지의 거리를 측정하고, 이 거리의 1000만 분의 1을 1 m로 정의하였다. 이를 활용해 미터원기를 제작했고 1875년 미터 협약을 맺어 미터원기를 측정 표준으로 사용했다. 현재는 미터원기를 측정 표준으로 사용하지 않고, ㉡빛을 이용해 1 m를 정의한다.

이에 대한 설명으로 옳은 것만을 〈보기〉에서 있는 대로 고른 것은?

┤ 보기 ├
ㄱ. 미터원기는 질량의 측정 표준이었다.
ㄴ. 미터원기는 시간에 따라 길이가 변하는 문제점이 있다.
ㄷ. ㉠이 ㉡보다 정밀한 측정 표준이다.

① ㄱ ② ㄴ ③ ㄱ, ㄷ
④ ㄴ, ㄷ ⑤ ㄱ, ㄴ, ㄷ

04 그림은 광센서가 장착된 자동 인식 장치를 화장실에 설치하였을 때, 조명등과 환풍기가 작동하는 원리를 간략히 나타낸 것이다.

> 25594-0050

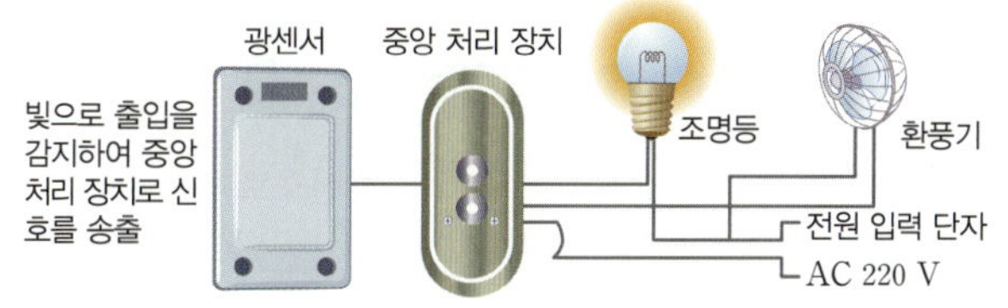

이 장치에 사용된 광센서를 활용한 장치만을 〈보기〉에서 있는 대로 고른 것은?

┤ 보기 ├
ㄱ. 스피커
ㄴ. 광마우스
ㄷ. 가로등 자동 스위치

① ㄱ ② ㄷ ③ ㄱ, ㄴ
④ ㄴ, ㄷ ⑤ ㄱ, ㄴ, ㄷ

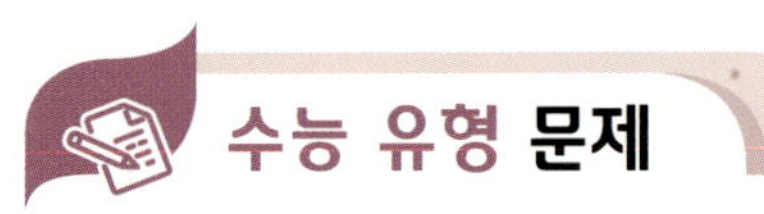

> 25594-0051

05 다음은 전류의 단위가 정립된 과정을 순서 없이 나타낸 것이다.

> (가) 1 A는 무한히 길고 무시할 수 있을 만큼 작은 원형 단면적을 가진 두 개의 평행한 직선 도체가 진공 중에서 1 m의 간격으로 유지될 때, 두 도체 사이에 1 m당 2×10^{-7} N의 힘을 생기게 하는 일정한 전류이다.
> (나) 기본 전하량 e를 C 단위로 나타낼 때, $e = 1.602176634 \times 10^{-19}$ C으로 고정하여 $1\ A = \dfrac{1\ C}{1\ s} = 1\ C/s$이다.

이에 대한 설명으로 옳은 것만을 〈보기〉에서 있는 대로 고른 것은?

> **보기**
> ㄱ. (가)에서 단면적이 0에 가깝고 무한히 긴 물체를 현실적으로 구현해 실험하는 것이 가능하다.
> ㄴ. (가)에서 전류의 단위를 정의할 때, 기본량의 단위가 이용된다.
> ㄷ. 현대의 측정 표준은 (나)이다.

① ㄱ   ② ㄷ   ③ ㄱ, ㄴ   ④ ㄴ, ㄷ   ⑤ ㄱ, ㄴ, ㄷ

> 25594-0052

06 다음은 광통신의 원리를 설명한 내용이다.

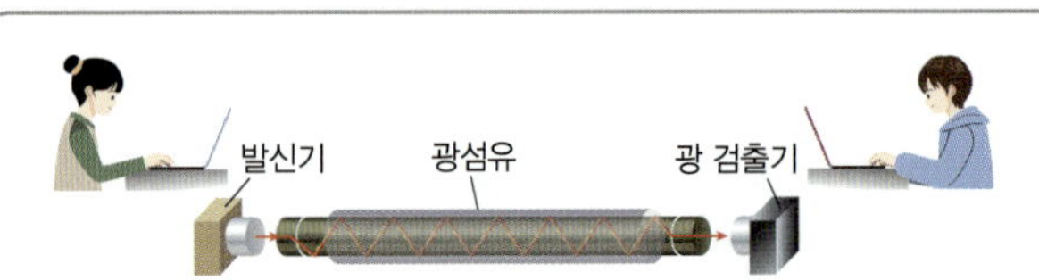

• 마이크에서 소리 신호가 　㉠　 신호로 변환된다.
• 광섬유와 연결된 발신기에서 　㉠　 신호가 빛 신호로 변환된다.
• 광섬유를 따라 빛 신호가 전달되어 광 검출기에 도달한다.
• 광 검출기에 있는 　㉡　 는 빛 신호를 전기 신호로 변환한다.

㉠과 ㉡에 들어갈 말로 옳은 것은?

	㉠	㉡		㉠	㉡
①	전기	광센서	②	전기	온도 센서
③	빛	초음파 센서	④	초음파	화학 센서
⑤	온도	가속도 센서			

> 25594-0053

07 그림은 휴대 전화의 카메라로 사진을 찍을 때, 전하 결합 소자(CCD)에서 신호를 처리하여 저장 장치에 저장하는 것을 나타낸 것이다.

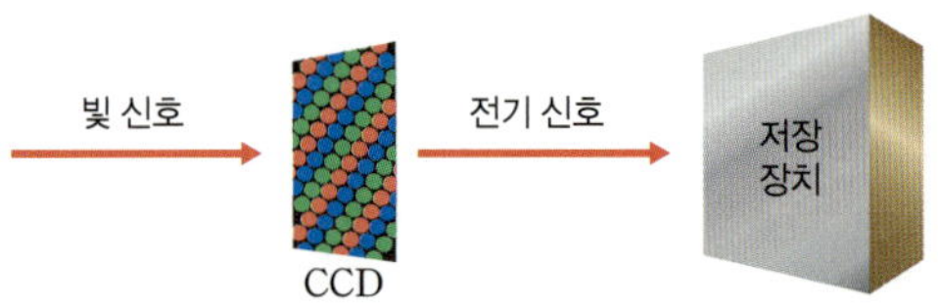

이에 대한 설명으로 옳은 것만을 〈보기〉에서 있는 대로 고른 것은?

> **보기**
> ㄱ. CCD는 광센서의 한 종류이다.
> ㄴ. CCD에 입력되는 빛 신호는 아날로그 신호이다.
> ㄷ. 저장 장치에 저장되는 정보는 디지털 정보이다.

① ㄱ   ② ㄷ   ③ ㄱ, ㄴ
④ ㄴ, ㄷ   ⑤ ㄱ, ㄴ, ㄷ

> 25594-0054

08 그림은 디지털 정보가 현대 문명에 미친 영향에 대한 학생 A, B, C의 대화이다.

제시한 내용이 옳은 학생만을 있는 대로 고른 것은?

① A   ② C   ③ A, B
④ B, C   ⑤ A, B, C

1. 시간과 공간

(1) 거시 세계와 미시 세계: 일상생활에서 경험하는 세계처럼 관측이 가능한 세계를 거시 세계, 원자나 전자와 같이 관측이 불가능한 세계를 미시 세계라고 한다.

구분	거시 세계	미시 세계
의미	관측이 가능한 세계	관측이 불가능한 세계
예	사과나무, 태풍 등	원자핵, 전자 등
이론	고전 역학	양자 역학

(2) 여러 가지 시간의 규모

규모	시간(s)
우주의 나이	5×10^{17}
피라미드의 나이	1×10^{11}
인간의 평균 수명	2×10^{9}
하루의 길이	9×10^{4}
뮤온의 수명	2×10^{-6}

(3) 여러 가지 공간의 규모

규모	거리(m)
지구에서 안드로메다은하까지의 거리	2×10^{22}
지구에서 명왕성까지의 거리	6×10^{12}
지구 반지름	6×10^{6}
바이러스의 크기	1×10^{-8}
수소 원자의 반지름	5×10^{-11}

(4) 다양한 규모의 물리량은 SI 접두사나 지수 형태로 표기한다.

규모	접두사	기호	규모	접두사	기호
10^{24}	요타	Y	10^{-1}	데시	d
10^{21}	제타	Z	10^{-2}	센티	c
10^{18}	엑사	E	10^{-3}	밀리	m
10^{15}	페타	P	10^{-6}	마이크로	μ
10^{12}	테라	T	10^{-9}	나노	n
10^{9}	기가	G	10^{-12}	피코	p
10^{6}	메가	M	10^{-15}	펨토	f
10^{3}	킬로	k	10^{-18}	아토	a
10^{2}	헥토	h	10^{-21}	젭토	z
10^{1}	데카	da	10^{-24}	욕토	y

(5) 시간과 길이의 측정: 과거에는 주기적으로 반복되는 천문 현상이나 자연 현상을 이용해 시간과 거리를 측정하였으나, 현재는 빛이나 전자의 성질을 이용해 시간과 거리를 측정한다.

① 과거와 현재의 시간 측정 방법

과거		현재
앙부일구	일성정시의	원자시계
태양의 고도와 위치 변화를 이용	태양과 별의 위치를 이용	세슘 원자에서 흡수하거나 방출하는 특정한 진동수의 빛을 이용

② 과거와 현재의 거리 측정 방법

과거		현재	
기준 막대	인공 장치	GPS	전자 현미경
길이가 일정한 막대를 이용	바퀴의 회전 수를 이용	빛이 전달되는 시간을 이용	전자의 물질파를 이용

③ 기하학적 방법을 이용한 거리 측정 방법

지구 둘레 측정	삼각 측량법
원의 성질을 이용하여 지구의 둘레를 측정	삼각형의 성질을 이용하여 물체까지의 거리를 측정

④ 빛을 이용한 거리 측정 방법: 빛이 반사되어 되돌아올 때까지 걸린 시간을 측정하거나 반사된 두 빛의 위상을 비교하여 거리를 정밀하게 측정한다.

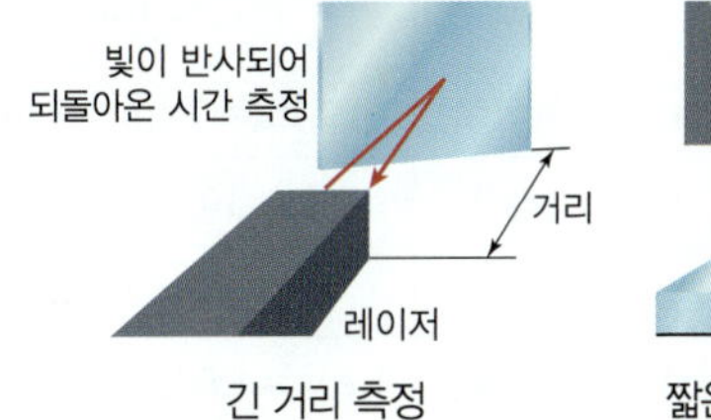

긴 거리 측정

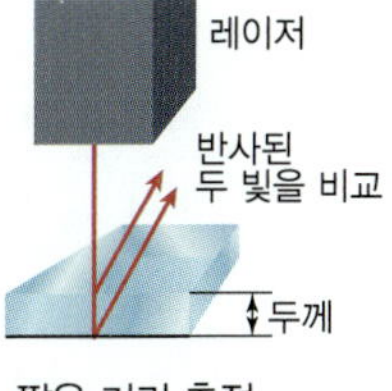

짧은 거리 측정

2. 기본량과 단위

(1) 기본량과 기본 단위

① 자연 현상이나 일상생활에서 일어나는 여러 현상에 대한 속성을 수치화하여 나타낸 것을 물리량이라 하며, 물리량 중 가장 기본이 되는 것을 기본량이라고 한다.

② 기본량은 총 7가지로, 길이, 시간, 전류, 온도, 물질량, 광도, 질량이다.

③ 기본량을 나타내기 위해 기본 단위를 사용하며 국제단위계 (SI)에서는 7가지 기본 단위를 지정하고 있다.

기본량	단위	기본량	단위
길이	m(미터)	물질량	mol(몰)
시간	s(초)	광도	cd(칸델라)
전류	A(암페어)	질량	kg(킬로그램)
온도	K(켈빈)		

④ 국제단위계가 아닌 단위들 중 관습적으로 널리 사용되며 앞으로도 계속 사용될 것으로 예상되는 몇 가지를 지정해 SI 단위와 함께 사용하는 것을 허용한다.

물리량	단위	명칭	SI 단위로 나타낸 값
시간	min	분	$1\,min=60\,s$
	h	시간	$1\,h=60\,min=3600\,s$
	d	일	$1\,d=24\,h=86400\,s$
길이	AU	천문단위	$1\,AU=149597870700\,m$
각	°	도	$1°=(\pi/180)\,rad$
넓이	ha	헥타르	$1\,ha=1\,hm^2=10^4\,m^2$
부피	L	리터	$1\,L=10^3\,cm^3=10^{-3}\,m^3$
질량	t	톤	$1\,t=10^3\,kg$
에너지	eV	전자볼트	$1\,eV=1.60217653\times10^{-19}\,J$

(2) 유도량과 유도 단위: 물리량 사이에 성립하는 관계식을 이용하여 기본량으로부터 도출된 단위를 유도 단위라고 한다.

유도량	의미	단위
넓이	가로 길이 × 세로 길이	m^2
부피	가로 길이 × 세로 길이 × 높이	m^3
속력	$\dfrac{\text{이동 거리}}{\text{시간}}$	m/s
가속도	$\dfrac{\text{속도 변화량}}{\text{시간}}$	m/s^2
밀도	$\dfrac{\text{질량}}{\text{부피}}$	kg/m^3
농도	$\dfrac{\text{물질량}}{\text{부피}}$	mol/m^3
광휘도	$\dfrac{\text{광도}}{\text{넓이}}$	cd/m^2

① 몇 가지 중요한 유도 단위들은 따로 단위가 지정되어 있다.

유도량	단위	SI 단위로 나타낸 값
진동수	Hz	s^{-1}
힘	N	$kg \cdot m/s^2$
압력	Pa	$N/m^2=kg/m \cdot s^2$
일, 에너지	J	$N \cdot m=kg \cdot m^2/s^2$
일률, 전력	W	$J/s=kg \cdot m^2/s^3$
전하량	C	$A \cdot s$
전압	V	$W/A=kg \cdot m^2/s^3 \cdot A$
전기 용량	F	$C/V=s^4 \cdot A^2/kg \cdot m^2$
전기 저항	Ω	$V/A=kg \cdot m^2/s^3 \cdot A^2$
자기 선속	Wb	$V \cdot s=kg \cdot m^2/s^2 \cdot A$
자기장	T	$Wb/m^2=kg/s^2 \cdot A$

② 일상생활에서 나타나는 현상들이나 과학적·공학적 개념을 보다 정확히 전달하기 위해 다양한 유도 단위를 사용한다.

구분	단위	의미
미세 먼지 농도	$\mu g/m^3$	$1\,m^3$ 속에 포함된 미세 먼지의 질량 합
당도	Brix	과일즙 100 g 속에 포함된 당의 g수
배터리 용량	mAh	배터리가 해당 전류를 흐르게 할 수 있는 시간

3. 측정과 측정 표준

(1) 측정과 어림

① 측정: 어떤 대상의 물리량을 기준이 되는 양과 비교해 수치와 단위로 나타내는 것이다.

② 측정 대상의 규모에 따라 적절한 측정 도구를 선택해야 한다.

③ 같은 대상을 측정하더라도 측정 도구에 따라 측정값의 정밀도가 달라지며, 최소 측정 단위가 작을수록 측정값을 정밀하게 측정할 수 있다.

최소 측정 단위가 클 때	최소 측정 단위가 작을 때
측정값이 포함된 범위가 넓다.	측정값이 포함된 범위가 좁다.

④ 어림: 측정 도구에 나타나는 값의 한계로 인해 측정자가 측정값을 정하는 행위, 또는 도구 없이 눈으로 측정값을 짐작하거나 논리적 추론을 통해 측정값을 추정하는 행위이다.

(2) 측정 표준: 물리량의 측정 단위로, 물리량의 값을 정의하고 재현하기 위한 기준으로 사용되는 척도이며, 측정 기기, 측정 방법, 측정 체계를 통칭한 것이다.

① 고대에는 측정 표준에 신체 부위를 이용하였다.

큐빗	풋	야드
팔꿈치부터 손끝까지의 길이	발의 길이	코끝에서 손끝까지의 거리

② 과거에는 과학과 기술의 진보에 따라 측정 표준에 지구의 둘레, 지구의 자전, 일정한 크기의 물체를 이용했다.

길이	시간	질량
지구 둘레를 이용	지구 자전 시간을 이용	일정한 크기의 물체를 이용

③ 현대에는 정확하고 변하지 않는 7가지 물리 상수를 기준으로 측정 표준을 설정하여 기본량의 단위를 정의한다.

변하지 않는 물리 상수	기호
세슘 원자에서 방출하는 빛의 진동수	$\Delta\nu_{Cs}$
진공에서 빛의 속력	c
플랑크 상수	h
기본 전하량	e
볼츠만 상수	k
아보가드로수	N_A
시감 효능	K_{cd}

기본량	단위	정의
시간	s(초)	세슘 원자에서 방출하는 특정한 빛이 9192631770번 진동할 때 걸리는 시간이다.
길이	m(미터)	진공에서 빛이 $\frac{1}{299792458}$초 동안 진행한 경로의 길이이다.
질량	kg (킬로그램)	플랑크 상수 h가 정확히 $6.62607015 \times 10^{-34}$ J·s가 되게 하는 질량의 단위이다.
전류	A(암페어)	기본 전하량 e가 정확히 $1.602176634 \times 10^{-19}$ C이 되게 하는 전류의 단위이다.
온도	K(켈빈)	볼츠만 상수 k가 정확히 1.380649×10^{-23} J/K이 되게 하는 온도의 단위이다.
물질량	mol(몰)	아보가드로수 N_A가 정확히 $6.02214076 \times 10^{23}$이 되게 하는 물질량의 단위이다.
광도	cd(칸델라)	진동수가 540×10^{12} Hz인 단색광의 시감 효능이 683 lm/W가 되게 하는 광도의 단위이다.

④ 물리 상수를 이용한 현대적 측정 표준은 각각의 단위가 상호 의존적이다.

⑤ 일상생활이나 산업에서 신뢰할 수 있는 측정 결과를 얻기 위해 활용되며, 측정 표준이 잘 정립되어 있을수록 과학 기술과 산업 분야의 신뢰도가 높아진다.

4. 신호와 정보

(1) 신호와 센서

① 인간을 둘러싼 자연의 변화가 전달되는 것을 신호라고 한다.

② 신호를 측정하고 분석하여 실제 문제에 도움이 될 수 있도록 정리한 지식이나 자료를 정보라고 한다.

③ 다양한 형태의 신호를 측정하여 전기 신호로 변환하는 장치를 센서라고 한다.

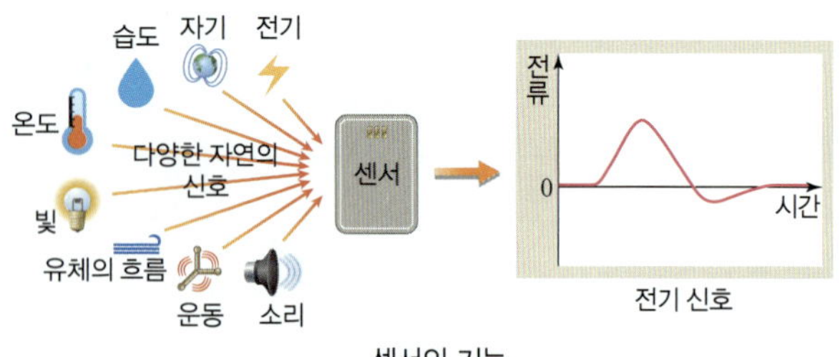

센서의 기능

④ 센서가 감지하는 신호의 종류에 따라 다양한 센서가 있다.

감각	자극(신호)	감각 기관	센서
시각	빛	눈	광센서(예 CCD)
청각	소리	귀	소리 센서(예 마이크)
촉각	압력, 열	피부	압력 센서, 온도 센서
후각	기체	코	가스 센서(화학 센서)
미각	액체	혀	이온 센서(화학 센서)
움직임	운동	전정기관, 반고리관	가속도 센서

⑤ 가속도 센서는 관성을 이용해 물체의 직선 방향 움직임이나 물체의 회전을 감지한다.

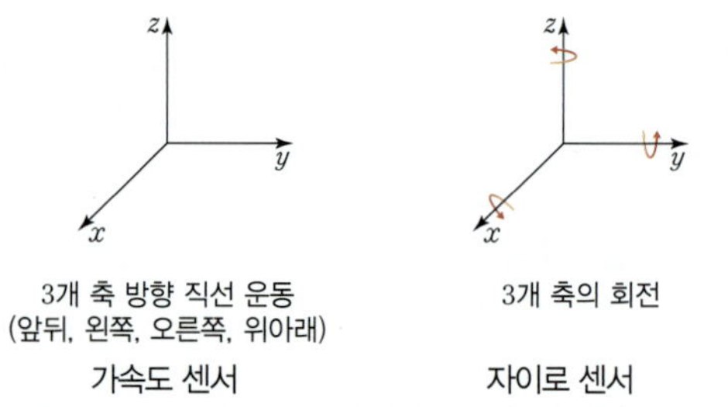

⑥ 초음파 센서는 초음파를 감지하여 다양한 검사에 활용된다.
예 어군 탐지, 태아 검사, 자동차 후방 감지 등

(2) 디지털 신호와 정보 통신

① 연속적으로 변하는 신호를 아날로그 신호, 특정한 값을 단위로 불연속적으로 변하는 신호를 디지털 신호라고 한다.

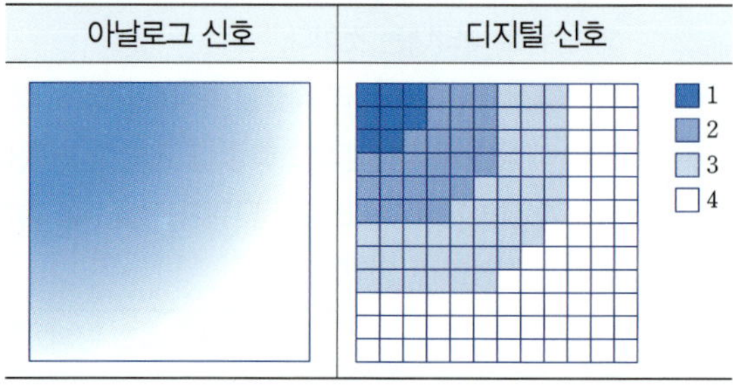

② 디지털 신호는 증폭, 저장, 재생, 전송이 편리하므로 정보를 활용한 의사소통에 유리하다.

③ 아날로그 신호를 디지털 신호로 변환할 때 정보의 왜곡이 발생하며, 정보의 왜곡을 최소화하려면 기록하는 간격을 작게 해야 한다.

④ 많은 디지털 정보를 전송하고 공유하면서 일상생활에서 필요한 정보를 보다 빠르게 습득할 수 있고, 습득한 정보를 유용하게 활용할 수 있다.

분야	유용성
은행 및 금융	인터넷 뱅킹, 전자 화폐 등으로 디지털 금융 및 상품 구매 서비를 제공받는다.
교육	전자책, 교육 앱 등으로 누구나 시간과 장소에 상관없이 원하는 교육을 받는다.
운송 및 교통	무인 드론, 자율 주행 기술 등으로 운전자 없이 운송하거나 상품을 배달한다.
의료	원격 진료로 지리적으로 멀리 떨어져 있는 환자에게 맞춤형 처방을 한다.
에너지 산업	재생 에너지 기술, 스마트 그리드 기술로 기후 변화 및 에너지 고갈 문제에 대처한다.
사회 관계망 서비스	실시간으로 사진, 영상, 정보를 교류하면서 시시각각 의사 결정을 한다.

대단원 마무리 문제

> 25594-0055

01 그림은 앙부일구와 세슘 원자시계에 대한 학생 A, B, C 의 대화를 나타낸 것이다.

제시한 내용이 옳은 학생만을 있는 대로 고른 것은?

① A   ② C   ③ A, B
④ B, C   ⑤ A, B, C

> 25594-0056

02 그림은 두 지점 A와 B를 잇는 직선상에서 물체 O까지의 거리 d를 측정하는 모습을 나타낸 것이다. A와 B에서 O를 바라볼 때, 선분 $\overline{\mathrm{AB}}$와 이루는 각은 각각 30°, 60°이다. A와 B 사이의 거리는 L이다.

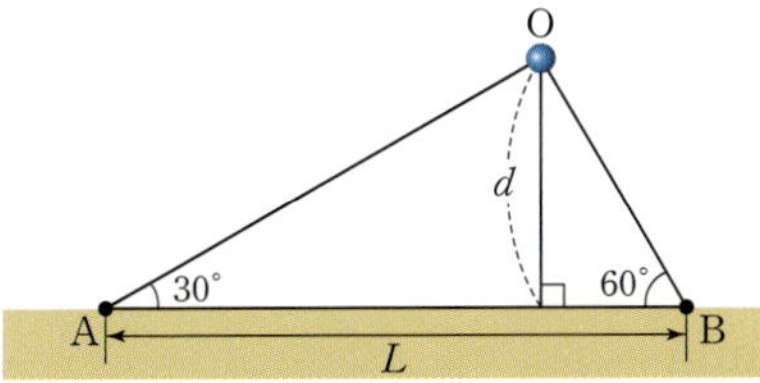

이에 대한 설명으로 옳은 것만을 〈보기〉에서 있는 대로 고른 것은?

〔 보기 〕
ㄱ. 각 AOB는 90°이다.
ㄴ. 삼각형의 성질을 이용해 선분 $\overline{\mathrm{AO}}$의 길이, 선분 $\overline{\mathrm{BO}}$의 길이, d를 모두 구할 수 있다.
ㄷ. $d = \dfrac{\sqrt{3}}{4}L$이다.

① ㄱ   ② ㄷ   ③ ㄱ, ㄴ
④ ㄴ, ㄷ   ⑤ ㄱ, ㄴ, ㄷ

> 25594-0057

03 다음은 가속도를 측정하기 위한 장치에 대한 설명이다.

• 포토게이트에는 발광 다이오드와 광검출기가 들어 있다. 물체가 포토게이트를 통과할 때, 광검출기에 순간적으로 빛이 차단되는 변화를 이용해 통과하는 물체의 속력이나 가속도를 측정한다.
• 가속도는 물체의 시간당 속도 변화를 나타내는 물리량이다.

포토게이트를 이용해 물체의 가속도를 측정하기 위해 필요한 기본량으로 옳은 것만을 〈보기〉에서 있는 대로 고른 것은?

〔 보기 〕
ㄱ. 시간   ㄴ. 길이   ㄷ. 질량

① ㄱ   ② ㄷ   ③ ㄱ, ㄴ
④ ㄴ, ㄷ   ⑤ ㄱ, ㄴ, ㄷ

> 25594-0058

04 다음은 물의 밀도에 대한 설명이다.

• 물 분자의 구조와 배열 때문에 액체 상태의 물의 밀도는 4 °C에서 최댓값을 갖는다.
• 4 °C에서 물의 밀도는 1 g/cm³이다.

이에 대한 설명으로 옳은 것만을 〈보기〉에서 있는 대로 고른 것은?

〔 보기 〕
ㄱ. °C는 온도의 단위이다.
ㄴ. 밀도는 기본량이다.
ㄷ. 4 °C의 물 1 cm³의 질량은 0.001 kg이다.

① ㄱ   ② ㄴ   ③ ㄱ, ㄷ
④ ㄴ, ㄷ   ⑤ ㄱ, ㄴ, ㄷ

> 25594-0059

05 다음은 어떤 식물에 대한 설명이다.

- 빨리 자라는 식물로 알려진 덤불 유카(Hesperoyucca Whipplei)는 ㉠10일 동안 무려 ㉡2.6 m나 자랐다.
- 14일 동안 덤불 유카의 단위 시간당 길이 변화율은 약 ㉢30 μm/s이다.

이에 대한 설명으로 옳은 것만을 〈보기〉에서 있는 대로 고른 것은?

┤ 보기 ├
ㄱ. ㉠은 240시간과 같다.
ㄴ. ㉡은 2.6×10^6 μm와 같다.
ㄷ. ㉢은 기본 단위이다.

① ㄱ   ② ㄷ   ③ ㄱ, ㄴ
④ ㄴ, ㄷ   ⑤ ㄱ, ㄴ, ㄷ

> 25594-0060

06 다음은 일기예보의 한 장면을 나타낸 것이다.

일기예보에서 언급된 단위 중, 유도 단위만을 〈보기〉에서 있는 대로 고른 것은?

┤ 보기 ├
ㄱ. km   ㄴ. km/h   ㄷ. hPa
ㄹ. mm   ㅁ. m/s

① ㄱ, ㄴ   ② ㄱ, ㄷ, ㄹ   ③ ㄴ, ㄷ, ㅁ
④ ㄴ, ㄹ, ㅁ   ⑤ ㄷ, ㄹ, ㅁ

> 25594-0061

07 다음은 중력에 대한 설명이다.

- G는 중력 상수이다. 질량이 m_1, m_2인 두 물체가 거리 r만큼 떨어져 있을 때, 두 물체 사이에 작용하는 힘(중력)의 크기는 $G\dfrac{m_1 m_2}{r^2}$이다.
- 중력의 단위는 N으로, $1\,\text{N} = 1\,\text{kg} \cdot \text{m/s}^2$이다.

G의 단위로 옳은 것은?

① $\text{m/kg} \cdot \text{s}^2$ ② $\text{m}^2/\text{kg} \cdot \text{s}^2$
③ $\text{m}^3/\text{kg} \cdot \text{s}^2$ ④ $\text{kg} \cdot \text{m}^2/\text{s}^2$
⑤ $\text{kg} \cdot \text{m}^3/\text{s}^2$

> 25594-0062

08 다음은 빛의 속력과 천문단위에 대한 설명이다.

- 진공에서 빛의 속력은 c로 일정하며, c는 약 3.0×10^8 m/s이다.
- 태양과 지구 사이의 평균 거리를 '천문단위'라고 하며 단위는 AU이다. $1\,\text{AU} \approx 1.5 \times 10^8$ km이다.
- 몇몇 천문학 분야에서는 AU/min이라는 속력의 단위를 쓰기도 한다.

3.0×10^8 m/s를 AU/min 단위로 나타낸 것으로 옳은 것은? (단, 1 min = 60 s이다.)

① 0.12 AU/min   ② 0.2 AU/min
③ 1.2 AU/min   ④ 2 AU/min
⑤ 12 AU/min

> 25594-0063

09 다음은 A와 B의 대화이다.

A: 이 그림의 가로를 10 cm 줄이면 좋겠네.
B: 네. 10 cm 줄이겠습니다. 워드프로세서 프로그램에서 [㉠] point 줄이면 됩니다.

※ 1 in = 2.5 cm이다.
※ 1 in = 6 pica이고, 1 pica = 12 point이다.

㉠은 얼마인지 쓰시오.

> 25594-0064

10 그림은 미세 먼지 농도별 예보 등급에 대한 학생 A, B, C의 대화를 나타낸 것이다.

제시한 내용이 옳은 학생만을 있는 대로 고른 것은?

① A
② C
③ A, B
④ B, C
⑤ A, B, C

> 25594-0065

11 그림과 같이 자를 이용해 물체의 길이를 측정하였다.

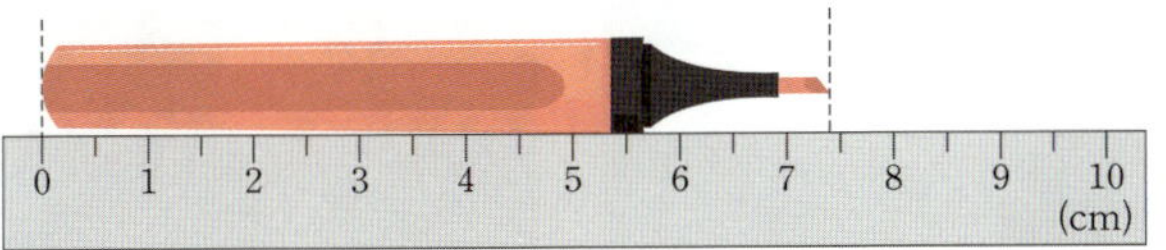

이에 대한 설명으로 옳은 것만을 〈보기〉에서 있는 대로 고른 것은?

┤ 보기 ├
ㄱ. 측정값은 7.0~7.5 cm 사이에 있다.
ㄴ. 어림을 통해 연필의 길이를 약 7.6 cm라고 할 수 있다.
ㄷ. 눈금의 간격이 클수록 더욱 정밀한 측정이 가능하다.

① ㄱ
② ㄷ
③ ㄱ, ㄴ
④ ㄴ, ㄷ
⑤ ㄱ, ㄴ, ㄷ

> 25594-0066

12 다음은 우주 왕복선이 지구로 귀환할 때 관제 센터와 교신한 내용과 그에 대한 설명이다.

우주 왕복선: 현재 고도는 20 km임. 로켓 엔진을 끄고 곧 대기권으로 돌입한다.
관제 센터: 알았다. 계속 진행해라.
우주 왕복선: 비행기 엔진으로 전환하여 순조롭게 비행 중이다. 현재 고도는 12 km이다.
관제 센터: 현재 고도가 12 ft(피트)라고? 충돌 직전인가?
우주 왕복선: 아니다. 약 4만 ft(피트) 고도에서 비행 중이다.

항공 분야에 영향력이 큰 국가에서 쓰는 독특한 단위계로 인해, 대기권 바깥에서는 국제단위계인 km 단위로 고도를 나타내고, 대기권 안에서는 국제단위계가 아닌 ft(피트) 단위로 고도를 나타낸다.

이 사례를 통해 내릴 수 있는 결론으로 적절한 것만을 〈보기〉에서 있는 대로 고른 것은?

┤ 보기 ├
ㄱ. 측정 표준은 협업에 매우 중요하다.
ㄴ. 서로 다른 단위계를 쓰면 변환하는 데 특정한 값이 필요하다.
ㄷ. 사용하는 단위가 다르면 정확한 의사소통에 어려움이 있다.

① ㄱ
② ㄷ
③ ㄱ, ㄴ
④ ㄴ, ㄷ
⑤ ㄱ, ㄴ, ㄷ

> 25594-0067

13 그림은 측정 기기를 이용해 혈당량을 측정한 모습으로, 표시창에 98 mg/dL이라고 표시되어 있다. 이에 대한 설명으로 옳은 것만을 〈보기〉에서 있는 대로 고른 것은?

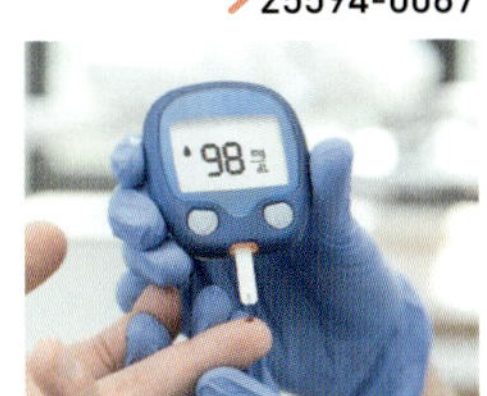

┤ 보기 ├
ㄱ. 질량의 측정 표준을 이용하였다.
ㄴ. 부피의 측정 표준을 이용하였다.
ㄷ. 부피 1 m^3에 포함된 당이 98 g이라는 것이다.

① ㄱ
② ㄷ
③ ㄱ, ㄴ
④ ㄴ, ㄷ
⑤ ㄱ, ㄴ, ㄷ

> 25594-0068

14 다음은 온도의 기본 단위가 정립된 과정을 순서 없이 나타낸 것이다.

> (가) 물의 삼중점의 온도를 273.16 K으로 정의한다.
> (나) 볼츠만 상수 k가 정확히 1.380649×10^{-23} J/K이 되는 온도 단위를 1 K으로 정의한다.

이에 대한 설명으로 옳은 것만을 〈보기〉에서 있는 대로 고른 것은?

─ 보기 ─
ㄱ. (가)는 물의 상태에 따라 온도 단위가 달라지는 문제점이 있다.
ㄴ. (나)는 물리 상수를 불변의 값으로 간주하여 기본 단위를 설정하는 측정 표준이다.
ㄷ. (나)는 과거에 사용한 측정 표준으로 현재는 사용하지 않는다.

① ㄱ　　② ㄷ　　③ ㄱ, ㄴ　　④ ㄴ, ㄷ　　⑤ ㄱ, ㄴ, ㄷ

> 25594-0069

15 다음은 층간 소음 차단 성능 검사에 대한 내용이다.

> 공동 주택을 지을 때는 바닥이 층간 소음을 차단하는 성능이 일정 기준을 통과하도록 지어야 한다. 그림과 같이 특정한 기계로 바닥을 칠 때, 아래층의 정해진 위치에서 측정한 소리의 세기가 허용 기준을 넘는지를 검사한다.

층간 소음 차단 성능 검사에서 측정 표준에 포함되는 것만을 〈보기〉에서 있는 대로 고른 것은?

─ 보기 ─
ㄱ. 소음을 발생시키는 방법　　ㄴ. 측정 기기의 종류
ㄷ. 소리를 측정하는 위치

① ㄱ　　② ㄷ　　③ ㄱ, ㄴ　　④ ㄴ, ㄷ　　⑤ ㄱ, ㄴ, ㄷ

> 25594-0070

16 다음은 가정용 가스 누출 차단기에 대한 설명이다.

> 가스 감지기에서 가스 누출이 감지되면 가스 감지기에서 전송한 신호를 바탕으로 컨트롤러가 일련의 정보를 처리한 후, 차단 장치를 작동시킨다.

이에 대한 설명으로 옳은 것만을 〈보기〉에서 있는 대로 고른 것은?

─ 보기 ─
ㄱ. 가스 감지기에는 화학 센서(가스 센서)가 들어 있다.
ㄴ. 가스 감지기에서 컨트롤러로 전송되는 신호는 전기 신호이다.
ㄷ. 컨트롤러에서 처리하는 정보는 디지털 정보이다.

① ㄱ　　② ㄷ　　③ ㄱ, ㄴ　　④ ㄴ, ㄷ　　⑤ ㄱ, ㄴ, ㄷ

> 25594-0071

17 그림 (가)는 종이가 둘러싸인 회전통이 천천히 돌아가면서 종이에 지면의 진동을 기록하는 지진계를 나타낸 것이다. 그림 (나)는 센서 A를 이용해 지면의 진동을 기록하는 지진계를 나타낸 것이다.

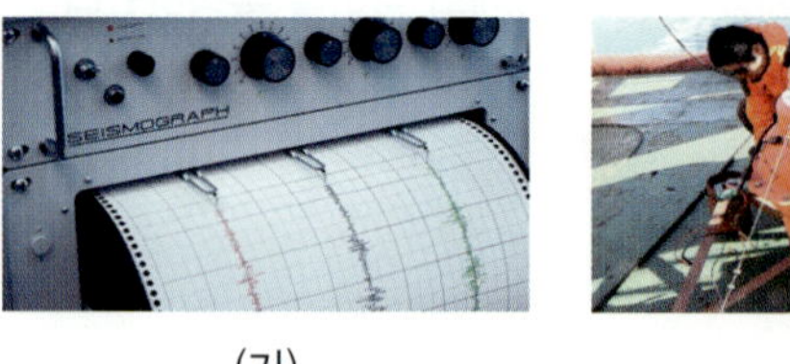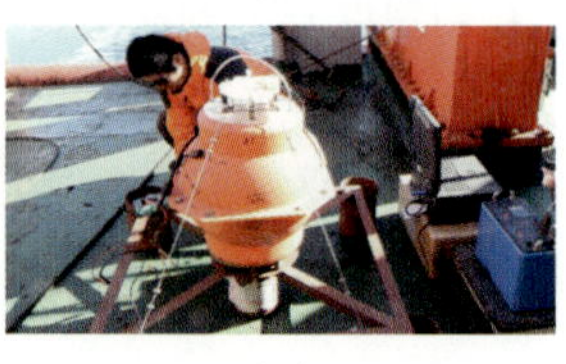

(가)　　　　　　　　(나)

이에 대한 설명으로 옳은 것만을 〈보기〉에서 있는 대로 고른 것은?

─ 보기 ─
ㄱ. (가)와 (나)는 모두 아날로그 신호를 수집한다.
ㄴ. (가)에서 기록된 결과는 디지털 신호이다.
ㄷ. A는 가속도 센서이다.

① ㄱ　　② ㄴ　　③ ㄱ, ㄷ　　④ ㄴ, ㄷ　　⑤ ㄱ, ㄴ, ㄷ

18 다음은 가속도 센서에 대한 설명이다.

> 25594-0072

사진을 찍는 순간 손이나 카메라가 떨리면 선명한 사진을 얻기 어렵기 때문에 삼각대와 같은 고정 장치가 필요했다. 최근에 시판되는 카메라는 가속도 센서를 이용해 손의 떨림이나 진동을 감지하여 초점을 자동으로 맞춰 주기 때문에 예전보다 사진을 찍기 편리하다.

가속도 센서가 포함된 장치만을 〈보기〉에서 있는 대로 고른 것은?

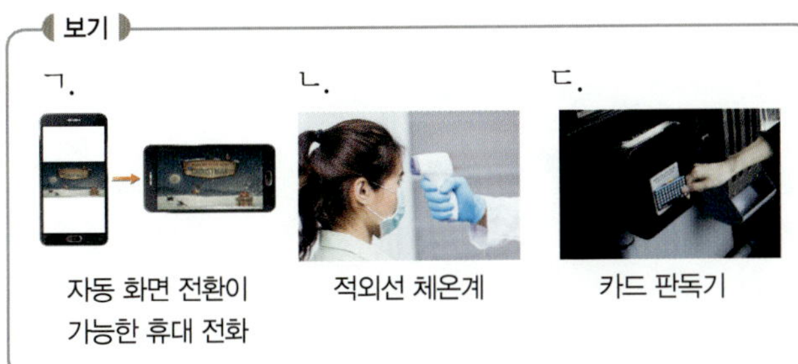

① ㄱ ② ㄷ ③ ㄱ, ㄴ
④ ㄴ, ㄷ ⑤ ㄱ, ㄴ, ㄷ

수능 유형

> 25594-0073

19 그림은 변환기 1에서 신호 A가 신호 B로 변환되고 변환기 2에서 B가 신호 C로 변환되는 과정을 나타낸 것이다.

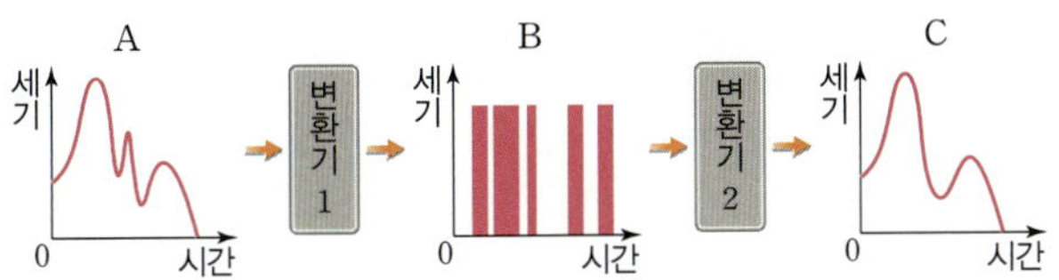

이에 대한 설명으로 옳은 것만을 〈보기〉에서 있는 대로 고른 것은?

> ㄱ. B는 디지털 신호이다.
> ㄴ. A와 비교할 때, C는 신호의 손실이 없다.
> ㄷ. 변환기 2는 아날로그 신호를 디지털 신호로 바꾸는 장치이다.

① ㄱ ② ㄷ ③ ㄱ, ㄴ
④ ㄴ, ㄷ ⑤ ㄱ, ㄴ, ㄷ

> 25594-0074

20 그림 (가)는 인간과 태양계에 대한 정보를 간략히 나타낸 것이다. 그림 (나)는 (가)의 정보를 전파 망원경을 통해 태양계 바깥으로 보낸 신호를 표현한 것이다.

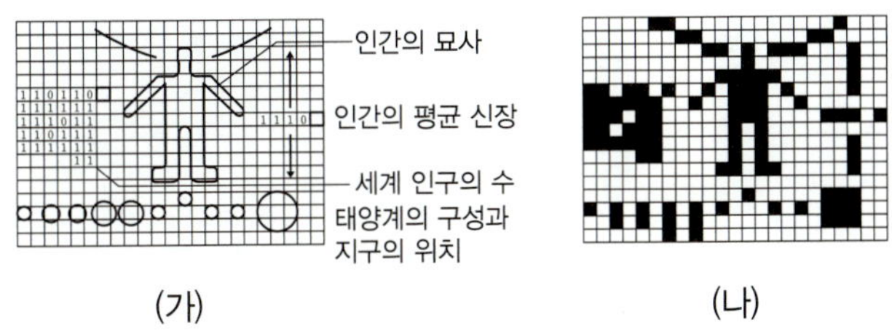

이에 대한 설명으로 옳은 것만을 〈보기〉에서 있는 대로 고른 것은?

> ㄱ. (가)는 아날로그 신호이다.
> ㄴ. (가)에서 (나)로 신호를 변환할 때 정보의 왜곡이 발생한다.
> ㄷ. (나)는 (가)에 비해 정보의 전송이 편리하다.

① ㄱ ② ㄷ ③ ㄱ, ㄴ ④ ㄴ, ㄷ ⑤ ㄱ, ㄴ, ㄷ

> 25594-0075

21 다음은 대기 환경 정보가 제공되는 과정을 나타낸 것이다.

전국 곳곳의 측정 장치에서 대기 환경 정보를 측정하고 분석하여 국가 관리 시스템으로 전송한다. 국가 관리 시스템은 전국의 대기 환경 정보를 관리하여 공공 기관을 이용해 시민들에게 다양한 정보를 제공한다.

이에 대한 설명으로 옳은 것만을 〈보기〉에서 있는 대로 고른 것은?

> ㄱ. 측정 장치에서 측정하는 대기 환경에 대한 정보는 자연에서 오는 신호이다.
> ㄴ. 국가 관리 시스템에서 관리하는 정보는 디지털 신호이다.
> ㄷ. 재난 알림과 같은 정보는 디지털 기술이 일상생활에 이용된 사례이다.

① ㄱ ② ㄷ ③ ㄱ, ㄴ ④ ㄴ, ㄷ ⑤ ㄱ, ㄴ, ㄷ

II

물질과 규칙성

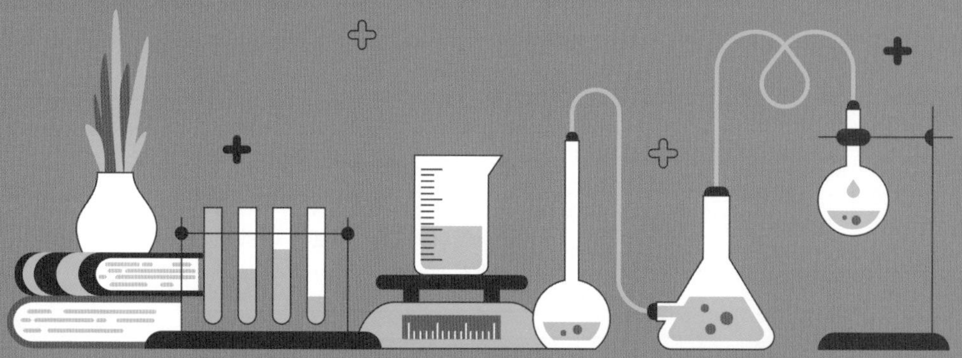

# 원소의 생성과 규칙성

- 우주 초기의 원소 형성, 태양계의 형성과 진화, 별의 진화 등 모든 천문 현상은 천체에서 방출되는 빛의 분석을 통해 이루어짐을 이해하기
- 자연계에 존재하는 원소에는 규칙성이 있으며, 이러한 원소의 결합으로 수많은 물질이 생성됨을 설명하기
- 이온 결합과 공유 결합의 성질과 차이 이해하기

이 단원의 핵심

● 우주 초기의 원소는 어떻게 생성되었을까?

우주 초기의 원소	별의 진화와 원소의 생성
• **원소의 스펙트럼**: 천체의 스펙트럼 분석을 통해 우주를 구성하고 있는 원소의 종류를 알 수 있다. • **빅뱅 우주론**: 물질과 에너지가 모인 한 점에서 대폭발이 일어났고, 이후 계속 우주가 팽창하면서 우주를 구성하는 수소와 헬륨이 만들어졌다는 이론이다.	• **다양한 원소의 형성**: 질량이 태양과 비슷한 별에서는 핵융합 반응으로 탄소까지 만들 수 있고, 질량이 태양보다 훨씬 큰 별에서는 핵융합 반응으로 철까지 만들 수 있다. 이후 초신성 폭발이 일어나는 과정에서 철보다 무거운 원소가 만들어진다. • **태양계의 형성**: 태양은 성운이 수축해서 형성된 별이고, 미행성체들이 충돌·병합하여 지구형 행성과 목성형 행성이 되었다.

● 원소의 주기성은 무엇이고, 원소의 화학 결합은 어떤 특징을 나타낼까?

원소의 주기성	이온 결합과 공유 결합
• **원소의 주기성**: 원소를 원자 번호 순서대로 배열하였을 때 화학적 성질이 비슷한 원소들이 일정한 간격으로 나타나는 현상이고, 이는 주기율표에 나타나 있다. • **같은 족 원소**: 주기율표에서 1족 원소는 알칼리 금속, 17족 원소는 할로젠이다. 같은 족 원소는 원자가 전자 수가 같아서 화학적 성질이 비슷하다.	• **이온 결합**: 금속 원소와 비금속 원소 사이의 화학 결합으로, 양이온과 음이온 사이에 정전기적 인력이 작용하여 형성되는 결합이다. • **공유 결합**: 비금속 원소 사이의 화학 결합으로, 원자들이 전자쌍을 공유하여 형성되는 결합이다. • 이온 결합 물질과 공유 결합 물질은 물질의 상태에 따라 전기 전도성이 다르다.

1 스펙트럼

(1) **❶스펙트럼**: 빛을 분광기나 프리즘에 통과시킬 때 빛이 나누어지면서 만들어지는 색의 띠이다.

(2) **스펙트럼의 종류**

연속 스펙트럼		백열등과 같은 광원에서 방출한 빛을 프리즘에 통과시키면 연속적인 색의 띠가 나타난다.
선 스펙트럼	❷흡수 스펙트럼	광원에서 나온 빛이 저온의 기체를 통과한 후 프리즘을 통과하면 연속 스펙트럼을 배경으로 검은 선이 나타나는 흡수 스펙트럼을 만든다.
	방출 스펙트럼	기체 방전관과 같이 고온의 특정 원소가 내는 빛이 프리즘을 통과하면 몇 가지 색깔의 밝은 선으로 이루어진 방출 스펙트럼을 만든다.

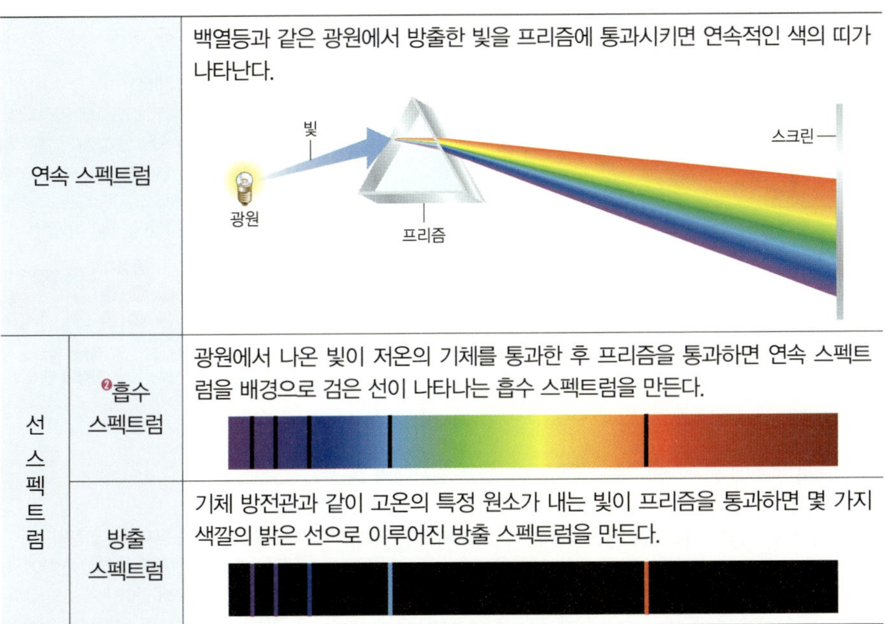

(3) ❸원소의 선 스펙트럼

① 원소는 저마다 고유의 스펙트럼을 나타내며, 한 종류의 원소에서 관측되는 흡수선과 방출선의 위치는 동일하다.

② 스펙트럼에 나타나는 선의 위치, 굵기, 개수는 원소에 따라 다르다.

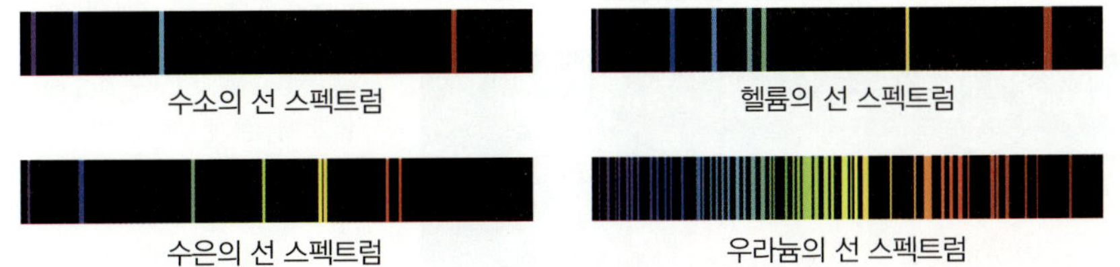

③ 별, 은하와 같은 천체에서 방출되는 빛의 스펙트럼을 분석하면 우주에 존재하는 원소의 정보를 얻을 수 있다.

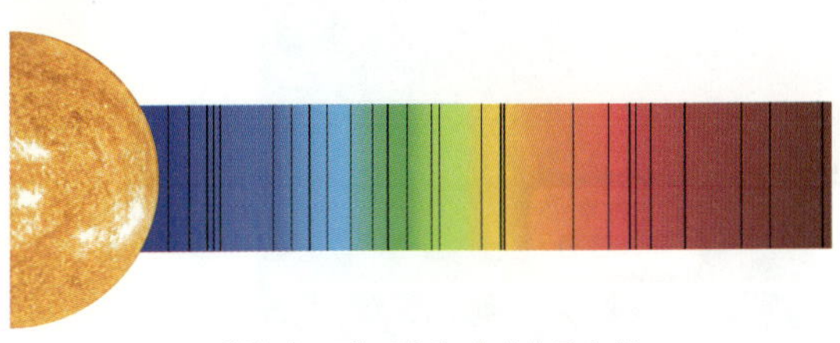

태양의 스펙트럼에 나타난 흡수선

🔍 THE 알기

❶ 스펙트럼

스펙트럼은 빛의 파장에 따라 굴절되는 정도가 다르기 때문에 나타난다.

❷ 흡수 스펙트럼

별에서 나오는 빛을 분광기로 관찰하면 연속 스펙트럼으로 보여야 한다. 하지만, 별의 표면에서 나온 빛이 온도가 상대적으로 낮은 별의 대기를 통과하면서 대기에 있는 원소가 특정 파장의 빛을 흡수하여 검은 선이 나타나는 흡수 스펙트럼을 만든다.

❸ 원소의 선 스펙트럼

원소들이 선 스펙트럼을 나타내는 것은 원자핵 주위에 있는 전자가 에너지 준위가 다른 곳으로 전이할 때, 에너지 준위의 차이에 해당하는 에너지를 빛으로 방출하거나 흡수하기 때문이다. 원소마다 전자의 수가 다르고 전자의 에너지 준위도 다르므로 방출하거나 흡수하는 빛의 파장이 달라져 원소마다 고유한 스펙트럼이 나타난다.

② 우주 초기의 원소 생성

우주를 구성하는 물질은 원자로 이루어져 있고, 원자는 원자핵과 전자로 이루어져 있다. 원자핵은 양성자와 중성자로 이루어져 있으며, 양성자와 중성자는 쿼크로 이루어져 있다. 이러한 쿼크와 같은 기본 입자들로부터 우주를 구성하는 모든 물질이 만들어졌다.

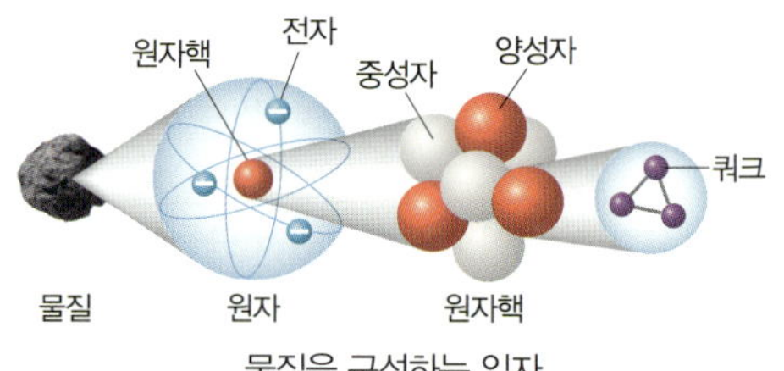

물질을 구성하는 입자

(1) ❶기본 입자의 생성	빅뱅 우주론에 따르면 약 138억 년 전 밀도가 매우 높고 뜨거운 한 점에서 빅뱅(대폭발)이 일어나 우주가 탄생하였고, 이 과정에서 쿼크와 전자를 포함한 여러 종류의 기본 입자가 만들어졌다.
(2) 양성자와 중성자의 생성	우주가 팽창하면서 우주의 온도가 낮아지자 쿼크들이 결합하여 양성자(수소 원자핵)와 중성자를 만들었다.
(3) ❷헬륨 원자핵의 생성	양성자는 그 자체로 수소 원자핵이 되었고, 시간이 지나면서 양성자 2개와 중성자 2개가 결합하여 헬륨 원자핵을 만들었다. 이 과정은 빅뱅 후 약 3분이 되었을 때 일어났다. ① 헬륨 원자핵의 형성으로 우주에 존재하는 ❸수소 원자핵과 헬륨 원자핵의 질량비는 약 3:1이 되었다. ② 이후 우주의 온도가 점점 낮아짐에 따라 새로운 원자핵은 만들어지지 않았다.
(4) ❹중성 원자의 생성	빅뱅 후 약 38만 년이 되었을 때, 우주의 온도는 더 낮아져 전자가 원자핵 주위로 끌려와 중성 원자를 형성하기 시작하였다. ① 수소 원자핵은 전자 1개와 결합하여 수소 원자가 되었고, 헬륨 원자핵은 전자 2개와 결합하여 헬륨 원자가 되었다. ② 이러한 과정을 통해 우주가 생성된 초기에 우주 전역에는 수소와 헬륨으로 가득하게 되었다.

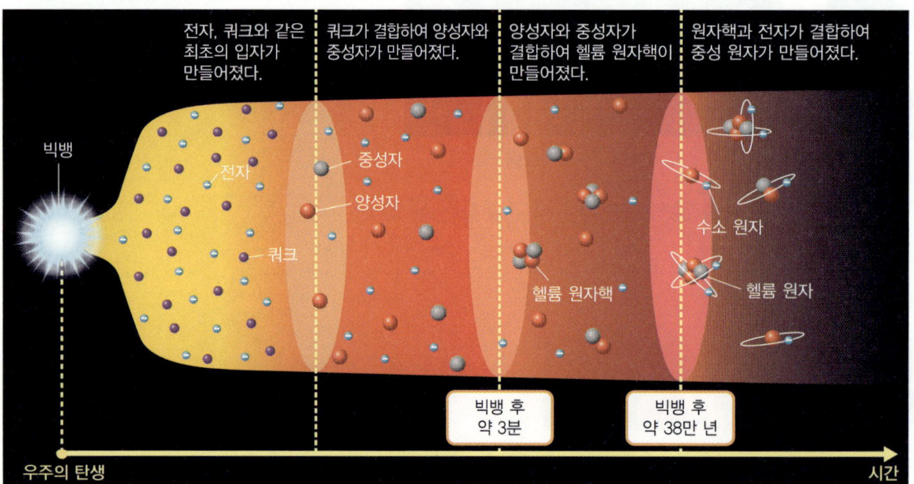

우주 초기의 원소 생성

❶ 기본 입자

기본 입자는 다른 입자를 구성하는 가장 기본이 되는 입자를 말하며, 쿼크, 렙톤, 보손 등이 있다. 쿼크 중 위 쿼크와 아래 쿼크는 양성자와 중성자를 이루는 입자이며, 전자는 렙톤의 일종이다.

❷ 헬륨 원자핵 생성

빅뱅 후 약 3분이 되었을 때 양성자와 중성자 수의 비는 약 7:1이었다. 헬륨 원자핵은 양성자 2개와 중성자 2개로 이루어지므로 이 시기에 수소 원자핵과 헬륨 원자핵의 질량비가 약 3:1이 되었다.

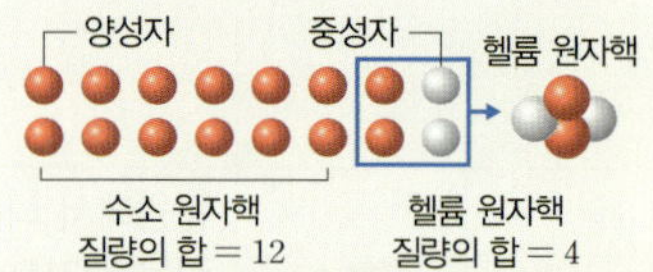

❸ 수소와 헬륨 원자핵의 질량비

오늘날 우주 전역의 다양한 천체에서 방출된 빛을 관측해 알아낸 수소와 헬륨 원자핵의 질량비는 약 3:1이며, 이는 빅뱅 우주론에서 예측한 값과 거의 일치한다.

❹ 중성 원자의 생성과 우주 배경 복사

빅뱅 이후 약 38만 년까지는 빛과 입자들이 마구 뒤섞여 있었지만, 중성 원자가 만들어진 뒤에는 빛이 전자의 방해를 받지 않고 자유롭게 우주 공간으로 퍼져 나갈 수 있게 되었다. 이때의 빛이 현재 우주 배경 복사로 관측된다.

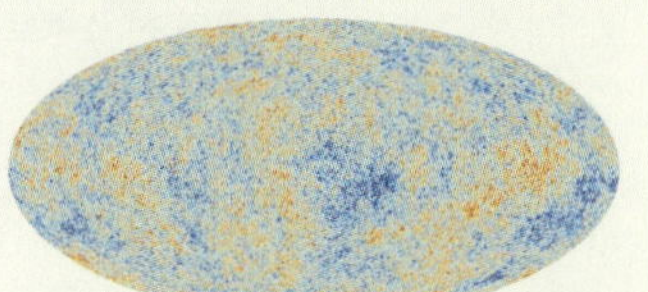

2013년 플랑크 망원경이 관측한 우주 배경 복사의 모습

빈칸 완성

1. 빛을 분광기나 프리즘에 통과시킬 때 빛이 나누어지면서 만들어지는 색의 띠를 (　　　)(이)라고 한다.

2. 백열등에서 방출된 빛을 프리즘에 통과시키면 (　　　) 스펙트럼이 나타난다.

3. (　　　) 스펙트럼은 원소가 특정한 파장의 에너지를 흡수하거나 방출할 때 만들어진다.

4. 빛이 저온의 기체를 통과한 후 프리즘을 통과하면 (　　　) 스펙트럼이 나타난다.

5. 고온의 특정 가스가 내는 빛이 프리즘을 통과하면 밝은 선으로 이루어진 (　　　) 스펙트럼이 나타난다.

6. 별빛의 (　　　)을/를 관찰하면 별의 구성 물질에 대한 정보를 얻을 수 있다.

7. 우주를 구성하는 물질은 (　　　)(으)로 이루어져 있으며, 이는 (　　　)와/과 (　　　)(으)로 이루어져 있다.

8. (　　　) 우주론에 따르면 우주는 밀도가 매우 높고 뜨거운 한 점에서 대폭발이 일어나 탄생하였다.

9. 약 138억 년 전 대폭발 과정에서 쿼크와 전자를 포함한 여러 종류의 (　　　)이/가 만들어졌다.

10. 양성자 2개와 중성자 2개가 결합하여 (　　　) 원자핵이 만들어졌다.

11. 수소 원자핵은 전자 1개와 결합하여 수소 (　　　)이/가 되었다.

> **정답** 1. 스펙트럼 2. 연속 3. 선 4. 흡수 5. 방출 6. 스펙트럼 7. 원자, 원자핵, 전자 8. 빅뱅 9. 기본 입자 10. 헬륨 11. 원자

O, X 퀴즈

1. 한 종류 원소의 스펙트럼에서 나타나는 흡수선과 방출선의 위치는 동일하다. (O , ×)

2. 별빛의 스펙트럼에서 관찰되는 흡수선은 별 중심부의 원소가 특정 파장의 빛을 흡수하여 생긴 것이다. (O , ×)

3. 태양의 스펙트럼에는 수소와 헬륨 흡수선만 나타난다. (O , ×)

4. 쿼크는 양성자와 중성자로 이루어져 있다. (O , ×)

5. 수소와 헬륨 원자핵은 빅뱅 후 약 38만 년이 지났을 때 만들어졌다. (O , ×)

6. 중성 원자는 원자핵과 전자가 결합하여 형성된다. (O , ×)

단답형

7. 하나의 헬륨 원자핵이 헬륨 원자가 되기 위해서 결합해야 하는 전자의 개수를 쓰시오.

8. 수소와 헬륨 원자핵이 형성된 후 우주에 존재하는 수소 원자핵과 헬륨 원자핵의 질량비를 쓰시오.

9. 다음은 우주 초기의 원소 생성 과정을 순서 없이 나타낸 것이다.

ㄱ. 중성 원자의 생성	ㄴ. 헬륨 원자핵의 생성
ㄷ. 기본 입자의 생성	ㄹ. 양성자와 중성자의 생성

시간 순서가 빠른 것부터 순서대로 기호를 쓰시오.

> **정답** 1. ○ 2. × 3. × 4. × 5. × 6. ○ 7. 2개 8. 약 3:1 9. ㄷ-ㄹ-ㄴ-ㄱ

별의 진화와 원소의 생성

1 별의 진화와 원소의 생성

현재 지구에는 약 100종이 넘는 원소가 존재한다. 이러한 원소들은 대부분 우주에서 생성된 별에서 만들어졌다.

(1) 별의 탄생

① 성운이 ❶중력 수축에 의해 밀도와 온도가 높아져 원시별을 형성한다.

② 원시별의 중심부 온도가 약 1000만 K에 도달하면 ❷수소 핵융합 반응이 시작되면서 빛과 열을 방출하는 별이 탄생한다.

③ 수소 핵융합 반응이 시작되면 별의 내부 압력이 중력과 평형을 이루게 되면서 별의 크기가 일정하게 유지된다. 또한 수소는 별에서 가장 풍부한 원소이므로 별은 매우 긴 시간 동안 수소 핵융합 반응을 통해 생성된 에너지를 방출한다.

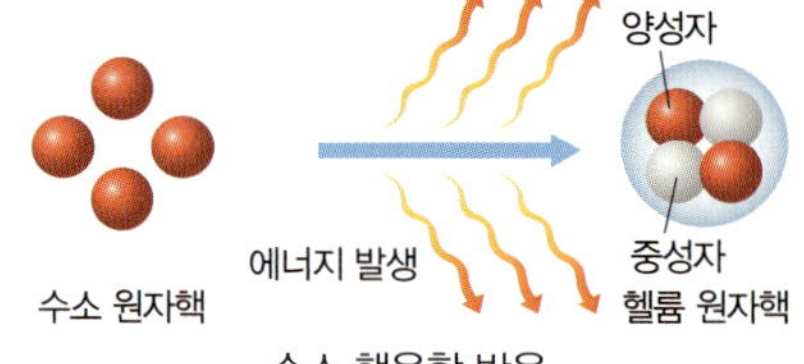

(2) 철보다 가벼운 원소의 생성

① 질량이 태양 정도인 별

- 별의 중심부에서는 가장 먼저 수소 핵융합 반응이 일어나 헬륨이 만들어진다.
- 별 중심부의 수소가 모두 헬륨으로 바뀌면 중심부는 중력의 작용으로 수축하고, 그 결과 중심부의 온도가 약 1억 K 이상이 되면 헬륨 핵융합 반응이 시작되어 탄소 등이 만들어진다.
- 태양 정도 질량인 별의 내부에서는 헬륨 핵융합 반응까지만 일어난다.

② 질량이 태양보다 매우 큰 별

- 별 중심부의 헬륨 핵융합 반응이 끝난 이후 탄소 핵융합 반응이 일어나 산소, 네온, 마그네슘이 만들어지고, 산소 핵융합 반응으로 황과 규소가, 규소 핵융합 반응으로 철이 차례로 만들어지면서 우주 초기에는 존재하지 않았던 다양한 원소가 별 내부에서 만들어지게 된다.

THE 알기

❶ 중력 수축

천체가 자신의 질량에 의한 중력 때문에 수축하는 현상이다. 중력 수축 에너지는 원시별의 에너지원으로 작용한다.

❷ 수소 핵융합 반응

수소 원자핵 4개가 융합하여 헬륨 원자핵을 만드는 과정에서 질량 손실이 일어나고, 손실된 질량이 에너지로 전환된다.

THE 들여다보기

○ 별의 질량에 따른 별의 진화 경로

(1) 질량이 태양 정도인 별

① 별 중심부에서 수소 핵융합 반응이 일어나는 주계열성 단계를 거친 후, 중심부에 생성된 헬륨의 핵융합 반응이 일어나며 온도가 높아짐에 따라 별의 외곽이 팽창하면서 별의 크기가 커지는 거성 단계에 도달한다. 이후 헬륨 핵융합 반응으로 중심부에 탄소핵이 만들어진 이후에는 더 이상 핵융합 반응을 하지 않는다.

② 별 중심부에 생성된 탄소핵은 수축하여 밀도가 매우 높은 백색왜성이 되어 별의 일생을 마치게 된다. 팽창하는 바깥층의 물질은 중심부와 분리되어 우주로 방출되며, 백색왜성 주위를 둘러싼 행성상 성운이 된다.

(2) 질량이 태양보다 매우 큰 별: 질량이 태양보다 매우 큰 별은 중심부에 탄소핵이 만들어진 이후에도 중심부에서 계속 핵융합 반응이 일어나 더 무거운 원소를 생성한다. 이 과정에서 별은 더욱 팽창하여 초거성이 된다.

(3) 철보다 무거운 원소의 생성

① 질량이 매우 큰 별은 핵융합 반응으로 철이 생성된 이후, 핵융합 반응을 멈추고 중심부가 수축하다가 급격히 폭발하여 **❶초신성**이 된다.

② 초신성 폭발 과정에서 철보다 무거운 구리, 금, 납, 우라늄과 같은 원소들이 생성되며, 이 원소들은 별을 이루던 물질들과 함께 우주 공간으로 방출된다. 이렇게 방출된 물질들은 새로 탄생하는 별의 재료가 된다.

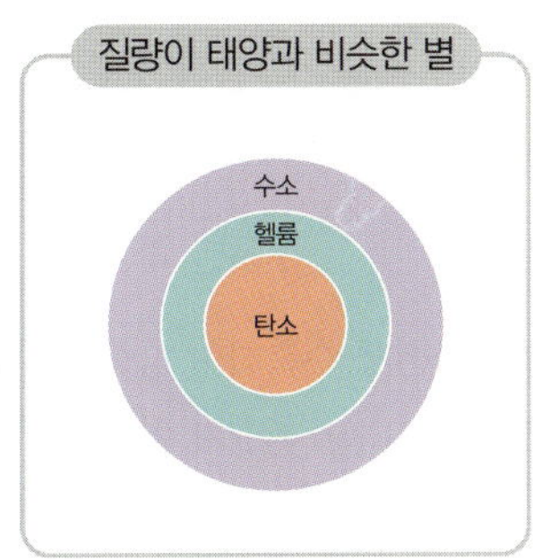

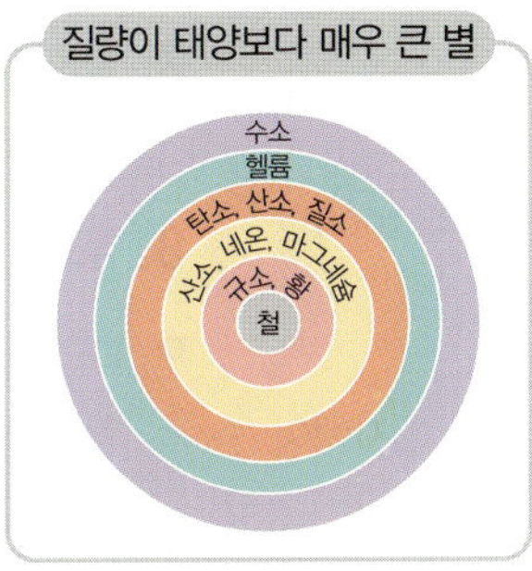

중심부에서 핵융합 반응이 끝난 별의 질량에 따른 내부 구조

② 지구와 생명의 역사

(1) 태양계의 형성

① **태양계 성운 형성**: 초신성 폭발로 방출된 기체와 먼지가 태양계 성운을 형성하였다.

② **원시 태양 형성**: 태양계 성운이 회전하면서 수축하여 중심부에는 원시 태양을 형성하였고, 주변에는 원반이 형성되었다.

③ **원시 행성 형성**: 태양계 원반을 이루고 있던 입자들은 서로 충돌하고 결합하여 미행성체를 형성하였고, 미행성체들이 충돌, 결합하면서 **❷원시 행성**이 만들어졌다.

태양계의 형성

(2) 지구의 형성과 생명체 탄생

① **마그마 바다 형성**: 미행성체의 충돌로 발생한 열 등에 의해 마그마 바다가 형성되었다. 이때 철과 같은 무거운 물질은 중심부로 가라앉아 핵을 이루고, 가벼운 규산염 물질은 떠올라 맨틀을 형성하였다.

② **원시 지각과 원시 바다 형성**: 지표면이 식어 원시 지각이 형성되었고, 수증기의 응결로 비가 내려 원시 바다가 형성되었으며, 원시 바다에서 최초의 생명체가 탄생하였다.

③ 오늘날 **❸**지구와 생명체를 이루고 있는 원소들은 대부분 태양계 성운에 포함되어 있던 원소이며, 이는 태양계가 형성되기 이전에 별에서 생성된 것이다.

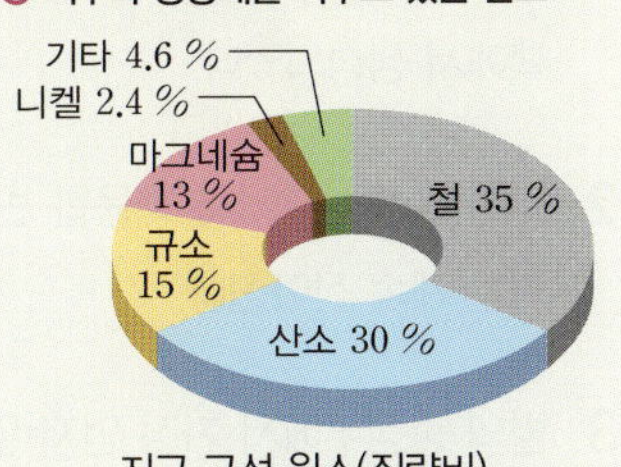

지구 구성 원소(질량비)

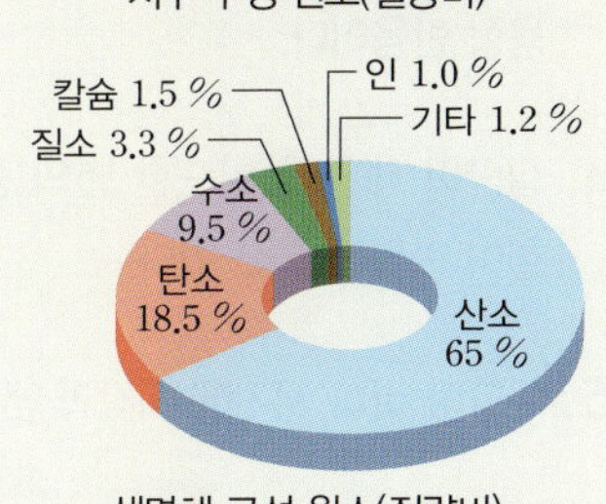

생명체 구성 원소(질량비)

빈칸 완성

1. 태양계 성운은 (　　　)에 의해 밀도와 온도가 높아져 원시별을 형성하였다.

2. 원시별 내부에서 가장 풍부한 원소는 (　　　)이다.

3 성운의 수축으로 생성된 원시별의 중심부 온도가 약 1000만 K에 도달하면 (　　) 핵융합 반응이 시작된다.

4. (　　)개의 수소 원자핵이 융합하면 하나의 헬륨 원자핵이 만들어진다.

5. 별 중심부의 수소가 모두 헬륨으로 바뀌면 중심부는 (　　) 하면서 온도가 높아진다.

6. 질량이 태양과 비슷한 별은 (　　　) 핵융합 반응까지만 일어난다.

7. 별의 내부에서 핵융합 반응으로 만들어질 수 있는 가장 무거운 원소는 (　　　)이다.

8. 철보다 무거운 원소는 (　　　) 폭발 과정에서 생성된다.

9. 태양계 성운이 회전하면서 수축하여 중심부는 (　　　)을/를 형성하였고, 주변에는 (　　　)이/가 형성되었다.

10. 태양계 원반을 이루고 있던 입자들은 서로 결합하고 충돌하여 (　　　)을/를 형성하였다.

11. 최초의 생명체는 원시 (　　　)에서 탄생하였다.

정답 1. 중력 수축 2. 수소 3. 수소 4. 4 5. 수축 6. 헬륨 7. 철 8. 초신성 9. 원시 태양, 원반 10. 미행성체 11. 바다

O, × 퀴즈

1. 지구와 생명체에 존재하는 대부분의 원소들은 지구 내부의 핵에서 생성되었다. (O, ×)

2. 원시별 중심부에서 핵융합 반응이 시작된 이후부터 별의 크기는 계속 작아진다. (O, ×)

3. 별의 중심부에서 가장 먼저 일어나는 핵융합 반응은 수소 핵융합 반응이다. (O, ×)

4. 질량이 태양과 비슷한 별의 중심부에서는 핵융합 반응으로 철이 만들어질 수 있다. (O, ×)

5. 마그마 바다 시기에 지각과 맨틀이 분리되었다. (O, ×)

바르게 연결하기

6. 핵융합 반응과 핵융합 반응으로 생성되는 원소를 바르게 연결하시오.

(1) 헬륨 핵융합 반응 ・　　　・㉠ 헬륨

(2) 규소 핵융합 반응 ・　　　・㉡ 황, 규소

(3) 산소 핵융합 반응 ・　　　・㉢ 산소, 네온

(4) 수소 핵융합 반응 ・　　　・㉣ 철

(5) 탄소 핵융합 반응 ・　　　・㉤ 탄소

정답 1. × 2. × 3. O 4. × 5. × 6. (1)—㉢, (2)—㉣, (3)—㉡, (4)—㉠, (5)—㉤

03 원소의 규칙성과 결합

1 주기율표

(1) **주기율**: 원소를 원자 번호(양성자 수) 순서대로 배열하였을 때 화학적 성질이 비슷한 원소들이 일정한 간격으로 반복되는 현상이다.

(2) **주기율표**: 원자의 양성자 수인 원자 번호와 ❶화학적 성질을 기준으로 원소를 배열한 표이다.

① 족: 주기율표의 세로줄로 1~18족이 있다. 수소(H)를 제외하고 같은 족 원소들은 화학적 성질이 비슷하다.

② 주기: 주기율표의 가로줄로 1~7주기가 있다. 원소의 성질이 반복적으로 변하는 구간이다.

주기\족	1	2	3	4	5	6	7	8	9	10	11	12	13	14	15	16	17	18
1	1 H 수소																	2 He 헬륨
2	3 Li 리튬	4 Be 베릴륨											5 B 붕소	6 C 탄소	7 N 질소	8 O 산소	9 F 플루오린	10 Ne 네온
3	11 Na 나트륨	12 Mg 마그네슘											13 Al 알루미늄	14 Si 규소	15 P 인	16 S 황	17 Cl 염소	18 Ar 아르곤
4	19 K 칼륨	20 Ca 칼슘	21 Sc 스칸듐	22 Ti 타이타늄	23 V 바나듐	24 Cr 크로뮴	25 Mn 망가니즈	26 Fe 철	27 Co 코발트	28 Ni 니켈	29 Cu 구리	30 Zn 아연	31 Ga 갈륨	32 Ge 저마늄	33 As 비소	34 Se 셀레늄	35 Br 브로민	36 Kr 크립톤
5	37 Rb 루비듐	38 Sr 스트론튬	39 Y 이트륨	40 Zr 지르코늄	41 Nb 나이오븀	42 Mo 몰리브데넘	43 Tc 테크네튬	44 Ru 루테늄	45 Rh 로듐	46 Pd 팔라듐	47 Ag 은	48 Cd 카드뮴	49 In 인듐	50 Sn 주석	51 Sb 안티모니	52 Te 텔루륨	53 I 아이오딘	54 Xe 제논
6	55 Cs 세슘	56 Ba 바륨	57~71 란타넘족	72 Hf 하프늄	73 Ta 탄탈럼	74 W 텅스텐	75 Re 레늄	76 Os 오스뮴	77 Ir 이리듐	78 Pt 백금	79 Au 금	80 Hg 수은	81 Tl 탈륨	82 Pb 납	83 Bi 비스무트	84 Po 폴로늄	85 At 아스타틴	86 Rn 라돈
7	87 Fr 프랑슘	88 Ra 라듐	89~103 악티늄족	104 Rf 러더포듐	105 Db 더브늄	106 Sg 시보귬	107 Bh 보륨	108 Hs 하슘	109 Mt 마이트너륨	110 Ds 다름슈타튬	111 Rg 뢴트게늄	112 Cn 코페르니슘	113 Nh 니호늄	114 Fl 플레로븀	115 Mc 모스코븀	116 Lv 리버모륨	117 Ts 테네신	118 Og 오가네손

금속 / 준금속 / 비금속

란타넘족	57 La 란타넘	58 Ce 세륨	59 Pr 프라세오디뮴	60 Nd 네오디뮴	61 Pm 프로메튬	62 Sm 사마륨	63 Eu 유로퓸	64 Gd 가돌리늄	65 Tb 터븀	66 Dy 디스프로슘	67 Ho 홀뮴	68 Er 어븀	69 Tm 툴륨	70 Yb 이터븀	71 Lu 루테튬
악티늄족	89 Ac 악티늄	90 Th 토륨	91 Pa 프로트악티늄	92 U 우라늄	93 Np 넵투늄	94 Pu 플루토늄	95 Am 아메리슘	96 Cm 퀴륨	97 Bk 버클륨	98 Cf 캘리포늄	99 Es 아인슈타이늄	100 Fm 페르뮴	101 Md 멘델레븀	102 No 노벨륨	103 Lr 로렌슘

2 원소의 규칙성

(1) ❷**금속 원소**: 대체로 주기율표의 왼쪽에 배치되어 있다.

  예 나트륨(Na), 알루미늄(Al), 철(Fe), 구리(Cu), 납(Pb) 등

(2) ❸**비금속 원소**: 대체로 주기율표의 오른쪽에 배치되어 있다.

  예 탄소(C), 질소(N), 산소(O), 플루오린(F), 황(S) 등

금속 원소의 특징	비금속 원소의 특징
• 대체로 광택이 있으며, 열과 전기가 잘 통한다. • 전자를 잃고 양이온이 되기 쉽다. • 외부에서 힘을 가하면 부서지지 않고 모양만 변한다. • ❹실온에서 대부분 고체 상태이다. (단, 수은(Hg)은 액체)	• 광택이 없고, 대체로 전기가 잘 통하지 않는다. (단, 흑연은 전기가 잘 통한다.) • 전자를 얻어 음이온이 되기 쉽다. (단, 18족 원소는 제외) • 실온에서 대부분 기체 또는 고체 상태이다. (단, 브로민(Br_2)은 액체)

(3) **준금속 원소**: 금속과 비금속의 사이에 배치되어 있는 원소로, 금속 원소와 비금속 원소의 중간 성질을 가진다. 예 붕소(B), 규소(Si), 저마늄(Ge) 등

3 유사한 성질을 갖는 원소

(1) ❶알칼리 금속

① 금속 원소 중 주기율표의 1족에 위치한 리튬(Li), 나트륨(Na), 칼륨(K) 등을 알칼리 금속이라고 한다.

② 실온에서 고체 상태이고, 은백색 광택이 있으며, 칼로 자를 수 있을 정도로 무르다.

③ 반응성이 커서 공기 중의 산소, 물과 빠르게 반응하므로 석유나 액체 파라핀과 같은 기름에 보관해야 한다.

④ 물과 격렬하게 반응하여 수소 기체를 발생하고, 반응한 뒤 수용액은 염기성을 띠므로 페놀프탈레인 용액을 떨어뜨리면 붉은색으로 변한다.

⑤ 원자 번호가 클수록 반응성이 크다. ➡ 반응성: Li < Na < K

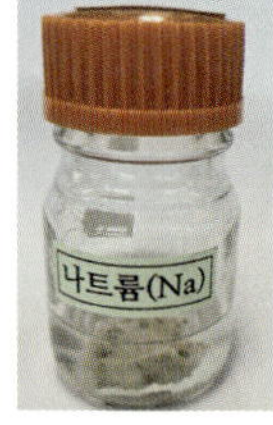

알칼리 금속의 보관

알칼리 금속의 성질

(2) ❷할로젠

① 비금속 원소 중 주기율표의 17족에 위치한 플루오린(F), 염소(Cl), 브로민(Br), 아이오딘(I) 등을 할로젠이라고 한다.

② 원소마다 특유의 색을 띠며, 수소와 반응하여 산(할로젠화 수소)을 생성한다.

③ 대체로 반응성이 커서 다른 원소와 쉽게 반응한다.

　📋 염소(Cl_2)와 나트륨(Na)이 반응하면 염화 나트륨(NaCl)이 생성된다.

④ 원자 번호가 클수록 반응성이 작다. ➡ 반응성: F > Cl > Br > I

할로젠 고유의 색

염화 나트륨

염소와 나트륨의 반응

THE 알기

❶ 알칼리 금속

구분	녹는점 (℃)	끓는점 (℃)	밀도 (g/cm³)
Li	180.5	1336	0.53
Na	98	889	0.97
K	63.2	766	0.86

❷ 할로젠 특유의 색

할로젠은 2개의 원자가 결합한 상태로 존재하면서 특유의 색을 나타내며, 실온에서의 상태가 다양하다.

구분	녹는점 (℃)	끓는점 (℃)	색 상태
F_2	−220	−188	담황색 기체
Cl_2	−101	−35	황록색 기체
Br_2	−7	59	적갈색 액체
I_2	114	184	흑자색 고체

THE 들여다보기

알칼리 금속과 할로젠의 반응

알칼리 금속의 반응	할로젠의 반응
• 산소와의 반응: $4M + O_2 \longrightarrow 2M_2O$ (M: Li, Na, K 등) • 물과의 반응: $2M + 2H_2O \longrightarrow 2MOH + H_2$ • 알칼리 금속과 물이 반응한 수용액은 염기성이다. • 알칼리 금속은 고유의 불꽃색이 있다. 　➡ Li: 빨간색, Na: 노란색, K: 보라색	• 수소와의 반응: $X_2 + H_2 \longrightarrow 2HX$ (X: F, Cl, Br 등) • 수소와의 반응으로 생성된 할로젠화 수소(HX)가 물에 녹은 수용액은 산성이다. • 알칼리 금속과의 반응: $2M + X_2 \longrightarrow 2MX$ (M: Li, Na, K 등)

4 원소의 주기성과 자연의 규칙성

(1) 전자 껍질과 원자가 전자

① **전자 껍질**: 원자에서 전자는 일정한 에너지 상태에 존재하는데, 이를 ❶에너지 준위라고 한다. 원자핵 주위의 전자는 특정한 에너지 준위를 갖는 궤도에 존재하는데, 이 궤도를 전자 껍질이라고 한다.

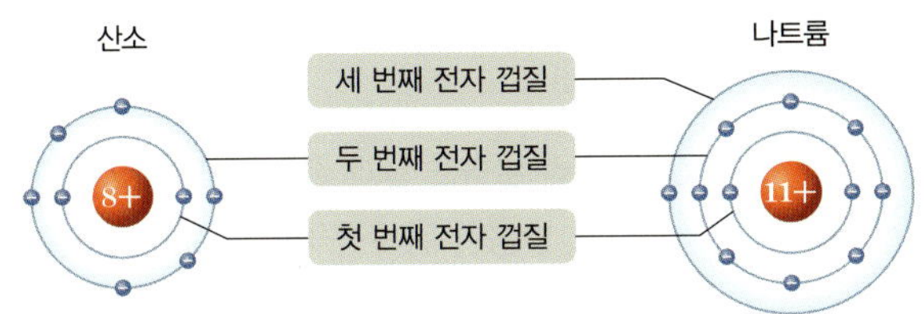

산소와 나트륨의 전자 배치

② 같은 주기 원소들은 전자가 들어 있는 전자 껍질 수가 같다.

③ ❷**원자가 전자**: 원자에서 가장 바깥 전자 껍질에 배치된 전자로, 화학 반응에 관여하는 전자이다. ➡ 1족, 2족, 13~17족 원소는 원자가 전자 수가 각각 1~7이고, ❸18족 원소는 화학 반응에 참여하지 않으므로 원자가 전자 수가 0이다.

④ 같은 족 원소들은 원자가 전자 수가 같다. 같은 족 원소들의 화학적 성질이 비슷한 것은 원자가 전자 수가 같기 때문이다.

　　예 1족 원소인 알칼리 금속(리튬, 나트륨, 칼륨 등)은 모두 원자가 전자가 1개이므로 화학적 성질이 비슷하고, 17족 원소인 할로젠(플루오린, 염소, 브로민 등)은 모두 원자가 전자가 7개이므로 화학적 성질이 비슷하다.

(2) 원자의 전자 배치와 자연의 규칙성

① 전자 껍질의 에너지 준위는 원자핵과의 거리가 가까울수록 낮으며, 전자는 에너지 준위가 낮은 전자 껍질부터 채워진다.

② 첫 번째 전자 껍질에는 최대 2개, 두 번째와 세 번째 전자 껍질에는 최대 8개의 전자가 채워진다.

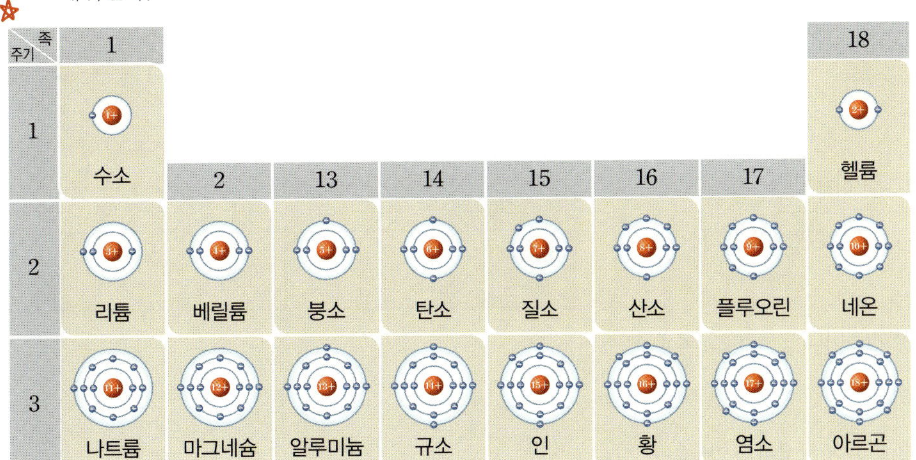

1~3주기 원자의 전자 배치

③ 원소의 화학적 성질을 결정하는 원자가 전자의 수가 주기적으로 변하므로 나타나는 원소의 주기성으로 인해 자연의 규칙성이 나타나게 된다.

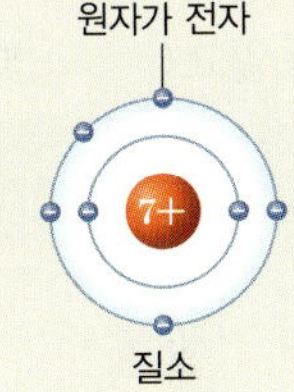

개념 체크

빈칸 완성

1. 원소를 (　　　) 순서대로 배열했을 때 화학적 성질이 비슷한 원소들이 일정한 간격으로 반복되는 현상을 주기율이라고 한다.

2. 주기율표에서 가로줄을 (　　　), 세로줄을 (　　　)(이)라고 한다.

3. 주기율표에서 주기는 (　　　)~(　　　)주기가 있고, 족은 (　　　)~(　　　)족이 있다.

4. 금속 원소는 대체로 주기율표의 (　　　)쪽에 배치되어 있고, 전자를 잃고 (　　　)이/가 되기 쉽다.

5. 18족 원소를 제외한 비금속 원소는 대체로 주기율표의 (　　　)쪽에 배치되어 있고, 전자를 얻어 (　　　)이/가 되기 쉽다.

6. 알칼리 금속은 물과 격렬하게 반응하여 (　　　) 기체를 발생하고, 반응한 뒤 수용액은 (　　　)을/를 띤다.

7. 할로젠은 수소와 반응하여 (　　　)을/를 생성한다.

8. 원자핵 주위에 전자가 존재하는 궤도를 (　　　)(이)라고 하고, 가장 바깥 전자 껍질에 배치된 전자로, 화학 반응에 관여하는 전자를 (　　　)(이)라고 한다.

9. 원소의 화학적 성질을 결정하는 (　　　)의 수가 주기적으로 변하므로 원소의 주기성이 나타난다.

> **정답** 1. 원자 번호 2. 주기, 족 3. 1, 7, 1, 18 4. 왼, 양이온 5. 오른, 음이온 6. 수소, 염기성 7. 산(할로젠화 수소) 8. 전자 껍질, 원자가 전자 9. 원자가 전자

O, × 퀴즈

1. 현대의 주기율표에서 원소들은 양성자 수 순서대로 나열되어 있다. (○ , ×)

2. 같은 주기 원소들은 화학적 성질이 비슷하다. (○ , ×)

3. 같은 족 원소들은 전자가 들어 있는 전자 껍질 수가 같다. (○ , ×)

4. 1족의 모든 원소는 알칼리 금속이다. (○ , ×)

5. 알칼리 금속은 공기 중의 산소와 빠르게 반응한다. (○ , ×)

6. 알칼리 금속은 액체 파라핀과 같은 기름에 보관해야 한다. (○ , ×)

7. 할로젠은 주기율표의 17족에 위치한 원소이다. (○ , ×)

8. 할로젠은 실온에서 모두 기체 상태이다. (○ , ×)

9. 할로젠은 반응성이 작아서 화학 반응에 거의 참여하지 않는다. (○ , ×)

단답형

10. 표는 산소, 나트륨, 아르곤에 대한 자료이다. 빈칸을 채우시오.

원소	산소	나트륨	아르곤
원자의 전자 배치 모형	8+	11+	18+
주기	(1) (　　)	(2) (　　)	(3) (　　)
족	(4) (　　)	(5) (　　)	(6) (　　)
원자가 전자 수	(7) (　　)	(8) (　　)	(9) (　　)

> **정답** 1. ○ 2. × 3. × 4. × 5. ○ 6. ○ 7. ○ 8. × 9. × 10. (1) 2 (2) 3 (3) 3 (4) 16 (5) 1 (6) 18 (7) 6 (8) 1 (9) 0

이온 결합과 공유 결합

① 화학 결합의 형성

(1) **①비활성 기체:** 주기율표의 18족 원소인 헬륨(He), 네온(Ne), 아르곤(Ar) 등은 다른 원소와 거의 화학 반응을 하지 않으므로 비활성 기체라고 한다.

➡ 비활성 기체는 가장 바깥 전자 껍질에 전자가 2개 또는 8개로 모두 채워져 있어 안정한 전자 배치를 이루므로 화학적으로 매우 안정하여 원자 상태로 존재한다.

비활성 기체	헬륨(He)	네온(Ne)	아르곤(Ar)
원자의 전자 배치 모형	2+	10+	18+
이용 예	광고용 기구 풍선, 우주 발사체 로켓 등	빛을 내는 간판 등	용접 부위 보호 기체, 이중 창 사이를 채우는 기체 등

(2) **②원소가 안정해지는 방법:** 18족 이외의 원소들은 화학 결합을 통해 비활성 기체와 같은 안정한 전자 배치를 이루려는 경향이 있다.

② ③이온 결합

(1) **이온의 형성**

① **양이온의 형성:** 금속 원자는 원자가 전자를 잃고 양이온이 되면서 18족 원소와 같은 안정한 전자 배치를 이룬다.

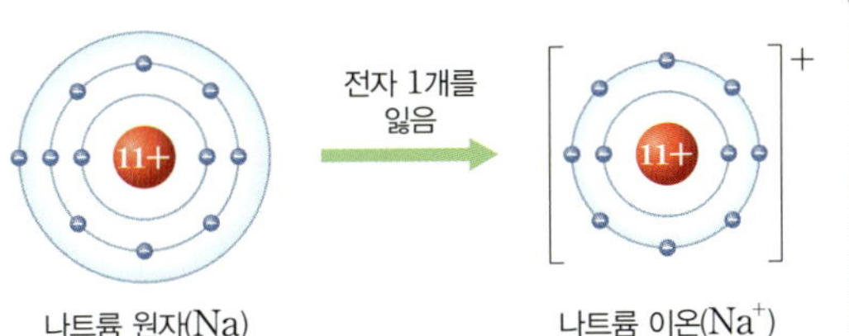

② **음이온의 형성:** 비금속 원자는 전자를 얻어 음이온이 되면서 18족 원소와 같은 안정한 전자 배치를 이룬다.

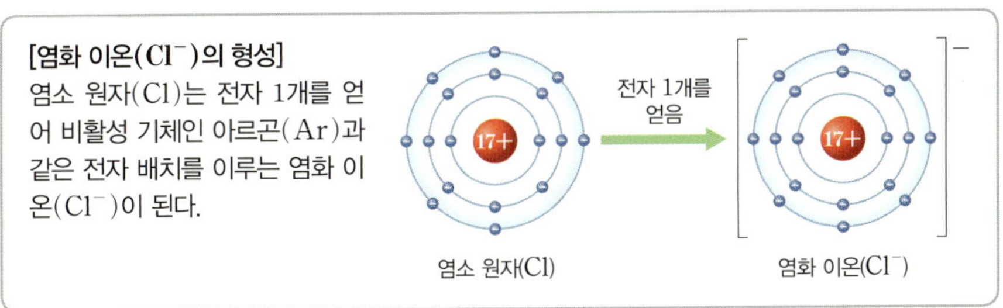

THE 알기

❶ 비활성 기체
비활성 기체는 가장 바깥 전자 껍질에 전자가 모두 채워져 있어 원자가 전자 수가 0인 공통점이 있다.

❷ 원소가 안정해지는 방법 – 옥텟 규칙
가장 바깥 전자 껍질에 전자가 8개 배치된 안정된 상태를 옥텟이라고 하며, 다른 원소들이 화학 결합을 통해 비활성 기체와 같은 안정한 전자 배치를 이루려고 하는 것을 옥텟 규칙이라고 한다.

❸ 이온 결합
이온 결합은 전자를 잃기 쉬운 금속 원소와 전자를 얻기 쉬운 비금속 원소 사이에 형성되는 화학 결합이다.

(2) 이온 결합의 형성

① **이온 결합**: 양이온과 음이온 사이에 [1]정전기적 인력이 작용하여 형성되는 화학 결합이다.

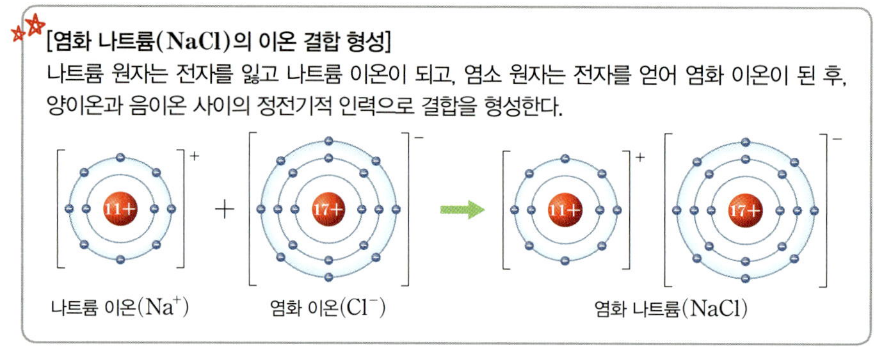

[염화 나트륨($NaCl$)의 이온 결합 형성]
나트륨 원자는 전자를 잃고 나트륨 이온이 되고, 염소 원자는 전자를 얻어 염화 이온이 된 후, 양이온과 음이온 사이의 정전기적 인력으로 결합을 형성한다.

② [2]**이온 결합 물질의 구조**: 이온 결합 물질은 많은 양이온과 음이온이 연속적으로 이온 결합하여 3차원적으로 배열한다.

③ [3]**이온 결합 물질의 화학식**: 양이온과 음이온이 결합하여 전기적으로 중성을 나타내는 이온의 개수비로 화학식을 나타낸다.

③ 공유 결합

(1) 공유 결합: 비금속 원소 사이에 원자들이 전자쌍을 공유하여 형성되는 화학 결합이다.

(2) 공유 결합의 형성

① 비금속 원소는 전자를 얻으려는 경향이 있으므로 전자를 각각 내놓아 전자쌍을 이룬 후, 이 전자쌍을 공유하여 결합한다.

② 각 원자는 공유한 전자쌍을 포함하여 비활성 기체와 같은 전자 배치를 이루어 안정해진다.

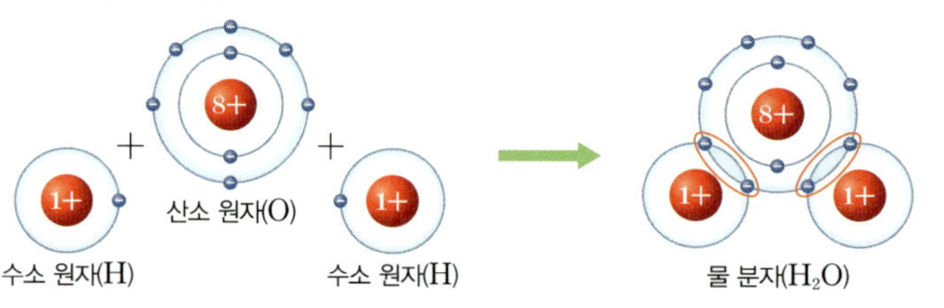

[물 분자(H_2O)의 공유 결합 형성]
산소 원자는 2개의 전자를 얻어야 안정해지고, 수소 원자는 1개의 전자를 얻어야 안정해진다. 따라서 산소 원자는 전자 2개를 내놓고, 2개의 수소 원자는 전자 1개씩을 내놓아 각각 전자쌍 1개씩을 공유하여 결합을 형성한다. 이때 산소 원자는 네온(Ne)과 같은 전자 배치를 이루고, 수소 원자는 헬륨(He)과 같은 전자 배치를 이룬다.

(3) 공유 결합의 종류: [4]공유 전자쌍 수에 따라 단일 결합, 2중 결합, 3중 결합으로 구분한다.

구분	단일 결합	2중 결합	3중 결합
공유 전자쌍 수	1	2	3
모형	플루오린 분자(F_2)	산소 분자(O_2)	질소 분자(N_2)

---

❶ 정전기적 인력
서로 다른 전하를 띤 입자 사이에 끌어당기는 힘을 말한다.

❷ 이온 결합 물질의 구조
이온 결합 물질은 양이온과 음이온이 연속적으로 결합하여 3차원적인 배열을 한다.

예 염화 나트륨($NaCl$)의 구조

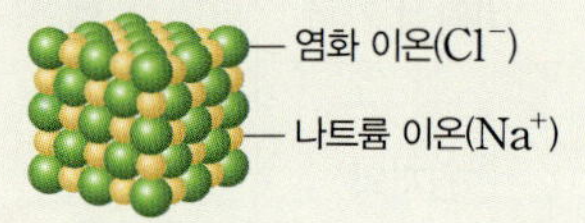

❸ 이온 결합 물질의 화학식
이온 결합 물질은 전기적으로 중성이므로 양이온의 (+)전하량과 음이온의 (−) 전하량의 합이 0이 되는 개수비로 결합하고, 화학식도 이 개수비를 따른다.

예 칼슘 이온(Ca^{2+})과 염화 이온(Cl^-) 이 1 : 2의 개수비로 결합한 염화 칼슘의 화학식 ➡ $CaCl_2$

❹ 공유 전자쌍
공유 결합할 때 두 원자가 공유하는 전자쌍을 공유 전자쌍이라고 한다. 물 분자(H_2O)와 산소 분자(O_2)의 공유 전자쌍 수는 각각 2, 2이다.

4 ❶이온 결합 물질과 공유 결합 물질의 성질

(1) ❷이온 결합 물질과 공유 결합 물질

① 이온 결합 물질: 이온 결합으로 생성된 물질로, 염화 나트륨($NaCl$), 염화 칼슘($CaCl_2$), 질산 나트륨($NaNO_3$), 탄산 칼슘($CaCO_3$), 수산화 마그네슘($Mg(OH)_2$) 등이 있다.

② 공유 결합 물질: 공유 결합으로 생성된 물질로, 수소(H_2), 산소(O_2), 물(H_2O), 이산화 탄소(CO_2), 뷰테인(C_4H_{10}), 포도당($C_6H_{12}O_6$), 설탕($C_{12}H_{22}O_{11}$) 등이 있다.

(2) 이온 결합 물질과 공유 결합 물질의 전기 전도성

① ❸고체 상태에서의 전기 전도성: 이온 결합 물질과 공유 결합 물질은 대부분 고체 상태에서 전기 전도성이 없다.

② ❹수용액 상태에서의 전기 전도성: 이온 결합 물질은 수용액 상태에서 전기 전도성이 있고, 공유 결합 물질은 수용액 상태에서 대부분 전기 전도성이 없다.

[이온 결합 물질(예 염화 나트륨)의 수용액의 전기 전도성]

이온 결합 물질이 물에 녹으면 양이온과 음이온으로 나누어져 이온들이 자유롭게 이동할 수 있다. 따라서 이온 결합 물질의 수용액에 전원을 연결하면 양이온은 ($-$)극 쪽으로, 음이온은 ($+$)극 쪽으로 이동하여 전류가 흐른다.

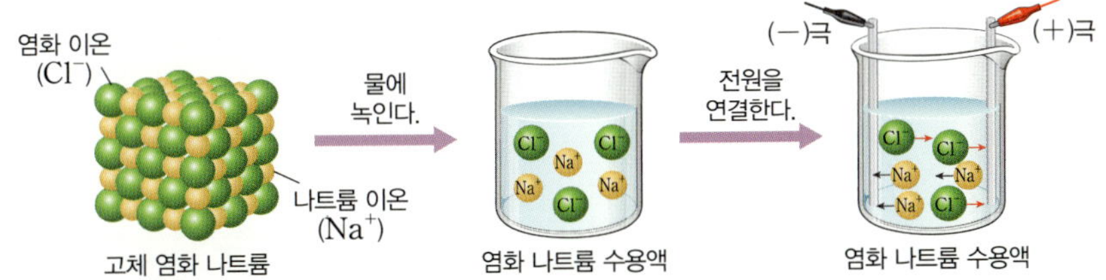

[공유 결합 물질(예 설탕)의 수용액의 전기 전도성]

공유 결합 물질이 물에 녹으면 대부분 이온으로 나누어지지 않고 분자로 존재한다. 따라서 공유 결합 물질의 수용액에 전원을 연결해도 분자들이 이동하지 않아 전류가 흐르지 않는다.

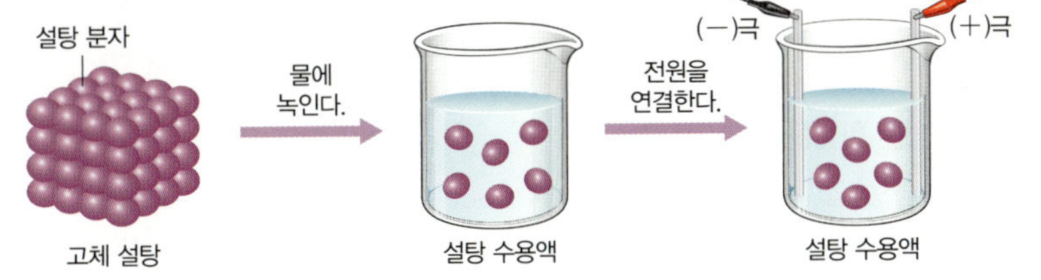

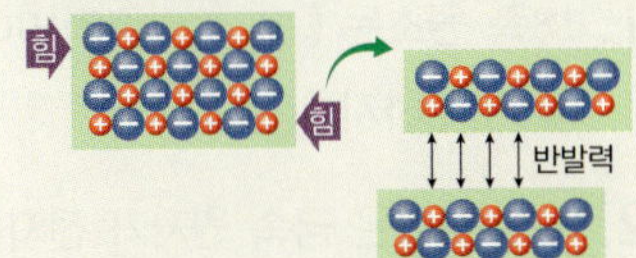

THE 알기

❶ 이온 결합 물질의 성질

이온 결합 물질에 힘을 가하면 이온 층이 밀리면서 서로 반발력이 작용하여 부서지는 현상을 볼 수 있다.

❷ 이온 결합 물질과 공유 결합 물질

소금($NaCl$), 산소(O_2), 물(H_2O)과 같이 인류의 생존에 필수적인 물질 외에도 다양한 이온 결합 물질과 공유 결합 물질이 존재한다. 이온 결합 물질에는 제설제로 쓰이는 염화 칼슘($CaCl_2$), 제산제의 성분인 수산화 마그네슘($Mg(OH)_2$) 등이 있고, 공유 결합 물질에는 단맛을 내는 설탕($C_{12}H_{22}O_{11}$), 휴대용 가스레인지의 연료인 뷰테인(C_4H_{10}) 등이 있다.

❸ 고체 상태에서의 전기 전도성

이온 결합 물질은 고체 상태에서 이온들이 정전기적 인력으로 강하게 결합되어 있으므로 이온들이 이동하지 않아 전기 전도성이 없다. 공유 결합 물질은 전기적으로 중성인 분자로 이루어져 있으므로 분자들이 이동하지 않아 전기 전도성이 없다.

❹ 액체 상태에서의 전기 전도성

액체 상태에서 이온 결합 물질은 수용액 상태에서와 같이 이온들이 자유롭게 이동할 수 있으므로 전기 전도성이 있다. 액체 상태에서 공유 결합 물질은 수용액 상태에서와 같이 분자가 전하를 띠지 않아 이동하지 않으므로 대부분 전기 전도성이 없다.

THE 들여다보기

○ 이온 결합 물질과 공유 결합 물질의 성질

성질		이온 결합 물질	공유 결합 물질
실온에서의 상태		고체	기체, 액체, 고체
녹는점과 끓는점		대체로 높음	대부분 이온 결합 물질보다 낮음
전기 전도성	고체 상태	없음	대부분 없음(예외: 흑연(C) 등)
	액체 상태	있음	없음
	수용액 상태	있음	대부분 없음(예외: HCl, NH_3 등)

빈칸 완성

1. 18족 원소는 (　　　) 수가 0이므로 다른 원소와 화학 결합을 거의 하지 않는다.

2. 이온 결합은 금속 원자가 전자를 잃고 생성된 (　　　)와/과 비금속 원자가 전자를 얻어 생성된 (　　　) 사이에 정전기적 인력이 작용하여 형성되는 화학 결합이다.

3. 염화 나트륨에서 나트륨 이온은 (　　　) 원자와 같은 전자 배치를 이루고, 염화 이온은 (　　　) 원자와 같은 전자 배치를 이룬다.

4. 비금속 원소들은 서로 전자쌍을 공유하여 화학 결합을 형성하는데, 이러한 화학 결합을 (　　　)(이)라고 한다.

정답 **1.** 원자가 전자 **2.** 양이온, 음이온 **3.** 네온(Ne), 아르곤(Ar) **4.** 공유 결합

둘 중에 고르기

5. 염화 칼슘($CaCl_2$)은 (이온, 공유) 결합 물질이고, 물(H_2O)은 (이온, 공유) 결합 물질이다.

6. 산소 분자는 2개의 산소 원자가 각각 전자 (　　　)개씩을 내놓아 (이온, 공유) 결합을 형성한다.

7. 이온 결합 물질은 (고체, 수용액) 상태에서 전기 전도성이 있다.

8. 포도당은 고체 상태에서 전기 전도성이 (있, 없)고, 수용액 상태에서 전기 전도성이 (있, 없)다.

정답 **5.** 이온, 공유 **6.** 2, 공유 **7.** 수용액 **8.** 없, 없

O, × 퀴즈

1. 금속 원소의 원자는 음이온이 되기 쉽다. (○, ×)

2. 염화 나트륨은 양이온과 음이온의 정전기적 인력에 의해 형성된다. (○, ×)

3. 칼슘(Ca)과 염소(Cl)는 1 : 2로 결합하여 안정한 화합물을 형성한다. (○, ×)

4. 질산 나트륨($NaNO_3$)은 고체 상태에서 전기 전도성이 있다. (○, ×)

5. 공유 결합 물질인 산소 분자의 화학식은 O이다. (○, ×)

6. 물 분자에서 수소와 산소는 모두 비활성 기체의 전자 배치를 이룬다. (○, ×)

7. 포도당($C_6H_{12}O_6$)은 액체 상태에서 전기 전도성이 있다. (○, ×)

단답형

8. 그림은 화합물 AB를 화학 결합 모형으로 나타낸 것이다. A와 B의 원자 번호를 각각 쓰시오.

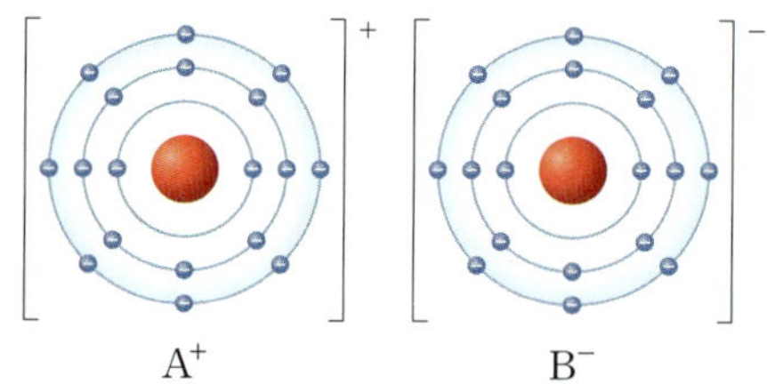

9. 공유 결합할 때 두 원자가 공유하는 전자쌍을 무엇이라고 하는지 쓰시오.

10. 그림은 원자 A와 B의 전자 배치를 모형으로 나타낸 것이다. A_2와 B_2의 공유 전자쌍 수를 각각 쓰시오.

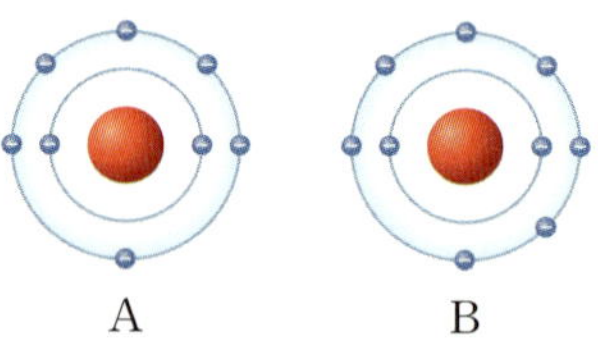

정답 **1.** × **2.** ○ **3.** ○ **4.** × **5.** × **6.** ○ **7.** × **8.** A: 19, B: 17 **9.** 공유 전자쌍 **10.** A_2: 2, B_2: 1

목표

분광기로 백열등과 여러 가지 원소의 스펙트럼을 관찰하고 우주의 스펙트럼과 비교하여 우주의 구성 물질을 추론할 수 있다.

과정

1. 불이 켜진 백열등을 분광기로 관찰하고, 카메라로 촬영한다.
2. 수소, 헬륨, 나트륨 방전관을 고전압 발생 장치에 끼운다. 방전관에서 나오는 빛을 분광기로 관찰하고, 카메라로 촬영한다.

3. 과정 2에서 촬영한 스펙트럼을 다음 별 A, B의 스펙트럼과 비교해 본다.

별 A

별 B

결과 정리 및 해석

1. 백열등에서는 연속 스펙트럼이 관찰된다.
2. 수소, 헬륨, 나트륨 방전관을 분광기로 관찰한 결과는 다음과 같다.

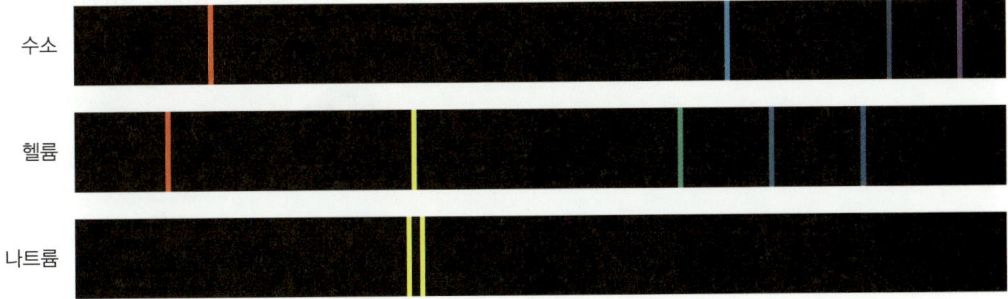

수소

헬륨

나트륨

탐구 분석

1. 과정 1과 2에서 관찰한 스펙트럼은 어떤 차이가 있는지 쓰시오.

   ➡

2. 별 A와 B에는 수소, 헬륨, 나트륨 중 어느 원소가 존재하는지 쓰고, 그 까닭을 쓰시오.

   ➡

3. 스펙트럼을 이용하여 별의 구성 원소를 어떻게 알아낼 수 있는지 쓰시오.

   ➡

01 스펙트럼에 대한 설명으로 옳은 것은?

> 25594-0076

① 스펙트럼에 나타난 붉은색 빛은 보라색 빛보다 파장이 짧다.
② 스펙트럼 중간에 검은 선이 생기는 이유는 물체가 검은 빛을 방출하였기 때문이다.
③ 흡수 스펙트럼과 방출 스펙트럼은 모두 연속 스펙트럼에 해당한다.
④ 백열등에서 나온 빛을 분광기로 관찰하면 검은 바탕의 중간중간에 밝은색 선이 나타난다.
⑤ 백열등에서 나온 빛을 차가운 기체를 통과시킨 후 분광기로 관찰하면 연속 스펙트럼 중간중간에 검은 선이 나타난다.

02 원소의 스펙트럼에 대한 설명으로 옳은 것은?

> 25594-0077

① 연속 스펙트럼으로 나타난다.
② 스펙트럼선의 개수는 원자 번호와 같다.
③ 선 스펙트럼에 나타나는 선의 굵기는 모두 같다.
④ 원소마다 스펙트럼선의 위치는 다르지만 개수는 같다.
⑤ 수소의 흡수 스펙트럼에 나타난 검은 선과 수소의 방출 스펙트럼에 나타난 밝은 선은 동일한 위치에 나타난다.

⭐중요

03 우주 초기의 원소 생성에 대한 설명으로 옳은 것은?

> 25594-0078

① 기본 입자는 원자가 생성된 후 생성되었다.
② 쿼크는 양성자보다 나중에 생성되었다.
③ 헬륨 원자핵은 중성 원자보다 먼저 생성되었다.
④ 헬륨 원자핵은 양성자 1개와 중성자 2개로 구성된다.
⑤ 빅뱅 이후 우주의 온도가 점차 높아지면서 원자가 생성될 수 있었다.

04 다음 중 빅뱅 우주론에 대한 설명으로 옳은 것만을 〈보기〉에서 있는 대로 고른 것은?

> 25594-0079

〔 보기 〕
ㄱ. 우주는 한 점에서 대폭발이 일어나 시작되었다.
ㄴ. 우주는 계속 팽창하고 있다.
ㄷ. 우주에서 수소 원자핵과 헬륨 원자핵의 질량비는 약 1 : 3이다.

① ㄱ ② ㄷ ③ ㄱ, ㄴ
④ ㄴ, ㄷ ⑤ ㄱ, ㄴ, ㄷ

05 그림은 물질을 이루는 입자들을 나타낸 것이다.

> 25594-0080

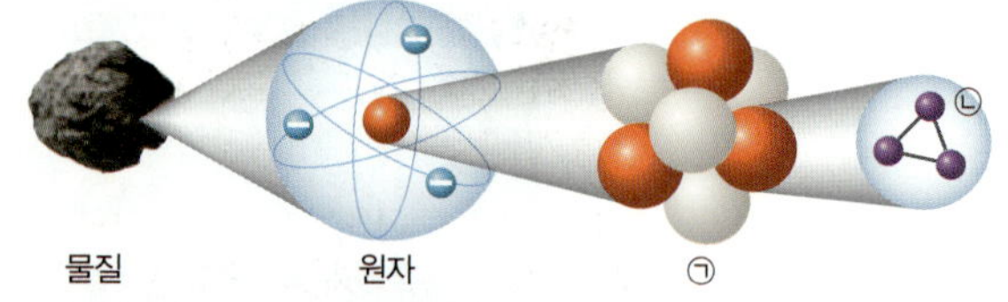

이에 대한 설명으로 옳은 것만을 〈보기〉에서 있는 대로 고른 것은?

〔 보기 〕
ㄱ. ㉠은 원자핵이다.
ㄴ. ㉠은 전자와 쿼크로 이루어져 있다.
ㄷ. ㉡은 빅뱅 후 약 3분이 지났을 무렵 생성되기 시작하였다.

① ㄱ ② ㄴ ③ ㄱ, ㄷ
④ ㄴ, ㄷ ⑤ ㄱ, ㄴ, ㄷ

⭐중요

> 25594-0081

06 그림은 현재 태양 내부의 핵융합 반응을 나타낸 것이다.

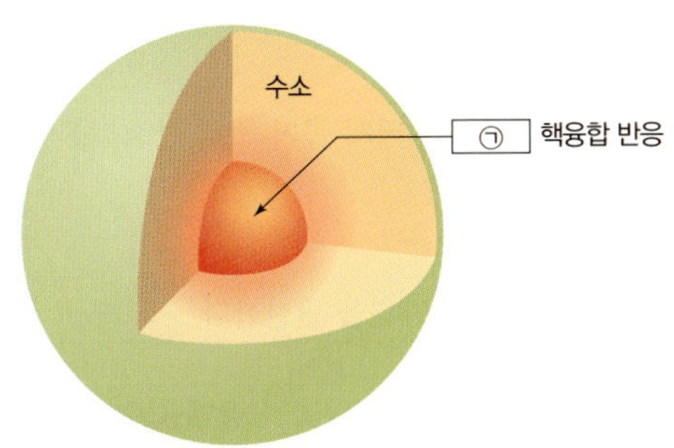

이에 대한 설명으로 옳은 것은?

① ㉠은 헬륨이다.
② 수소는 태양 내부의 핵융합 반응으로 생성되었다.
③ 태양이 진화함에 따라 중심부에서는 탄소가 생성될 수 있다.
④ 태양이 진화함에 따라 태양의 질량은 점차 증가한다.
⑤ 태양 중심부의 온도가 낮아지면, ㉠보다 무거운 원소의 핵융합 반응이 일어난다.

> 25594-0082

07 그림은 수소 핵융합 반응을 나타낸 것이다.

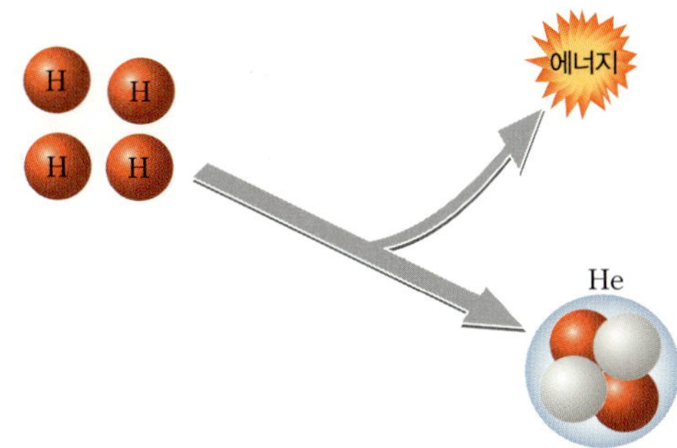

이에 대한 설명으로 옳은 것만을 〈보기〉에서 있는 대로 고른 것은?

〔 보기 〕
ㄱ. 태양의 중심부에서 일어나는 반응이다.
ㄴ. 수소 핵융합 반응이 일어나기 전과 후의 질량은 같다.
ㄷ. 질량이 태양보다 매우 큰 별의 내부에서는 일어나지 않는다.

① ㄱ   ② ㄴ   ③ ㄱ, ㄷ
④ ㄴ, ㄷ   ⑤ ㄱ, ㄴ, ㄷ

⭐중요

> 25594-0083

08 태양계 형성 과정에 대한 설명으로 옳지 <u>않은</u> 것은?

① 태양계 성운은 초신성 폭발로 생성되었다.
② 원시 태양은 팽창을 계속하여 별이 되었다.
③ 태양계 성운의 원반에서 티끌 같은 고체 물질들이 뭉쳐 미행성체가 형성되었다.
④ 미행성체들이 충돌, 병합하여 원시 행성을 형성하였다.
⑤ 태양에 가까운 곳에서는 주로 고체로 이루어진 행성이 형성되었다.

> 25594-0084

09 다음 (가)~(라)는 태양계의 형성 과정에서 일어난 사건을 나타낸 것이다.

(가) 원시 행성 형성   (나) 원시 태양의 형성
(다) 태양계 성운의 형성   (라) 미행성체의 충돌

시간 순서대로 옳게 나열한 것은?

① (가) － (나) － (다) － (라)
② (나) － (가) － (다) － (라)
③ (다) － (가) － (라) － (나)
④ (다) － (나) － (라) － (가)
⑤ (라) － (가) － (다) － (나)

> 25594-0085

10 다음 (가)~(라)는 원시 지구의 진화 과정에서 일어난 사건을 나타낸 것이다.

(가) 마그마 바다 형성   (나) 원시 지각 형성
(다) 맨틀과 핵의 분리   (라) 원시 바다의 형성

시간 순서대로 옳게 나열한 것은?

① (가) － (나) － (다) － (라)
② (가) － (다) － (나) － (라)
③ (나) － (가) － (다) － (라)
④ (다) － (가) － (라) － (나)
⑤ (다) － (라) － (가) － (나)

> 25594-0086

11 현대의 주기율표에 대한 설명으로 옳은 것은?

① 원자를 원자의 상대적 질량 순서대로 배열한 것이다.
② 주기율표의 가로줄은 주기로, 1~18주기가 있다.
③ 주기율표의 세로줄은 족으로, 1~7족이 있다.
④ 화학적 성질이 비슷한 원소가 일정한 간격으로 나타나는 현상을 주기율이라고 한다.
⑤ 같은 족 원소는 전자가 들어 있는 전자 껍질 수가 같아서 비슷한 화학적 성질을 나타낸다.

중요

> 25594-0087

12 그림은 주기율표의 일부를 나타낸 것이다.

주기＼족	1	2	13	14	15	16	17	18
1								
2	A		B				C	
3	D						E	F

이에 대한 설명으로 옳은 것만을 〈보기〉에서 있는 대로 고른 것은? (단, A~F는 임의의 원소 기호이다.)

보기
ㄱ. A와 D는 알칼리 금속이다.
ㄴ. C와 E는 화학적 성질이 비슷하다.
ㄷ. B와 F의 원자가 전자 수는 같다.

① ㄱ   ② ㄷ   ③ ㄱ, ㄴ
④ ㄴ, ㄷ   ⑤ ㄱ, ㄴ, ㄷ

중요

> 25594-0088

13 알칼리 금속에 대한 설명으로 옳지 <u>않은</u> 것은?

① 리튬, 나트륨, 칼륨 등이 있다.
② 공기 중의 산소와 빠르게 반응한다.
③ 물과 반응하여 수소 기체를 발생한다.
④ 물과 반응한 수용액은 염기성을 띤다.
⑤ 물속에 넣어 보관해야 한다.

> 25594-0089

14 다음은 알칼리 금속 X의 성질을 알아보는 실험이다.

[학습 내용]
알칼리 금속은 반응성이 커서 공기 중의 산소, 물과 빠르게 반응한다.

[실험 과정]
(가) X를 칼로 자른 후 단면을 관찰한다.
(나) 　　　　　　　　 ㉠ 　　　　　　　　
(다) (나)의 시험관에 페놀프탈레인 용액을 2~3방울 떨어뜨리고 변화를 관찰한다.

[실험 결과]
(가) 은백색의 광택이 곧 사라졌다.
(나) 기체가 발생하면서 격렬하게 반응하였다.
(다) 용액의 색이 붉은색으로 변하였다.

이에 대한 설명으로 옳은 것만을 〈보기〉에서 있는 대로 고른 것은?

보기
ㄱ. (가)에서 X는 음이온으로 변한다.
ㄴ. '물이 들어 있는 시험관에 X의 작은 조각을 넣고 변화를 관찰한다.'는 ㉠으로 적절하다.
ㄷ. (다)의 결과로부터 X와 물이 반응한 수용액은 염기성을 띰을 알 수 있다.

① ㄱ   ② ㄴ   ③ ㄷ
④ ㄱ, ㄷ   ⑤ ㄴ, ㄷ

> 25594-0090

15 할로젠에 대한 설명으로 옳지 <u>않은</u> 것은?

① 플루오린, 염소, 브로민, 아이오딘 등이 있다.
② 실온에서 모두 기체 상태이다.
③ 2개의 원자가 결합한 분자 상태로 존재할 수 있다.
④ 알칼리 금속과 격렬하게 반응하여 이온 결합 물질을 생성한다.
⑤ 수소와 반응하여 생성된 물질을 물에 녹이면 산성을 나타낸다.

 > 25594-0091

16 그림은 주기율표에서 영역 (가)~(다)와 이에 속하는 3가지 원소를 각각 나타낸 것이다.

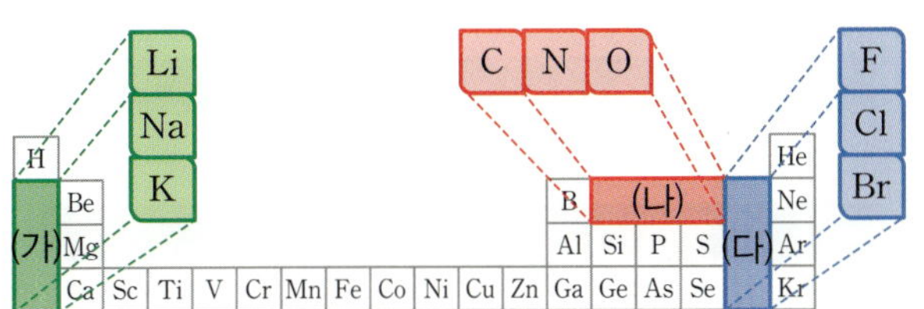

이에 대한 설명으로 옳은 것만을 〈보기〉에서 있는 대로 고른 것은?

〈보기〉
ㄱ. (가)와 (나)는 금속 원소이다.
ㄴ. (나)의 원소들은 전자가 들어 있는 전자 껍질 수가 같다.
ㄷ. (다)의 원소들은 수소와 반응하여 산을 생성한다.

① ㄱ　　② ㄴ　　③ ㄱ, ㄴ　　④ ㄱ, ㄷ　　⑤ ㄴ, ㄷ

> 25594-0092

17 그림은 원자 X와 Y의 전자 배치를 모형으로 나타낸 것이다. X와 Y에 대한 설명으로 옳은 것만을 〈보기〉에서 있는 대로 고른 것은? (단, X와 Y는 임의의 원소 기호이다.)

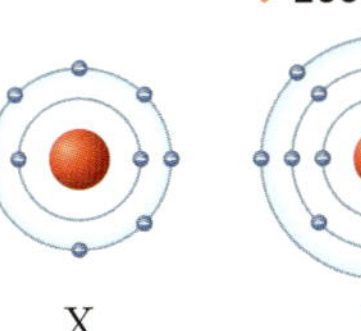

〈보기〉
ㄱ. X와 Y는 할로젠이다.
ㄴ. Y는 2주기 17족 원소이다.
ㄷ. X는 수소와 반응하여 염기를 생성한다.

① ㄱ　　② ㄴ　　③ ㄷ　　④ ㄱ, ㄷ　　⑤ ㄴ, ㄷ

> 25594-0093

18 화학 결합에 대한 설명으로 옳지 <u>않은</u> 것은?

① 나트륨과 플루오린은 이온 결합을 형성한다.
② 이온 결합 물질은 실온에서 대체로 고체 상태이다.
③ 이온 결합은 양이온과 음이온의 정전기적 인력으로 형성된다.
④ 공유 결합을 이룬 원자는 대부분 18족 원소와 같은 전자 배치를 이루어 안정해진다.
⑤ 이온 결합 물질과 공유 결합 물질은 수용액 상태에서 모두 전기 전도성이 있다.

 > 25594-0094

19 그림은 화합물 AB를 화학 결합 모형으로 나타낸 것이다.

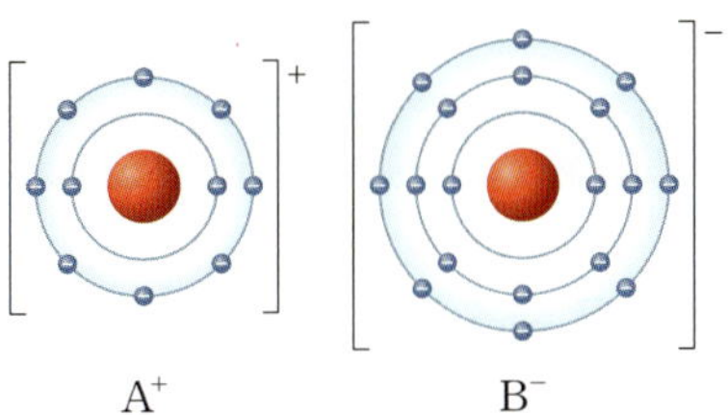

이에 대한 설명으로 옳은 것만을 〈보기〉에서 있는 대로 고른 것은? (단, A와 B는 임의의 원소 기호이다.)

〈보기〉
ㄱ. A는 금속 원소이다.
ㄴ. AB는 이온 결합 물질이다.
ㄷ. AB는 고체 상태에서 전기 전도성이 있다.

① ㄱ　　　② ㄷ　　　③ ㄱ, ㄴ
④ ㄴ, ㄷ　　⑤ ㄱ, ㄴ, ㄷ

 > 25594-0095

20 그림은 물 분자와 산소 분자를 화학 결합 모형으로 나타낸 것이다.

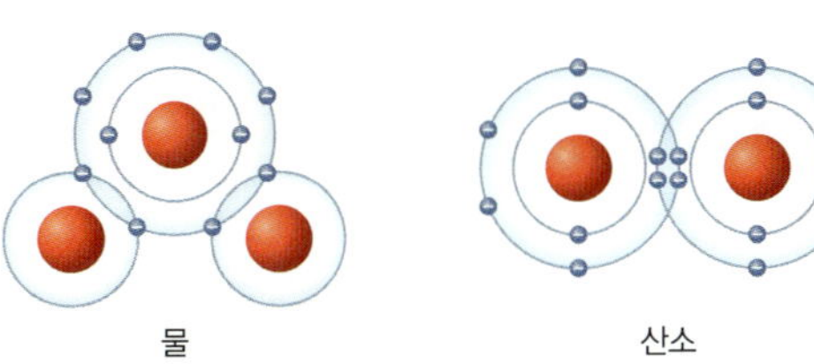

물과 산소에 대한 설명으로 옳은 것만을 〈보기〉에서 있는 대로 고른 것은?

〈보기〉
ㄱ. 물과 산소는 모두 공유 결합 물질이다.
ㄴ. 물 분자에서 모든 원자는 네온(Ne)과 같은 전자 배치를 이룬다.
ㄷ. 산소 분자에는 2중 결합이 있다.

① ㄴ　　　② ㄷ　　　③ ㄱ, ㄴ
④ ㄱ, ㄷ　　⑤ ㄱ, ㄴ, ㄷ

> 25594-0096

01 그림은 수소의 스펙트럼을 나타낸 것이다.

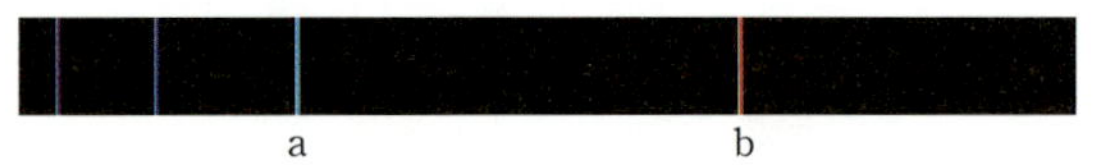

이에 대한 설명으로 옳은 것만을 〈보기〉에서 있는 대로 고른 것은?

〈보기〉
ㄱ. 방출 스펙트럼이다.
ㄴ. 햇빛이 저온의 수소 기체를 통과할 때 만들어진다.
ㄷ. 파장은 a가 b보다 길다.

① ㄱ   ② ㄴ   ③ ㄱ, ㄷ
④ ㄴ, ㄷ   ⑤ ㄱ, ㄴ, ㄷ

> 25594-0098

03 그림은 수소와 헬륨의 스펙트럼을 나타낸 것이다.

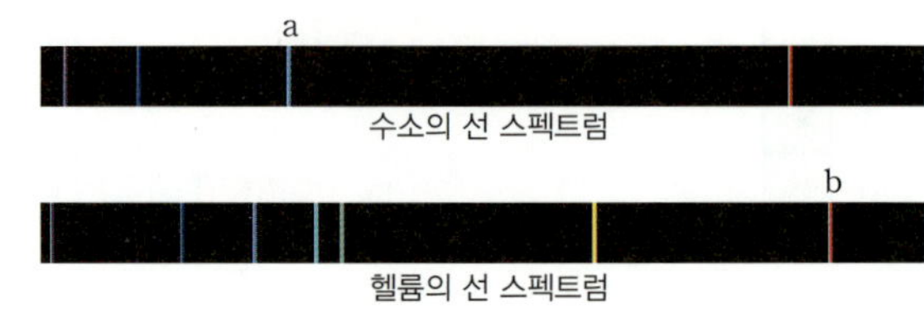

이에 대한 설명으로 옳은 것만을 〈보기〉에서 있는 대로 고른 것은?

〈보기〉
ㄱ. a와 b는 파장이 같다.
ㄴ. 스펙트럼선의 개수는 수소가 헬륨보다 적다.
ㄷ. 스펙트럼을 이용하여 원소를 판별할 수 있다.

① ㄱ   ② ㄷ   ③ ㄱ, ㄴ
④ ㄴ, ㄷ   ⑤ ㄱ, ㄴ, ㄷ

중요

> 25594-0097

02 그림 (가)와 (나)는 두 종류의 스펙트럼을 나타낸 것이다.

(가)
(나)

이에 대한 설명으로 옳은 것만을 〈보기〉에서 있는 대로 고른 것은?

〈보기〉
ㄱ. (가)는 방출 스펙트럼, (나)는 흡수 스펙트럼이다.
ㄴ. (가)는 가열된 고온의 기체를 관측하여 얻을 수 있다.
ㄷ. (가)와 (나)의 선 스펙트럼은 같은 원소에 의해 만들어졌다.

① ㄱ   ② ㄷ   ③ ㄱ, ㄴ
④ ㄴ, ㄷ   ⑤ ㄱ, ㄴ, ㄷ

> 25594-0099

04 그림은 대폭발 우주론의 모형을 나타낸 것이다.

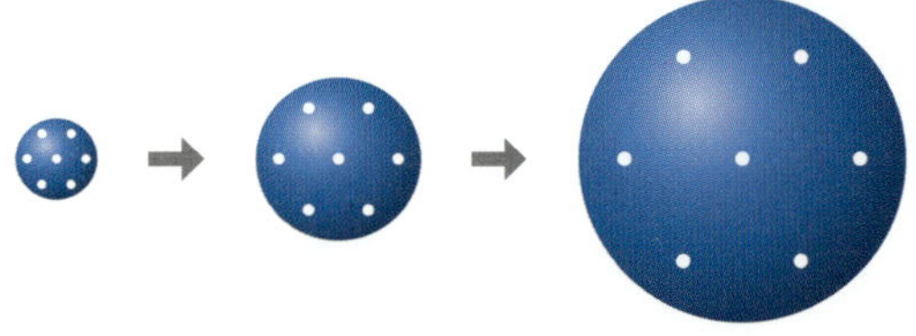

이에 대한 설명으로 옳은 것만을 〈보기〉에서 있는 대로 고른 것은?

〈보기〉
ㄱ. 대폭발 당시 우주의 밀도는 현재보다 높았다.
ㄴ. 대폭발 이후 우주의 온도는 낮아졌다.
ㄷ. 현재 우주에 존재하는 모든 종류의 원소는 우주 탄생 초기에 생성되었다.

① ㄱ   ② ㄷ   ③ ㄱ, ㄴ
④ ㄴ, ㄷ   ⑤ ㄱ, ㄴ, ㄷ

> 25594-0100

05 우주 전역에서 수소와 헬륨의 스펙트럼이 관측되는 까닭을 우주의 진화 및 우주의 물질 분포와 관련지어 서술하시오.

____

____

____

____

____

> 25594-0101

06 그림 (가)와 (나)는 수소 원자핵과 헬륨 원자핵을 순서 없이 나타낸 것이다.

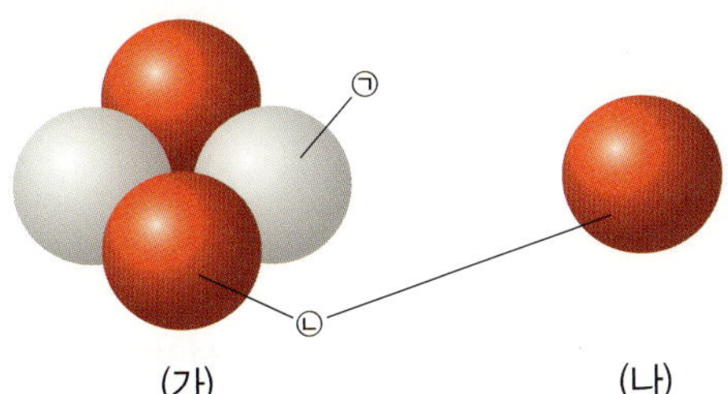

(가)   (나)

이에 대한 설명으로 옳은 것만을 〈보기〉에서 있는 대로 고른 것은?

보기
ㄱ. ㉠은 중성자, ㉡은 양성자이다.
ㄴ. 우주에 분포하는 양은 (가)가 (나)보다 많다.
ㄷ. (나)는 별 내부의 핵융합 반응으로 생성되었다.

① ㄱ   ② ㄷ   ③ ㄱ, ㄴ
④ ㄴ, ㄷ   ⑤ ㄱ, ㄴ, ㄷ

> 25594-0102

07 다음 (가)~(라)는 우주 생성 초기에 일어난 사건들을 순서 없이 나타낸 것이다.

(가) 쿼크의 생성   (나) 중성 원자의 생성
(다) 헬륨 원자핵의 생성   (라) 양성자와 중성자의 생성

시간의 순서대로 옳게 나열한 것은?

① (가) — (나) — (라) — (다)
② (가) — (라) — (다) — (나)
③ (나) — (가) — (다) — (라)
④ (다) — (가) — (라) — (나)
⑤ (다) — (라) — (가) — (나)

> 25594-0103

08 다음 (가)~(라)는 여러 가지 물질을 나타낸 것이다.

(가) 원자   (나) 쿼크
(다) 원자핵   (라) 양성자

위 물질을 크기가 작은 것부터 순서대로 옳게 나열한 것은?

① (가) — (나) — (라) — (다)
② (가) — (라) — (다) — (나)
③ (나) — (가) — (다) — (라)
④ (나) — (라) — (다) — (가)
⑤ (다) — (라) — (가) — (나)

> 25594-0104

09 다음은 우주 초기의 원소 생성에 대해 학생들이 나눈 대화이다.

학생 A: 헬륨보다 무거운 원자핵은 대부분 빅뱅 후 약 3분 동안 생성되었어.
학생 B: 빅뱅 후 약 38만 년이 지났을 때 쿼크들의 결합으로 양성자가 생성되기 시작했어.
학생 C: 우주의 온도는 쿼크가 생성된 시기가 헬륨 원자핵이 생성된 시기보다 높았어.

제시한 내용이 옳은 학생만을 있는 대로 고른 것은?

① A   ② B   ③ C
④ A, C   ⑤ B, C

10 무거운 원소의 생성에 대한 설명으로 옳은 것만을 〈보기〉에서 있는 대로 고른 것은?

> 25594-0105

┤ 보기 ├
ㄱ. 별의 중심부에서 핵융합 반응으로 생성되는 원소의 종류는 별의 질량과 관계없이 일정하다.
ㄴ. 별의 중심부에서 핵융합 반응으로 만들어질 수 있는 가장 무거운 원소는 철이다.
ㄷ. 철보다 무거운 원소는 태양보다 매우 큰 별의 진화 과정 중 초신성 폭발 과정에서 만들어진다.

① ㄱ
② ㄷ
③ ㄱ, ㄴ
④ ㄴ, ㄷ
⑤ ㄱ, ㄴ, ㄷ

☆중요

11 그림은 질량이 태양 정도인 어느 별의 내부 구조를 나타낸 것이다.

> 25594-0106

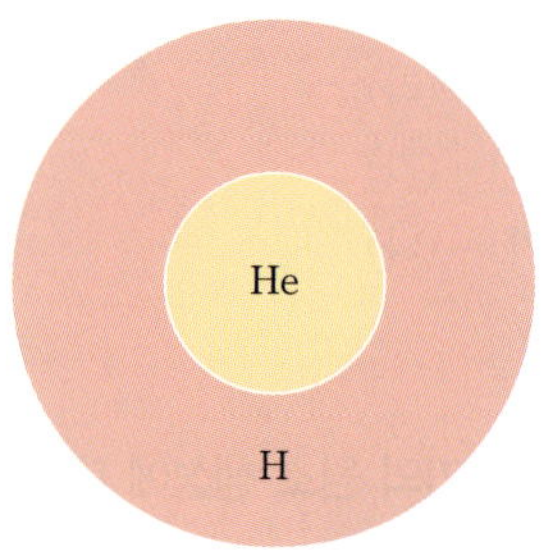

이 별에 대한 설명으로 옳은 것만을 〈보기〉에서 있는 대로 고른 것은?

┤ 보기 ├
ㄱ. 별 중심부의 헬륨은 대부분 수소 핵융합 반응으로 생성되었다.
ㄴ. 별의 진화 과정에서 헬륨 핵융합 반응이 일어날 수 있다.
ㄷ. 별의 최종 진화 단계에서 중심부에는 철이 생성될 수 있다.

① ㄱ
② ㄷ
③ ㄱ, ㄴ
④ ㄴ, ㄷ
⑤ ㄱ, ㄴ, ㄷ

12 다음 〈보기〉는 별의 진화 과정에서 만들어지는 다양한 원소를 나타낸 것이다. (　　) 안의 숫자는 원자 번호이다.

> 25594-0107

┤ 보기 ├
ㄱ. 헬륨(2)　　ㄴ. 산소(8)　　ㄷ. 규소(14)
ㄹ. 납(82)　　ㅁ. 철(26)　　ㅂ. 우라늄(92)

(1) 질량이 태양보다 매우 큰 별의 진화 과정 중 별의 내부에서 만들어질 수 있는 원소만을 〈보기〉에서 있는 대로 고른 것은?

① ㄱ, ㄴ
② ㄱ, ㄴ, ㅁ
③ ㄱ, ㄴ, ㄷ, ㅁ
④ ㄷ, ㅁ
⑤ ㄴ, ㄷ, ㄹ, ㅂ

(2) 초신성 폭발 과정에서 만들어지는 원소만을 〈보기〉에서 있는 대로 고른 것은?

① ㄴ, ㄷ
② ㄱ, ㄷ, ㅁ
③ ㄹ, ㅁ
④ ㄹ, ㅂ
⑤ ㅁ

13 별의 탄생과 원소의 생성에 대한 설명으로 옳은 것만을 〈보기〉에서 있는 대로 고른 것은?

> 25594-0108

┤ 보기 ├
ㄱ. 별은 성운의 밀도가 낮은 곳에서 생성된다.
ㄴ. 성운이 회전하면서 수축하여 중심부에서 수소 핵융합 반응이 일어나면 별이 생성된다.
ㄷ. 질량이 태양 정도인 별에서 생성될 수 있는 가장 무거운 원소는 규소이다.

① ㄱ
② ㄴ
③ ㄱ, ㄷ
④ ㄴ, ㄷ
⑤ ㄱ, ㄴ, ㄷ

> 25594-0109

14 다음은 태양계 형성 과정 중 어느 단계에 대한 설명이다.

중심부에 원시 태양이, 주변부에 원반이 만들어졌다.

이에 대한 설명으로 옳은 것만을 〈보기〉에서 있는 대로 고른 것은?

〖 보기 〗
ㄱ. 원시 태양과 원반은 태양계 성운의 중력 수축으로 인해 만들어졌다.
ㄴ. 원시 태양 중심부의 온도는 점차 낮아졌다.
ㄷ. 원반에서는 미행성체들의 충돌이 일어졌다.

① ㄱ ② ㄴ ③ ㄱ, ㄷ
④ ㄴ, ㄷ ⑤ ㄱ, ㄴ, ㄷ

중요

> 25594-0110

15 다음 (가)~(라)는 별 내부에서 여러 가지 원자핵이 만들어지는 핵융합 반응의 종류를 나타낸 것이다.

(가) $H \rightarrow He$ (나) $Si \rightarrow Fe$
(다) $O \rightarrow Ne$ (라) $He \rightarrow C$

별 내부에서 (가)~(라)의 핵융합 반응이 일어날 때, 온도가 높은 것부터 순서대로 옳게 나열한 것은?

① (가)-(나)-(라)-(다)
② (가)-(라)-(다)-(나)
③ (나)-(가)-(다)-(라)
④ (나)-(다)-(라)-(가)
⑤ (다)-(라)-(가)-(나)

> 25594-0111

16 태양계의 형성 과정에 관한 설명으로 옳은 것만을 〈보기〉에서 있는 대로 고른 것은?

〖 보기 〗
ㄱ. 태양계가 형성되기 이전에 우리은하에서 초신성 폭발이 있었다.
ㄴ. 태양계 원반을 이루던 물질들이 모여 미행성체가 형성되었다.
ㄷ. 태양에 가까운 행성들은 주로 수소와 헬륨과 같은 기체들이 모여 형성되었다.

① ㄱ ② ㄷ ③ ㄱ, ㄴ
④ ㄴ, ㄷ ⑤ ㄱ, ㄴ, ㄷ

> 25594-0112

17 우주와 지구 및 인간의 몸을 구성하는 원소에 대한 설명으로 옳은 것만을 〈보기〉에서 있는 대로 고른 것은?

〖 보기 〗
ㄱ. 우주에 존재하는 수소와 헬륨의 질량비는 약 3:1이다.
ㄴ. 우주에서 질량비가 가장 큰 원소가 인간의 몸에서도 가장 큰 질량비를 차지한다.
ㄷ. 지구에서 질량비가 가장 큰 원소는 지구 탄생 이후 지구에서 생성되었다.

① ㄱ ② ㄴ ③ ㄱ, ㄷ
④ ㄴ, ㄷ ⑤ ㄱ, ㄴ, ㄷ

★중요
> 25594-0113

18 그림은 주기율표의 일부를 나타낸 것이다.

족 주기	1	...	17	18
2	A		B	C
3	D			

이에 대한 설명으로 옳은 것만을 〈보기〉에서 있는 대로 고른 것은? (단, A~D는 임의의 원소 기호이다.)

보기
ㄱ. A와 D는 원자가 전자 수가 같다.
ㄴ. 전자가 들어 있는 전자 껍질 수는 D가 C의 2배이다.
ㄷ. D^+과 B^-의 전자 수는 같다.

① ㄱ 　　② ㄴ 　　③ ㄱ, ㄷ
④ ㄴ, ㄷ 　　⑤ ㄱ, ㄴ, ㄷ

> 25594-0114

19 그림은 주기율표의 일부를 나타낸 것이다.

족 주기	1	2	13	14	15	16	17	18
1	A							B
2				C				
3			D					E

이에 대한 설명으로 옳은 것만을 〈보기〉에서 있는 대로 고른 것은? (단, A~E는 임의의 원소 기호이다.)

보기
ㄱ. A와 D는 금속 원소이다.
ㄴ. CA_4에서 C는 B와 같은 전자 배치를 이룬다.
ㄷ. D와 E는 1 : 2로 결합하여 안정한 화합물을 형성한다.

① ㄱ 　　② ㄴ 　　③ ㄷ
④ ㄱ, ㄷ 　　⑤ ㄴ, ㄷ

> 25594-0115

20 그림은 원자 A와 B의 전자 배치를 모형으로 나타낸 것이다.

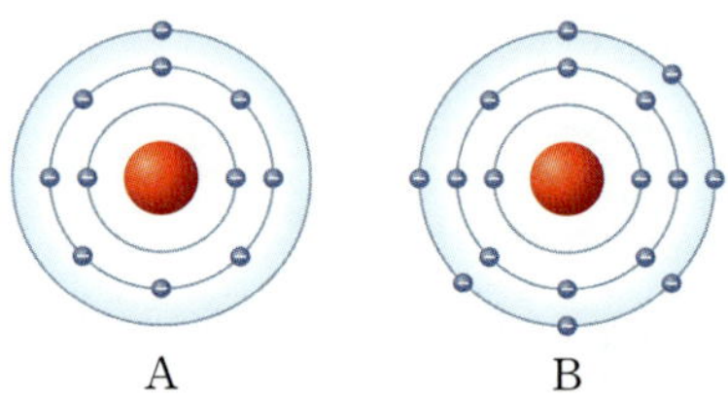

이에 대한 설명으로 옳은 것만을 〈보기〉에서 있는 대로 고른 것은? (단, A와 B는 임의의 원소 기호이다.)

보기
ㄱ. B는 3주기 7족 원소이다.
ㄴ. 고체 A는 물과 반응하여 수소 기체를 발생시킨다.
ㄷ. B_2의 공유 전자쌍 수는 2이다.
ㄹ. 화합물 AB는 이온 결합 물질이다.

① ㄱ, ㄴ 　　② ㄱ, ㄹ 　　③ ㄴ, ㄷ
④ ㄴ, ㄹ 　　⑤ ㄷ, ㄹ

서술형
> 25594-0116

21 다음은 알칼리 금속 Li, Na, K을 이용한 실험이다.

[실험 과정 및 결과]
(가) Li, Na, K을 각각 칼로 자른 단면은 모두 광택을 잃었다.
(나) 쌀알 크기의 Li, Na, K 조각을 물과 반응시켰더니 모두 기체가 발생하였다.

알칼리 금속의 화학적 성질이 유사한 까닭을 Li, Na, K의 전자 배치 모형을 그려 서술하시오.

22 그림은 원자 A~C의 전자 배치를 모형으로 나타낸 것이다.

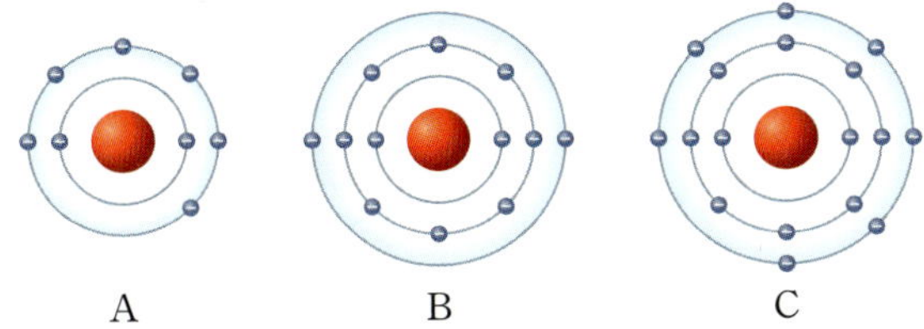

A~C에 대한 설명으로 옳은 것만을 〈보기〉에서 있는 대로 고른 것은? (단, A~C는 임의의 원소 기호이다.)

보기
ㄱ. 금속 원소는 1가지이다.
ㄴ. 3주기 원소는 2가지이다.
ㄷ. 안정한 이온이 되었을 때 네온(Ne)과 같은 전자 배치를 이루는 원소는 1가지이다.

① ㄱ   ② ㄴ   ③ ㄷ
④ ㄱ, ㄴ   ⑤ ㄴ, ㄷ

> 25594-0118

서술형
23 그림은 3가지 이온의 전자 배치를 모형으로 나타낸 것이다.

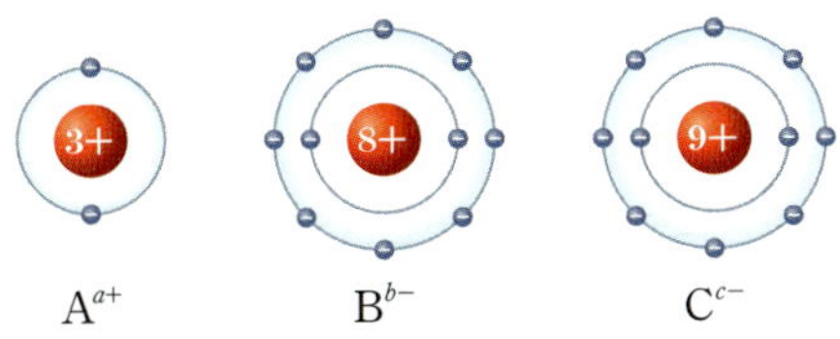

a, b, c를 구하고, 구하는 과정을 서술하시오. (단, A~C는 임의의 원소 기호이다.)

> 25594-0119

24 그림은 주기율표의 일부를 나타낸 것이다.

주기＼족	1	2	…	15	16	17	18
2					A	B	C
3	D	E					F

이에 대한 설명으로 옳은 것만을 〈보기〉에서 있는 대로 고른 것은? (단, A~F는 임의의 원소 기호이다.)

보기
ㄱ. D_2A는 이온 결합 물질이다.
ㄴ. EF_2와 AF_2는 화학 결합의 종류가 같다.
ㄷ. B^-과 E^{2+}은 모두 C와 같은 전자 배치를 한다.

① ㄱ   ② ㄴ   ③ ㄷ
④ ㄱ, ㄷ   ⑤ ㄴ, ㄷ

[25~26] 그림은 화합물 AB를 화학 결합 모형으로 나타낸 것이다. (단, A와 B는 임의의 원소 기호이다.)

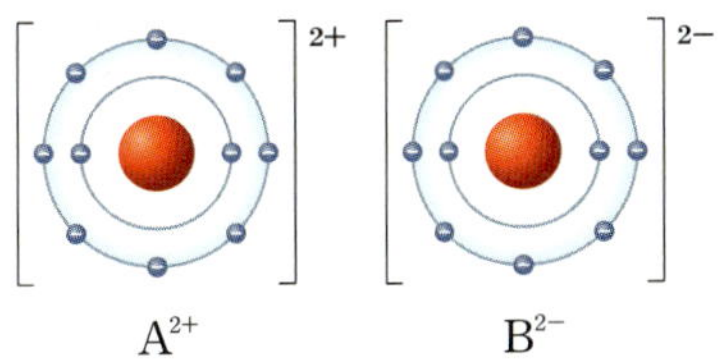

> 25594-0120

25 이에 대한 설명으로 옳은 것은?

① A는 알칼리 금속이다.
② B는 할로젠이다.
③ 원자 번호는 B > A이다.
④ 원자가 전자 수는 B > A이다.
⑤ AB는 공유 결합 물질이다.

서술형
> 25594-0121
26 B_2의 공유 전자쌍 수를 구하고, 구하는 과정을 서술하시오.

27 그림은 분자 A_2와 B_2를 화학 결합 모형으로 나타낸 것이다.

> 25594-0122

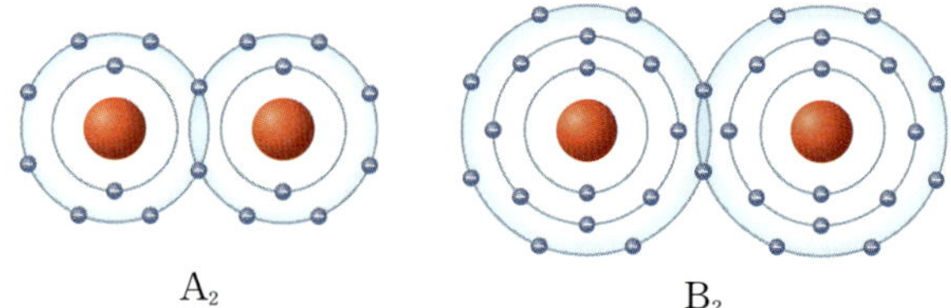

A_2 B_2

이에 대한 설명으로 옳은 것만을 〈보기〉에서 있는 대로 고른 것은? (단, A와 B는 임의의 원소 기호이다.)

┤ 보기 ├
ㄱ. 원자 번호는 $B > A$이다.
ㄴ. A와 B는 모두 할로젠이다.
ㄷ. A_2와 B_2에서 각 원자는 모두 네온(Ne)과 같은 전자 배치를 이룬다.

① ㄱ   ② ㄷ   ③ ㄱ, ㄴ
④ ㄴ, ㄷ   ⑤ ㄱ, ㄴ, ㄷ

---

28 그림은 분자 A_2와 B_2C를 화학 결합 모형으로 나타낸 것이다.

> 25594-0123

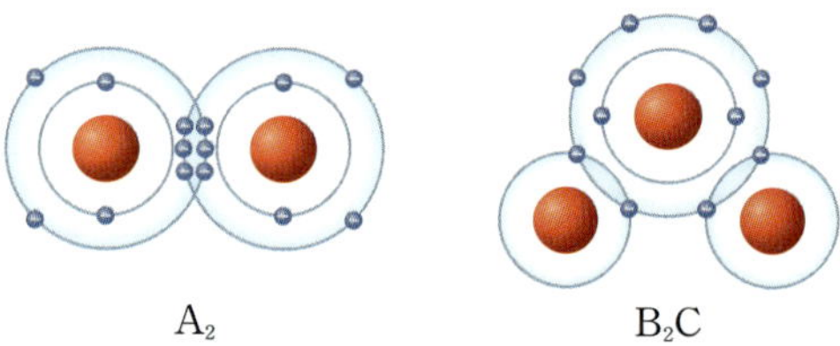

A_2 B_2C

이에 대한 설명으로 옳은 것만을 〈보기〉에서 있는 대로 고른 것은? (단, A~C는 임의의 원소 기호이다.)

┤ 보기 ├
ㄱ. 공유 전자쌍 수는 $A_2 > B_2C$이다.
ㄴ. A와 B는 같은 주기 원소이다.
ㄷ. 원자가 전자 수는 $A > C$이다.

① ㄱ   ② ㄴ   ③ ㄷ
④ ㄱ, ㄴ   ⑤ ㄴ, ㄷ

---

29 그림은 분자 AB_2를 화학 결합 모형으로 나타낸 것이다.

> 25594-0124

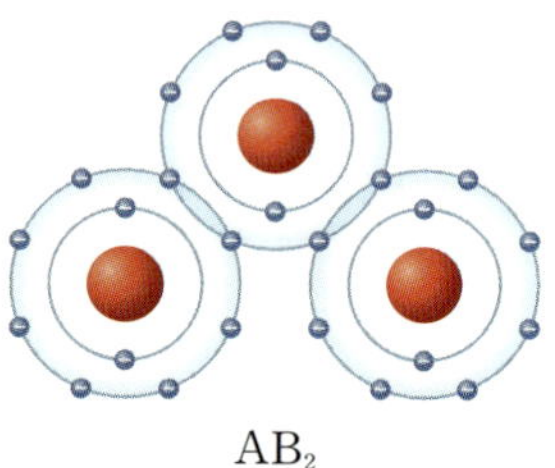

AB_2

이에 대한 설명으로 옳은 것만을 〈보기〉에서 있는 대로 고른 것은? (단, A와 B는 임의의 원소 기호이다.)

┤ 보기 ├
ㄱ. 원자 번호는 $B > A$이다.
ㄴ. AB_2의 공유 전자쌍 수는 2이다.
ㄷ. 액체 상태의 AB_2는 전기 전도성이 있다.

① ㄱ   ② ㄴ   ③ ㄷ
④ ㄱ, ㄴ   ⑤ ㄴ, ㄷ

---

30 그림은 화합물 (가)와 (나)를 화학 결합 모형으로 나타낸 것이다.

> 25594-0125

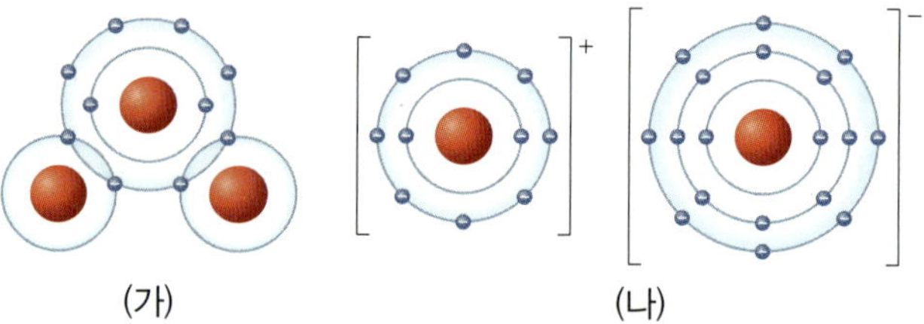

(가)   (나)

이에 대한 설명으로 옳은 것만을 〈보기〉에서 있는 대로 고른 것은?

┤ 보기 ├
ㄱ. (가)와 (나)는 모두 인류의 생존에 필수적인 물질이다.
ㄴ. 화학 결합의 종류는 (가)와 (나)가 같다.
ㄷ. (가)와 (나)의 구성 원소에는 모두 1족 원소가 존재한다.

① ㄱ   ② ㄴ   ③ ㄷ
④ ㄱ, ㄷ   ⑤ ㄴ, ㄷ

31

그림은 화합물 AB의 화학 결합 모형을 나타낸 것이다.

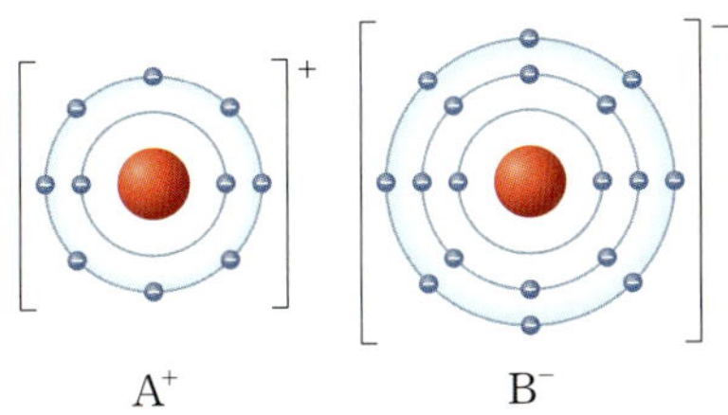

이에 대한 설명으로 옳은 것만을 〈보기〉에서 있는 대로 고른 것은? (단, A와 B는 임의의 원소 기호이다.)

> 25594-0126

보기

ㄱ. A와 B는 같은 주기 원소이다.
ㄴ. 원자가 전자 수는 B가 A의 6배이다.
ㄷ. 고체 A와 고체 AB는 모두 전기 전도성이 있다.

① ㄱ   ② ㄴ   ③ ㄷ
④ ㄱ, ㄷ   ⑤ ㄴ, ㄷ

32

> 25594-0127

표는 물질 (가)~(다)에 대한 자료이다. (가)~(다)는 각각 염화 칼슘($CaCl_2$), 포도당($C_6H_{12}O_6$), 질산 나트륨($NaNO_3$) 중 하나이고, ㉠과 ㉡은 각각 고체 상태와 수용액 상태 중 하나이다.

물질		(가)	(나)	(다)
전기 전도성	㉠	없음	없음	㉢
	㉡	없음	있음	㉣

이에 대한 설명으로 옳은 것만을 〈보기〉에서 있는 대로 고른 것은?

보기

ㄱ. ㉠은 '고체 상태'이다.
ㄴ. ㉣은 '없음'이다.
ㄷ. (가)의 구성 원소는 모두 비금속 원소이다.

① ㄱ   ② ㄴ   ③ ㄷ
④ ㄱ, ㄷ   ⑤ ㄴ, ㄷ

33

> 25594-0128

나트륨(Na)이 각각 산소(O_2), 물(H_2O)과 반응하였을 때의 화학 반응식을 쓰고, 생성된 물질의 화학 결합 종류를 서술하시오.

____

____

34

> 25594-0129

다음은 물질 A와 B의 전기 전도성을 비교하는 실험이다. A와 B는 각각 염화 나트륨($NaCl$)과 포도당($C_6H_{12}O_6$) 중 하나이다.

[실험 과정]
(가) 전기 전도성 측정기로 고체 상태의 A와 B의 전기 전도성을 각각 확인한다.
(나) 고체 상태의 A와 B를 각각 증류수에 넣어 녹인 후 전기 전도성 측정기로 전기 전도성을 각각 확인한다.

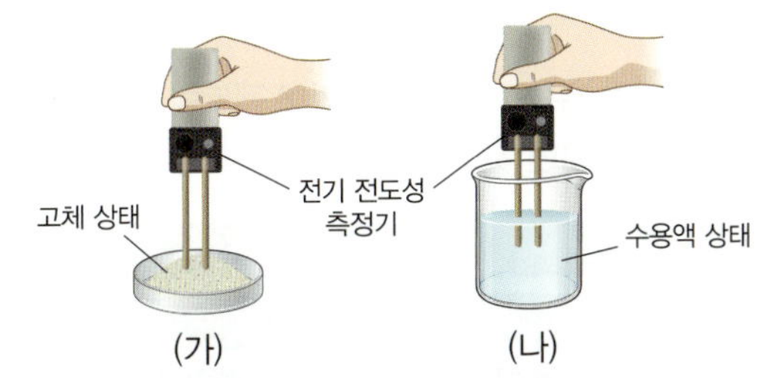

[실험 결과] 전기 전도성 여부   (○: 있음, ×: 없음)

과정	A	B
(가)	×	×
(나)	×	○

이에 대한 설명으로 옳은 것만을 〈보기〉에서 있는 대로 고른 것은?

보기

ㄱ. A는 염화 나트륨이다.
ㄴ. (나)의 B 수용액에는 이온이 존재한다.
ㄷ. 액체 상태의 A와 B로 전기 전도성을 확인해도 (나)에서와 같은 결과를 나타낸다.

① ㄱ   ② ㄴ   ③ ㄷ
④ ㄱ, ㄷ   ⑤ ㄴ, ㄷ

> 25594-0130

01 그림은 서로 다른 스펙트럼 (가), (나), (다)가 나타나는 원리를 나타낸 것이다. 이에 대한 설명으로 옳은 것만을 〈보기〉에서 있는 대로 고른 것은?

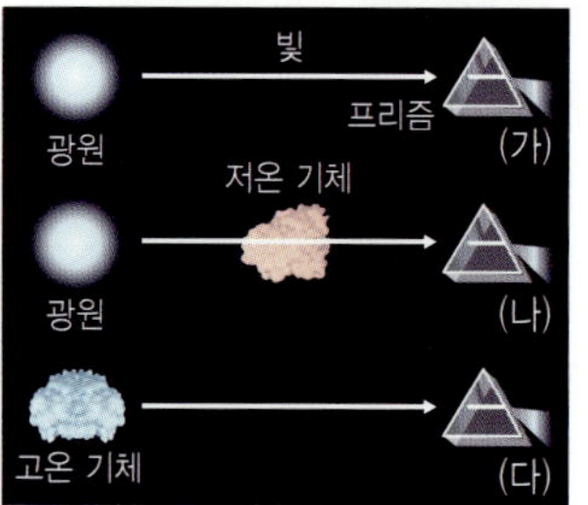

보기

ㄱ. (가)에서는 선 스펙트럼이 나타난다.
ㄴ. 태양을 분광기로 관찰하면 (가)의 바탕에 (다)의 스펙트럼선이 나타난다.
ㄷ. 동일한 원소의 (나)와 (다)를 관찰할 때 스펙트럼에 나타나는 선의 파장은 같다.

① ㄱ   ② ㄷ   ③ ㄱ, ㄴ
④ ㄴ, ㄷ   ⑤ ㄱ, ㄴ, ㄷ

☆중요

> 25594-0131

02 그림 (가)는 수소, 헬륨, 산소의 스펙트럼을, (나)는 별 A의 스펙트럼을 나타낸 것이다.

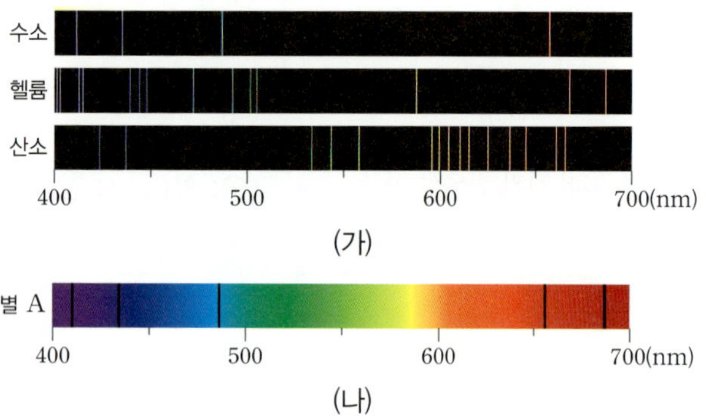

이에 대한 설명으로 옳은 것만을 〈보기〉에서 있는 대로 고른 것은?

보기

ㄱ. (가)의 스펙트럼은 모두 흡수 스펙트럼이다.
ㄴ. 수소의 흡수선과 방출선의 파장은 같다.
ㄷ. (가)와 (나)를 통해 별 A에 수소 기체가 존재함을 알 수 있다.

① ㄱ   ② ㄴ   ③ ㄱ, ㄷ
④ ㄴ, ㄷ   ⑤ ㄱ, ㄴ, ㄷ

> 25594-0132

03 입자에 대한 설명으로 옳은 것만을 〈보기〉에서 있는 대로 고른 것은?

보기

ㄱ. 쿼크는 기본 입자 중 하나이다.
ㄴ. 원자핵은 전기적으로 중성이다.
ㄷ. 원자는 원자핵과 전자로 구성된다.

① ㄱ   ② ㄴ   ③ ㄱ, ㄷ
④ ㄴ, ㄷ   ⑤ ㄱ, ㄴ, ㄷ

> 25594-0133

04 그림은 빅뱅 이후 초기 우주의 진화 과정을 나타낸 것이다.

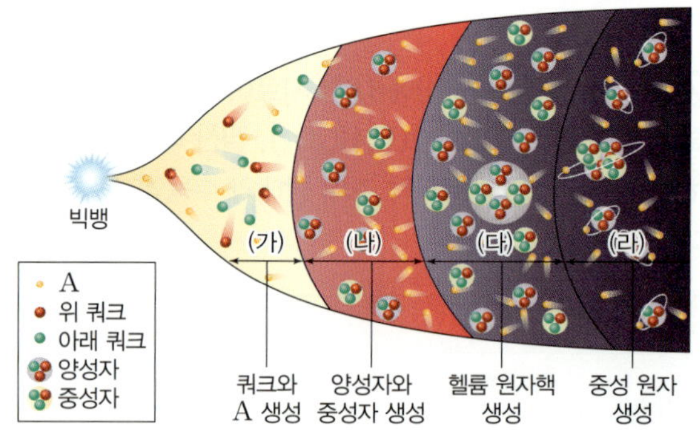

이에 대한 설명으로 옳은 것만을 〈보기〉에서 있는 대로 고른 것은?

보기

ㄱ. A는 기본 입자에 속한다.
ㄴ. 수소와 헬륨의 질량비가 약 3 : 1이 된 시기는 (다)이다.
ㄷ. (가) → (나) → (다) → (라)로 가면서 우주의 온도는 점차 낮아졌다.

① ㄱ   ② ㄷ   ③ ㄱ, ㄴ
④ ㄴ, ㄷ   ⑤ ㄱ, ㄴ, ㄷ

05 그림은 초기 우주에서 헬륨 원자가 생성되는 과정을 나타낸 것이다. ㉠, ㉡, ㉢은 각각 원자핵, 쿼크, 전자 중 하나이다.

> 25594-0134

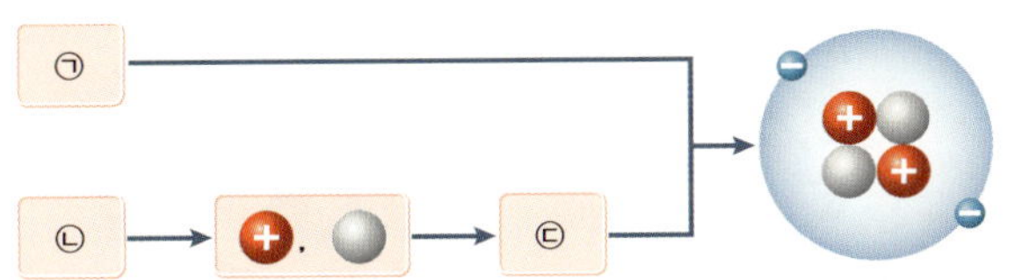

이에 대한 설명으로 옳은 것만을 〈보기〉에서 있는 대로 고른 것은?

【 보기 】
ㄱ. ㉠과 ㉡은 거의 비슷한 시기에 생성되었다.
ㄴ. ㉠은 전자이다.
ㄷ. ㉢이 생성된 후 우주의 질량이 크게 증가하였다.

① ㄱ   ② ㄷ   ③ ㄱ, ㄴ
④ ㄴ, ㄷ   ⑤ ㄱ, ㄴ, ㄷ

06 그림은 우주 초기에 양성자와 중성자로부터 헬륨 원자핵이 생성되는 과정을 나타낸 것이다.

> 25594-0135

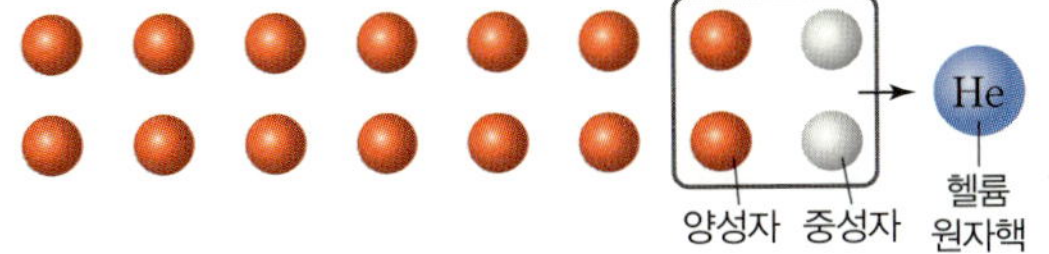

이에 대한 설명으로 옳은 것만을 〈보기〉에서 있는 대로 고른 것은?

【 보기 】
ㄱ. 기본 입자가 생성되기 이전의 과정에 해당한다.
ㄴ. 헬륨 원자핵은 양성자 2개와 중성자 2개가 결합하여 생성된다.
ㄷ. 이 과정을 통해 수소와 헬륨의 질량비가 약 3 : 1이 되었다.

① ㄱ   ② ㄴ   ③ ㄱ, ㄷ
④ ㄴ, ㄷ   ⑤ ㄱ, ㄴ, ㄷ

07 그림 (가)~(다)는 빅뱅 이후 초기 우주에서 생성된 입자를 모형으로 나타낸 것이다.

> 25594-0136

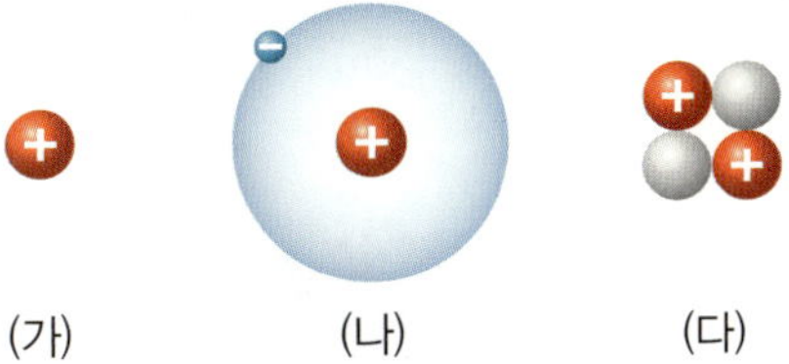

이에 대한 설명으로 옳은 것만을 〈보기〉에서 있는 대로 고른 것은?

【 보기 】
ㄱ. (가)는 (다)보다 먼저 생성되었다.
ㄴ. (가)와 (나)는 모두 (＋) 전하를 띤다.
ㄷ. 생성될 당시 우주의 온도는 (나)가 (다)보다 높았다.

① ㄱ   ② ㄴ   ③ ㄱ, ㄷ
④ ㄴ, ㄷ   ⑤ ㄱ, ㄴ, ㄷ

08 그림은 빅뱅 후 어느 시기에 일어난 변화를 나타낸 것이다.

> 25594-0137

이 시기에 대한 설명으로 옳은 것만을 〈보기〉에서 있는 대로 고른 것은?

【 보기 】
ㄱ. 빅뱅 후 약 3분이 지났을 때이다.
ㄴ. 중성 원자가 생성되었다.
ㄷ. 이 시기에 우주 배경 복사가 방출되었다.

① ㄱ   ② ㄷ   ③ ㄱ, ㄴ
④ ㄴ, ㄷ   ⑤ ㄱ, ㄴ, ㄷ

> 25594-0138

09 그림은 어느 초신성의 모습을 나타낸 것이다.

이에 대한 설명으로 옳은 것만을 〈보기〉에서 있는 대로 고른 것은?

보기
ㄱ. 초신성 폭발 전 이 별의 질량은 태양보다 작았다.
ㄴ. 초신성 폭발 과정에서 철보다 무거운 원소가 생성된다.
ㄷ. 초신성 폭발 과정에서 우주 공간으로 퍼져나가는 물질들은 새로운 별의 재료로 이용될 수 있다.

① ㄱ   ② ㄴ   ③ ㄱ, ㄷ
④ ㄴ, ㄷ   ⑤ ㄱ, ㄴ, ㄷ

중요

> 25594-0139

10 그림은 어느 별의 내부 구조를 나타낸 것이다.

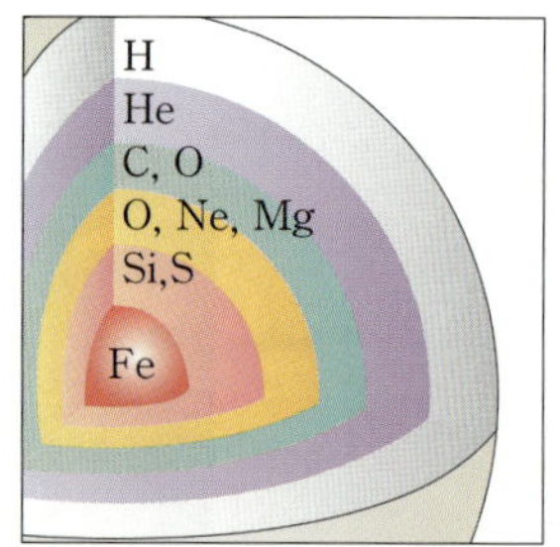

이에 대한 설명으로 옳은 것만을 〈보기〉에서 있는 대로 고른 것은?

보기
ㄱ. 중심부의 철은 핵융합 반응으로 생성되었다.
ㄴ. 별의 질량은 태양보다 작다.
ㄷ. 중심으로 갈수록 온도가 높다.

① ㄱ   ② ㄴ   ③ ㄱ, ㄷ
④ ㄴ, ㄷ   ⑤ ㄱ, ㄴ, ㄷ

중요

> 25594-0140

11 그림 (가)와 (나)는 어느 별의 진화 과정에서 일어나는 핵융합 반응을 순서 없이 나타낸 것이다.

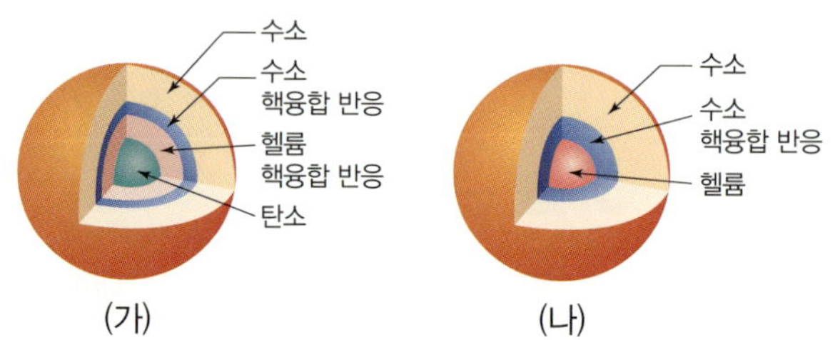

이에 대한 설명으로 옳은 것만을 〈보기〉에서 있는 대로 고른 것은?

보기
ㄱ. 현재 태양은 (가)와 같은 내부 구조를 갖는다.
ㄴ. 중심부의 온도는 (가)가 (나)보다 높다.
ㄷ. 별은 (가)에서 (나)로 진화한다.

① ㄱ   ② ㄴ   ③ ㄱ, ㄷ
④ ㄴ, ㄷ   ⑤ ㄱ, ㄴ, ㄷ

> 25594-0141

12 다음은 성간 물질이 모여 별로 진화하는 과정에 대해 학생들이 나눈 대화이다.

학생 A: 성간 물질은 밀도가 작은 곳을 중심으로 모여들면서 성운의 수축이 일어나.
학생 B: 성간 물질은 대부분 수소와 헬륨으로 이루어져 있어.
학생 C: 원시별에서는 핵융합 반응이 일어나면서 새로운 원소가 생성돼.

제시한 내용이 옳은 학생만을 있는 대로 고른 것은?

① A   ② B   ③ A, C
④ B, C   ⑤ A, B, C

13 그림은 원시 지구의 형성 과정 중 어느 시기의 모습을 나타낸 것이다. 이에 대한 설명으로 옳은 것만을 〈보기〉에서 있는 대로 고른 것은?

> 25594-0142

맨틀과 핵의 분리

┤ 보기 ├
ㄱ. 지구의 크기는 이 시기가 현재보다 크다.
ㄴ. 지구 표면의 온도는 이 시기 이후 계속 높아진다.
ㄷ. 미행성체의 충돌은 이 시기 이전이 이후보다 잦았다.

① ㄱ ② ㄷ ③ ㄱ, ㄴ
④ ㄴ, ㄷ ⑤ ㄱ, ㄴ, ㄷ

---

14 다음은 태양계 형성 과정을 순서 없이 나타낸 것이다.

> 25594-0143

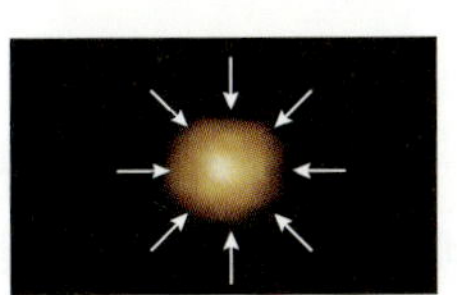
(가) 성운의 중력 수축

(나) 원시 태양과 미행성체 형성

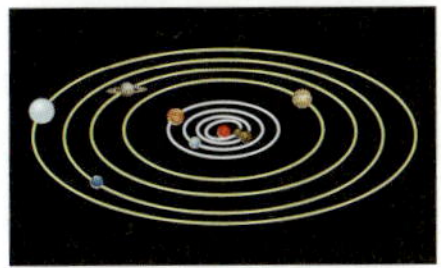
(다) 원시 행성 형성

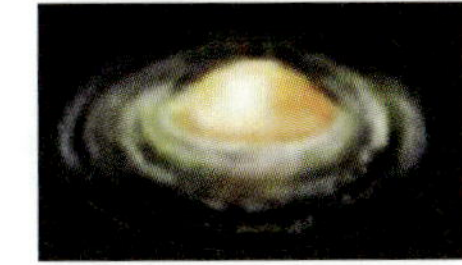
(라) 성운 회전에 의한 원반 형성

이에 대한 설명으로 옳은 것만을 〈보기〉에서 있는 대로 고른 것은?

┤ 보기 ├
ㄱ. 태양계의 형성 순서는 (가)─(라)─(나)─(다)이다.
ㄴ. (가)에서 성운이 수축하면 중심부 온도가 낮아진다.
ㄷ. (나)의 원시 태양에서 수소 핵융합 반응이 일어난다.

① ㄱ ② ㄴ ③ ㄱ, ㄷ
④ ㄴ, ㄷ ⑤ ㄱ, ㄴ, ㄷ

---

15 그림은 원시 지구의 진화 과정을 나타낸 것이다.

> 25594-0144

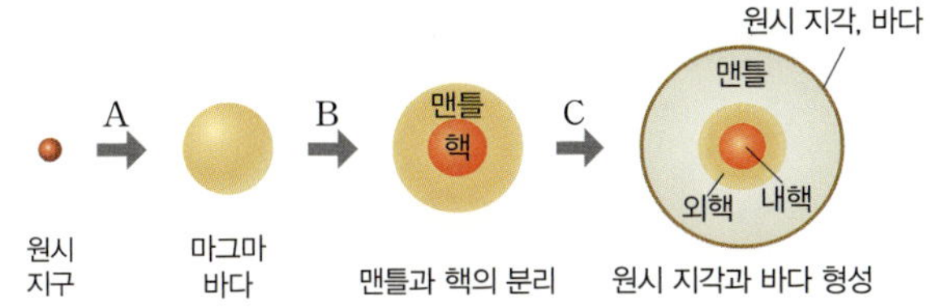

이에 대한 설명으로 옳은 것만을 〈보기〉에서 있는 대로 고른 것은?

┤ 보기 ├
ㄱ. A 과정에서 원시 지구 표면의 온도는 점차 낮아졌다.
ㄴ. B 과정에서 지구 중심부의 밀도는 높아졌다.
ㄷ. C 과정 이후 지구에 최초의 생명체가 출현하였다.

① ㄱ ② ㄴ ③ ㄱ, ㄷ
④ ㄴ, ㄷ ⑤ ㄱ, ㄴ, ㄷ

★중요

16 그림 (가)와 (나)는 각각 지구와 우주를 구성하는 주요 원소의 질량비를 순서 없이 나타낸 것이다.

> 25594-0145

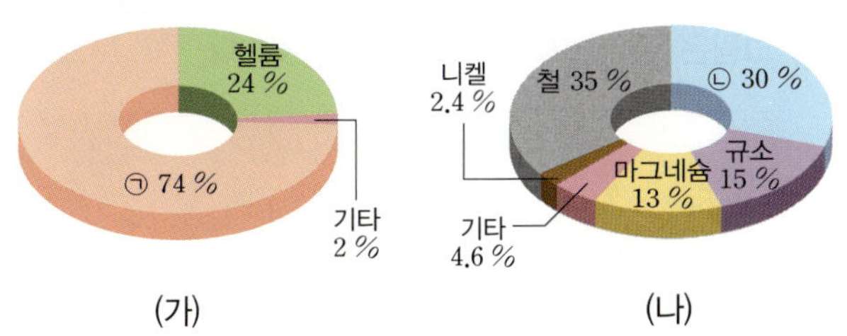

이에 대한 설명으로 옳은 것만을 〈보기〉에서 있는 대로 고른 것은?

┤ 보기 ├
ㄱ. 우주를 구성하는 주요 원소의 질량비를 나타낸 것은 (가)이다.
ㄴ. (가)의 ㉠은 대부분 우주 초기에 만들어졌다.
ㄷ. (나)의 ㉡은 대부분 초신성 폭발 과정에서 만들어졌다.

① ㄱ ② ㄷ ③ ㄱ, ㄴ
④ ㄴ, ㄷ ⑤ ㄱ, ㄴ, ㄷ

17 그림은 주기율표의 일부를 나타낸 것이다.

> 25594-0146

주기 \ 족	1	2	13	14	15	16	17	18
1	A							
2	B			C			D	E
3	F							G

이에 대한 설명으로 옳은 것만을 〈보기〉에서 있는 대로 고른 것은? (단, A~G는 임의의 원소 기호이다.)

〈보기〉
ㄱ. A, B, F는 모두 물과 반응하여 수소 기체를 발생한다.
ㄴ. 화합물 FD에서 각 입자는 모두 E와 같은 전자 배치를 이룬다.
ㄷ. CG_4에서 공유 전자쌍 수는 4이다.

① ㄱ　　　　② ㄴ　　　　③ ㄱ, ㄷ
④ ㄴ, ㄷ　　　⑤ ㄱ, ㄴ, ㄷ

중요

18 그림은 주기율표의 일부를 나타낸 것이다.

> 25594-0147

주기 \ 족	1	2	13	14	15	16	17	18
2				A	B	C		
3	D						E	

이에 대한 설명으로 옳은 것만을 〈보기〉에서 있는 대로 고른 것은? (단, A~E는 임의의 원소 기호이다.)

〈보기〉
ㄱ. 지각을 구성하는 광물은 A−B 사면체를 기본 골격으로 하여 이루어진다.
ㄴ. C와 E는 원자가 전자 수가 같다.
ㄷ. DE는 인류의 생존에 중요한 이온 결합 물질이다.

① ㄱ　　　　② ㄷ　　　　③ ㄱ, ㄴ
④ ㄴ, ㄷ　　　⑤ ㄱ, ㄴ, ㄷ

---

19 다음은 알칼리 금속인 리튬과 나트륨의 성질을 알아보기 위한 실험이다.

> 25594-0148

[실험 과정]
(가) 리튬과 나트륨을 각각 칼로 자르고 단면의 변화를 관찰한다.
(나) 물이 들어 있는 2개의 수조에 쌀알 크기의 리튬과 나트륨 조각을 각각 넣어 반응을 관찰한다.
(다) (나)에서 반응이 끝난 후 수조에 페놀프탈레인 용액을 각각 떨어뜨려 색 변화를 확인한다.

(가)~(다)에서 확인하고자 했던 알칼리 금속의 성질에 대한 설명으로 옳은 것만을 〈보기〉에서 있는 대로 고른 것은?

〈보기〉
ㄱ. (가)에서는 공기 중의 산소와의 반응을 확인할 수 있다.
ㄴ. (나)에서는 물과의 반응 결과 발생하는 기체의 종류를 확인할 수 있다.
ㄷ. (다)에서는 물과 반응한 후 수용액이 염기성인지를 확인할 수 있다.

① ㄱ　　　　② ㄴ　　　　③ ㄱ, ㄷ
④ ㄴ, ㄷ　　　⑤ ㄱ, ㄴ, ㄷ

---

20 그림은 원자 W~Z의 전자 배치를 모형으로 나타낸 것이다.

> 25594-0149

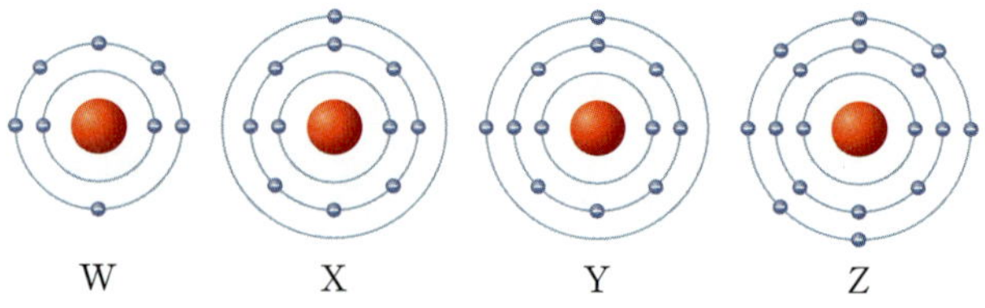

이에 대한 설명으로 옳은 것만을 〈보기〉에서 있는 대로 고른 것은? (단, W~Z는 임의의 원소 기호이다.)

〈보기〉
ㄱ. W~Z 중 금속 원소는 2가지이다.
ㄴ. 원자가 전자 수는 Z>W이다.
ㄷ. X^+과 Z^-의 전자 배치는 같다.

① ㄱ　　　　② ㄷ　　　　③ ㄱ, ㄴ
④ ㄴ, ㄷ　　　⑤ ㄱ, ㄴ, ㄷ

> 25594-0150

21 그림은 원자 X~Z의 안정한 이온 X^{a+}, Y^{b+}, Z^{c-}의 전자 배치를 모형으로 나타낸 것이다. 원자가 전자 수는 X~Z가 각각 1, 3, 6이다.

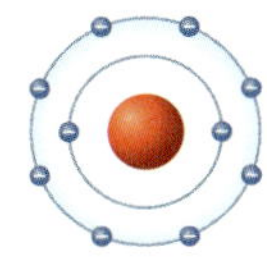

이에 대한 설명으로 옳은 것만을 〈보기〉에서 있는 대로 고른 것은? (단, X~Z는 임의의 원소 기호이다.)

〈보기〉
ㄱ. $b > c$이다.
ㄴ. 원자 번호는 Z > X이다.
ㄷ. X_2Z는 액체 상태에서 전기 전도성이 있다.

① ㄱ   ② ㄴ   ③ ㄱ, ㄷ
④ ㄴ, ㄷ   ⑤ ㄱ, ㄴ, ㄷ

☆중요
> 25594-0151

22 그림은 이온 X^+, Y^{2-}, Z^{2-}의 전자 배치를 모형으로 나타낸 것이다.

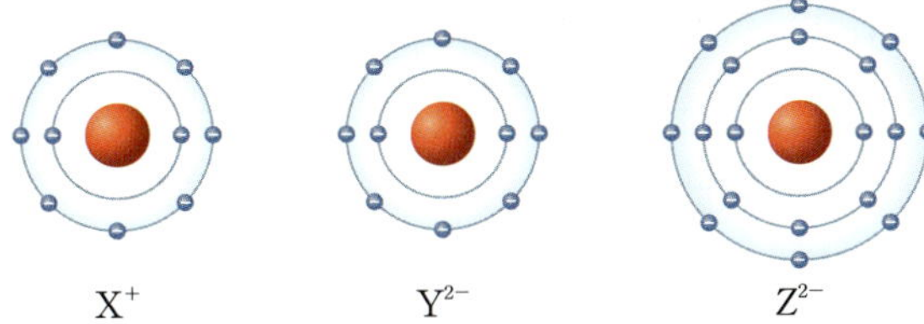

이에 대한 설명으로 옳은 것만을 〈보기〉에서 있는 대로 고른 것은? (단, X~Z는 임의의 원소 기호이다.)

〈보기〉
ㄱ. X와 Z는 같은 주기 원소이다.
ㄴ. Y와 Z는 원자가 전자 수가 같다.
ㄷ. 원자핵 속 양성자 수는 Z가 Y의 2배이다.

① ㄱ   ② ㄴ   ③ ㄱ, ㄷ
④ ㄴ, ㄷ   ⑤ ㄱ, ㄴ, ㄷ

☆중요
> 25594-0152

23 그림은 화합물 AB와 CD를 화학 결합 모형으로 나타낸 것이다.

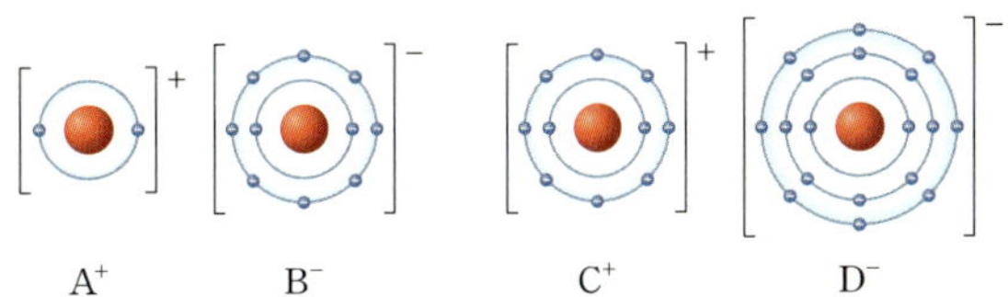

이에 대한 설명으로 옳은 것만을 〈보기〉에서 있는 대로 고른 것은? (단, A~D는 임의의 원소 기호이다.)

〈보기〉
ㄱ. A와 C는 알칼리 금속이다.
ㄴ. B와 D는 화학적 성질이 비슷하다.
ㄷ. A~D 중 3주기 원소는 3가지이다.

① ㄱ   ② ㄷ   ③ ㄱ, ㄴ
④ ㄴ, ㄷ   ⑤ ㄱ, ㄴ, ㄷ

☆중요
> 25594-0153

24 그림은 원자 A~E의 원자가 전자 수와 전자가 들어 있는 전자 껍질 수를 나타낸 것이다.

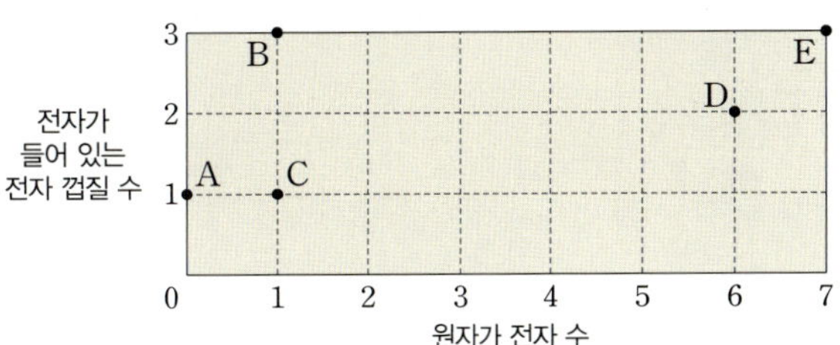

이에 대한 설명으로 옳은 것만을 〈보기〉에서 있는 대로 고른 것은? (단, A~E는 임의의 원소 기호이다.)

〈보기〉
ㄱ. 초기 우주에서 만들어진 질량은 C > A이다.
ㄴ. 화합물 BE와 CE는 화학 결합의 종류가 같다.
ㄷ. C 원자 2개와 D 원자 1개가 결합한 화합물의 공유 전자쌍 수는 4이다.

① ㄱ   ② ㄴ   ③ ㄷ
④ ㄱ, ㄷ   ⑤ ㄴ, ㄷ

25 그림은 화합물 (가)와 (나)를 화학 결합 모형으로 나타낸 것이다.

> 25594-0154

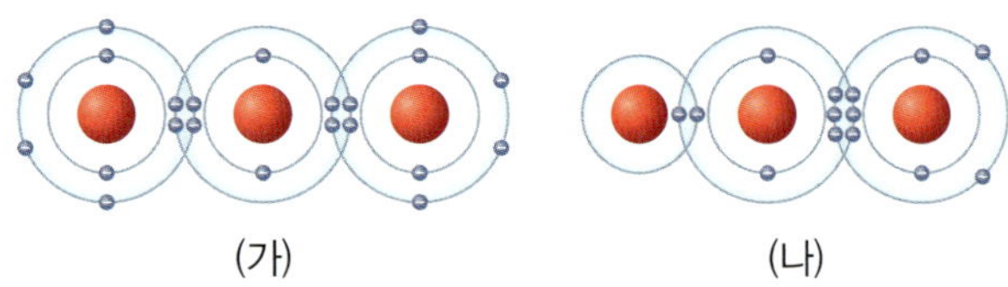

(가)   (나)

(가)와 (나)의 공통점에 대한 설명으로 옳은 것만을 〈보기〉에서 있는 대로 고른 것은?

┌─ 보기 ─
ㄱ. 공유 결합 물질이다.
ㄴ. 공유 전자쌍 수가 4이다.
ㄷ. 각 화합물에서 모든 구성 원자는 네온(Ne)과 같은 전자 배치를 이룬다.
└─

① ㄱ   ② ㄷ   ③ ㄱ, ㄴ
④ ㄴ, ㄷ   ⑤ ㄱ, ㄴ, ㄷ

중요

26 다음은 원소 A~D에 대한 자료이다.

> 25594-0155

┌─
• A~D는 각각 주기율표의 빗금 친 부분 중 한 곳에 위치한다.

주기 \ 족	1	2	13	14	15	16	17	18
1	▨							▨
2								▨
3	▨					▨		

• A와 B는 원자가 전자 수가 같다.
• B$^+$의 안정한 전자 배치는 C와 같다.
└─

이에 대한 설명으로 옳은 것만을 〈보기〉에서 있는 대로 고른 것은? (단, A~D는 임의의 원소 기호이다.)

┌─ 보기 ─
ㄱ. D는 할로젠이다.
ㄴ. AD는 공유 결합 물질이다.
ㄷ. B와 C는 이온 결합을 형성한다.
└─

① ㄱ   ② ㄴ   ③ ㄷ
④ ㄱ, ㄴ   ⑤ ㄴ, ㄷ

중요

27 그림은 탄소(C) 원자와 산소(O) 원자의 전자 배치를 모형으로 나타낸 것이다.

> 25594-0156

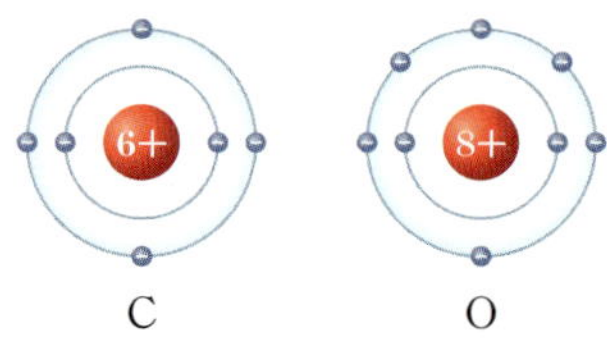

C   O

이에 대한 설명으로 옳은 것만을 〈보기〉에서 있는 대로 고른 것은?

┌─ 보기 ─
ㄱ. 원자가 전자 수는 O>C이다.
ㄴ. 전자가 들어 있는 전자 껍질 수는 C와 O가 같다.
ㄷ. CO_2에서 공유 전자쌍 수는 2이다.
└─

① ㄱ   ② ㄷ   ③ ㄱ, ㄴ
④ ㄴ, ㄷ   ⑤ ㄱ, ㄴ, ㄷ

---

28 그림 (가)는 지각을 구성하는 주요 원소의 질량비를, (나)는 (가)의 X와 Y 중 한 원소의 전자 배치를 모형으로 나타낸 것이다.

> 25594-0157

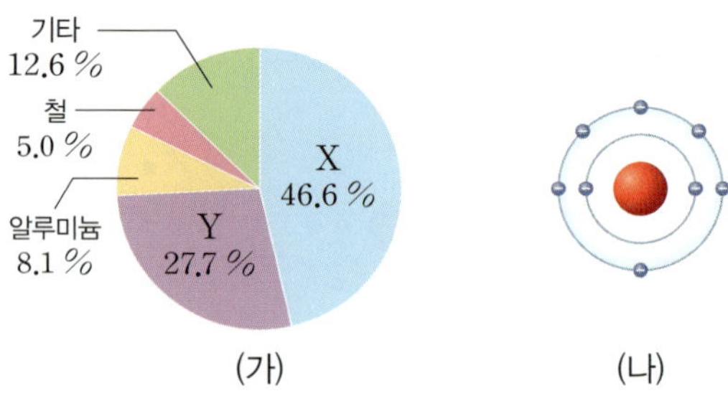

(가)   (나)

이에 대한 설명으로 옳은 것만을 〈보기〉에서 있는 대로 고른 것은? (단, X와 Y는 임의의 원소 기호이다.)

┌─ 보기 ─
ㄱ. (나)는 X의 전자 배치 모형이다.
ㄴ. Y는 다른 원자와 다중 결합을 형성할 수 있다.
ㄷ. YX_2는 규산염 사면체이다.
└─

① ㄱ   ② ㄴ   ③ ㄷ
④ ㄱ, ㄴ   ⑤ ㄴ, ㄷ

29 그림 (가)는 고체 염화 나트륨($NaCl$)의 구조를, (나)는 염화 나트륨 수용액에 전원을 연결하였을 때 이온이 이동하는 모습을 나타낸 것이다. ㉠과 ㉡은 각각 아르곤(Ar), 네온(Ne)과 같은 전자 배치를 이룬다.

> 25594-0158

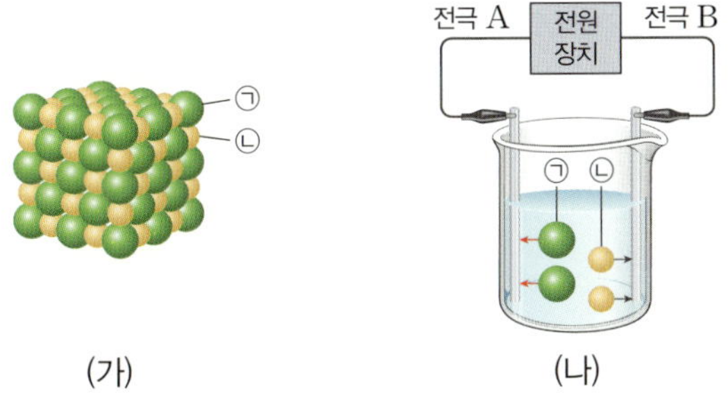

(가)   (나)

이에 대한 설명으로 옳은 것만을 〈보기〉에서 있는 대로 고른 것은?

보기
ㄱ. ㉠은 Na^+이다.
ㄴ. 전극 B는 (−)극이다.
ㄷ. 염화 나트륨은 수용액 상태에서 전기 전도성이 있다.

① ㄱ   ② ㄴ   ③ ㄱ, ㄷ
④ ㄴ, ㄷ   ⑤ ㄱ, ㄴ, ㄷ

⭐중요
30 그림은 화합물 AB와 C_2D를 화학 결합 모형으로 나타낸 것이다.

> 25594-0159

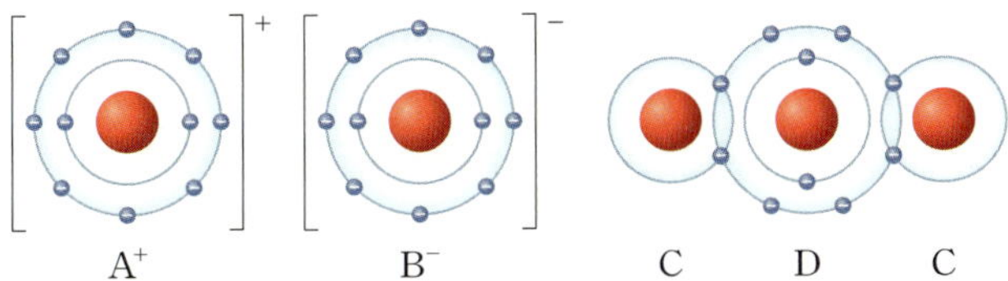

A^+ B^- C   D   C

이에 대한 설명으로 옳은 것만을 〈보기〉에서 있는 대로 고른 것은? (단, A~D는 임의의 원소 기호이다.)

보기
ㄱ. 원자 번호는 B > D이다.
ㄴ. A와 C는 모두 물과 반응하여 수소 기체를 발생한다.
ㄷ. DB_2에서 공유 전자쌍 수는 4이다.

① ㄱ   ② ㄴ   ③ ㄷ
④ ㄱ, ㄷ   ⑤ ㄴ, ㄷ

⭐중요
31 그림 (가)는 원자 A와 B가 각각 이온이 되었을 때의 전자 배치를, (나)는 화합물 AC_2의 화학 결합을 모형으로 나타낸 것이다.

> 25594-0160

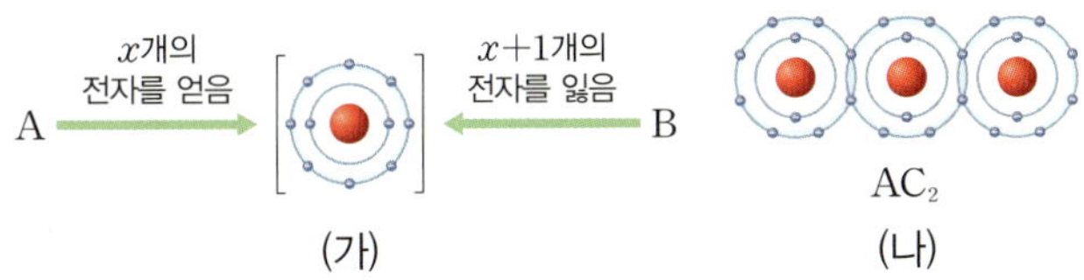

(가)   (나)

이에 대한 설명으로 옳은 것만을 〈보기〉에서 있는 대로 고른 것은? (단, A~C는 임의의 원소 기호이다.)

보기
ㄱ. $x=1$이다.
ㄴ. 원자가 전자 수는 A가 B의 2배이다.
ㄷ. B와 C는 1 : 3으로 결합하여 안정한 화합물을 형성한다.

① ㄱ   ② ㄴ   ③ ㄷ
④ ㄱ, ㄷ   ⑤ ㄴ, ㄷ

32 그림은 규산염 사면체의 구조를 나타낸 것이다. A와 B는 각각 O와 Si 중 하나이다.

> 25594-0161

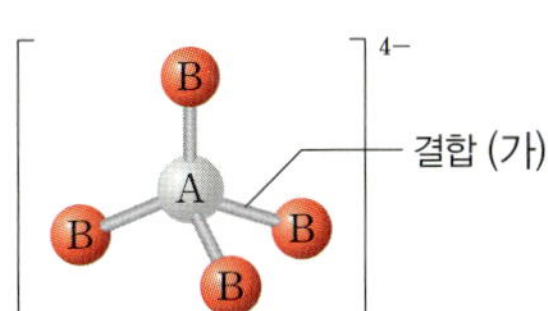

이에 대한 설명으로 옳은 것만을 〈보기〉에서 있는 대로 고른 것은?

보기
ㄱ. 원자가 전자 수는 B > A이다.
ㄴ. 결합 (가)는 이온 결합이다.
ㄷ. 규산염 사면체는 금속 양이온과 화학 결합을 할 수 있다.

① ㄱ   ② ㄴ   ③ ㄱ, ㄷ
④ ㄴ, ㄷ   ⑤ ㄱ, ㄴ, ㄷ

2 자연의 구성 물질

- 지각을 구성하는 규산염 광물이 규산염 사면체(Si−O)를 기본 골격으로 하여 형성됨을 설명하기
- 생명체를 구성하는 단백질과 핵산은 기본 단위체가 결합하여 형성됨을 설명하기
- 지구를 구성하는 물질을 전기적 성질에 따라 구분하기
- 물질의 전기적 성질이 활용되는 생활 속 사례 설명하기

이 단원의 핵심

● 지각과 생명체를 이루는 결합의 규칙은 무엇일까?

지각을 구성하는 물질의 규칙성	생명체를 구성하는 물질의 규칙성
• 규산염 광물: 규소와 산소로 이루어진 규산염 사면체를 기본 골격으로 하여 여러 원소들이 결합하여 만들어진다. **• 규산염 광물 결합 구조의 규칙성:** 규산염 사면체가 한 줄이나 두 줄의 직선형으로 결합하거나, 평면이나 입체 모양으로 이어져 규산염 광물의 기본 골격을 형성한다.	**• 탄소 화합물:** 중심 원소인 탄소에 산소, 수소, 질소 등의 원소가 공유 결합하여 만들어진 화합물이다. **• 생명체를 구성하는 물질의 규칙성:** 생명체를 구성하는 탄소 화합물은 탄소를 중심으로 구성된 단위체가 다양한 형태로 결합하여 만들어진다. 이렇게 단위체가 결합하여 만들어진 탄소 화합물에는 단백질, 핵산 등이 있다.

● 물질을 전기적 성질에 따라 어떻게 구분하며, 전기적 성질 활용 사례에는 무엇이 있을까?

도체, 부도체, 반도체 구분하기	반도체의 첨단 과학 기술 활용
• 도체: 전기 저항이 작고 자유 전자가 많아 전류가 잘 흐르는 물질로 철, 구리, 알루미늄 등이 해당한다. **• 부도체:** 전기 저항이 매우 크고 자유 전자가 적어 전류가 거의 흐르지 않는 물질로 고무나 유리, 나무 등이 해당한다. **• 반도체:** 조건에 따라 전기 저항이 변하여 도체와 부도체의 중간 정도의 전기적 성질을 갖는 물질로 규소(Si)나 저마늄(Ge)이 있다.	**• 다이오드:** 전류를 한 방향으로만 흐르게 하는 성질이 있어 교류를 직류로 바꾸는 정류 작용을 한다. **• 발광 다이오드(LED):** 전류가 흐를 때 빛을 방출하는 다이오드이다. **• 트랜지스터:** 전류나 전압의 흐름을 조절 및 제어하며, 아주 작은 크기로 만들 수 있고, 소비 전력이 작아 대부분의 전자 제품에 이용된다.

지각과 생명체를 구성하는 물질

1 지각과 생명체의 구성 성분

(1) 지각과 ❶생명체의 구성 성분 비교

구분	지각	생명체
구성	다양한 암석으로 이루어져 있고, 암석은 주로 장석, 석영 등의 규산염 광물로 이루어져 있다.	주로 탄수화물, 단백질, 지질, 핵산 등의 탄소 화합물(❷유기물)로 이루어져 있다.
주성분	규산염 광물의 주성분은 산소와 규소이다.	탄소 화합물은 탄소를 기본 골격으로 산소, 수소 등이 결합하여 형성된다.
구성 비율	지각을 구성하는 규산염 광물의 비율 흑운모 5 %, 각섬석 5 %, 휘석 11 %, 석영 12 %, 장석 51 %, 기타 16 %	생명체를 구성하는 물질의 비율 탄수화물 0.5 %, 핵산 1.5 %, 지질 4 %, 단백질 18 %, 물 70 %, 기타 6 %
	장석, 석영, 휘석 등의 규산염 광물이 대부분을 차지한다.	물의 양이 가장 많지만, 물을 제외하면 단백질, 지질 등의 탄소 화합물이 대부분을 차지한다.

(2) 지각과 생명체의 구성 물질의 다양성

① 지각과 생명체를 구성하는 물질은 다양한 화학 반응을 통해 만들어진다.

② 지각을 구성하는 규산염 광물과 생명체를 구성하는 탄소 화합물은 규칙성을 나타낸다.

2 지각을 구성하는 물질의 규칙성

(1) 규산염 광물
규소와 산소로 이루어진 ❸Si−O(규산염) 사면체를 기본 골격으로 하여 여러 원소들이 결합하여 만들어진다.

(2) 규산염 광물의 결합 규칙성

① 단위체는 Si−O 사면체이다.

② Si−O 사면체가 한 개(독립형), 한 줄(단사슬)이나 두 줄(복사슬)로 길게 직선형으로 결합한 구조, 또는 평면(판상)이나 입체(망상) 모양으로 결합한 구조를 이루며 규칙적으로 결합하여 규산염 광물의 기본 골격을 형성한다. 구조에 따라 풍화에 강한 정도, 깨짐이나 쪼개짐이 다르게 나타난다.

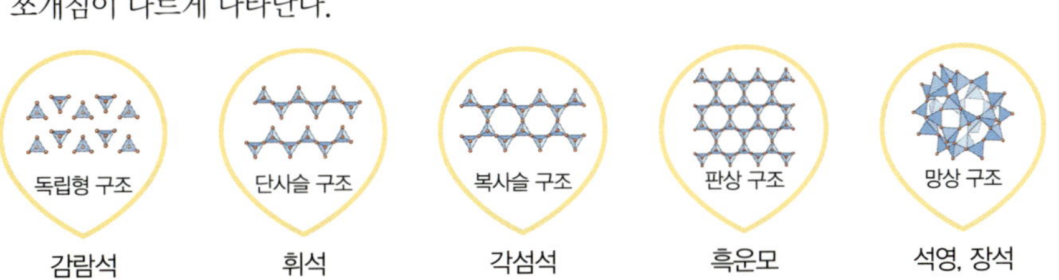

🔍 **THE 알기**

❶ **사람을 구성하는 원소의 비율**

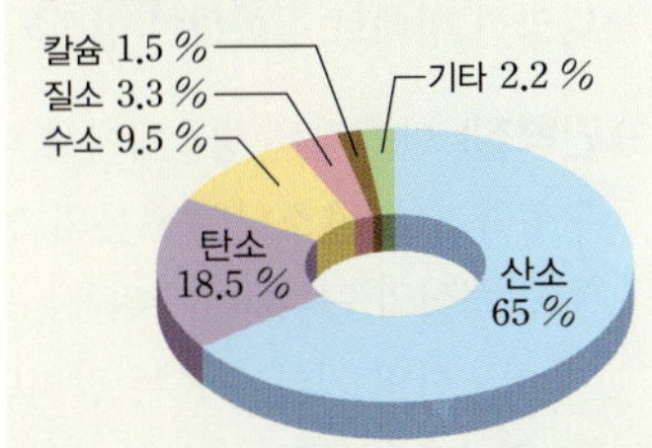

❷ **유기물**

생명체를 구성하는 주성분으로 CO, CO_2 등과 같은 탄소 산화물을 제외한 탄소 화합물이다.

❸ **Si−O 사면체의 구조**

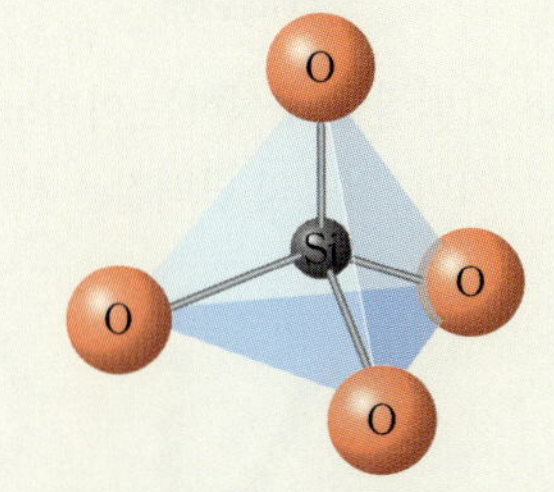

Si−O(규산염) 사면체는 원자가 전자가 4개인 규소에 4개의 산소가 공유 결합하여 만들어진다. 중심 원소는 규소이다.

③ 생명체를 구성하는 물질의 규칙성

(1) **❶탄소 화합물**: 탄소, 수소, 산소, 질소 등이 공유 결합하여 만들어진 화합물로, **❷중심 원소**는 탄소이다.

(2) 생명체를 구성하는 탄소 화합물은 탄소를 중심으로 한 **❸단위체**가 만들어진 후, 이 단위체가 다양한 형태로 결합하여 형성되는 고분자 화합물이다.

(3) **단백질**: 단백질은 생물체에서 다양한 입체 구조를 형성하며, 피부, 근육, 혈액 등 우리 몸을 구성하거나, 효소나 호르몬의 성분으로 몸속에서 일어나는 여러 화학 반응을 조절한다.

① **단백질의 단위체**: 단위체는 약 20여 가지의 아미노산이다. 각 아미노산의 기본 구조는 같지만, 아미노산의 종류에 따라 특정한 작용기가 결합한다.

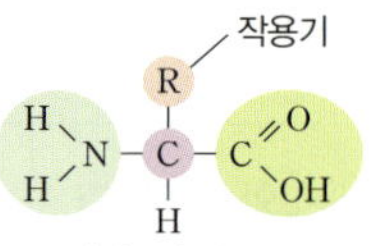

② **단백질의 구조**: 아미노산은 펩타이드결합을 통해 연결되어 폴리펩타이드를 형성하며, 폴리펩타이드가 **❹입체 구조를 형성**하여 단백질이 합성된다.

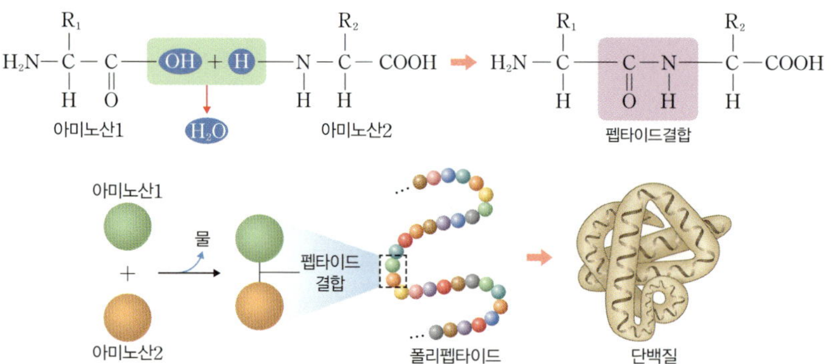

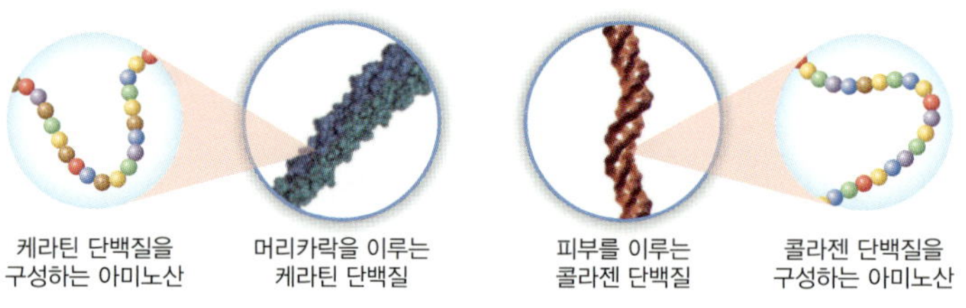

③ 단백질을 구성하는 아미노산의 종류, 수, 결합 순서에 따라 **❺단백질의 입체 구조가 달라**지며, 각각의 단백질은 서로 다른 기능을 수행한다.

❶ 탄소

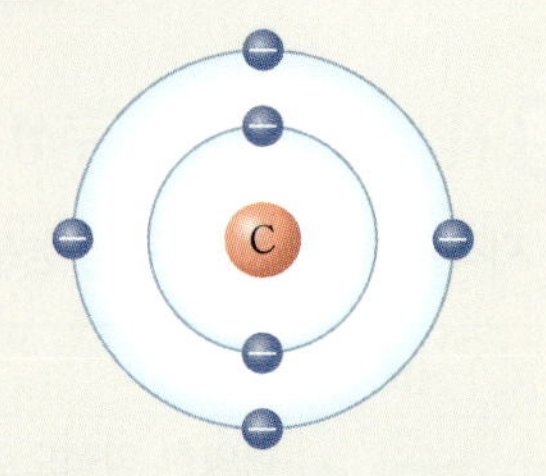

탄소 원자는 규소 원자와 마찬가지로 원자가 전자가 4개이므로 최대 4개의 공유 결합을 형성할 수 있다.

❷ 탄소 화합물의 결합 방식

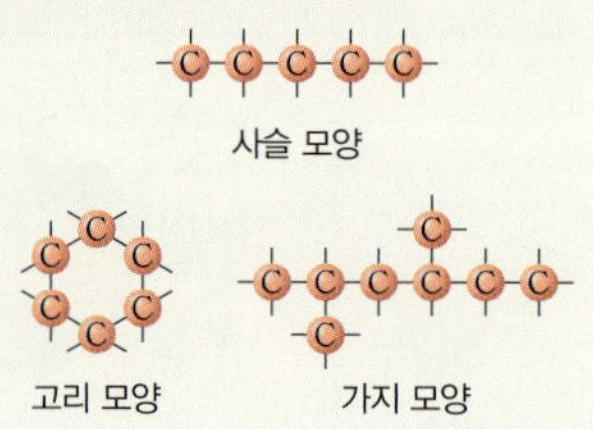

탄소 원자로 이루어진 기본 골격은 사슬 모양, 고리 모양, 가지 모양 등을 만들 수 있다.

❸ 단위체
고분자 화합물을 구성하는 기본 단위 역할을 하는 저분자 물질이다.

❹ 단백질의 입체 구조와 기능
단백질은 구성 아미노산의 종류와 결합 순서 등에 따라 다양한 입체 구조를 가지며, 이에 따라 효소, 항체, 호르몬 등 다양한 기능을 수행한다.

❺ 단백질의 변성
단백질은 온도나 pH 변화에 약하여 입체 구조가 쉽게 변한다. 이를 변성이라고 하며, 변성이 일어나면 단백질은 기능이 저하되거나 기능을 잃게 된다.

○ 탄수화물과 중성 지방의 형성

① 탄수화물의 형성

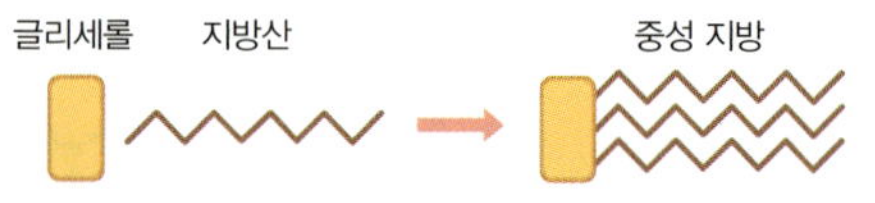

단위체는 포도당과 같은 단당류이며, 이들이 다양한 방식으로 결합하여 녹말, 글리코젠 등의 다당류가 형성된다.

② 중성 지방의 형성

중성 지방은 글리세롤과 지방산으로 구성되며, 이들 이외의 다른 물질이 결합하여 인지질 등을 만든다.

(4) **핵산의 규칙성:** 생물의 세포에 존재하는 핵산에는 **❶DNA와 RNA**가 있다.

① **핵산의 단위체:** 핵산의 단위체는 뉴클레오타이드로 당에 인산과 염기가 결합한 구조이다. DNA와 RNA를 구성하는 뉴클레오타이드는 당과 염기의 종류가 서로 다르다.

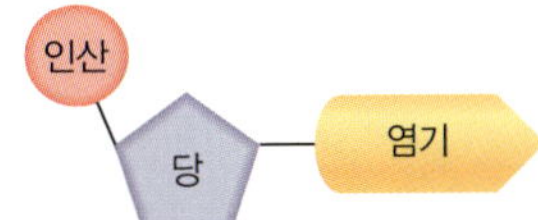

구분	DNA를 구성하는 뉴클레오타이드	RNA를 구성하는 뉴클레오타이드
염기의 종류	아데닌(A), 구아닌(G) 사이토신(C), 타이민(T)	아데닌(A), 구아닌(G) 사이토신(C), 유라실(U)
당의 종류	디옥시라이보스	라이보스

② **핵산(DNA)의 구조:** 4종류의 뉴클레오타이드가 결합하여 폴리뉴클레오타이드를 만든다.

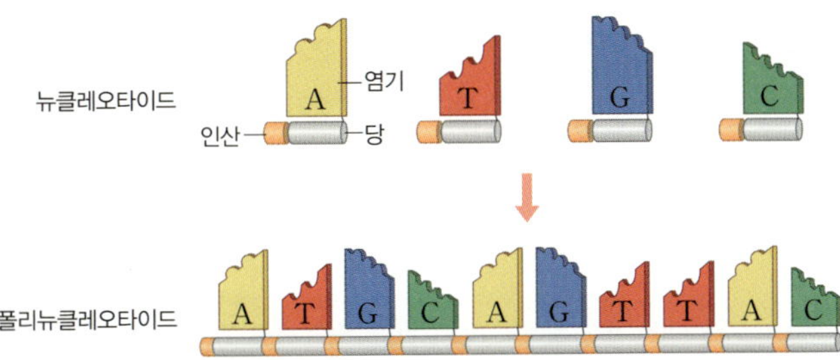

③ **DNA와 RNA의 구조 및 기능:** 단위체인 뉴클레오타이드가 다양한 순서와 길이로 결합하여 **❷염기서열**이 다양한 핵산이 만들어진다.

핵산	DNA	**❹RNA**
구조	**❸이중나선구조**	단일 가닥 구조
기능	유전정보 저장	유전정보 전달

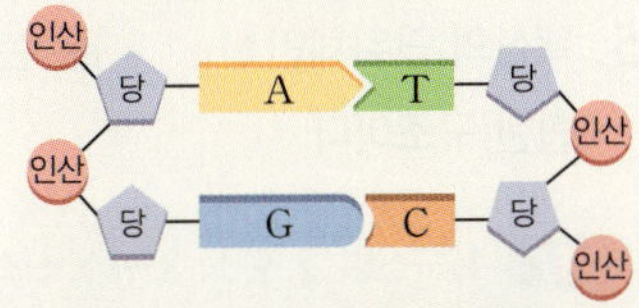

○ **RNA의 종류**

① **mRNA:** 핵 속 DNA의 정보를 세포질로 전달하여 단백질 합성에 필요한 아미노산서열 정보를 제공한다.

② **tRNA:** 단백질의 합성 과정에서 mRNA에 저장된 유전정보에 따라 아미노산을 운반한다.

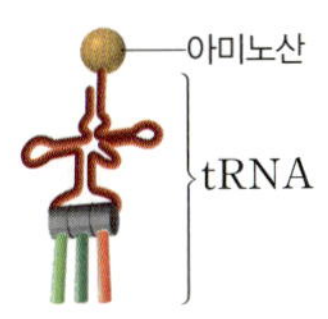

③ **rRNA:** 단백질과 결합하여 단백질을 합성하는 세포소기관인 라이보솜을 구성한다.

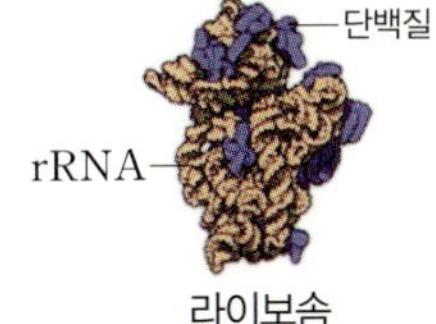

개념 체크

빈칸 완성

1. 지각을 구성하는 암석은 주로 장석, 석영 등의 (   ) 광물로 이루어져 있다.

2. 생명체는 탄소를 기본 골격으로 하여 산소, 수소 등이 결합한 (   ) 화합물로 이루어져 있다.

3. 규산염 광물은 (   )와/과 (   )(으)로 이루어진 Si−O 사면체를 기본 골격으로 하여 형성된다.

4. 단백질의 단위체인 (   )은/는 (   )결합으로 연결되어 폴리펩타이드를 형성한다.

5. 핵산의 단위체인 (   )은/는 (   )에 염기와 인산이 결합한 구조이다.

둘 중에 고르기

6. 단백질의 종류는 아미노산의 (결합 종류, 결합 순서)에 따라 달라진다.

7. (DNA, RNA)를 구성하는 뉴클레오타이드 중에는 유라실(U) 염기를 가지는 것이 있다.

8. DNA 이중나선에서 아데닌(A) 염기와 상보결합을 이루는 것은 (사이토신(C), 타이민(T)) 염기이다.

9. RNA는 (1가닥, 2가닥)의 폴리뉴클레오타이드로 구성되고, DNA는 (1가닥, 2가닥)의 폴리뉴클레오타이드로 구성된다.

정답 **1.** 규산염 **2.** 탄소 **3.** 규소, 산소(또는 산소, 규소) **4.** 아미노산, 펩타이드 **5.** 뉴클레오타이드, 당 **6.** 결합 순서 **7.** RNA **8.** 타이민(T) **9.** 1가닥, 2가닥

단답형

1. 4개의 아미노산으로 구성된 폴리펩타이드에서 펩타이드결합은 몇 개인지 쓰시오.

2. 생물을 구성하는 아미노산의 종류에는 약 몇 가지가 있는지 쓰시오.

3. 그림은 뉴클레오타이드의 구조를 나타낸 것이다.

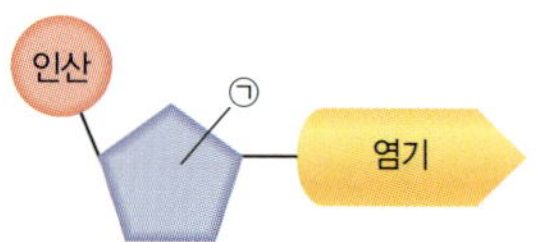

  (1) RNA에서 ㉠은 무엇인지 쓰시오.
  (2) DNA에서 ㉠은 무엇인지 쓰시오.

4. DNA와 RNA 중 단백질의 합성에 필요한 유전정보를 저장하고 있으며, 이중나선구조인 것은 무엇인지 쓰시오.

바르게 연결하기

5. 관련 있는 내용을 바르게 연결하시오.

(1) DNA •
(2) RNA •
(3) 단백질 •

• ㉠ 입체 구조를 형성하며, 효소, 호르몬, 항체 등의 성분이다.

• ㉡ A, G, C, T의 염기를 가진 뉴클레오타이드로 구성되며, 이중나선구조이다.

• ㉢ 유전정보를 세포질로 전달하여 단백질합성에 이용된다.

정답 **1.** 3개 **2.** 20여 가지 **3.** (1) 라이보스 (2) 디옥시라이보스 **4.** DNA **5.** (1)−㉡ (2)−㉢ (3)−㉠

물질의 전기적 성질

1 물질의 분류

(1) 원자와 자유 전자

① 물질을 이루는 기본 입자를 원자라고 한다.

② 원자는 양(+)전하를 띤 원자핵과 음(−)전하를 띤 전자로 구성된다.

③ 원자 내의 전자는 전기력에 의해 원자핵에 속박되어 있다.

④ 원자가 결합하면서 원자 간의 상호작용으로 원자에서 떨어져 나와 자유롭게 이동할 수 있는 전자를 자유 전자라고 한다.

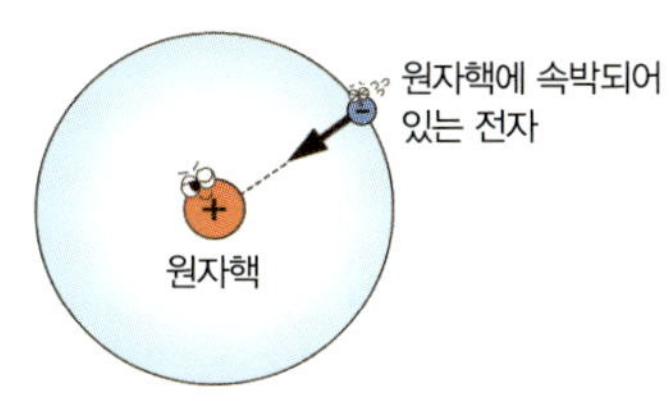

원자핵과 전자

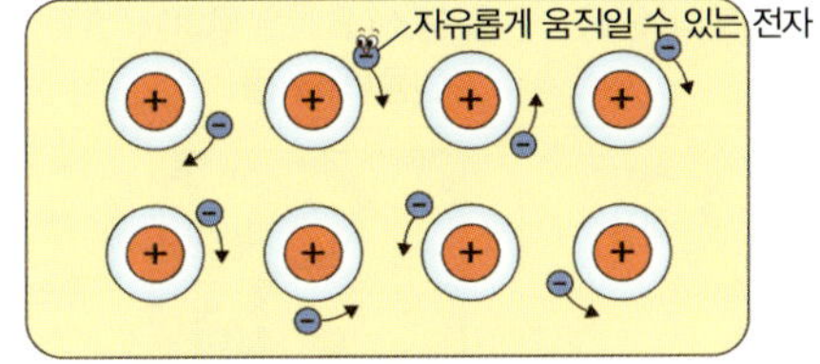

원자의 결합으로 인한 자유 전자

(2) 전기적 성질에 따른 물질의 구분

① 물질 내에서 자유 전자의 이동에 따라 전류가 흐른다. ➡ 전류의 방향과 자유 전자의 이동 방향은 반대이다.

전류가 흐를 때	전류가 흐르지 않을 때
자유 전자가 일정한 방향으로 이동하여 전류가 흐른다.	자유 전자는 제각각 ❶무작위적으로 움직이기 때문에 전류가 흐르지 않는다.

② 자유 전자가 많아 전류가 잘 흐르는 물질을 도체, 자유 전자가 거의 없어 전류가 잘 흐르지 않는 물질을 ❷부도체라고 한다.

구분	도체	부도체
전기 전도성	좋다.	나쁘다.
❸전기 전도도	크다.	작다.
자유 전자의 수	많다.	적다.
원자 내 전자의 상태	전자가 하나의 원자에 속해 있지 않고 자유롭게 움직일 수 있다.	전자가 원자핵으로부터 쉽게 벗어날 수 없고 자유롭게 움직이기 어렵다.

❶ 무작위적인 방향

선호하는 방향이 없는 상태이므로 모든 방향의 운동이 균일하다고 볼 수 있다. 따라서 어느 한쪽 방향으로의 흐름이 일어나지 않는다.

❷ 부도체, 유전체, 절연체

부도체, 유전체, 절연체는 같은 대상을 지칭하는 서로 다른 이름이다. 도체의 반대 성질을 강조하고 싶을 때는 부도체, 전류가 흐르지 않는 성질을 강조하고 싶을 때는 절연체, 원자나 분자 수준에서 나타나는 유전 분극 현상을 강조하고 싶을 때는 유전체라는 용어를 주로 사용한다.

❸ 전기 전도도

특정 온도에서 일정한 단면적과 길이를 가지는 물질이 얼마나 전류를 잘 흐르게 하는지를 나타내는 물리량이다. 도체인 은, 구리, 철은 부도체인 나무나 다이아몬드와 비교해 전기 전도도가 크다.

물질	전기 전도도($1/\Omega \cdot m$)
은	6.30×10^7
구리	5.96×10^7
철	1.03×10^7
니크롬	6.70×10^5
흑연(b)	$1.25 \times 10^3 \sim 3 \times 10^5$
실리콘	4.35×10^{-4}
나무	$10^{-4} \sim 10^{-3}$
다이아몬드	10^{-13}

전기 전도성은 물질이 전류를 얼마나 잘 흐르게 할 수 있는지를 나타내는 물리적 성질로, 전기 전도도가 클수록 전기 전도성이 좋다고 볼 수 있다.

② 반도체의 성질과 활용

(1) 반도체

① 도체와 부도체의 중간 정도의 전기적 성질을 가지는 물질을 반도체라고 한다.

② 대표적인 물질은 규소(Si), 저마늄(Ge)이다.

③ 불순물을 첨가하여 반도체의 전기적 성질을 변화시킬 수 있다. ❶순수한 반도체에 ❷소량의 불순물을 첨가한 반도체를 불순물 반도체라고 하는데, 불순물 반도체는 순수한 반도체보다 전기 전도성이 좋다.

④ 불순물 반도체의 종류: 첨가하는 불순물에 따라 n형 반도체와 p형 반도체로 구분한다.

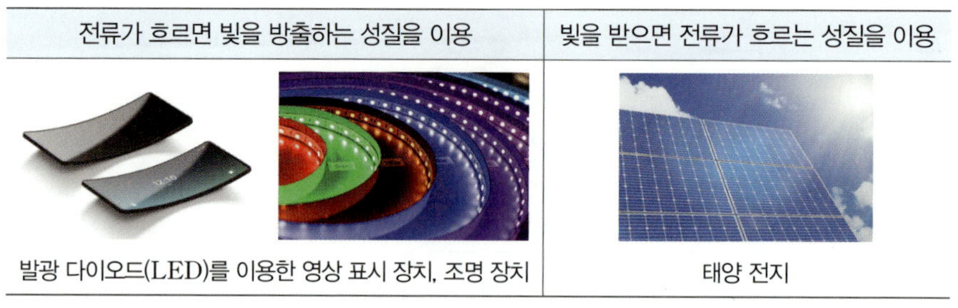

구분	n형 반도체	p형 반도체
첨가한 불순물	원자가 전자가 5개인 15족 원소 예 인(P), 비소(As), 안티모니(Sb) 등	원자가 전자가 3개인 13족 원소 예 붕소(B), 알루미늄(Al), 갈륨(Ga), 인듐(In) 등
원자 주변의 원자가 전자 배열		
❸전하 운반체	주로 전자가 전류를 흐르게 한다.	주로 양공이 전류를 흐르게 한다.

(2) 반도체의 성질과 활용

① 전류가 흐르면 빛을 방출하거나, 빛을 받으면 전류가 흐르는 성질이 있다.

전류가 흐르면 빛을 방출하는 성질을 이용	빛을 받으면 전류가 흐르는 성질을 이용
발광 다이오드(LED)를 이용한 영상 표시 장치, 조명 장치	태양 전지

② 전류의 흐름을 제어하는 성질이 있다.

다이오드	트랜지스터	마이크로컨트롤러(MCU)
전류를 한 방향으로만 흐르게 한다.	전기 신호를 증폭하거나 전류의 흐름을 조절한다.	복합적인 전기 신호를 제어한다.

③ 열이 적게 발생하고 소비 전력이 작은 성질을 이용해 몸에 착용하는 스마트 기기, 자율 주행 자동차에 이용된다.

④ 데이터 처리 기능이 있는 반도체에는 데이터를 저장하는 메모리 반도체와 데이터를 연산하는 시스템 반도체가 있다.

빈칸 완성

1. 원자 내의 전자는 (   )에 의해 원자핵에 속박되어 있다.

2. 유리나 다이아몬드와 같이 전류가 잘 흐르지 않는 물질을 (   )(이)라고 한다.

3. 도체가 부도체보다 전류가 잘 흐르는 까닭은 (   )이/가 많기 때문이다.

4. 순수한 상태에서는 전류가 잘 흐르지 않지만 특정 조건에서는 전류가 잘 흐르는 물질을 (   )(이)라고 한다.

둘 중에 고르기

5. 물질 내에 자유 전자가 (많을, 적을)수록 물질의 전기 전도도가 크다.

6. 절연 장갑은 전기 전도성이 (좋은, 나쁜) 물질로 제작하는 것이 유리하다.

7. 규소나 저마늄에 원자가 전자가 3개인 불순물을 첨가해 만든 불순물 반도체는 (p형, n형) 반도체이다.

8. n형 반도체는 주로 (전자, 양공)이/가 전류를 흐르게 한다.

> **정답** 1. 전기력 2. 부도체 3. 자유 전자 4. 반도체 5. 많을 6. 나쁜 7. p형 8. 전자

○, × 퀴즈

1. 도체와 부도체를 구분하는 기준은 물질의 색깔이다. (○, ×)

2. 철, 알루미늄은 반도체에 속한다. (○, ×)

3. 전선의 피복의 재료로는 도체가 적합하다. (○, ×)

4. 순수한 반도체가 불순물 반도체보다 전류가 잘 흐른다. (○, ×)

5. 태양 전지는 반도체를 이용하여 태양 빛을 전기 에너지로 전환한다. (○, ×)

6. 발광 다이오드(LED)는 전류가 흐를 때 빛을 내는 반도체 소자이다. (○, ×)

단답형

7. 순수한 반도체에 속하는 물질 2가지를 쓰시오.

8. 순수한 반도체에 소량의 불순물을 첨가하는 것을 무엇이라고 하는지 쓰시오.

9. 원자가 공유 결합을 하면서 발생한 전자의 빈자리로, 양($+$) 전하를 띤 가상의 입자로 취급할 수 있는 것을 무엇이라고 하는지 쓰시오.

10. 원자가 공유 결합을 하면서 원자에서 떨어져 나와 자유롭게 이동할 수 있는 전자를 무엇이라고 하는지 쓰시오.

11. 전기 신호를 증폭하거나 전류의 흐름을 조절할 수 있는 반도체 소자는 무엇인지 쓰시오.

> **정답** 1. × 2. × 3. × 4. × 5. ○ 6. ○ 7. 규소, 저마늄 8. 도핑 9. 양공 10. 자유 전자 11. 트랜지스터

목표

DNA 모형을 만들어 관찰하고, DNA의 구조적 특징과 규칙성을 설명할 수 있다.

과정

1. 여러 개의 뉴클레오타이드 모형을 실선을 따라 가위로 자른다.

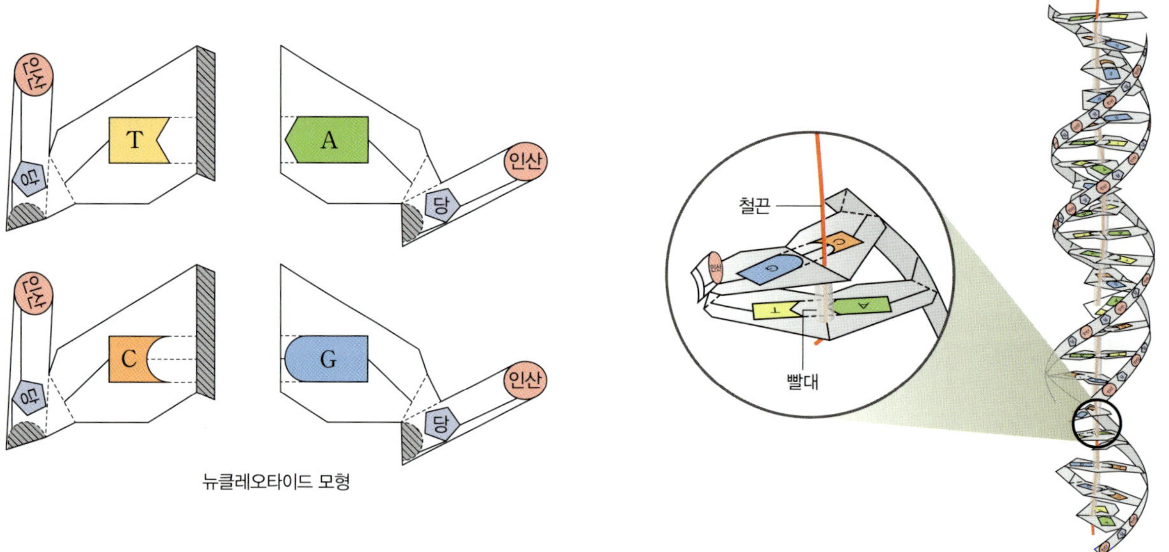

2. 뉴클레오타이드 모형의 A와 T, G와 C끼리 연결되도록 풀칠하여 붙인 후 점선으로 표시된 부분을 접고, 송곳으로 가운데 검은 점 부분에 구멍을 뚫는다.

3. 빨대를 2~3 cm 정도 길이로 잘라 여러 개의 조각을 만들고, 철끈의 끝을 한 번 묶어 매듭을 만든 뒤, 철끈을 모형의 구멍과 빨대 조각에 차례로 통과시킨다.

4. 기존 모형과 새 모형의 당과 인산이 일직선으로 연결되도록 풀칠하여 붙인다.

결과 정리 및 해석

1. DNA의 각 가닥은 뉴클레오타이드가 연결되어 폴리뉴클레오타이드를 이룬다.

2. DNA는 2개의 폴리뉴클레오타이드가 결합하여 이중나선구조를 이룬다.

3. DNA 염기의 결합 순서에 따라 다양한 형질을 결정하는 유전정보가 저장된다.

탐구 분석

1. DNA 이중나선구조 모형에서 반복적으로 나타나는 단위체는 무엇인인지 쓰시오.

　➡

2. DNA의 단위체를 이루는 성분은 무엇인지 쓰시오.

　➡

3. DNA를 이루고 있는 2가닥이 서로 결합된 부분에서 어떤 규칙성이 관찰되는지 서술하시오.

　➡

내신 기초 문제

01 그림은 사람을 구성하는 원소의 구성비를 나타낸 것이다. ㉠과 ㉡은 각각 탄소와 산소 중 하나이다. 이에 대한 설명으로 옳은 것만을 〈보기〉에서 있는 대로 고른 것은?

> 25594-0162

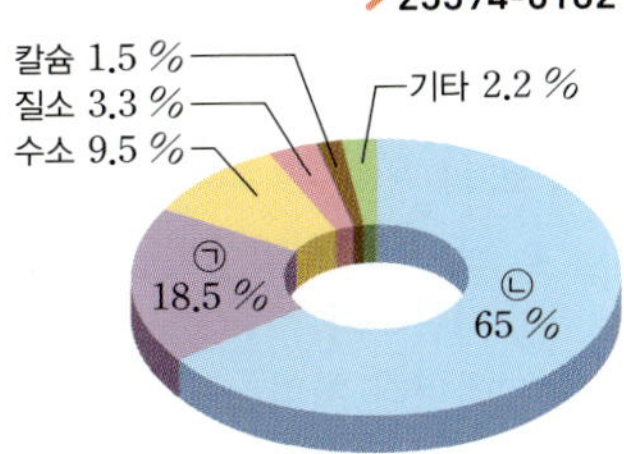

보기
ㄱ. ㉠은 탄소 화합물의 중심 원소이다.
ㄴ. ㉡은 규산염 광물을 구성하는 원소에 포함된다.
ㄷ. ㉠과 ㉡의 원자가 전자 수는 모두 4이다.

① ㄱ 　② ㄷ 　③ ㄱ, ㄴ
④ ㄴ, ㄷ 　⑤ ㄱ, ㄴ, ㄷ

02 그림은 Si-O 사면체의 구조를 나타낸 것이다. ㉠과 ㉡은 각각 규소(Si)와 산소(O) 중 하나이다. 이에 대한 설명으로 옳지 <u>않은</u> 것은?

> 25594-0163

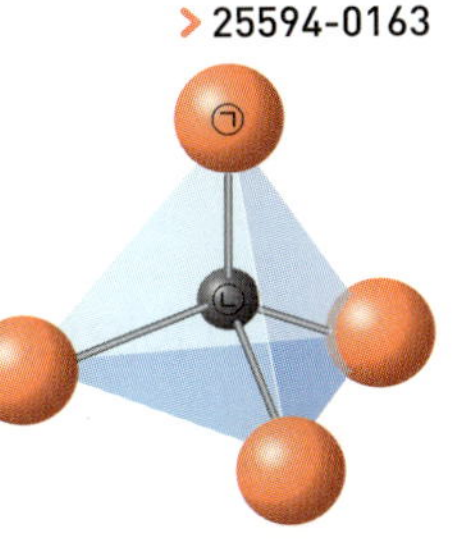

① ㉠은 산소이다.
② ㉡은 핵산의 구성 성분이다.
③ ㉡의 원자가 전자 수는 4이다.
④ 1개의 ㉡에 4개의 ㉠이 결합한다.
⑤ Si-O 사면체는 규산염 광물의 단위체이다.

03 그림은 단백질의 종류를 결정하는 요소에 대한 학생 A~C의 발표를 나타낸 것이다.

> 25594-0164

제시한 내용이 옳은 학생만을 모두 고른 것은?

① A ② B ③ A, C ④ B, C ⑤ A, B, C

04 그림은 DNA와 단백질 중 하나의 단위체 X를 나타낸 것이다. ㉠과 ㉡은 각각 인산과 당 중 하나이다. 이에 대한 설명으로 옳지 <u>않은</u> 것은?

> 25594-0165

① ㉠은 인산이다.
② X는 뉴클레오타이드이다.
③ X는 단백질의 단위체이다.
④ 디옥시라이보스는 ㉡에 해당한다.
⑤ X의 구성 원소에 탄소(C)가 포함된다.

★중요
05 그림은 생물체를 구성하는 어떤 물질에서 2개의 단위체가 결합하는 과정을 나타낸 것이다.

> 25594-0166

이에 대한 설명으로 옳은 것만을 〈보기〉에서 있는 대로 고른 것은?

보기
ㄱ. ⓐ는 아미노산이다.
ㄴ. 과정 (가)에서 물이 방출된다.
ㄷ. ⓐ에서는 인산, 당, 염기가 1 : 1 : 1로 결합되어 있다.

① ㄱ 　② ㄷ 　③ ㄱ, ㄴ
④ ㄴ, ㄷ 　⑤ ㄱ, ㄴ, ㄷ

06 그림은 규소와 산소로 이루어진 어떤 광물의 결합 구조를 나타낸 것이다. 이에 대한 설명으로 옳은 것만을 〈보기〉에서 있는 대로 고른 것은?

> 25594-0167

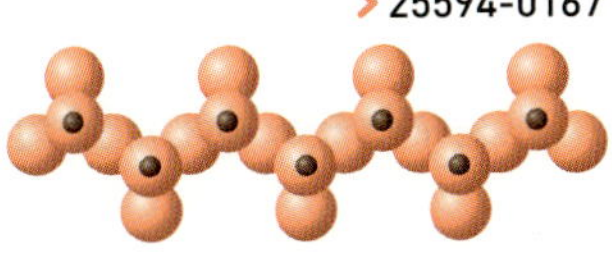

보기
ㄱ. 복사슬 구조이다.
ㄴ. 감람석에서 관찰되는 구조이다.
ㄷ. Si-O 사면체 사이에 산소를 공유한다.

① ㄱ 　② ㄷ 　③ ㄱ, ㄴ
④ ㄴ, ㄷ 　⑤ ㄱ, ㄴ, ㄷ

• 정답과 해설 **25**쪽

07 부도체에 대한 설명으로 옳은 것을 모두 고르면? (2개)

> 25594-0168

① 전기 저항이 매우 큰 물질이다.
② 교류를 직류로 바꾸는 데 사용된다.
③ 전류의 흐름을 차단해야 하는 곳에 사용된다.
④ 전류가 흐르면 빛을 내는 성질을 가지고 있다.
⑤ 빛을 받으면 전류가 흐르는 성질을 가지고 있다.

08 전류에 대한 설명으로 옳은 것은?

> 25594-0169

① 도체에는 전류가 흐르지 않는다.
② 자유 전자의 이동 방향과 전류의 방향은 반대이다.
③ 전류가 흐르지 않을 때 자유 전자는 일정한 방향으로 이동한다.
④ 저항에 걸리는 전압이 같을 때 저항의 저항값이 클수록 저항에 흐르는 전류의 세기가 크다.
⑤ 저항의 저항값이 같을 때 저항에 걸리는 전압의 크기가 클수록 저항에 흐르는 전류의 세기가 작다.

09 순수한 반도체에 대한 설명으로 옳은 것을 모두 고르면? (2개)

> 25594-0170

① 불순물 반도체보다 전류가 잘 흐른다.
② 순수한 반도체는 주로 원자가 전자가 4개인 물질이다.
③ 순수한 반도체에 불순물을 첨가하는 과정을 도핑이라고 한다.
④ 순수한 반도체에 불순물을 첨가하면 전기 전도도가 감소한다.
⑤ 순수한 반도체에 첨가하는 불순물의 종류에 따라 a형 반도체와 b형 반도체로 구분할 수 있다.

☆중요

10 반도체의 활용에 대한 설명으로 옳은 것만을 〈보기〉에서 있는 대로 고른 것은?

> 25594-0171

〔 보기 〕

ㄱ. 열이 적게 발생하는 반도체는 스마트 기기에 이용하기 적합하다.
ㄴ. 데이터 처리 기능이 있는 반도체로 메모리 반도체를 만들 수 있다.
ㄷ. 전류가 흐르면 빛을 내는 성질을 이용하여 조명 장치를 만들 수 있다.

① ㄱ　　　　② ㄷ　　　　③ ㄱ, ㄴ
④ ㄴ, ㄷ　　　⑤ ㄱ, ㄴ, ㄷ

11 발광 다이오드(LED)에 대한 설명으로 옳은 것은?

> 25594-0172

① 부도체이다.
② 영상 표시 장치에 사용된다.
③ 증폭 작용이나 스위치 작용을 한다.
④ 고체와 액체의 성질을 모두 가지는 물질이다.
⑤ 특정 온도 이하에서 전기 저항이 0이 되는 물질이다.

12 트랜지스터에 대한 설명으로 옳은 것만을 〈보기〉에서 있는 대로 고른 것은?

> 25594-0173

〔 보기 〕

ㄱ. 부도체이다.
ㄴ. 전기 신호를 증폭한다.
ㄷ. 전류가 흐르면 빛을 방출한다.

① ㄱ　　　　② ㄴ　　　　③ ㄱ, ㄷ
④ ㄴ, ㄷ　　　⑤ ㄱ, ㄴ, ㄷ

실력 향상 문제

> 25594-0174

01 그림 A~C는 규산염 사면체의 결합 구조를 나타낸 것이다. A~C는 각각 단사슬 구조, 독립형 구조. 복사슬 구조 중 하나이다.

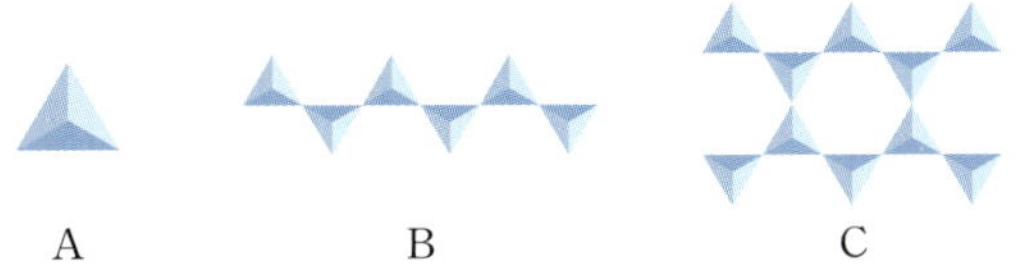

A   B   C

A~C와 같은 구조를 갖는 규산염 광물의 예를 옳게 짝 지은 것은?

	A	B	C
①	감람석	휘석	각섬석
②	감람석	각섬석	흑운모
③	휘석	각섬석	감람석
④	휘석	흑운모	각섬석
⑤	각섬석	흑운모	감람석

★중요

> 25594-0175

02 그림은 규산염 광물의 2가지 구조를, A와 B는 각각 산소(O) 원자와 규소(Si) 원자 중 하나이다.

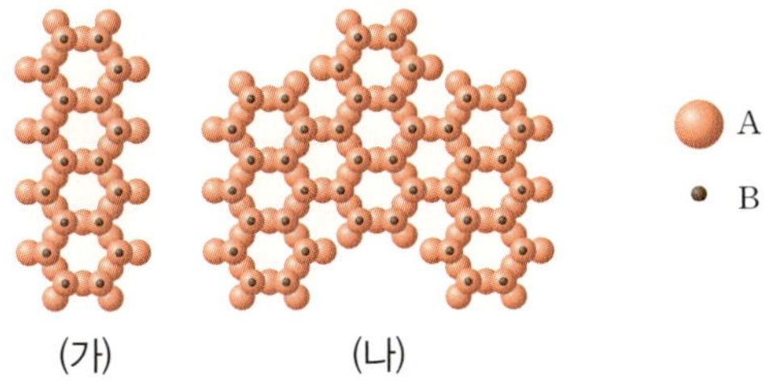

(가)   (나)

● A
· B

이에 대한 설명으로 옳은 것만을 〈보기〉에서 있는 대로 고른 것은?

〔 보기 〕
ㄱ. A는 단백질의 구성 원소이다.
ㄴ. 휘석은 (나)와 같은 구조를 가진다.
ㄷ. 규산염 사면체 1개당 공유되는 산소의 수는 (가)에서가 (나)에서보다 많다.

① ㄱ   ② ㄴ   ③ ㄱ, ㄷ
④ ㄴ, ㄷ   ⑤ ㄱ, ㄴ, ㄷ

> 25594-0176

03 그림 (가)는 인체를 구성하는 물질의 비율을, (나)는 탄소 원자의 전자 배치를 나타낸 것이다. ㉠과 ㉡은 각각 핵산과 단백질 중 하나이다.

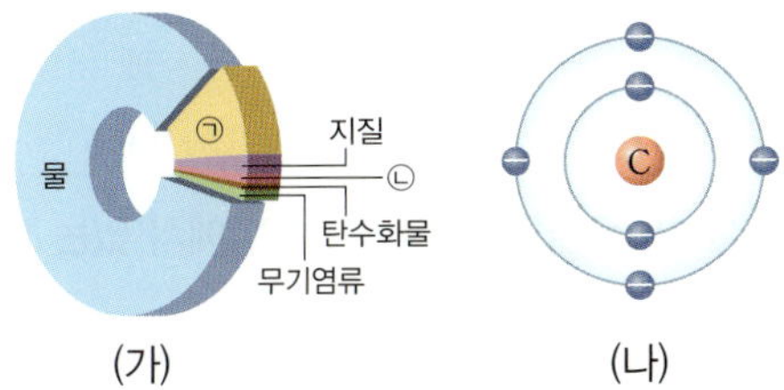

(가)   (나)

이에 대한 설명으로 옳은 것만을 〈보기〉에서 있는 대로 고른 것은?

〔 보기 〕
ㄱ. 탄소 원자는 최대 2개의 공유 결합을 이룰 수 있다.
ㄴ. ㉠과 ㉡의 구성 원소에는 공통적으로 탄소(C)가 포함된다.
ㄷ. ㉠의 단위체는 아미노산이다.

① ㄱ   ② ㄴ   ③ ㄱ, ㄷ
④ ㄴ, ㄷ   ⑤ ㄱ, ㄴ, ㄷ

서술형

> 25594-0177

04 다음은 흑운모와 석영에 대한 자료이다.

충격을 주면 흑운모는 판 모양으로 쪼개지고, 석영은 깨지는 특성을 나타낸다. 기본 단위체는 Si−O 사면체로 동일하다.

흑운모   석영

흑운모와 석영이 동일한 단위체로 구성되지만 서로 다른 특성을 나타내는 까닭을 흑운모와 석영에서 나타나는 구조적 특징을 바탕으로 서술하시오.

05 그림 (가)와 (나)는 핵산과 단백질의 단위체를 순서 없이 나타낸 것이다.

> 25594-0178

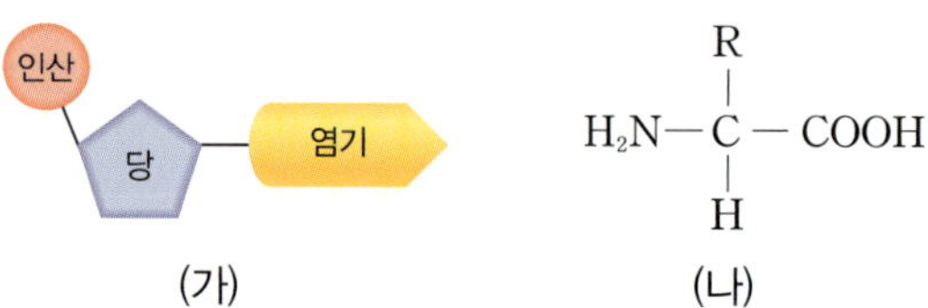

(가)　　　　　　　　　　(나)

이에 대한 설명으로 옳은 것만을 〈보기〉에서 있는 대로 고른 것은?

┤ 보기 ├
ㄱ. (가)는 뉴클레오타이드이다.
ㄴ. (나)가 펩타이드결합으로 연결되어 단백질이 만들어진다.
ㄷ. 생명체 내 단위체의 종류는 (가)가 (나)보다 많다.

① ㄱ　　　　　　② ㄷ　　　　　　③ ㄱ, ㄴ
④ ㄴ, ㄷ　　　　　⑤ ㄱ, ㄴ, ㄷ

06 표는 생명체를 구성하는 물질 A~C에서 2가지 특징의 유무를 나타낸 것이다. A~C는 DNA, RNA, 단백질을 순서 없이 나타낸 것이다.

> 25594-0179

구분	효소의 성분이다.	유라실(U) 염기를 갖는다.
A	○	×
B	?	○
C	?	ⓐ

(○: 있음, ×: 없음)

이에 대한 설명으로 옳은 것만을 〈보기〉에서 있는 대로 고른 것은?

┤ 보기 ├
ㄱ. A의 단위체는 뉴클레오타이드이다.
ㄴ. B는 단일 가닥 구조이다.
ㄷ. ⓐ는 '○'이다.

① ㄱ　　　　　　② ㄴ　　　　　　③ ㄱ, ㄷ
④ ㄴ, ㄷ　　　　　⑤ ㄱ, ㄴ, ㄷ

07 그림은 DNA의 구조 일부를 나타낸 것이다. ㉠~㉣은 각각 당, 인산, 염기 중 하나이다.

> 25594-0180

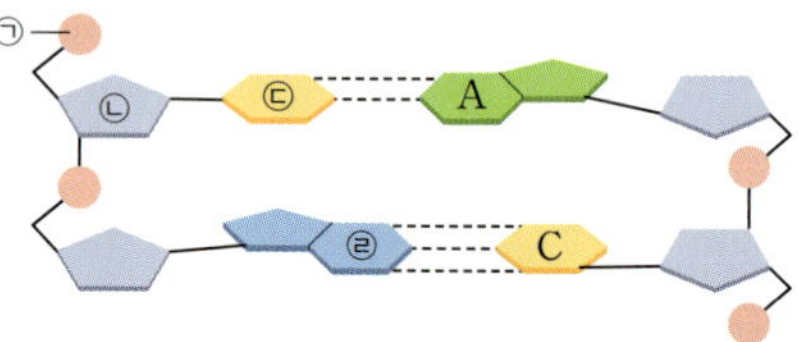

이에 대한 설명으로 옳은 것만을 〈보기〉에서 있는 대로 고른 것은?

┤ 보기 ├
ㄱ. ㉠은 인산이다.
ㄴ. ㉡은 디옥시라이보스이다.
ㄷ. ㉢과 ㉣은 모두 RNA에도 있다.

① ㄱ　　　　　　② ㄷ　　　　　　③ ㄱ, ㄴ
④ ㄴ, ㄷ　　　　　⑤ ㄱ, ㄴ, ㄷ

08 그림은 어떤 DNA에서 한 가닥의 염기서열만을 나타낸 것이다.

> 서술형
> 25594-0181

DNA { A G G C T A C G T A G

(1) 그림의 빈 칸에 들어갈 염기서열을 왼쪽부터 차례대로 쓰시오.

(2) 단위체가 결합한 DNA가 다양한 유전정보를 저장할 수 있는 원리를 위 그림을 참고하여 설명하시오.

09 도체, 반도체, 부도체를 활용한 예를 옳게 짝 지은 것은? `> 25594-0182`

	도체	반도체	부도체
①	전선의 피복	피뢰침	절연 장갑
②	전선의 피복	절연 장갑	피뢰침
③	피뢰침	다이오드	절연 장갑
④	피뢰침	절연 장갑	전선의 피복
⑤	절연 장갑	다이오드	피뢰침

10 부도체의 특성과 활용에 대한 설명으로 옳은 것은? `> 25594-0183`

① 전선 외피에 사용된다.
② 전기 전도도가 도체보다 크다.
③ 정전기 방지 패드에 사용된다.
④ 상온에서 자유 전자가 매우 많다.
⑤ 규소(Si)에 소량의 다른 원소를 첨가하여 만든다.

11 그림은 생성형 인공지능(AI)을 이용해 학생이 조사한 내용이다. `> 25594-0184`

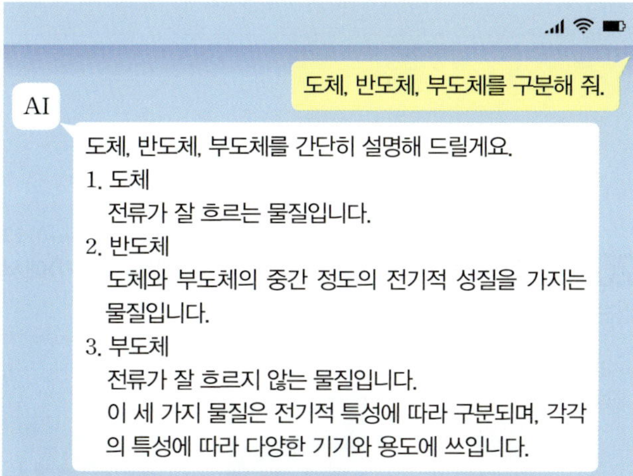

AI가 세 물질을 나눈 기준으로 옳은 것은?

① 온도　　　② 압력　　　③ 부피
④ 색깔　　　⑤ 자유 전자의 수

12 그림은 외피, 발광부, 전극으로 구성된 발광 다이오드(LED)의 구조를 나타낸 것이다. 외피, 발광부, 전극의 소재를 옳게 짝 지은 것은? `> 25594-0185`

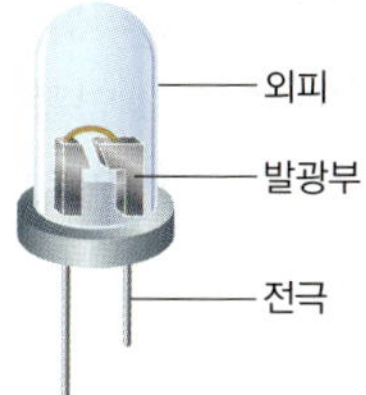

	외피	발광부	전극
①	도체	반도체	부도체
②	도체	부도체	반도체
③	반도체	도체	부도체
④	부도체	반도체	도체
⑤	부도체	도체	반도체

13 그림은 구리 도선과 전선 피복을 나타낸 것이다. `> 25594-0186`

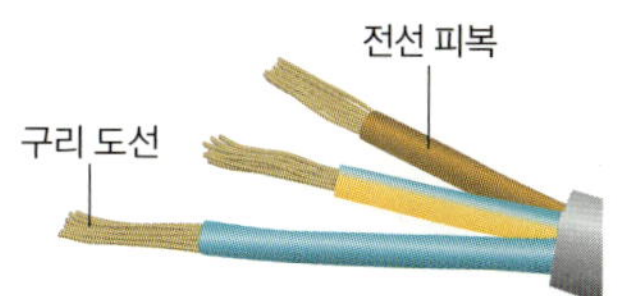

같은 부피의 구리 도선과 전선 피복의 자유 전자 수를 비교하고, 그렇게 생각한 까닭을 서술하시오.

____

____

____

14 그림은 터치스크린의 구조와 소재를 나타낸 것이다. `> 25594-0187`

가장 바깥쪽을 부도체인 강화 유리로 만드는 까닭을 서술하시오.

____

____

____

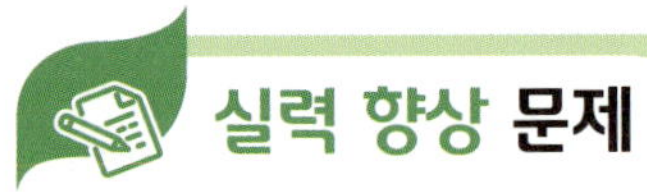

15 그림은 어떤 반도체의 원자가 전자 배열을 나타낸 것이다. 이에 대한 설명으로 옳은 것은?

> 25594-0188

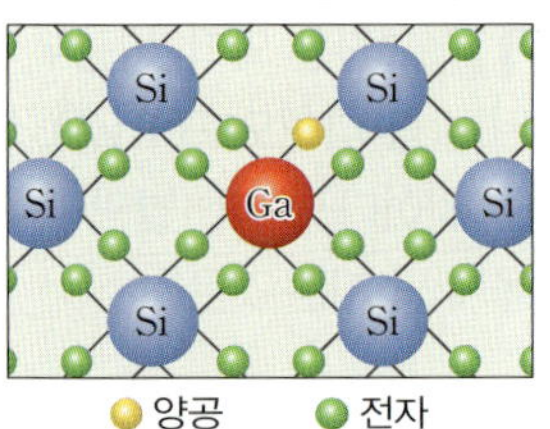

① 순수한 반도체이다.
② 이 반도체는 n형 반도체이다.
③ 규소(Si)의 원자가 전자는 3개이다.
④ 갈륨(Ga)의 원자가 전자는 5개이다.
⑤ 이 반도체는 주로 양공이 전류를 흐르게 한다.

> 25594-0189

16 그림은 금속 안테나와 트랜지스터가 포함된 휴대용 라디오의 내부 구조를 나타낸 것이다.

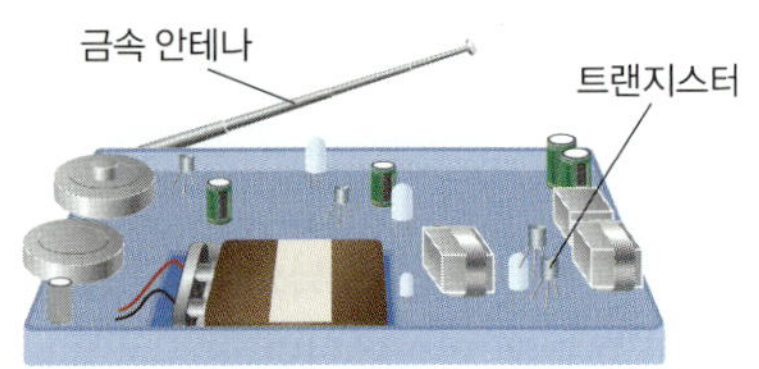

이에 대한 설명으로 옳지 <u>않은</u> 것은?

① 안테나는 도체이다.
② 안테나는 전류가 흐를 때 빛을 낸다.
③ 트랜지스터는 전기 신호를 증폭한다.
④ 트랜지스터의 재료로 반도체가 이용된다.
⑤ 안테나는 자유 전자가 많은 소재로 이루어져 있다.

> 25594-0190

17 그림은 전기 자동차의 배터리를 충전하기 위한 태양 전지를 나타낸 것이다.
태양 전지의 특징으로 옳은 것은?

① 부도체이다.
② 반도체를 이용해 제작한다.
③ 약한 신호를 크게 증폭한다.
④ 전류가 흐르면 빛을 방출한다.
⑤ 부도체보다 전기 전도성이 나쁘다.

> 25594-0191

18 그림은 교류를 직류로 바꾸는 장치인 휴대 전화 충전기를 나타낸 것이다.
교류를 직류로 바꾸는 전기 소자에 대한 설명으로 옳은 것은?

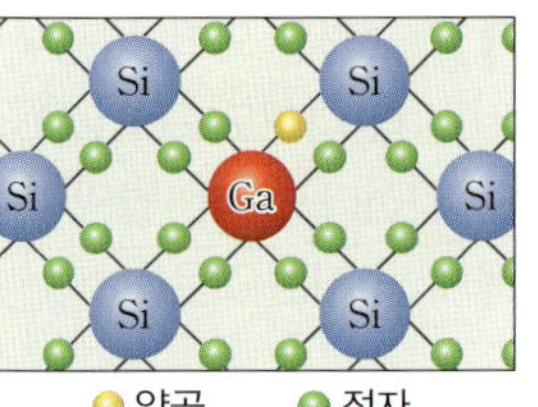

① 다이오드이다.
② 부도체에 해당한다.
③ 전기 전도도가 매우 낮다.
④ 특정 온도 이하에서 전기 저항이 0이다.
⑤ 세기가 작은 전류로 세기가 큰 자기장을 만들어 낼 수 있다.

> 25594-0192

19 다음은 어떤 반도체에 대한 설명이다.

- 컴퓨터, 스마트폰, 태블릿, 노트북 등의 전자 기기에서 중요한 부품이다.
- 다양한 입력 신호를 제어하고 출력하는 역할을 한다.

이 반도체에 대한 설명으로 옳은 것만을 〈보기〉에서 있는 대로 고른 것은?

보기
ㄱ. 빛을 받으면 전류를 흐르게 한다.
ㄴ. 스위치 작용과 증폭 작용을 한다.
ㄷ. 불순물 반도체를 이용해 제작할 수 있다.

① ㄱ　　　　② ㄷ　　　　③ ㄱ, ㄴ
④ ㄴ, ㄷ　　　⑤ ㄱ, ㄴ, ㄷ

> 25594-0193

20 반도체의 전기적 성질을 이용하는 사례만을 〈보기〉에서 있는 대로 고른 것은?

보기

① ㄱ　　　　② ㄷ　　　　③ ㄱ, ㄴ
④ ㄴ, ㄷ　　　⑤ ㄱ, ㄴ, ㄷ

수능 유형 문제

> 25594-0194

01 그림은 지각과 생명체를 구성하는 물질에 대한 학생 A~C의 발표를 나타낸 것이다.

제시한 내용이 옳은 학생만을 있는 대로 고른 것은?

① A
② B
③ A, C
④ B, C
⑤ A, B, C

> 25594-0195

02 그림 (가)는 Si−O 사면체의 구조를, (나)는 ㉠과 ㉡ 중 한 원자의 전자 배치를 모형으로 나타낸 것이다. ㉠과 ㉡은 각각 산소(O)와 규소(Si) 중 하나이다.

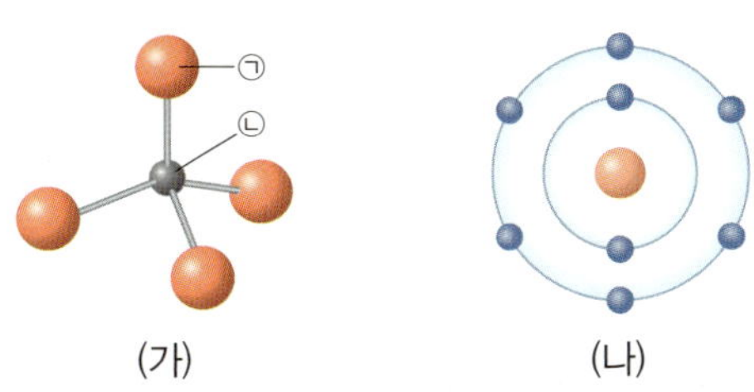

이에 대한 설명으로 옳은 것만을 〈보기〉에서 있는 대로 고른 것은?

〈보기〉
ㄱ. (가)에서 ㉠과 ㉡은 공유 결합으로 연결되어 있다.
ㄴ. (나)는 ㉡의 전자 배치이다.
ㄷ. ㉠은 생명체를 구성하는 탄소 화합물의 구성 성분이다.

① ㄱ
② ㄴ
③ ㄷ
④ ㄱ, ㄴ
⑤ ㄱ, ㄷ

> 25594-0196

03 그림은 서로 다른 규산염 광물의 결합 구조 (가)와 (나)를, 표는 규산염 광물 X의 특징을 나타낸 것이다.

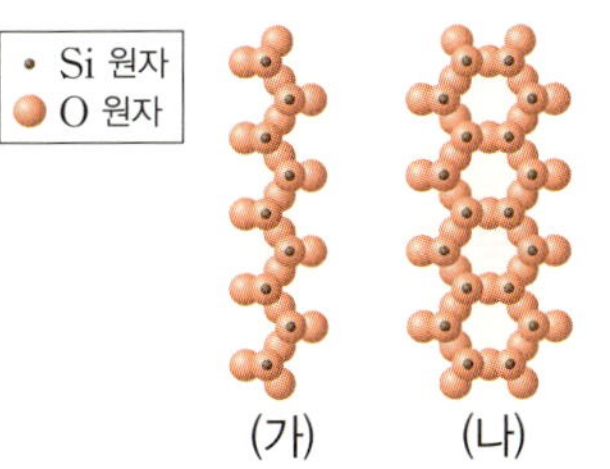

이에 대한 설명으로 옳은 것만을 〈보기〉에서 있는 대로 고른 것은?

〈보기〉
ㄱ. X는 (가)의 구조를 갖는다.
ㄴ. 휘석은 X에 해당한다.
ㄷ. (나)는 망상 구조이다.

① ㄱ
② ㄷ
③ ㄱ, ㄴ
④ ㄴ, ㄷ
⑤ ㄱ, ㄴ, ㄷ

> 25594-0197

04 그림은 생명체를 구성하는 물질 X의 일부를 나타낸 것이다. X는 RNA와 단백질 중 하나이고, ⓐ는 X의 단위체 사이에 형성된 결합이다.

이에 대한 설명으로 옳은 것만을 〈보기〉에서 있는 대로 고른 것은?

〈보기〉
ㄱ. X는 RNA이다.
ㄴ. X에서 탄소는 고리 모양의 골격을 이룬다.
ㄷ. ⓐ의 형성 과정에서 물이 방출된다.

① ㄱ
② ㄷ
③ ㄱ, ㄴ
④ ㄴ, ㄷ
⑤ ㄱ, ㄴ, ㄷ

> 25594-0198

05 다음은 생명체를 구성하는 3가지 단백질에 대한 자료이다.

- 액틴은 근육의 수축 과정에 관여한다.
- ㉠케라틴은 머리카락, 손톱 등을 구성한다.
- ㉡헤모글로빈은 조직세포로 산소를 운반한다.

이에 대한 설명으로 옳은 것만을 〈보기〉에서 있는 대로 고른 것은?

【 보기 】
ㄱ. 액틴의 단위체는 아미노산이다.
ㄴ. ㉠에서 단위체는 펩타이드결합으로 연결된다.
ㄷ. ㉠과 ㉡의 단위체는 배열 순서가 서로 같다.

① ㄱ　　　　② ㄷ　　　　③ ㄱ, ㄴ
④ ㄴ, ㄷ　　　⑤ ㄱ, ㄴ, ㄷ

> 25594-0199

06 다음은 핵산에 대한 탐구 보고서의 일부이다.

탐구 기록지

주제: 핵산의 종류와 구조

- 핵산은 단위체인 ㉠이 연결되어 형성되며, 핵산의 종류에는 DNA와 RNA가 있다.
- ㉡은 두 가닥의 사슬이 꼬인 이중나선구조이고, ㉢은 단일 가닥 구조이다.

      ⋮
(후략)

이에 대한 설명으로 옳은 것만을 〈보기〉에서 있는 대로 고른 것은?

【 보기 】
ㄱ. ㉠의 성분에 당이 포함된다.
ㄴ. ㉡은 RNA이다.
ㄷ. ㉢은 타이민(T) 염기를 갖는다.

① ㄱ　　　　② ㄴ　　　　③ ㄷ
④ ㄱ, ㄴ　　　⑤ ㄱ, ㄷ

> 25594-0200

07 다음은 생명체를 구성하는 물질 A와 B에 대한 자료이다. A와 B는 각각 단백질과 핵산 중 하나이다.

- A는 유전정보를 저장하고 전달한다.
- B는 효소, 항체, 호르몬의 성분이다.

이에 대한 설명으로 옳은 것만을 〈보기〉에서 있는 대로 고른 것은?

【 보기 】
ㄱ. A의 단위체는 뉴클레오타이드이다.
ㄴ. B의 단위체는 펩타이드결합으로 연결된다.
ㄷ. A와 B는 모두 탄소 화합물에 해당한다.

① ㄱ　　　　② ㄷ　　　　③ ㄱ, ㄴ
④ ㄴ, ㄷ　　　⑤ ㄱ, ㄴ, ㄷ

> 25594-0201

08 그림은 탄소 원자의 결합 구조와 규산염 사면체의 결합 구조에 대한 자료 일부를, 표는 이 자료에 대한 세 학생의 발표 내용을 나타낸 것이다.

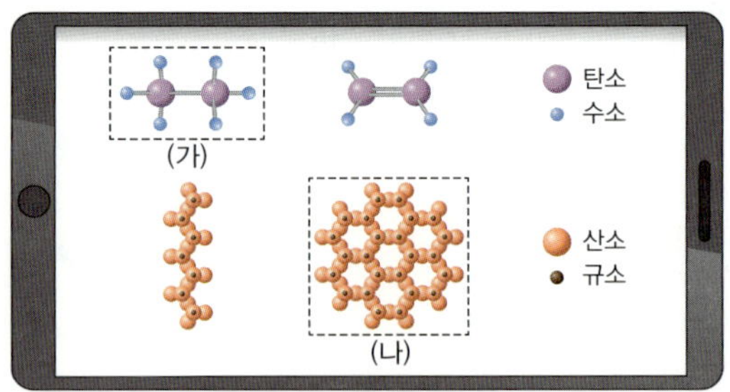

학생	발표 내용
A	원자가 전자의 수는 탄소 원자가 규소 원자보다 많습니다.
B	(가)에서 탄소와 탄소는 공유 결합으로 연결됩니다.
C	흑운모는 (나)의 구조를 갖는 광물에 해당합니다.

제시한 내용이 옳은 학생만을 있는 대로 고른 것은?

① A　　　　② B　　　　③ A, C
④ B, C　　　⑤ A, B, C

> 25594-0202

09 그림은 구리, 나무, 규소를 분류하는 과정을 나타낸 것이다.

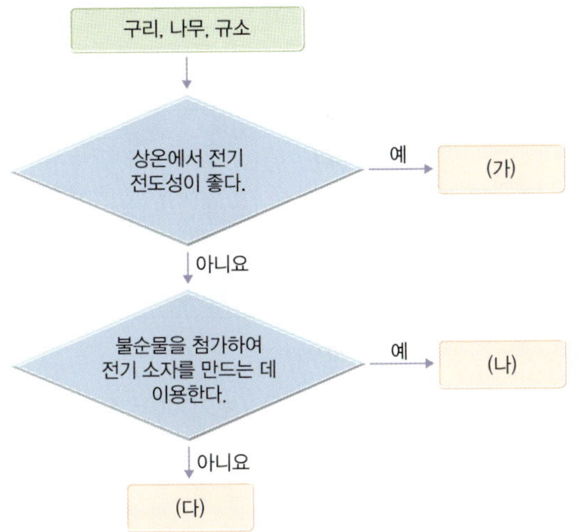

(가), (나), (다)로 옳은 것은?

	(가)	(나)	(다)
①	구리	규소	나무
②	구리	나무	규소
③	나무	구리	규소
④	규소	구리	나무
⑤	규소	나무	구리

> 25594-0203

10 그림은 IC 칩, 금속 도선, 플라스틱 외피로 이루어진 교통 카드의 구조를 나타낸 것이다.

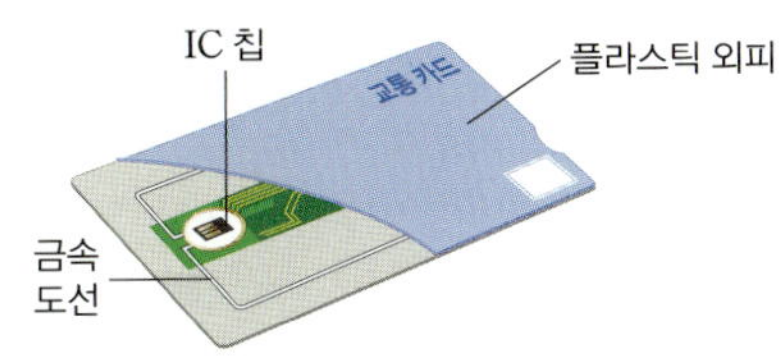

이에 대한 설명으로 옳은 것만을 〈보기〉에서 있는 대로 고른 것은?

| 보기 |
ㄱ. IC 칩은 반도체를 이용해 제작한다.
ㄴ. 금속 도선에는 자유 전자가 많다.
ㄷ. 플라스틱 외피는 부도체이다.

① ㄱ ② ㄷ ③ ㄱ, ㄴ
④ ㄴ, ㄷ ⑤ ㄱ, ㄴ, ㄷ

> 25594-0204

11 다음은 물체의 분류에 대한 실험이다.

[실험 과정]

(가) 그림과 같이 디지털 전류계, 스위치, 전지, 집게 전선을 연결하여 회로를 구성한다.

(나) 회로에 클립, 지우개, 나무 막대를 각각 연결해 보고 전류가 흐르는지 관찰한다.

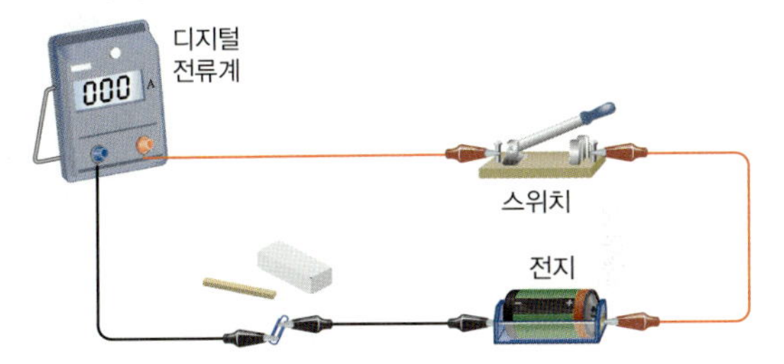

[실험 결과]

전류가 흐르는 물체	전류가 흐르지 않는 물체
클립	지우개, 나무 막대

이에 대한 설명으로 옳은 것만을 〈보기〉에서 있는 대로 고른 것은?

| 보기 |
ㄱ. 클립은 나무 막대보다 전기 전도도가 작다.
ㄴ. 클립은 지우개보다 자유 전자가 많다.
ㄷ. 지우개와 나무 도막은 부도체이다.

① ㄱ ② ㄷ ③ ㄱ, ㄴ ④ ㄴ, ㄷ ⑤ ㄱ, ㄴ, ㄷ

> 25594-0205

중요

12 그림은 규소(Si)에 불순물 a를 도핑한 반도체 A를 구성하는 원소와 원자가 전자의 배열을 나타낸 것이다. 이에 대한 설명으로 옳은 것만을 〈보기〉에서 있는 대로 고른 것은?

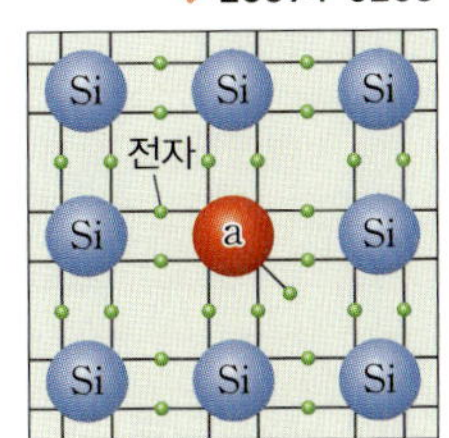

| 보기 |
ㄱ. a의 원자가 전자는 3개이다.
ㄴ. A는 n형 반도체이다.
ㄷ. A는 주로 양공이 전류를 흐르게 한다.

① ㄱ ② ㄴ ③ ㄱ, ㄷ ④ ㄴ, ㄷ ⑤ ㄱ, ㄴ, ㄷ

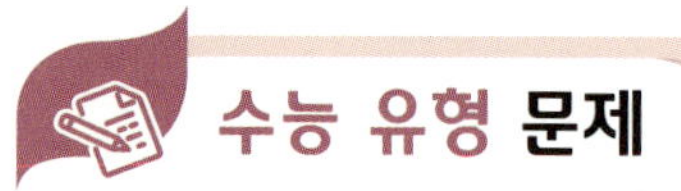

• 정답과 해설 **29**쪽

> 25594-0206

13 그림은 무선 마우스를 이루는 부품에 대한 학생들의 대화를 나타낸 것이다.

제시한 내용이 옳은 학생만을 있는 대로 고른 것은?

① A ② C ③ A, B ④ B, C ⑤ A, B, C

중요

> 25594-0207

14 다음은 물질의 전기 전도도에 대한 실험이다.

[실험 과정]

(가) 서로 다른 물질 A, B, C를 준비한다. A, B, C는 도체, 부도체, 반도체를 순서 없이 나타낸 것이다.

(나) 그림과 같이 저항 측정기에 A, B, C를 연결하여 저항을 측정한다.

(나) 측정한 저항값으로 A, B, C의 전기 전도도를 구한다.

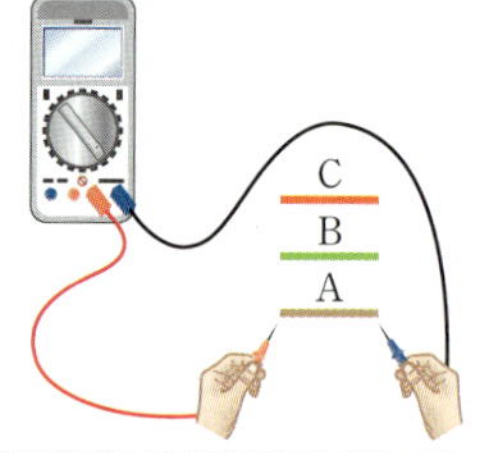

[실험 결과]

물질	A	B	C
전기 전도도$(1/\Omega \cdot m)$	6.0×10^7	2.2	4.3×10^{-8}

이에 대한 설명으로 옳은 것만을 〈보기〉에서 있는 대로 고른 것은?

〔보기〕
ㄱ. A는 상온에서 전기가 잘 통하지 않는다.
ㄴ. B는 반도체이다. ㄷ. C는 피뢰침에 이용할 수 있다.

① ㄱ ② ㄴ ③ ㄱ, ㄷ ④ ㄴ, ㄷ ⑤ ㄱ, ㄴ, ㄷ

중요

> 25594-0208

15 그림은 저마늄(Ge)에 각각 인듐(In), 비소(As)를 도핑한 반도체 X, Y를 나타낸 것이다. X, Y는 각각 p형 반도체와 n형 반도체 중 하나이다.

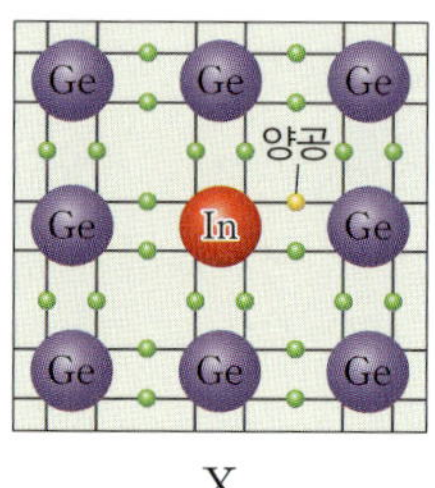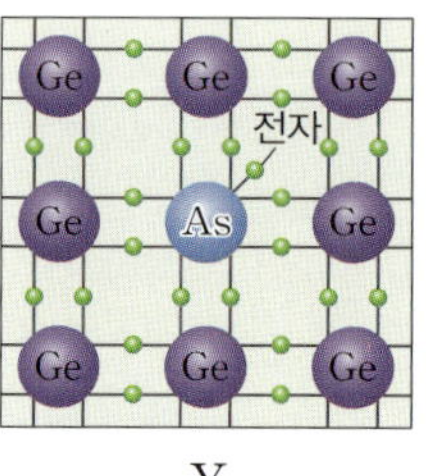

이에 대한 설명으로 옳은 것만을 〈보기〉에서 있는 대로 고른 것은?

〔보기〕
ㄱ. X는 p형 반도체이다.
ㄴ. 비소(As)의 원자가 전자 수는 5개이다.
ㄷ. X와 Y를 이용해 다이오드를 제작할 수 있다.

① ㄱ ② ㄷ ③ ㄱ, ㄴ ④ ㄴ, ㄷ ⑤ ㄱ, ㄴ, ㄷ

> 25594-0209

16 다음은 스마트 기기에 들어가는 전기 소자에 대한 설명이다.

휴대 전화와 연결하여 사용할 수 있는 스마트 밴드에는 다양한 전기 소자가 들어 있다. 스마트 밴드의 영상 표시 장치는 ㉠전류가 흐르면 빛을 내는 반도체의 성질을 이용해 제작한다. 스마트 밴드는 휴대성이 높아야 하므로 전기 소자의 전력 소비는 ㉡ 하고, 전기 소자에서 ㉢ 이/가 많이 발생하면 안 된다.

이에 대한 설명으로 옳은 것만을 〈보기〉에서 있는 대로 고른 것은?

〔보기〕
ㄱ. ㉠의 예로 발광 다이오드가 있다.
ㄴ. '적어야'는 ㉡으로 적절하다.
ㄷ. '열'은 ㉢으로 적절하다.

① ㄱ ② ㄷ ③ ㄱ, ㄴ ④ ㄴ, ㄷ ⑤ ㄱ, ㄴ, ㄷ

1. 스펙트럼

(1) 빛을 분광기에 통과시킬 때 나타나는 여러 가지 색의 띠

(2) **스펙트럼의 종류**

① 연속 스펙트럼: 연속적인 색의 띠가 나타난다.

② 방출 스펙트럼: 밝은 선들로 이루어져 있다.

③ 흡수 스펙트럼: 연속 스펙트럼에 검은 선들이 나타난다.

(3) **원소의 스펙트럼**

① 원소는 저마다 고유한 스펙트럼이 나타난다.

② 한 종류의 원소에서 관측되는 흡수선과 방출선의 위치는 동일하다.

(4) **스펙트럼 분석과 우주의 원소 분포**: 원소에 따라 선 스펙트럼에 나타나는 선의 위치, 개수, 굵기가 다르므로, 별빛의 스펙트럼에 나타난 선의 개수와 위치를 분석하면 우주에 존재하는 원소를 알 수 있다.

2. 우주 초기의 원소 생성

기본 입자의 생성	대폭발(빅뱅) 직후 쿼크와 전자를 포함한 기본 입자가 생성되었다.
양성자와 중성자 생성	기본 입자로부터 양성자와 중성자가 만들어졌다.
헬륨 원자핵 생성	양성자와 중성자로부터 헬륨 원자핵이 만들어졌다. 빅뱅 후 약 3분이 되었을 때 수소와 헬륨의 질량비는 약 3 : 1이 되었다.
중성 원자 생성	빅뱅 후 약 38만 년이 지나 우주의 온도가 낮아지면서 원자핵과 전자가 결합하여 원자가 생성되었고, 우주 배경 복사가 생성되었다.

3. 별의 진화와 원소의 생성

(1) **철보다 가벼운 원소의 생성**

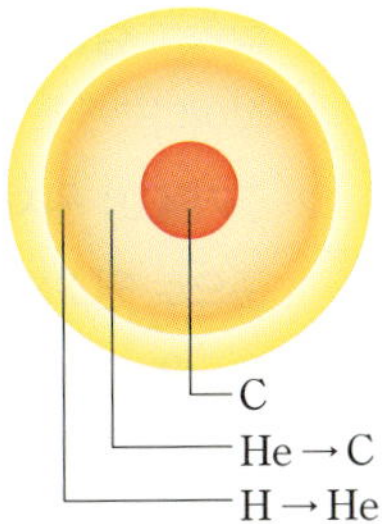

① 철보다 가벼운 원소는 별의 내부에서 핵융합 반응으로 만들어진다.

② 질량이 태양 정도인 별은 별의 내부에서 수소 핵융합 반응, 헬륨 핵융합 반응이 일어나며, 이 과정에서 헬륨, 탄소 등이 만들어진다.

③ 질량이 태양보다 매우 큰 별은 별의 내부에서 수소 핵융합 반응, 헬륨 핵융합 반응뿐만 아니라, 탄소 핵융합 반응, 산소 핵융합 반응, 규소 핵융합 반응이 일어난다. 이 과정에서 점차 무거운 원소가 생성되며, 최종적으로 철이 만들어진다.

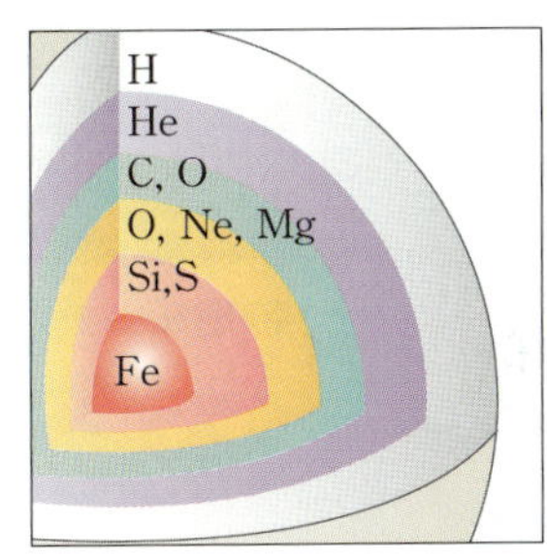

(2) **철보다 무거운 원소의 생성**

① 철보다 무거운 금, 납, 우라늄 등의 원소는 초신성 폭발 과정에서 만들어진다.

② 이후 우주에 방출된 다양한 원소는 새로운 별을 만드는 데 다시 사용된다.

4. 지구와 생명의 역사

(1) **태양계의 형성**

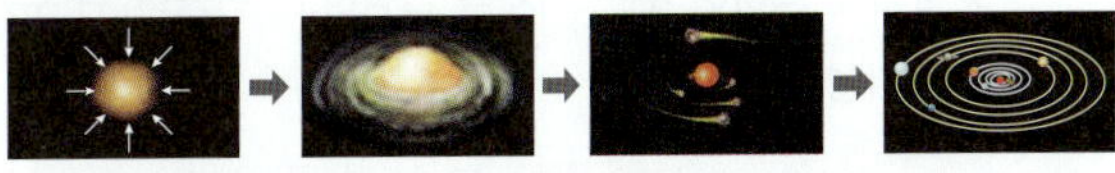

태양계 성운 형성 → 태양계 성운의 수축과 회전 → 원시 태양과 미행성체 형성 → 원시 행성 형성 → 태양계 형성

(2) **지구의 형성과 생명체 탄생**

원시 지구 형성 → 마그마 바다 형성 → 핵과 맨틀의 분리 → 원시 지각 형성 → 원시 바다 형성 및 생명체 탄생

5. 주기율표

(1) **주기율**: 원소를 원자 번호(양성자 수) 순서대로 배열하였을 때 화학적 성질이 비슷한 원소들이 일정한 간격으로 반복되는 현상이다.

(2) **주기율표**: 원자의 양성자 수인 원자 번호와 화학적 성질을 기준으로 원소를 배열한 표이다.
① 세로줄은 족으로, 1~18족이 있다. ➡ 수소(H)를 제외하고 같은 족 원소들은 화학적 성질이 비슷하다.
② 가로줄은 주기로, 1~7주기가 있다.

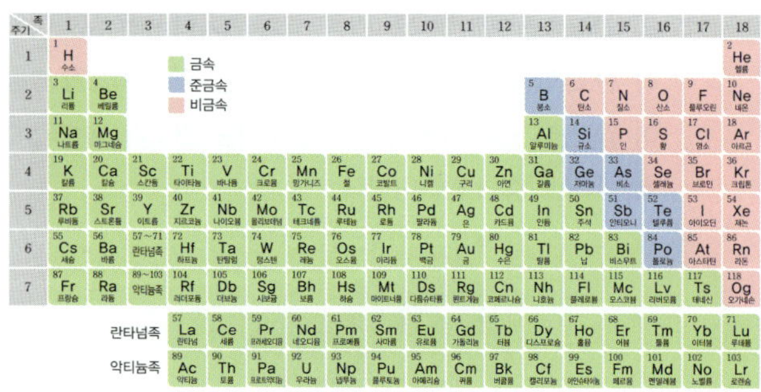

주기율표

6. 원소의 규칙성

(1) **금속과 비금속**: 대체로 금속 원소는 주기율표의 왼쪽에 배치되어 있고, 비금속 원소는 오른쪽에 배치되어 있다.

(2) **준금속**: 금속 원소와 비금속 원소의 사이에 배치되어 있는 원소로, 금속 원소와 비금속 원소의 중간 성질을 가진다.

(3) **알칼리 금속**: 주기율표의 1족에 위치한 금속 원소
⑩ 리튬(Li), 나트륨(Na), 칼륨(K) 등
① 은백색의 광택이 있고, 칼로 자를 수 있을 정도로 무르다.
② 반응성이 커서 공기 중의 산소, 물과 빠르게 반응하므로 석유나 액체 파라핀과 같은 기름에 보관해야 한다.
③ 물과 반응하여 수소 기체를 발생하고, 반응한 뒤 수용액은 염기성을 띤다.

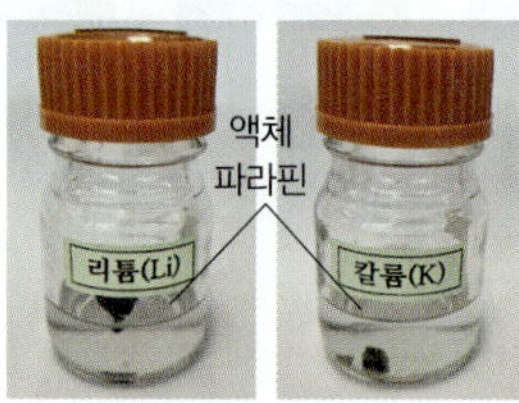

알칼리 금속의 보관

알칼리 금속의 성질

(4) 할로젠: 주기율표의 17족에 위치한 비금속 원소

⑩ 플루오린(F), 염소(Cl), 브로민(Br), 아이오딘(I) 등
① 원소마다 특유의 색을 띠며, 수소와 반응하여 산을 생성한다.
② 대체로 반응성이 커서 다른 원소와 쉽게 반응한다.

할로젠 고유의 색

염소와 나트륨의 반응

7. 원소의 주기성과 자연의 규칙성

(1) **전자 껍질과 원자가 전자**
① 전자 껍질: 원자핵 주위의 전자는 특정한 에너지 준위를 갖는 궤도에 존재하는데, 이 궤도를 전자 껍질이라고 한다.
② 원자가 전자: 원자에서 가장 바깥 전자 껍질에 배치된 전자로, 화학 반응에 관여하는 전자이다. 0~7의 값을 갖는다.
③ 같은 주기 원소들은 전자가 들어 있는 전자 껍질 수가 같고, 같은 족 원소들은 원자가 전자 수가 같다.

(2) **원소의 전자 배치**: 첫 번째 전자 껍질에는 최대 2개, 두 번째와 세 번째 전자 껍질에는 각각 최대 8개의 전자가 배치된다.

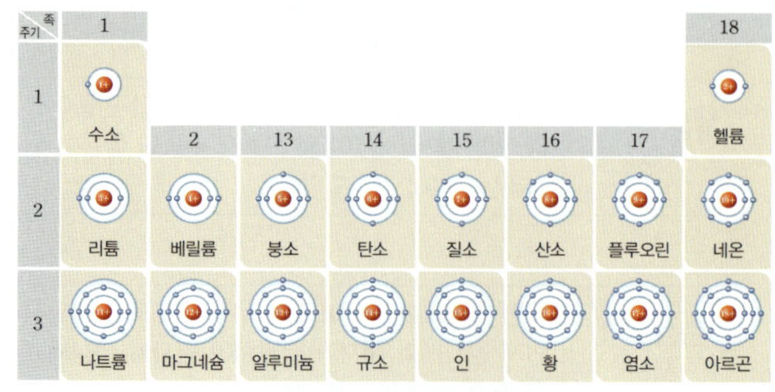

1~3주기 원자의 전자 배치

8. 화학 결합의 형성

(1) **비활성 기체:** 주기율표의 18족에 위치한 원소인 헬륨(He), 네온(Ne), 아르곤(Ar) 등은 다른 원소와 거의 반응하지 않으므로 비활성 기체라고 한다.

헬륨(He)	네온(Ne)	아르곤(Ar)
2+	10+	18+
광고용 기구 풍선, 우주 발사체 로켓 등에 이용	빛을 내는 간판에 이용	용접 부위 보호 기체, 이중창 사이를 채우는 기체 등으로 이용

(2) **원소가 안정해지는 방법:** 18족 이외의 원소들은 화학 결합을 통해 비활성 기체와 같은 안정한 전자 배치를 이루려는 경향이 있다.

9. 이온 결합

(1) **이온의 형성**

① 양이온의 형성: 금속 원자는 원자가 전자를 잃고 양이온이 되면서 18족 원소와 같은 전자 배치를 이룬다.

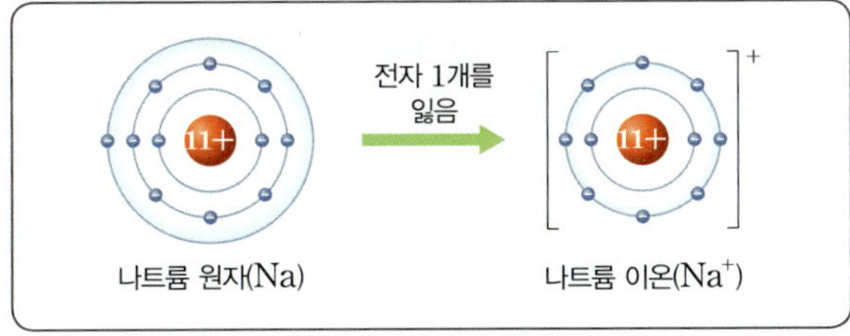

② 음이온의 형성: 비금속 원자는 전자를 얻어 음이온이 되면서 18족 원소와 같은 전자 배치를 이룬다.

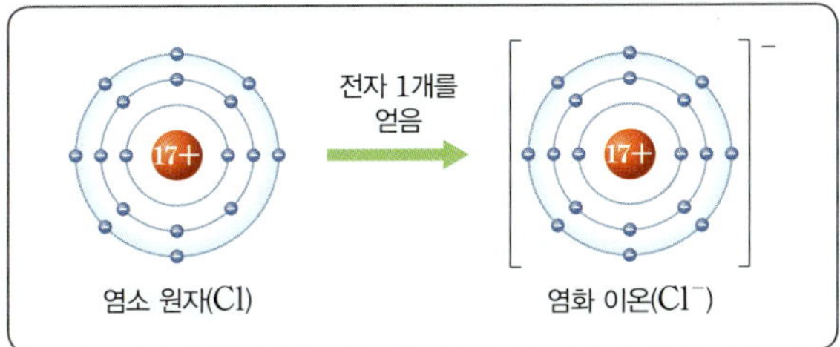

(2) **이온 결합의 형성**

① 이온 결합: 양이온과 음이온 사이에 정전기적 인력이 작용하여 형성되는 결합이다.

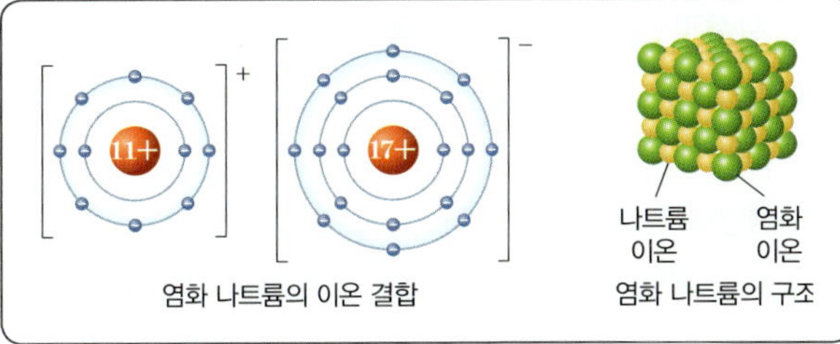

② 이온 결합 물질의 구조: 이온 결합 물질은 많은 양이온과 음이온이 연속적으로 이온 결합하여 3차원적으로 배열한다.

③ 이온 결합 물질의 화학식: 전기적으로 중성을 나타내는 이온의 개수비로 화학식을 나타낸다.

10. 공유 결합

(1) **공유 결합:** 비금속 원자들이 전자쌍을 공유하여 형성되는 화학 결합이다.

(2) **공유 결합의 형성:** 비금속 원소는 전자를 내놓아 전자쌍을 이룬 후 이 전자쌍을 공유한다. 이때 각 원자는 비활성 기체와 같은 전자 배치를 하여 안정해진다.

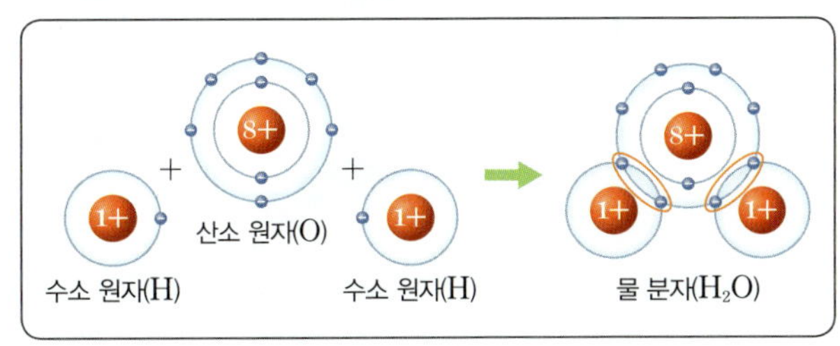

11. 이온 결합 물질과 공유 결합 물질의 성질

(1) **이온 결합 물질:** 염화 나트륨($NaCl$), 염화 칼슘($CaCl_2$) 등

(2) **공유 결합 물질:** 물(H_2O), 산소(O_2), 포도당($C_6H_{12}O_6$), 설탕($C_{12}H_{22}O_{11}$) 등

(3) **이온 결합 물질과 공유 결합 물질의 전기 전도성**

전기 전도성	이온 결합 물질	공유 결합 물질
고체 상태	없음	대부분 없음 (예외: 흑연(C) 등)
액체 상태	있음	없음
수용액 상태	있음	대부분 없음 (예외: HCl, NH_3 등)

12. 지각과 생명체의 구성 성분

(1) **지각:** 지각은 주로 규산염 광물로 구성된 암석으로 이루어져 있다.

(2) **생명체:** 탄소를 기본 골격으로 산소, 수소 등이 결합한 탄수화물, 단백질, 지질, 핵산 등의 탄소 화합물로 이루어져 있다.

13. 지각을 구성하는 물질의 규칙성

(1) **규산염 광물:** 1개의 규소에 4개의 산소가 공유 결합한 $Si-O$ (규산염) 사면체를 기본 골격으로 하여 여러 원소들이 결합하여 만들어진다.

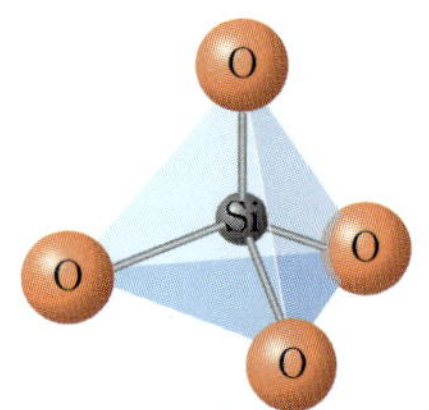

규산염 사면체

(2) **구조와 암석의 예**

구조	모습	암석의 예
독립형 구조		감람석
단사슬 구조		휘석
복사슬 구조		각섬석
판상 구조		흑운모
망상 구조		석영, 장석

14. 생명체를 구성하는 물질의 규칙성

(1) **단백질:** 아미노산이 단위체인 단백질은 아미노산의 수, 종류, 배열 순서 등에 따라 입체 구조가 결정되며, 각 구조에 따라 다양한 기능을 한다.

① 단백질의 단위체: 아미노산이 단위체이고, 기본 구조에 특정한 작용기가 결합된 구조로 약 20가지가 있다.

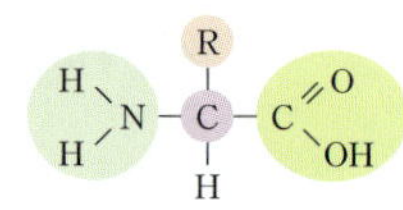

② 펩타이드결합: 두 아미노산 사이에 물이 빠져나오면서 형성되는 공유 결합이다.

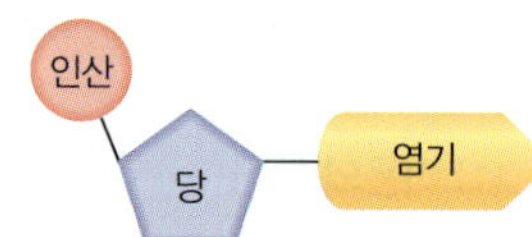

③ 단백질은 온도와 pH 변화에 따라 입체 구조가 변하는 변성이 쉽게 일어나며, 변성이 일어나면 단백질은 기능이 저하되거나 기능을 잃게 된다.

(2) **핵산:** 모든 생물의 세포에 존재하는 유전물질이다.

① 핵산의 단위체: 인산, 당, 염기가 1:1:1로 결합한 뉴클레오타이드이다.

② 핵산의 구조: 4종류의 뉴클레오타이드가 결합하여 폴리뉴클레오타이드를 만들며, 단위체인 뉴클레오타이드가 다양한 길이와 순서로 결합하여 유전정보를 저장한다.

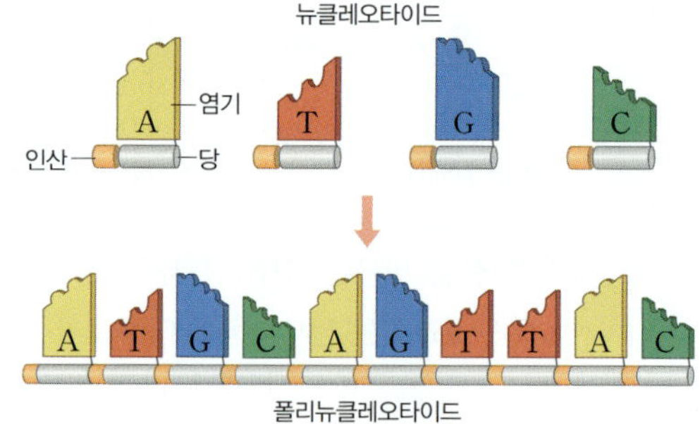

③ DNA와 RNA

핵산	DNA	RNA
구조	2개의 폴리뉴클레오타이드가 꼬인 이중나선 구조	단일 가닥 구조
기능	유전정보 저장	DNA의 유전정보를 세포질로 전달하여 단백질합성에 이용

15. 원자와 자유 전자

(1) **원자:** 물질을 이루는 기본 입자로, 양($+$)전하를 띤 원자핵과 음($-$)전하를 띤 전자로 구성된다.

(2) **자유 전자:** 전기력에 의해 원자핵에 속박되어 있으나, 원자가 결합하면서 원자 간의 상호작용으로 원자에서 떨어져 나와 자유롭게 이동할 수 있는 전자가 발생한다. 이렇게 자유롭게 이동할 수 있는 전자를 자유 전자라고 한다.

16. 전기적 성질에 따른 물질의 구분

(1) **전류:** 양($+$)전하의 흐름으로 생각되었지만 음($-$)전하인 자유 전자의 이동에 따라 생기는 흐름이다. ➡ 전류의 방향과 자유 전자의 이동 방향은 반대이다.

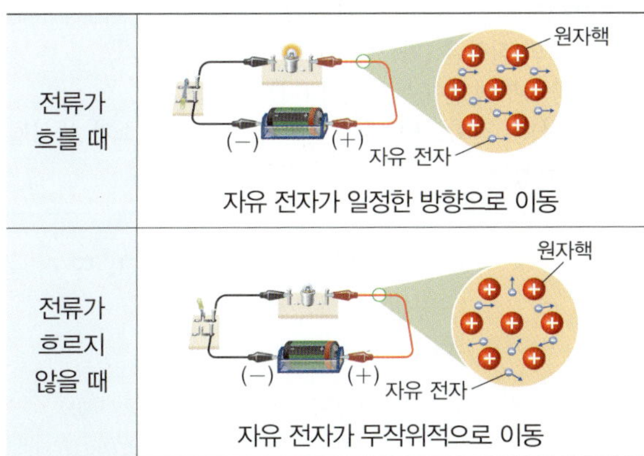

(2) **전기 전도도**

① 특정 온도에서 일정한 단면적과 길이를 가지는 물질이 얼마나 전류를 잘 흐르게 하는지를 나타내는 물리량이다.

② 전류를 흐르게 하는 원인이 자유 전자이므로 자유 전자가 많을수록 전기 전도도가 크고, 자유 전자가 적을수록 전기 전도도가 작다.

(3) **도체, 반도체, 부도체의 구분과 이용:** 전류가 잘 흘러야 하는 물체에는 도체를, 전류가 잘 흐르면 안 되는 물체에는 부도체를 이용한다.

구분	도체	반도체	부도체
자유 전자의 수	많다.	중간 정도이다.	적다.
전기 전도도	크다.	중간 정도이다.	작다.
활용 분야	피뢰침, 정전기 방지 패드	다이오드, 트랜지스터, 태양 전지	절연 장갑, 도선의 외피

17. 반도체

(1) **반도체:** 전기 전도성이 도체와 부도체의 중간 정도인 물질로, 14족 원소인 규소(Si)와 저마늄(Ge)이 대표적이다.

(2) **도핑:** 순수한 반도체는 전기 전도성이 낮아서 소량의 불순물을 추가하여 전기 전도성을 높이는데, 이를 도핑이라고 한다.
➡ 추가하는 불순물의 종류에 따라 n형 반도체와 p형 반도체로 구분한다.

(3) **불순물 반도체의 종류**

구분	n형 반도체	p형 반도체
첨가한 불순물	15족 원소 (원자가 전자 5개)	13족 원소 (원자가 전자 3개)
원자 주변의 원자가 전자 배열	Si Si Si / Si As Si / Si Si Si (자유 전자)	Si Si Si / Si B Si / Si Si Si (양공)
주된 전하 운반체	전자	양공

(4) **전하 운반체**

① 자유 전자: 원자가 공유 결합하면서 원자에서 떨어져 나와 자유롭게 이동할 수 있는 전자로, 음($-$)전하를 띤다.

② 양공: 공유 결합을 이루는 전자가 외부로부터 에너지를 흡수하여 자유 전자가 될 때, 전자의 빈자리를 양공이라고 한다. 양공은 양($+$)전하를 띤 가상의 입자로 취급할 수 있다.

(5) **반도체의 성질과 활용**

① 전류가 흐르면 빛을 방출하는 성질을 이용: 발광 다이오드(LED), 유기 발광 다이오드(OLED)를 이용하여 조명 장치나 영상 표시 장치에 사용한다.

② 빛을 받으면 전류가 흐르는 성질을 이용: 태양 전지, 광센서

③ 전류를 한 방향으로 흐르게 하는 성질을 이용: 다이오드

④ 전기 신호를 증폭하거나, 전류의 흐름을 조절: 트랜지스터

⑤ 복합적인 전기 신호를 제어: 마이크로컨트롤러(MCU), 중앙 처리 장치(CPU)

⑥ 열이 적게 발생하고 소비 전력이 작은 성질을 이용: 스마트 기기, 자율 주행 자동차

> 25594-0210

01 그림은 헬륨 원자핵이 생성되기 직전 어느 시기의 입자 모형을 나타낸 것이다.

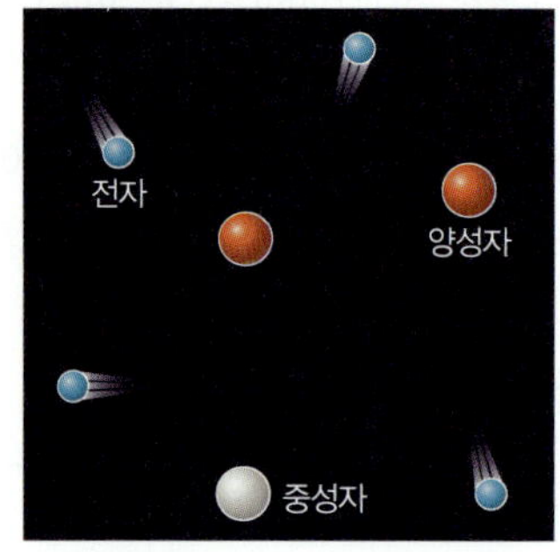

이 시기에 대한 설명으로 옳은 것만을 〈보기〉에서 있는 대로 고른 것은?

┤ 보기 ├
ㄱ. 중성 원자가 존재하였다.
ㄴ. 헬륨 원자핵이 생성된 시기보다 온도가 높았다.
ㄷ. 우주에 존재하는 양성자의 개수는 중성자의 개수보다 많았다.

① ㄱ   ② ㄴ   ③ ㄱ, ㄷ
④ ㄴ, ㄷ   ⑤ ㄱ, ㄴ, ㄷ

> 25594-0211

02 그림은 초기 우주에서 입자가 생성되는 과정 중 일부를 나타낸 것이다.

이에 대한 설명으로 옳은 것만을 〈보기〉에서 있는 대로 고른 것은?

┤ 보기 ├
ㄱ. 쿼크와 전자는 (가) 시기에 생성되었다.
ㄴ. 헬륨 원자핵은 (나) 시기에 생성되었다.
ㄷ. 우주의 온도는 (가) 시기가 (나) 시기보다 높았다.

① ㄱ   ② ㄷ   ③ ㄱ, ㄴ
④ ㄴ, ㄷ   ⑤ ㄱ, ㄴ, ㄷ

> 25594-0212

03 그림 (가)와 (나)는 별 내부의 핵융합 반응이 모두 끝났을 때 서로 다른 두 별의 내부 구조를 나타낸 것이다.

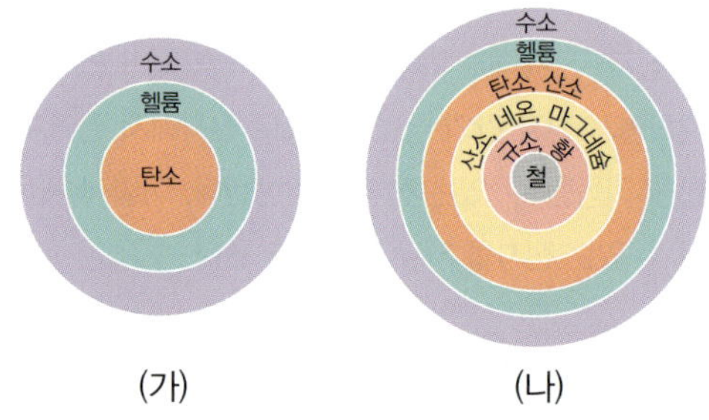

이에 대한 설명으로 옳은 것만을 〈보기〉에서 있는 대로 고른 것은?

┤ 보기 ├
ㄱ. 별의 질량은 (가)가 (나)보다 작다.
ㄴ. 중심부의 온도는 (가)가 (나)보다 높다.
ㄷ. (나)는 진화 과정에서 철보다 무거운 원소가 생성될 수 있다.

① ㄱ   ② ㄴ   ③ ㄱ, ㄷ
④ ㄴ, ㄷ   ⑤ ㄱ, ㄴ, ㄷ

> 25594-0213

04 다음은 생명체, 지구, 은하 각각에서 질량비가 가장 큰 두 가지 원소를 (가), (나), (다)로 각각 순서 없이 나타낸 것이다.

(가) O, C   (나) H, He   (다) Fe, O

이에 대한 설명으로 옳은 것만을 〈보기〉에서 있는 대로 고른 것은?

┤ 보기 ├
ㄱ. 지구에서 질량비가 가장 큰 두 가지 원소는 (가)이다.
ㄴ. (나)의 대부분은 우주 초기에 생성되었다.
ㄷ. (다)는 대부분 초신성 폭발 과정에서 생성되었다.

① ㄱ   ② ㄴ   ③ ㄱ, ㄷ
④ ㄴ, ㄷ   ⑤ ㄱ, ㄴ, ㄷ

> 25594-0214

05 그림은 알칼리 금속인 리튬(Li), 나트륨(Na), 칼륨(K)이 보관되어 있는 모습을 나타낸 것이다.

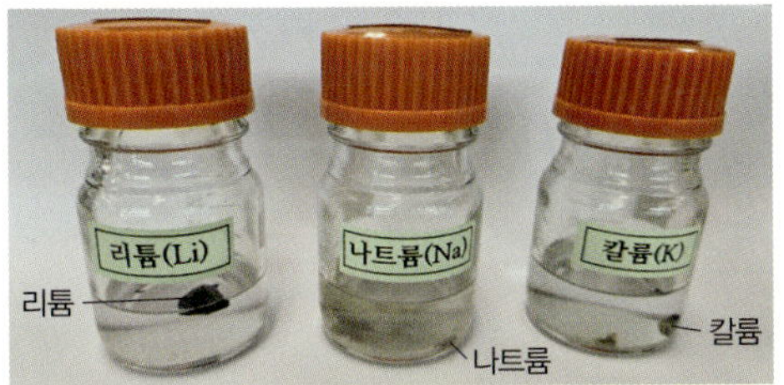

이에 대한 설명으로 옳은 것만을 〈보기〉에서 있는 대로 고른 것은?

┤ 보기 ├
ㄱ. 밀도는 나트륨 > 리튬이다.
ㄴ. 알칼리 금속은 액체 파라핀과 같은 기름에 보관해야 한다.
ㄷ. 보관 용기의 뚜껑을 닫아서 보관하는 까닭은 공기 중의 산소와 반응하지 않게 하기 위해서이다.

① ㄱ   ② ㄴ   ③ ㄱ, ㄷ
④ ㄴ, ㄷ   ⑤ ㄱ, ㄴ, ㄷ

> 25594-0215

06 표는 할로젠에 대한 자료이다.

물질	화학식	녹는점($℃$)	끓는점($℃$)	색깔
(가)	F_2	−220	−188	담황색
(나)	Cl_2	−101	−35	황록색
(다)	Br_2	−7	59	적갈색
(라)	I_2	114	184	흑자색

이에 대한 설명으로 옳은 것만을 〈보기〉에서 있는 대로 고른 것은?

┤ 보기 ├
ㄱ. (가)~(라)를 각각 이루는 분자의 공유 전자쌍 수는 모두 1이다.
ㄴ. (가)~(라) 중 25 $℃$에서 기체 상태인 것은 2가지이다.
ㄷ. 할로젠이 수소와 반응하여 생성된 물질은 산성을 띤다.

① ㄱ   ② ㄴ   ③ ㄱ, ㄷ
④ ㄴ, ㄷ   ⑤ ㄱ, ㄴ, ㄷ

> 25594-0216

07 그림은 원자 번호 1~20인 원소의 주기적 성질을 나타낸 것이다.

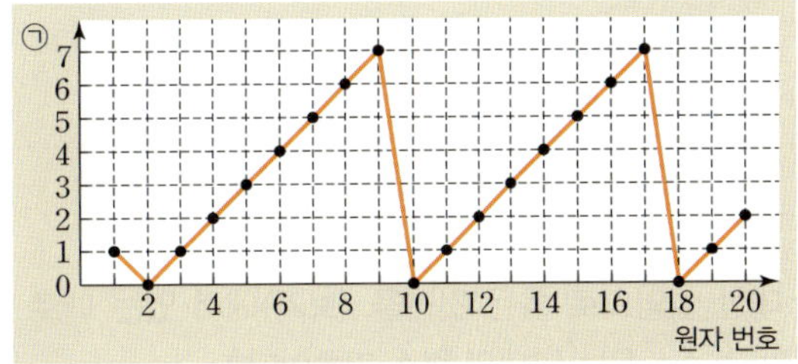

이에 대한 설명으로 옳은 것만을 〈보기〉에서 있는 대로 고른 것은?

┤ 보기 ├
ㄱ. '원자가 전자 수'는 ㉠으로 적절하다.
ㄴ. 원자 번호가 10인 원소는 3주기 원소이다.
ㄷ. 원자 번호가 1~20인 원소 중 4주기 금속 원소는 2가지이다.

① ㄱ   ② ㄴ   ③ ㄱ, ㄷ
④ ㄴ, ㄷ   ⑤ ㄱ, ㄴ, ㄷ

> 25594-0217

08 그림은 원자 A와 B의 전자 배치를 모형으로 나타낸 것이다.

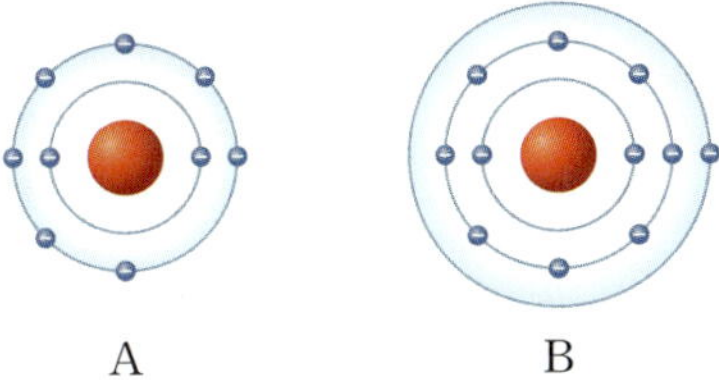

이에 대한 설명으로 옳은 것만을 〈보기〉에서 있는 대로 고른 것은? (단, A와 B는 임의의 원소 기호이다.)

┤ 보기 ├
ㄱ. A와 B는 같은 주기 원소이다.
ㄴ. 안정한 이온이 되었을 때 전자 배치는 A와 B가 같다.
ㄷ. 수용액 상태의 BA는 전기 전도성이 있다.

① ㄱ   ② ㄴ   ③ ㄷ
④ ㄱ, ㄴ   ⑤ ㄴ, ㄷ

> 25594-0218

09 그림은 주기율표의 일부를 나타낸 것이다.

주기＼족	1	2	13	14	15	16	17	18
1	A							
2							B	C
3	D					E		

이에 대한 설명으로 옳은 것만을 〈보기〉에서 있는 대로 고른 것은? (단, A~E는 임의의 원소 기호이다.)

─┤ 보기 ├─
ㄱ. 화합물 AB는 이온 결합 물질이다.
ㄴ. 화합물 DB에서 B와 D는 모두 C와 같은 전자 배치를 이룬다.
ㄷ. 공유 전자쌍 수는 EB_2가 B_2의 4배이다.

① ㄱ   ② ㄴ   ③ ㄷ
④ ㄱ, ㄴ   ⑤ ㄴ, ㄷ

수능 유형

> 25594-0219

10 그림 (가)는 질량이 태양과 비슷한 별에서 핵융합 반응이 모두 끝난 후 별의 내부 구조를, (나)는 사람의 몸을 구성하는 주요 원소의 질량비를 나타낸 것이다.

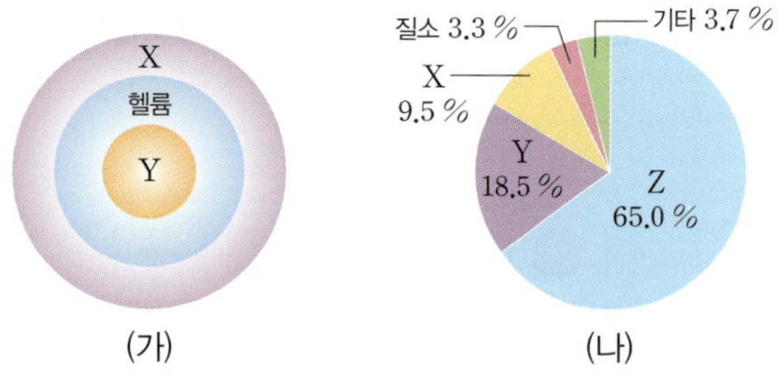

이에 대한 설명으로 옳은 것만을 〈보기〉에서 있는 대로 고른 것은? (단, X~Z는 임의의 원소 기호이다.)

─┤ 보기 ├─
ㄱ. X는 수소(H)이다.
ㄴ. 원자가 전자 수는 Y > Z이다.
ㄷ. YZ_2에서 구성 원자는 모두 네온(Ne)과 같은 전자 배치를 이룬다.

① ㄱ   ② ㄴ   ③ ㄷ
④ ㄱ, ㄷ   ⑤ ㄴ, ㄷ

> 25594-0220

11 그림은 물(H_2O)과 메테인(CH_4)을 화학 결합 모형으로 나타낸 것이다.

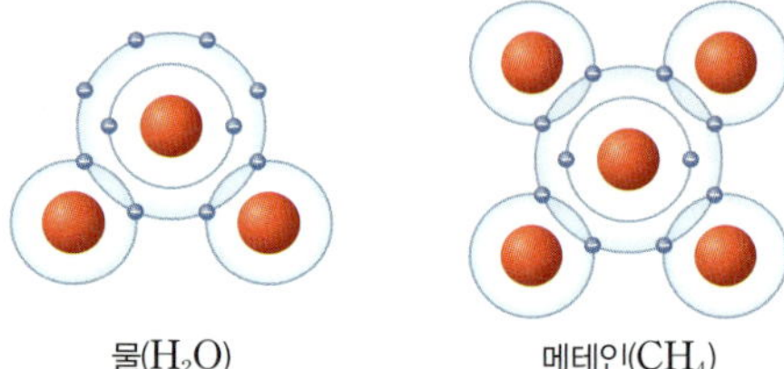

이에 대한 설명으로 옳은 것만을 〈보기〉에서 있는 대로 고른 것은?

─┤ 보기 ├─
ㄱ. 탄소(C)는 2주기 원소이다.
ㄴ. 산소(O)의 원자가 전자 수는 4이다.
ㄷ. 공유 전자쌍 수는 메테인(CH_4)이 물(H_2O)의 2배이다.

① ㄱ   ② ㄴ   ③ ㄱ, ㄷ
④ ㄴ, ㄷ   ⑤ ㄱ, ㄴ, ㄷ

수능 유형

> 25594-0221

12 그림은 화합물 AB_2와 CA를 화학 결합 모형으로 나타낸 것이다.

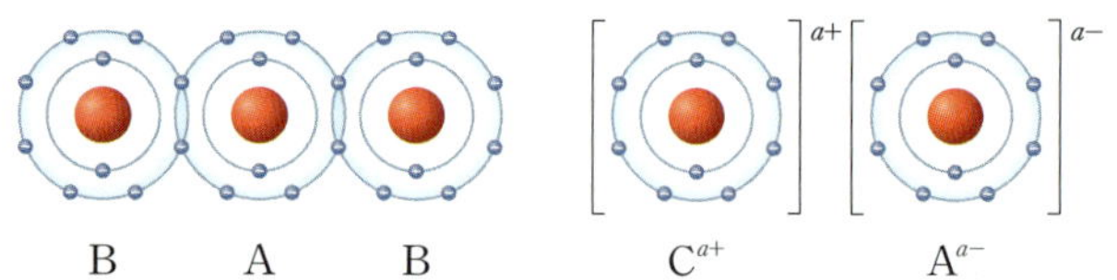

이에 대한 설명으로 옳은 것만을 〈보기〉에서 있는 대로 고른 것은? (단, A~C는 임의의 원소 기호이다.)

─┤ 보기 ├─
ㄱ. $a=1$이다.
ㄴ. 원자가 전자 수는 A가 C의 3배이다.
ㄷ. 수용액 상태에서 전기 전도성은 CB_2가 A_2보다 크다.

① ㄱ   ② ㄴ   ③ ㄱ, ㄷ
④ ㄴ, ㄷ   ⑤ ㄱ, ㄴ, ㄷ

> 25594-0222

13 생명체를 구성하는 물질 중 핵산과 단백질에 대한 설명으로 옳은 것만을 〈보기〉에서 있는 대로 고른 것은?

보기
ㄱ. 핵산과 단백질은 모두 탄소 화합물에 해당한다.
ㄴ. 단위체의 배열 순서가 다른 단백질은 서로 다른 유전정보를 저장한다.
ㄷ. 핵산은 단위체가 공유 결합으로 연결된 구조이다.

① ㄱ   ② ㄴ   ③ ㄱ, ㄷ
④ ㄴ, ㄷ   ⑤ ㄱ, ㄴ, ㄷ

> 25594-0223

14 그림은 생명체를 구성하는 물질 (가)의 구조를 나타낸 것이다.

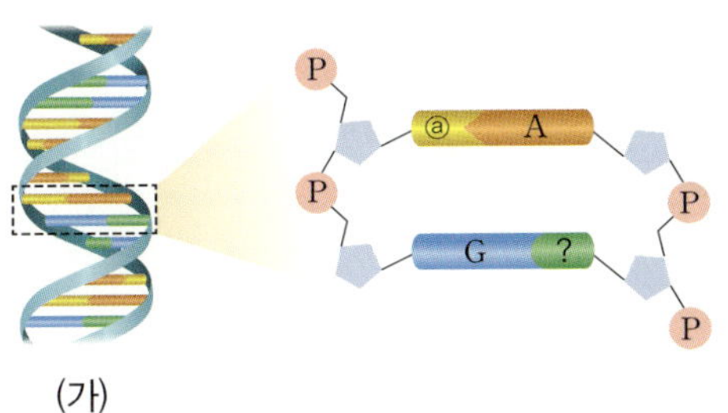

(가)

이에 대한 설명으로 옳은 것만을 〈보기〉에서 있는 대로 고른 것은?

보기
ㄱ. (가)는 RNA이다.
ㄴ. (가)의 단위체는 뉴클레오타이드이다.
ㄷ. @는 타이민(T) 염기이다.

① ㄱ   ② ㄴ   ③ ㄱ, ㄷ
④ ㄴ, ㄷ   ⑤ ㄱ, ㄴ, ㄷ

> 25594-0224

15 그림 (가)는 규산염 광물의 단위체를, (나)는 2가지 규산염 광물을 나타낸 것이다. ㉠과 ㉡은 각각 규소(Si) 원자와 산소(O) 원자 중 하나이다.

(가)   (나)

이에 대한 설명으로 옳은 것만을 〈보기〉에서 있는 대로 고른 것은?

보기
ㄱ. (가)는 규산염 사면체이다.
ㄴ. 원자가 전자 수는 ㉠이 ㉡보다 많다.
ㄷ. 1개의 (가)가 공유하는 ㉠의 수는 감람석에서가 석영에서보다 많다.

① ㄱ   ② ㄷ   ③ ㄱ, ㄴ
④ ㄴ, ㄷ   ⑤ ㄱ, ㄴ, ㄷ

> 25594-0225

16 그림은 서로 다른 단백질 (가)~(다)의 합성 과정의 일부를 나타낸 것이다. ㉠은 단백질의 단위체이다.

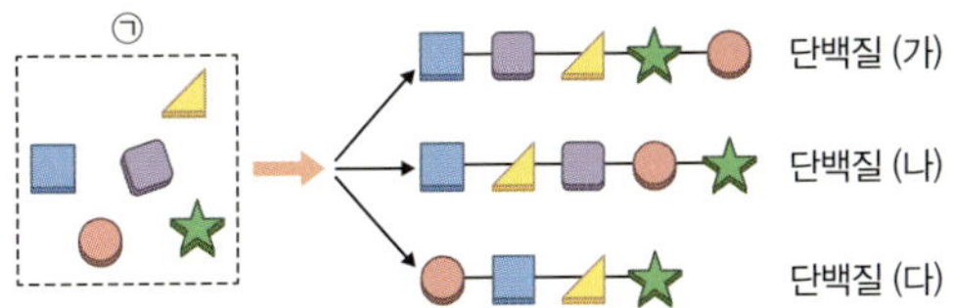

이에 대한 설명으로 옳은 것만을 〈보기〉에서 있는 대로 고른 것은?

보기
ㄱ. ㉠은 아미노산이다.
ㄴ. 펩타이드결합의 수는 (가)와 (나)에서 서로 같다.
ㄷ. ㉠의 수와 배열 순서에 따라 단백질의 종류가 달라진다.

① ㄱ   ② ㄷ   ③ ㄱ, ㄴ
④ ㄴ, ㄷ   ⑤ ㄱ, ㄴ, ㄷ

> 25594-0226

17 그림은 지각과 생명체를 구성하는 주요 원소 (가)~(다)를 구분하는 과정을 나타낸 것이다. (가)~(다)는 규소(Si), 산소(O), 탄소(C)를 순서 없이 나타낸 것이다.

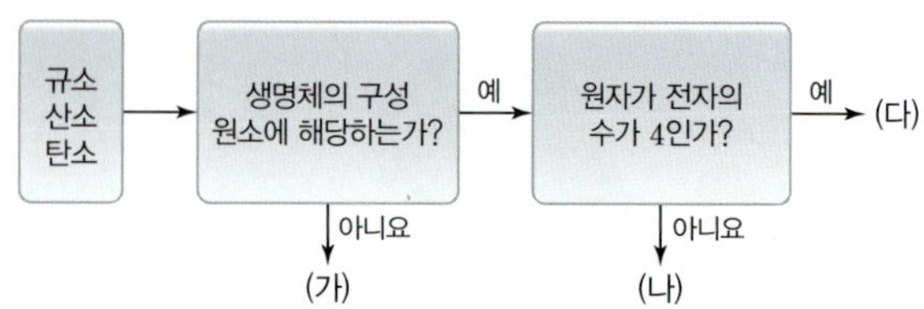

이에 대한 설명으로 옳은 것만을 〈보기〉에서 있는 대로 고른 것은?

〔 보기 〕
ㄱ. (가)는 산소(O)이다.
ㄴ. (나)는 생명체에서 구성 비율이 가장 높은 원소이다.
ㄷ. 핵산과 단백질은 모두 (다)를 갖는다.

① ㄱ   ② ㄴ   ③ ㄱ, ㄷ
④ ㄴ, ㄷ   ⑤ ㄱ, ㄴ, ㄷ

수능 유형

> 25594-0227

18 그림은 생명체를 구성하는 탄소 화합물을 나타낸 것이다. (가)와 (나)는 각각 헤모글로빈과 핵산 중 하나이다.

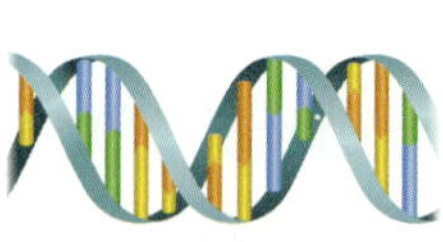
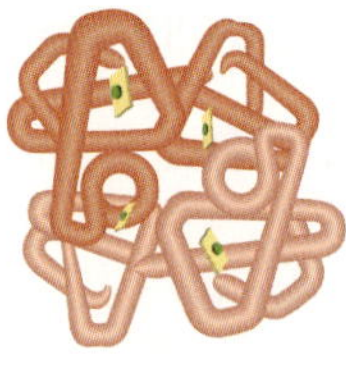

(가)   (나)

이에 대한 설명으로 옳은 것만을 〈보기〉에서 있는 대로 고른 것은?

〔 보기 〕
ㄱ. (가)는 핵산이다.
ㄴ. (나)에는 펩타이드결합이 있다.
ㄷ. (가)와 (나)의 단위체는 모두 아미노산이다.

① ㄱ   ② ㄷ   ③ ㄱ, ㄴ
④ ㄴ, ㄷ   ⑤ ㄱ, ㄴ, ㄷ

> 25594-0228

19 그림 (가)와 (나)는 규소(Si)와 탄소(C)의 전자 배치를 순서 없이 나타낸 것이다.

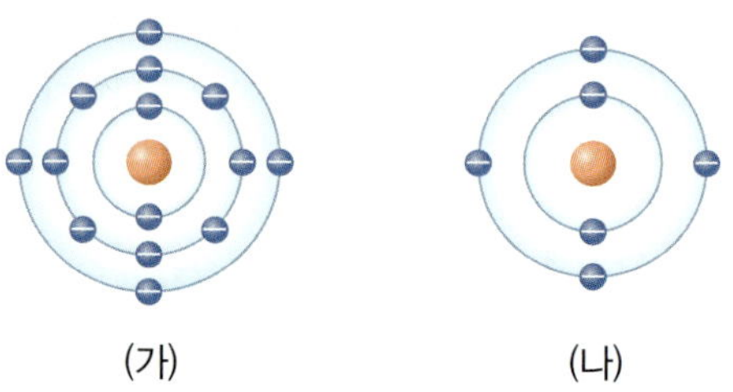

(가)   (나)

이에 대한 설명으로 옳은 것만을 〈보기〉에서 있는 대로 고른 것은?

〔 보기 〕
ㄱ. (가)는 탄소 원자의 전자 배치이다.
ㄴ. 규소와 탄소의 원자가 전자의 수는 서로 다르다.
ㄷ. 규소와 탄소는 각각 최대 4개의 다른 원자와 결합할 수 있다.

① ㄱ   ② ㄷ   ③ ㄱ, ㄴ
④ ㄴ, ㄷ   ⑤ ㄱ, ㄴ, ㄷ

> 25594-0229

20 그림은 생명체를 구성하는 물질 X의 합성 과정을 나타낸 것이다. ㉠과 ㉡은 X의 단위체이다.

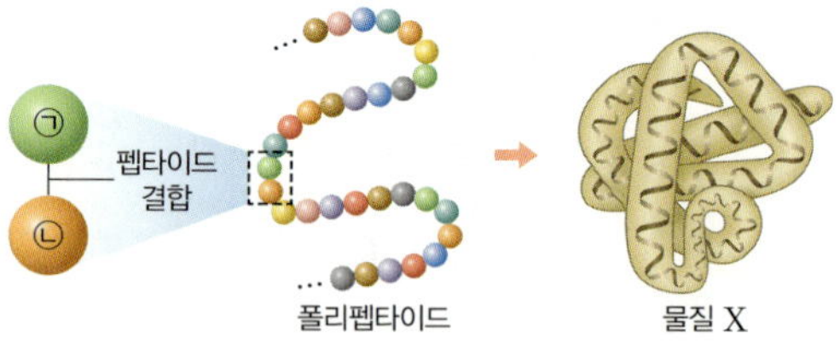

이에 대한 설명으로 옳은 것만을 〈보기〉에서 있는 대로 고른 것은?

〔 보기 〕
ㄱ. ㉠은 뉴클레오타이드이다.
ㄴ. ㉠과 ㉡ 사이에 펩타이드결합이 형성되는 과정에서 물이 방출된다.
ㄷ. X는 효소와 호르몬의 성분이다.

① ㄱ   ② ㄷ   ③ ㄱ, ㄴ
④ ㄴ, ㄷ   ⑤ ㄱ, ㄴ, ㄷ

> 25594-0230

21 그림은 도체, 반도체, 부도체의 비저항을 온도에 따라 나타낸 것이다. 비저항은 전기 전도도의 역수이다.

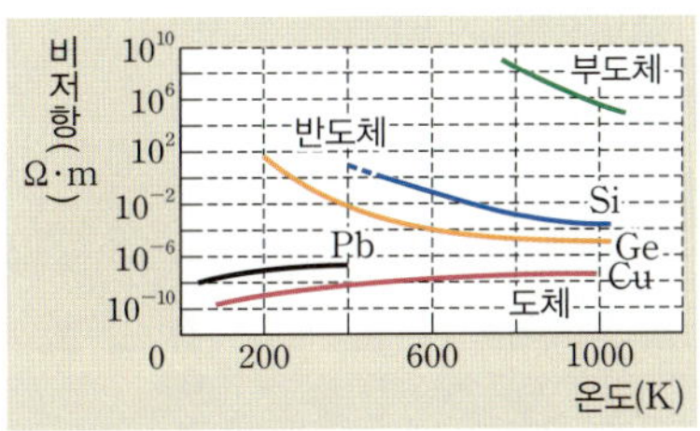

이에 대한 설명으로 옳은 것만을 〈보기〉에서 있는 대로 고른 것은?

【 보기 】
ㄱ. 도체는 온도가 올라감에 따라 전기 전도도가 증가한다.
ㄴ. 전기 전도도는 부도체가 반도체보다 크다.
ㄷ. 반도체는 온도가 올라감에 따라 전기 전도도가 증가한다.

① ㄱ　　　② ㄷ　　　③ ㄱ, ㄴ
④ ㄴ, ㄷ　　　⑤ ㄱ, ㄴ, ㄷ

> 25594-0231

22 다음은 소재 A, B, C의 자유 전자 수와 고무, 구리, 규소의 활용 사례를 나타낸 것이다. A, B, C는 도체, 반도체, 부도체를 순서 없이 나타낸 것이다.

(가) 상온에서 같은 크기의 A, B, C에 포함된 자유 전자 수 비교: A>C>B
(나) 활용 사례
　• 고무: 전기 전도성이 나빠서 절연 장갑에 활용된다.
　• 구리: 전기 전도성이 좋아서 전기 도선에 활용된다.
　• 규소: 소량의 불순물을 첨가하면 전기 전도성이 좋아져서 트랜지스터에 활용된다.

고무, 구리, 규소의 전기적 성질을 A, B, C와 옳게 짝 지은 것은?

	고무	구리	규소
①	A	B	C
②	A	C	B
③	B	A	C
④	B	C	A
⑤	C	A	B

> 25594-0232

23 다음은 인류가 흙에서 발견한 소재를 나타낸 것이다.

　• 흙에서 발견한 규조토를 이용해 인류는 ㉠도자기를 제작해 일상생활에서 유용하게 사용한다.
　• 최근 연구되고 있는 발광 세라믹은 ㉡규소를 이용한 새로운 신소재로 다양한 분야에서 활용도가 높을 것으로 전망된다.

이에 대한 설명으로 옳은 것만을 〈보기〉에서 있는 대로 고른 것은?

【 보기 】
ㄱ. ㉠은 도체이다.
ㄴ. ㉠은 상온에서 전기 전도성이 좋다.
ㄷ. ㉡은 원자가 전자가 4개이다.

① ㄱ　　　② ㄷ　　　③ ㄱ, ㄴ
④ ㄴ, ㄷ　　　⑤ ㄱ, ㄴ, ㄷ

> 25594-0233

24 다음은 태양 전지에 대한 설명이다.

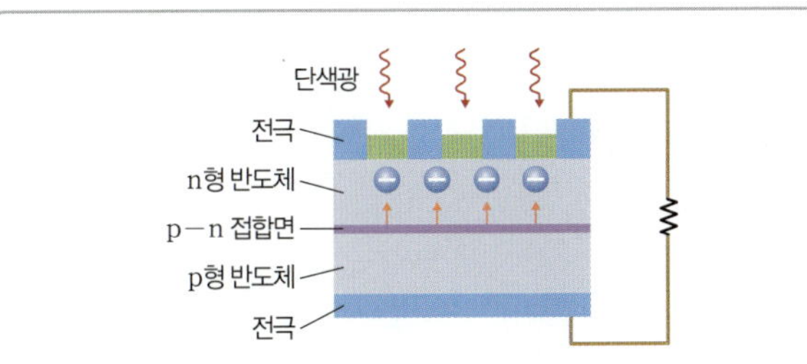

태양 전지는 p형 반도체와 n형 반도체를 접합시켜 만든다. p-n 접합면에 　㉠　 p-n 접합면에서 전자와 양공의 쌍이 형성되어 p형 반도체에서는 양공이, n형 반도체에서는 전자가 각각 p-n 접합면에서 멀어진다. 그 결과 n형 반도체 쪽의 전극은 상대적으로 전자가 많아서 　㉡　 이 되고, p형 반도체 쪽의 전극은 　㉢　 이 된다.

㉠, ㉡, ㉢으로 가장 적절한 것은?

	㉠	㉡	㉢
①	빛을 비추면	(+)극	(−)극
②	빛을 비추면	(−)극	(+)극
③	전류를 흘리면	(+)극	(−)극
④	전류를 흘리면	(−)극	(+)극
⑤	전류를 흘리면	(−)극	(−)극

Ⅲ

시스템과 상호작용

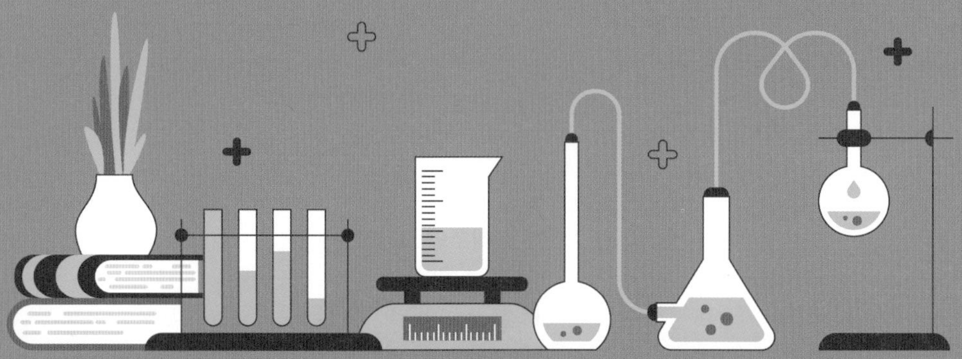

지구시스템

- 지구시스템은 태양계의 구성 요소임을 알고, 각 권역들의 층상 구조와 특징을 이해하기
- 지구시스템을 구성하는 권역 간의 물질 순환과 에너지 흐름의 결과로 나타나는 현상을 이해하기
- 지권의 변화를 판 구조론 관점에서 이해하고, 에너지 흐름의 결과로 발생하는 지권의 변화가 지구시스템에 미치는 영향을 추론하기

 이 단원의 **핵심**

● 지구시스템의 상호작용은 어떻게 일어나고 있을까?

지구시스템의 구성	지구시스템의 상호작용
• 지구는 지권, 기권, 수권, 생물권, 외권으로 이루어져 있다. • **지권**: 암석과 토양으로 이루어진 지구의 표면과 지구의 내부에 해당한다. 핵, 맨틀, 지각으로 이루어져 있다. • **기권**: 지구 표면을 둘러싸고 있는 공기의 층에 해당한다. 대류권, 성층권, 중간권, 열권으로 구분한다. • **수권**: 지구에 존재하는 물에 해당한다. 수권 중 해수는 혼합층, 수온 약층, 심해층으로 구분한다.	• **지구시스템의 에너지원**: 태양 에너지, 지구 내부 에너지, 조력 에너지 • 물의 순환 과정에서 에너지도 함께 이동하며, 물은 지표를 변화시킨다. • 탄소는 여러 과정을 통해 순환하며, 기후 변화를 일으키기도 한다. • 지구에서 일어나는 자연 현상은 지구시스템의 각 권 사이에서 일어나는 상호작용으로 설명할 수 있다.

● 판의 경계에서는 어떤 지각 변동이 일어날까?

판 구조론	지권의 변화가 지구시스템에 미치는 영향
• **판**: 지각과 맨틀의 최상부를 포함한 두께 약 100 km 구간의 단단한 부분인 암석권에 해당한다. • **판 구조론**: 판의 운동으로 지권의 변화를 설명하는 이론이다. • **판 경계의 종류**	• 지진과 화산 분출과 같은 지권의 변화는 지구 내부의 물질을 지표로 운반하고, 지구 내부 에너지를 지표로 방출한다. 이 과정에서 지형이 변하고 기후 변화가 일어나기도 하며, 인간을 비롯한 생태계에도 큰 영향을 준다.

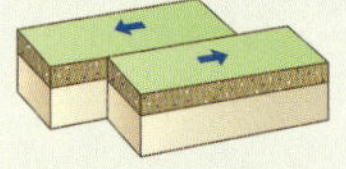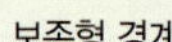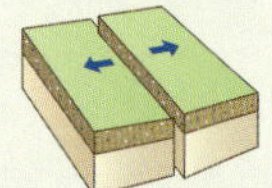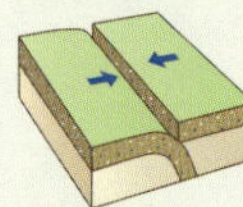

보존형 경계　　　발산형 경계　　　수렴형 경계

지구시스템의 구성과 상호작용

1 지구시스템

(1) 지구시스템

① 지구시스템: 지구를 구성하는 여러 요소가 서로 영향을 주고받으면서 하나의 시스템을 이루고 있는 것을 말한다.

② 지구시스템의 구성 요소: 지권, 기권, 수권, 생물권, 외권

(2) 지권

① 암석과 토양으로 이루어진 지구의 표면과 지구의 내부를 지권이라고 한다.

② 지표면으로부터 깊이 약 6400 km까지이며, 지각, 맨틀, 외핵, 내핵으로 구분된다.

구분	특징
지각	지구의 겉 부분에 있는 얇은 층이며, ❶대륙 지각과 해양 지각으로 구분된다.
맨틀	지구 전체 부피의 약 80%를 차지하며, 맨틀 대류로 인해 지각에서 지진이나 화산 활동이 일어난다.
핵	철과 니켈이 주성분이며, 액체 상태인 외핵과 고체 상태인 내핵으로 구분된다. 외핵에서는 대류가 일어나 지구 자기장이 형성된다.

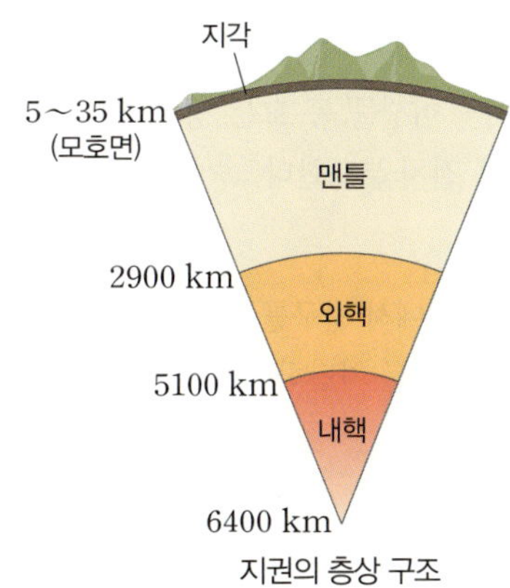

지권의 층상 구조

(3) 기권

① 지구 표면을 둘러싸고 있는 공기의 층을 기권이라고 하며, 지표면으로부터 높이 약 1000 km까지 분포한다.

② 높이에 따른 기온 분포에 따라 대류권, 성층권, 중간권, 열권으로 구분된다.

구분	특징
대류권	위로 갈수록 기온이 낮아지며, 대류가 활발하며 기상 현상이 나타난다.
성층권	❷오존층이 존재하여 지상의 생명체를 보호하며, 오존이 자외선을 흡수하여 위로 갈수록 기온이 높아지므로 ❸안정하여 대류가 일어나지 않는다.
중간권	대류가 일어나지만, 수증기가 거의 없어 기상 현상은 일어나지 않는다.
열권	공기가 매우 희박하여 낮과 밤의 기온 차가 크며 ❹오로라가 나타나기도 한다.

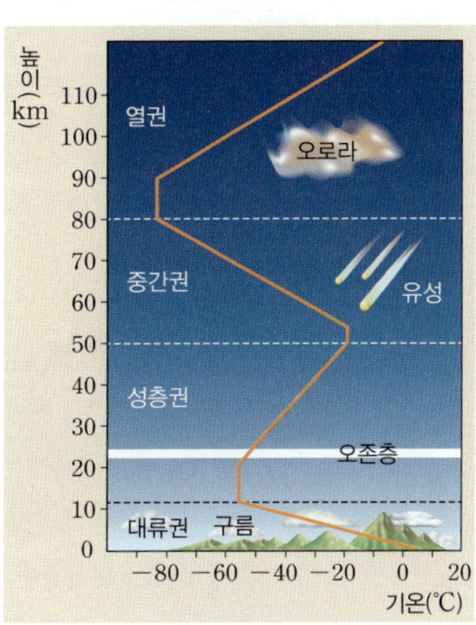

기권의 층상 구조

③ 기권은 온실 효과를 일으켜 지표면의 온도를 일정한 범위 내에서 유지시킨다.

❶ **대륙 지각과 해양 지각**

대륙 지각은 주로 화강암질 암석, 해양 지각은 주로 현무암질 암석으로 이루어져 있다. 해양 지각은 대륙 지각보다 밀도가 크고, 두께가 얇다.

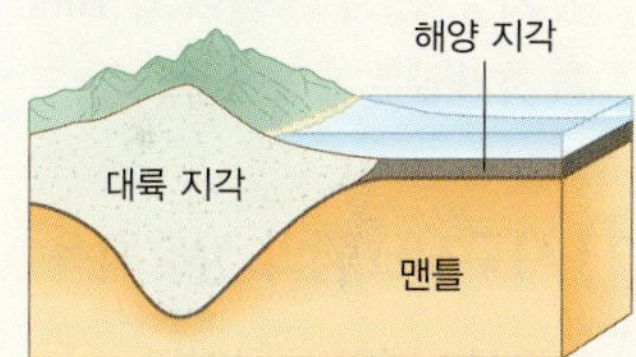

❷ **오존층**

성층권에서 오존(O_3)의 밀도가 높은 구간으로 산소가 자외선을 흡수해 만들어졌으며 육상 생물이 출현하는 데 크게 기여하였다.

❸ **안정**

기체나 액체에서 아래쪽이 차고 위쪽이 따뜻하여 연직 운동이 일어나기 어려운 상태를 말한다.

❹ **오로라**

태양에서 방출된 전하를 띤 입자의 일부가 지구 자기장에 이끌려 대기로 들어오면서 공기와 반응해 빛을 내는 현상이다.

(4) 수권

① 해수, 빙하, 지하수, 강과 호수 등과 같이 지구에 존재하는 물을 ❶수권이라고 한다. 수권의 대부분은 해수가 차지한다.

② 해수는 깊이에 따른 수온 분포에 따라 ❷혼합층, 수온 약층, 심해층으로 구분된다.

구분	특징
혼합층	바람의 영향으로 해수가 혼합되어 깊이에 따른 수온의 변화가 거의 없다.
수온 약층	수심이 깊어질수록 수온이 급격하게 낮아지는 안정한 층이다. 이로 인해 혼합층과 심해층 사이의 물질 교환과 에너지 흐름이 거의 일어나지 않는다.
심해층	태양 에너지가 도달하지 못하여 수온이 낮고, 계절이나 깊이에 따른 수온의 변화가 거의 없다.

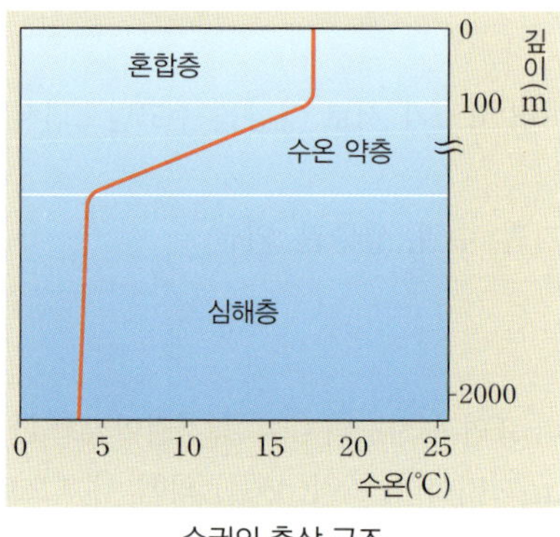

수권의 층상 구조

(5) 생물권: 사람을 비롯하여 동물, 식물, 미생물 등 모든 생명체를 생물권이라고 하며, 지권, 수권, 기권에 이르기까지 넓은 영역에 걸쳐 분포한다.

(6) 외권

① 지상으로부터 높이 약 1000 km 이상에서 지구를 둘러싸고 있는 우주 공간이다.

② 자기권은 태양에서 오는 고에너지 입자를 차단하여 생명체를 보호한다.

2 지구시스템의 상호작용

(1) 지구시스템의 에너지원

태양 에너지	태양에서 오는 에너지이며, 지구시스템의 에너지원 중 가장 많은 양을 차지한다. 기권과 수권에서 날씨의 변화 및 ❸대기와 해수의 순환을 일으키며, 지권에서의 풍화와 침식 작용, 생물권에서는 생명활동의 에너지원으로 이용된다.
지구 내부 에너지	주로 지구 내부의 방사성 물질이 붕괴하면서 방출되는 에너지이며, 화산 활동과 지진, 판의 운동 등으로 지형을 변화시킨다.
조력 에너지	달과 태양의 인력으로 생기는 에너지이며, 밀물과 썰물을 일으킨다.

(2) 지구시스템의 물질 순환과 에너지 흐름

① ❹물의 순환

- 주로 태양 에너지에 의해 일어나며, 순환 과정에서 에너지도 함께 이동한다.

- 수권의 물이 증발하여 기권으로 이동할 때 열에너지를 흡수한다. 기권의 수증기는 열에너지를 방출하고 응결하여 구름을 형성하며, 비나 눈의 형태로 다시 지표면으로 되돌아간다.

- ❺지표에 떨어진 물은 식물에 흡수되기도 하고, 지하로 스며들거나 지표를 따라 바다로 흘러가면서 지표를 다양하게 변화시킨다.

물의 순환

❶ 수권의 분포

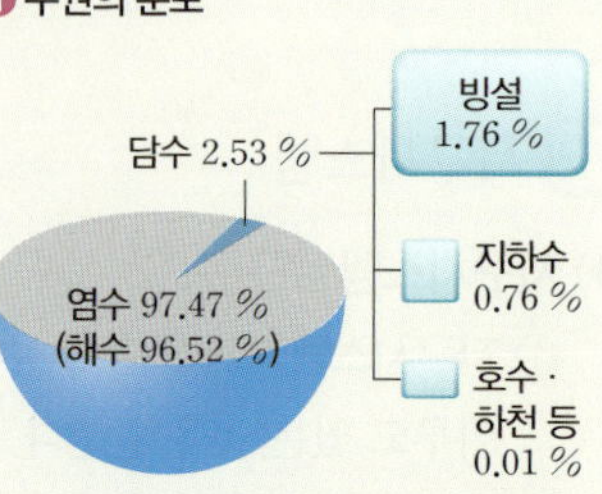

해수는 수권 전체의 약 97 %를 차지한다.

❷ 위도에 따른 해수의 층상 구조

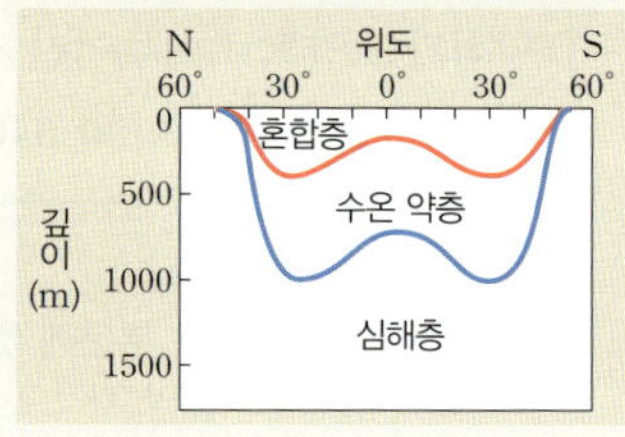

❸ 대기와 해수의 순환

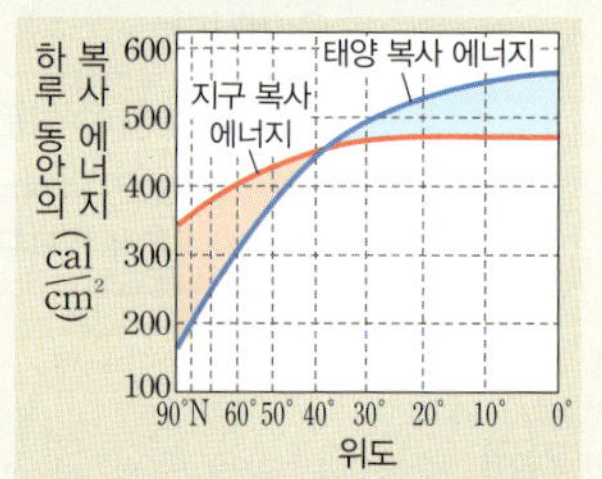

지구는 구형이므로 위도에 따라 입사되는 태양 복사 에너지가 다르며, 이로 인해 대기와 해수의 순환이 일어난다.

❹ 물의 순환과 평형

물은 지구시스템 각 권 사이를 순환하며, 각 권역에서 유입되는 물의 양과 유출되는 물의 양이 같은 평형 상태를 유지한다.

❺ 물의 순환과 지형

강의 상류에서 하류로 가면서 나타나는 V자 모양의 계곡이나 부채꼴 모양의 선상지, 구불구불하게 흐르는 곡류, 모래나 점토가 쌓여 만들어진 삼각주 등은 물의 순환 과정에서 형성된 지형이다.

② 탄소의 순환

- 탄소는 대부분 지권의 암석 내에 고체 상태로 분포하며, 기권에서는 주로 이산화 탄소로, 수권에서는 물에 녹아 이온 상태로 존재한다. 생물권에서는 유기 화합물로 존재한다.

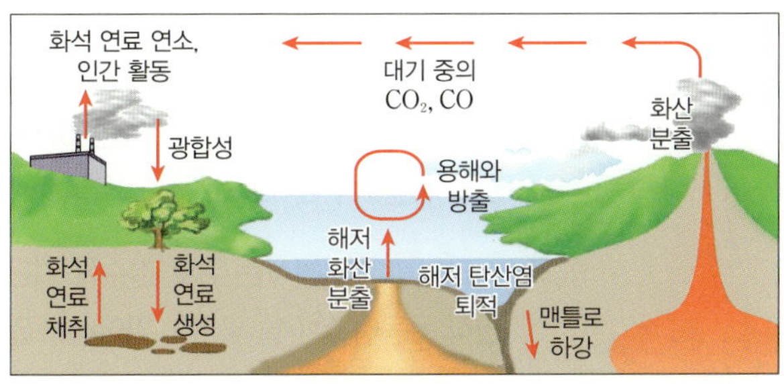

탄소의 순환

권역	탄소의 순환
기권	기권의 이산화 탄소는 광합성을 통해 생물권에 유기물로 저장되거나 해수에 녹아 들어가 탄산 이온이 된다.
수권	수권의 탄소는 생물에 흡수되거나 탄산 칼슘으로 침전되어 지권에 저장된다.
지권	지권의 탄소는 화산 활동을 통해 다시 기권으로 이동하며, 화석 연료로 저장된 탄소는 인간에 의해 다시 이산화 탄소로 배출된다.
생물권	유기물로 저장된 탄소의 일부는 동식물의 사체나 배설물에 포함되어 지권의 토양으로 이동한다. 또한 미생물에 의해 분해되어 이산화 탄소 형태로 대기 중으로 이동하거나, 석탄, 석유, 천연가스 등의 화석 연료로 저장된다.

(3) 지구시스템의 상호작용

① 지구시스템의 각 권역들은 끊임없이 상호작용하고 있으며, 어느 한 권역에 변화가 생기면 그 변화는 다른 권역에 대해 연쇄적으로 영향을 미친다.

② 지구시스템의 구성 요소가 상호작용을 할 때 지구시스템 내에서 물질 순환과 에너지 흐름이 일어난다.

③ 지구에서 일어나는 자연 현상은 지구시스템의 각 권 사이에서 일어나는 상호작용으로 설명할 수 있다.

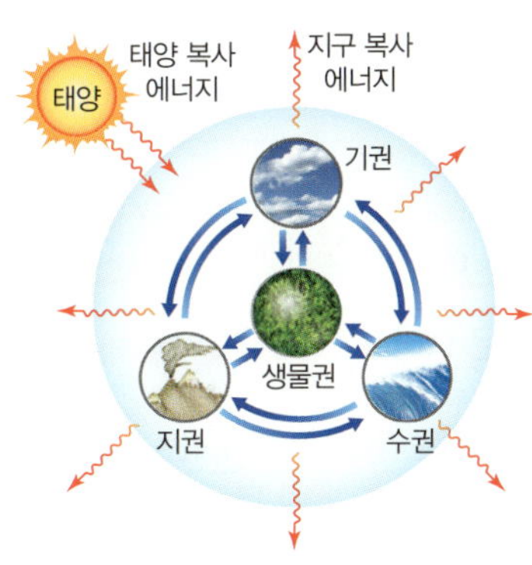

(4) 지구시스템에서 상호작용의 예

권역	예
기권 ↔ 지권	화산 가스 분출, 바람에 의한 풍화 · 침식
기권 ↔ 수권	태풍 발생, 폭풍으로 인한 해일 발생
기권 ↔ 생물권	광합성, 호흡
생물권 ↔ 지권	화석 연료 생성, 식물 뿌리에 의한 풍화
생물권 ↔ 수권	하천의 녹조 발생
수권 ↔ 지권	유수에 의한 침식, ❶지진 해일 발생, 석회 동굴 형성

❶ 지진 해일

해저에 지각 변동이 생겨서 일어나는 해일로, 해안 근처의 얕은 곳에서 물결의 높이가 급격히 높아지는 현상이다.

빈칸 완성

1. 지구시스템은 (   ), (   ), (   ), (   ), (   )(으)로 이루어져 있다.

2. 기권은 높이에 따른 기온 분포에 따라 (   ), (   ), (   ), (   )(으)로 구분한다.

3. 해수는 깊이에 따른 수온 분포에 따라 (   ), (   ), (   )(으)로 구분한다.

4. 지구 내부의 암석에 포함되어 있는 방사성 원소가 붕괴할 때 발생하는 열 등을 에너지원으로 하여 지각 변동을 일으키는 에너지를 (   )(이)라고 한다.

5. 지구에서 탄소는 대부분 (   )에 고체 상태로 분포한다.

둘 중에 고르기

6. (화강암질, 현무암질) 암석으로 이루어져 있는 대륙 지각은 (화강암질, 현무암질) 암석으로 이루어져 있는 해양 지각에 비해 밀도가 (크, 작)다.

7. 기권의 성층권에서는 위로 갈수록 기온이 높아지므로 대기의 연직 운동이 잘 (일어난다, 일어나지 않는다).

8. 기권에 분포하는 탄소는 대부분 (탄산 이온, 이산화 탄소) 형태로 존재한다.

9. 화산 활동과 지진은 주로 (태양 에너지, 지구 내부 에너지)에 의해 일어난다.

10. 수권의 물이 증발하여 기권으로 이동할 때 열 에너지를 (흡수, 방출)한다.

정답 1. 지권, 수권, 기권, 생물권, 외권 2. 대류권, 성층권, 중간권, 열권 3. 혼합층, 수온 약층, 심해층 4. 지구 내부 에너지 5. 지권 6. 화강암질, 현무암질, 작
7. 일어나지 않는다 8. 이산화 탄소 9. 지구 내부 에너지 10. 흡수

O, × 퀴즈

1. 지권에서 가장 큰 부피를 차지하는 것은 핵이다. (○, ×)

2. 수권에서 육지에 존재하는 물 중 가장 많은 부분을 차지하는 것은 강이나 호수의 물이다. (○, ×)

3. 기권은 지표면으로부터 높이 약 1000 km까지의 대기층을 말한다. (○, ×)

4. 해수의 혼합층은 바람의 영향으로 혼합된 층으로, 깊이에 따라 수온이 낮아진다. (○, ×)

5. 대류권의 수증기는 기상 현상을 일으킨다. (○, ×)

6. 지권은 생물체의 호흡에 필요한 기체를 공급한다. (○, ×)

단답형 문제

7. 지권에서 밀도가 가장 높은 층은 무엇인지 쓰시오.

8. 수권에서 깊이가 깊어질수록 수온이 급격히 낮아지는 층으로, 해수의 연직 방향의 이동을 억제하고 있는 층은 무엇인지 쓰시오.

9. 지구시스템에서 물의 순환을 일으키는 주요 에너지는 무엇인지 쓰시오.

10. 물이 순환하는 과정에서 날씨의 변화가 생기는 것은 지구시스템의 구성 요소 중 어느 권역 간의 상호작용인지 쓰시오.

11. 기권에 존재하는 이산화 탄소가 생물권에 유기 화합물의 형태로 저장될 때 거치는 과정을 쓰시오.

정답 1. × 2. × 3. ○ 4. × 5. ○ 6. × 7. 내핵 8. 수온 약층 9. 태양 에너지 10. 기권과 수권 11. 광합성

지권의 변화와 판 구조론

① 지권의 변화

(1) 화산: 지하의 마그마가 지각의 약한 부분을 뚫고 상승하며 지구 내부 에너지가 급격하게 방출되면서 ❶분출물을 쏟아 내는 현상이다.

(2) 지진: 지구 내부에 축적된 에너지가 지진파로 방출되면서 땅이 흔들리는 현상이며, 단층이 생기거나 화산이 폭발할 때 발생한다.

(3) ❷지진대와 화산대

① 화산과 지진 발생 지역은 대부분 띠 모양으로 분포한다.

② 화산대와 지진대는 거의 일치하며, 판의 경계를 따라 분포한다.

② 판 구조론

(1) 판의 구조

① 지각과 맨틀의 상부는 구성 암석과 그 성질에 따라 암석권과 연약권으로 구분한다.

- **암석권:** 지각과 맨틀의 최상부를 포함한 두께 약 100 km 구간의 단단한 부분이다.
- **연약권:** 암석권 아래의 깊이 약 100 km~400 km 구간으로, 맨틀 상부와 하부의 온도 차로 인해 맨틀의 대류가 일어난다.

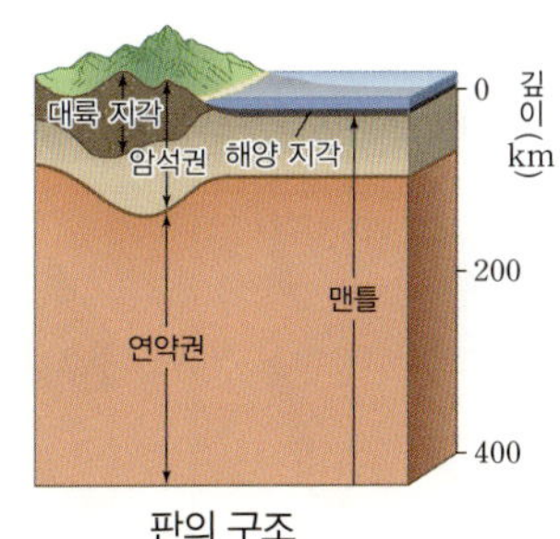

판의 구조

② **판:** 암석권은 지구의 변동대를 따라 크고 작은 10여 개의 조각으로 구분되는데, 이 조각을 판이라고 하며, ❸대륙판과 해양판이 있다.

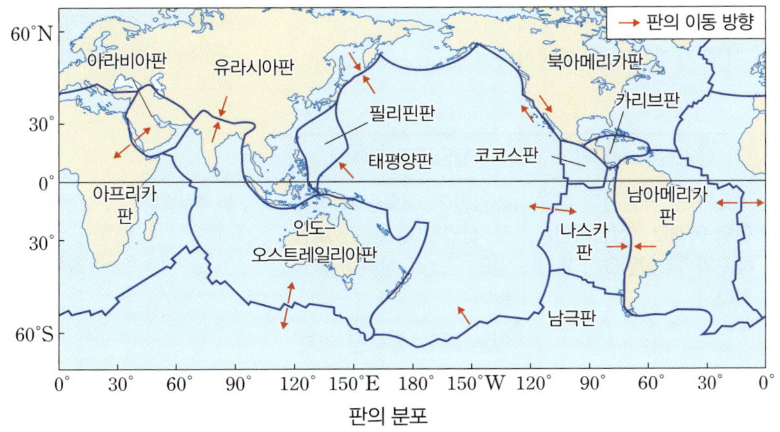

판의 분포

(2) 판 구조론

판은 연약권에서의 맨틀 대류를 따라 천천히 움직이며, 판의 운동으로 지진, 화산 활동 등과 같은 지각 변동이 일어난다. 이와 같이 판의 운동으로 지권의 변화를 설명하는 이론을 판 구조론이라고 한다.

❶ 화산 분출물

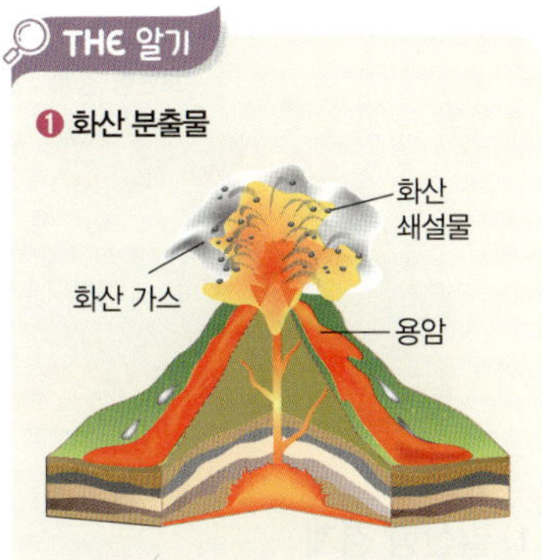

❷ 지진대와 화산대

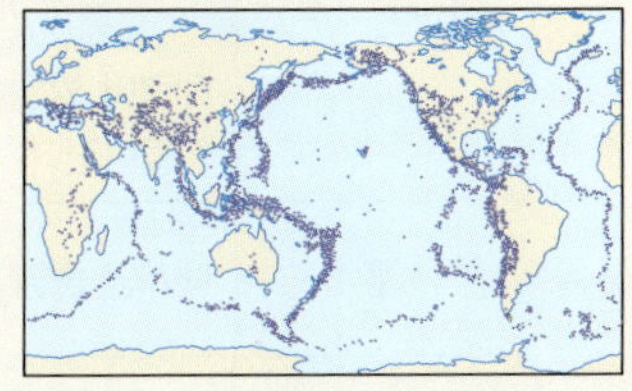

지진대

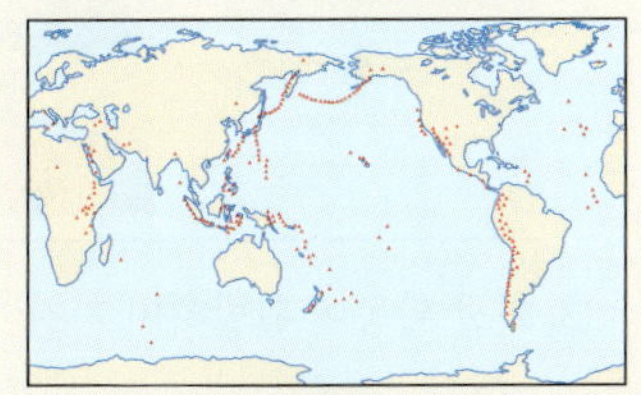

화산대

❸ 대륙판과 해양판

판은 대륙 지각을 포함하는 대륙판과 해양 지각을 포함하는 해양판으로 구분한다. 대륙판은 해양판보다 두께가 두껍고 밀도가 작다.

③ 판의 경계와 지각 변동

판의 경계에서 판들이 서로 갈라지거나 부딪히거나 어긋나게 이동할 때 화산 활동이나 지진과 같은 지각 변동이 발생하고 독특한 지형이 만들어진다.

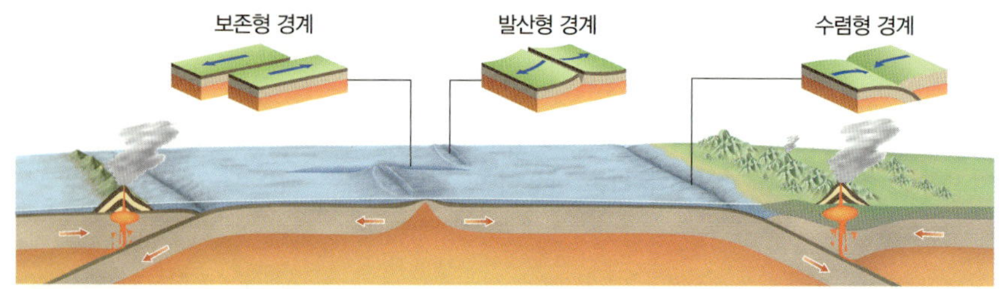

(1) 발산형 경계

① 맨틀 대류의 상승으로 두 판이 서로 멀어지는 경계이다.

② 발산형 경계의 종류와 특징

경계부의 판	해양판과 해양판	대륙판과 대륙판
특징	해령이 발달하며, 새로운 해양 지각이 만들어진다.	대륙이 갈라지며 열곡대가 형성된다.
예	대서양 중앙 해령, 동태평양 해령 등	❶동아프리카 열곡대, 아이슬란드 열곡대 등
모습		

③ 화산 활동이 활발하며 지진이 발생한다.

(2) 수렴형 경계

① 맨틀 대류가 하강하는 부분으로 두 판이 서로 가까워지는 경계이다.

② 수렴형 경계의 종류와 특징

경계부의 판	대륙판과 대륙판	해양판과 해양판	해양판과 대륙판
특징	판의 충돌로 습곡 산맥이 발달한다.	밀도가 큰 해양판이 다른 판의 아래로 ❷섭입하면서 해구와 ❸호상열도가 발달한다.	해양판이 대륙판의 아래로 섭입되며, 해구, 호상열도, ❹습곡 산맥이 발달한다.
예	히말라야산맥, 알프스산맥 등	마리아나 해구 등	일본 해구, 알류샨 열도, 페루 − 칠레 해구, 안데스산맥 등
모습			

③ 호상열도나 해구 부근의 습곡 산맥에서는 화산 활동이 활발하며 지진이 발생한다.

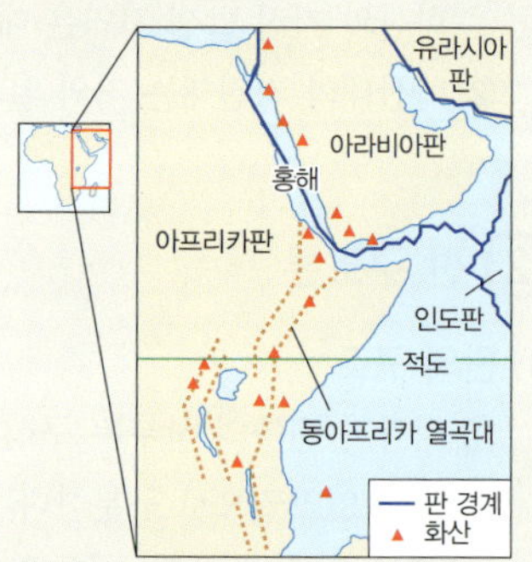

❶ 동아프리카 열곡대

아프리카 대륙의 동부에서는 판이 갈라지고 있다.

❷ 섭입

하나의 판이 다른 판의 아래로 비스듬히 미끄러져 들어가면서 침강하는 현상을 섭입이라고 한다. 판이 수렴하는 곳에서는 밀도가 큰 판이 밀도가 작은 판의 아래로 섭입하며, 이때 섭입대(베니오프대)가 발달한다.

❸ 호상열도

판의 섭입형 경계와 나란하게 활 모양으로 늘어서 있는 화산섬들이다.

❹ 습곡 산맥

• 지층에 양쪽에서 미는 힘이 작용하여 지층이 휘어진 구조를 습곡이라고 하며, 양쪽에서 미는 힘을 받아 형성된 산맥을 습곡 산맥이라고 한다.

• 두 판이 충돌했을 때 두 판 사이의 퇴적층이 습곡 작용을 받으며 밀려 올라가 습곡 산맥을 형성한다.

(3) 보존형 경계

① 서로 이웃해 있는 두 판이 서로 어긋나는 경계이다.

② 해령과 해령 사이에 단층이 발달한다.

  예 [1]산안드레아스 단층 등

③ 변환 단층에서는 화산 활동은 거의 일어나지 않으며 지진이 발생한다.

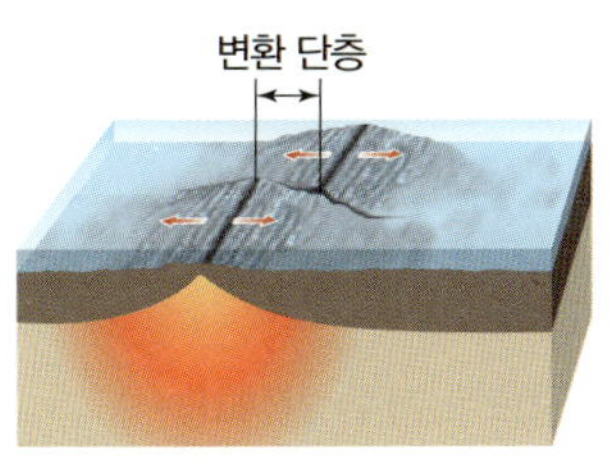

[4] 지권의 변화가 지구시스템에 미치는 영향

에너지 흐름의 결과로 일어나는 지권의 변화는 지구 내부의 물질을 지표로 운반하고, 지구 내부 에너지를 지표로 방출한다. 이 과정에서 지형이 변하고 기후 변화가 일어나기도 하며, 인간을 비롯한 생태계에도 큰 영향을 준다.

(1) 지진의 영향

① 지진이 발생하면 건물 붕괴, 도로 파손, 산사태 등의 피해가 발생한다.

② 해저 지진으로 발생한 지진 해일은 해안을 덮쳐 인명이나 선박 등에 큰 피해를 줄 수 있다.

③ [2]지진파 분석을 통해 지구 내부 구조와 구성 물질에 대한 정보를 얻을 수 있으며, 지하자원을 탐사하거나 지하의 구조를 조사할 수 있다.

(2) 화산의 영향

① 기권으로 분출된 화산재는 햇빛을 차단하여 기후에 영향을 주며, 항공기 운항에 지장을 주기도 한다.

② [3]화산 가스는 산성비를 내리게 하여 생물에게 피해를 준다.

③ 용암은 산불이나 지형의 변화를 일으키기도 한다.

④ [4]화산 쇄설물이 풍화를 받으면 비옥한 토양을 만들며, 화산 지대는 온천이나 독특한 지형을 형성해 관광 자원으로 활용되기도 한다.

지진으로 인한 피해

화산재로 인한 피해

관광 자원으로 이용되는 화산 지형

빈칸 완성

1. 지구에서 화산 활동과 지진이 띠 모양으로 자주 발생하는 곳을 각각 (　　　), (　　　)(이)라고 한다.

2. 지각과 상부 맨틀 일부를 포함한 두께 약 100 km인 단단한 암석권의 크고 작은 조각을 (　　　)(이)라고 한다.

3. 판의 운동으로 지권의 변화를 설명하는 이론을 (　　　)(이)라고 한다.

4. 해양판이 생성되면서 판이 멀어지는 곳에서는 (　　　)이/가 발달한다.

5. 대륙이 갈라지면서 판이 멀어지는 곳에서는 (　　　)이/가 형성된다.

둘 중에 고르기

6. 수렴형 경계는 맨틀 대류가 하강하는 부분으로 두 판이 서로 (멀어, 가까워)진다.

7. 판의 경계 중 발산형 경계는 맨틀 대류의 (상승부, 하강부)이며, 수렴형 경계는 맨틀 대류의 (상승부, 하강부)이다.

8. 대륙판과 대륙판이 수렴하는 곳에서는 판의 충돌로 (해령, 습곡 산맥)이 발달한다.

9. 변환 단층에서는 화산 활동이 (거의 일어나지 않으며, 활발하며) 지진이 자주 발생한다.

10. 화산 활동과 지진은 (태양 에너지, 지구 내부 에너지)가 지표로 방출되는 현상이다.

정답　**1.** 화산대, 지진대　**2.** 판　**3.** 판 구조론　**4.** 해령　**5.** 열곡대　**6.** 가까워　**7.** 상승부, 하강부　**8.** 습곡 산맥　**9.** 거의 일어나지 않으며　**10.** 지구 내부 에너지

O, × 퀴즈

1. 판은 두께가 약 100 km로 지각을 포함하고 있다. (○, ×)

2. 지진대와 화산대는 주로 판의 경계를 따라 분포한다. (○, ×)

3. 지구 표면을 이루고 있는 판은 크기가 거의 비슷하며 대부분 같은 방향으로 이동하고 있다. (○, ×)

4. 지하에서 단층이 생성되면 지진이 발생한다. (○, ×)

5. 지진이 발생하는 평균 깊이는 해령 부근이 해구 부근보다 깊다. (○, ×)

6. 모든 판의 경계에서는 화산 활동이 활발하게 일어난다. (○, ×)

7. 동아프리카 열곡대는 판의 발산형 경계에 발달한 지형이다. (○, ×)

8. 히말라야산맥은 판의 보존형 경계에 발달한 지형이다. (○, ×)

단답형

9. 판의 아래에서 맨틀 물질이 부분적으로 용융되어 있어 맨틀 대류가 일어나는 곳을 무엇이라고 하는지 쓰시오.

10. 판의 경계 중 해령과 해령 사이에 분포하며 양쪽에 있는 두 판이 서로 반대 방향으로 스쳐 지나가는 곳을 무엇이라고 하는지 쓰시오.

바르게 연결하기

11. 지진과 화산 활동이 미치는 영향을 바르게 연결하시오.

(1) 지진 ·
(2) 화산 활동 ·

· ㉠ 햇빛을 차단하여 기후에 영향을 준다.
· ㉡ 지구 내부 구조에 대한 정보를 알 수 있다.
· ㉢ 산성비를 내리게 하여 생물에게 피해를 준다.

정답　**1.** ○　**2.** ○　**3.** ×　**4.** ○　**5.** ×　**6.** ×　**7.** ○　**8.** ×　**9.** 연약권　**10.** 변환 단층　**11.** (1) ㉡ (2) ㉠, ㉢

 **탐구 활동** 지진과 화산 분출로 인한 피해 조사 및 대책 수립

● 목표

지진과 화산 분출로 인한 환경 및 사회 · 경제적 피해의 종류를 알고, 그 피해를 줄이기 위한 대책을 수립할 수 있다.

● 과정

다음은 과거에 발생한 지진의 피해와 화산이 분출하는 모습이다.

1. 위와 같은 현상을 일으키는 지구시스템의 에너지원을 조사해 보자.
2. 위와 같은 지진과 화산 분출로 나타나는 환경적 피해, 사회적 · 경제적 피해를 조사해 보자.

● 결과 정리 및 해석

1. 지진이나 화산 분출을 일으키는 주요 에너지원은 지구 내부 에너지이다.

2.
구분	환경적 피해	사회 · 경제적 피해
지진	산사태, 지진 해일(쓰나미)	전력선, 가스관의 파손 등으로 인한 화재, 댐 붕괴로 인한 홍수, 교통, 수도, 전기, 가스, 통신 시설 등의 마비
화산 분출	화재, 화산 가스에 의한 산성비	대기 중 화산재로 인한 항공 교통 마비, 화산 쇄설물로 인한 인명과 재산 피해

● 탐구 분석

1. 지진과 화산 분출로 나타나는 피해를 줄이기 위한 대책을 쓰시오.

내신 기초 문제

> 25594-0234

01 지구시스템에 대한 설명으로 옳지 <u>않은</u> 것은?

① 태양계 역학적 시스템의 구성 요소이다.
② 유일한 에너지원은 태양 복사 에너지이다.
③ 지권, 수권, 기권, 생물권, 외권으로 이루어져 있다.
④ 지구시스템 각 권역은 서로 상호작용하고 있다.
⑤ 태양계에서 유일하게 많은 생명체를 포함하고 있다.

> 25594-0235

02 지권에 대한 설명으로 옳은 것은?

① 지구 내부로 갈수록 밀도가 작아진다.
② 대륙 지각은 해양 지각보다 두께가 얇다.
③ 지구에서 가장 큰 부피를 차지하는 것은 핵이다.
④ 맨틀은 주로 철과 니켈로 이루어져 있다.
⑤ 맨틀 대류를 일으키는 주요 에너지원은 지구 내부 에너지이다.

> 25594-0236

03 기권에 대한 설명으로 옳은 것만을 〈보기〉에서 있는 대로 고른 것은?

┤ 보기 ├
ㄱ. 지구 표면으로부터 높이 약 100 km까지 해당한다.
ㄴ. 높이에 따른 기압 분포에 따라 구분한다.
ㄷ. 외권으로부터 들어오는 작은 암석 조각들로부터 지상의 생명체를 보호한다.

① ㄱ   ② ㄷ   ③ ㄱ, ㄴ
④ ㄴ, ㄷ   ⑤ ㄱ, ㄴ, ㄷ

> 25594-0237

04 수권의 역할에 대한 설명으로 옳은 것만을 〈보기〉에서 있는 대로 고른 것은?

┤ 보기 ├
ㄱ. 지구에 생명체가 살 수 있도록 해 준다.
ㄴ. 지구에서 에너지를 이동시킨다.
ㄷ. 지구의 기후를 조절한다.

① ㄱ   ② ㄴ   ③ ㄱ, ㄷ
④ ㄴ, ㄷ   ⑤ ㄱ, ㄴ, ㄷ

> 25594-0238

05 물의 순환에 대한 설명으로 옳은 것만을 〈보기〉에서 있는 대로 고른 것은?

┤ 보기 ├
ㄱ. 물의 순환을 일으키는 에너지는 주로 지구 내부 에너지이다.
ㄴ. 물이 순환하는 과정에서 지권의 변화가 일어난다.
ㄷ. 물의 순환은 생물권의 생명 유지에 중요하다.

① ㄱ   ② ㄴ   ③ ㄱ, ㄷ
④ ㄴ, ㄷ   ⑤ ㄱ, ㄴ, ㄷ

⭐중요
> 25594-0239

06 지구시스템 구성 요소 사이의 물질과 에너지 이동에 대한 설명으로 옳은 것만을 〈보기〉에서 있는 대로 고른 것은?

┤ 보기 ├
ㄱ. 지구시스템의 구성 요소 사이에는 물질과 에너지의 이동이 모두 일어난다.
ㄴ. 태풍 발생 과정에서 에너지는 수권에서 기권으로 이동한다.
ㄷ. 화산 분출 과정에서 에너지는 기권에서 지권으로 이동한다.

① ㄱ   ② ㄷ   ③ ㄱ, ㄴ
④ ㄴ, ㄷ   ⑤ ㄱ, ㄴ, ㄷ

07 화산 활동의 영향에 대한 설명으로 옳은 것만을 〈보기〉에서 있는 대로 고른 것은? > 25594-0240

〈보기〉
ㄱ. 화산 가스는 산성비를 유발할 수 있다.
ㄴ. 화산 활동은 지구 내부 에너지에 의해 일어난다.
ㄷ. 화산 활동은 인간에게 피해만을 준다.

① ㄱ ② ㄷ ③ ㄱ, ㄴ
④ ㄴ, ㄷ ⑤ ㄱ, ㄴ, ㄷ

08 지각 변동에 대한 설명으로 옳지 <u>않은</u> 것은? > 25594-0241

① 지진이 자주 발생하는 지역이 띠 모양으로 분포한 것을 지진대라고 한다.
② 화산 활동이 자주 발생하는 지역이 띠 모양으로 분포한 것을 화산대라고 한다.
③ 화산 활동은 대서양 주변이 태평양 주변보다 활발하다.
④ 지진대와 화산대는 거의 일치한다.
⑤ 지진대는 대륙과 해양의 경계 부근에 분포하기도 한다.

09 판의 구조에 대한 설명으로 옳은 것만을 〈보기〉에서 있는 대로 고른 것은? > 25594-0242

〈보기〉
ㄱ. 맨틀은 판에 포함되지 않는다.
ㄴ. 판의 두께는 약 100 km이다.
ㄷ. 판의 아래쪽에는 연약권이 있다.

① ㄱ ② ㄴ ③ ㄱ, ㄷ
④ ㄴ, ㄷ ⑤ ㄱ, ㄴ, ㄷ

10 판의 경계에서 일어나는 지각 변동에 대한 설명으로 옳지 <u>않은</u> 것은? > 25594-0243

① 해구는 수렴형 경계에 발달한다.
② 열곡대에서는 화산 활동이 활발하다.
③ 습곡 산맥에서는 새로운 판이 생성된다.
④ 해령에서는 새로운 해양 지각이 생성된다.
⑤ 변환 단층에서는 화산 활동이 거의 일어나지 않는다.

11 발산형 경계와 관계있는 것만을 〈보기〉에서 있는 대로 고른 것은? > 25594-0244

〈보기〉
ㄱ. 지진이 일어난다.
ㄴ. 판이 소멸되는 경계이다.
ㄷ. 두 판이 가까워지는 경계이다.
ㄹ. 해구가 발달한다.

① ㄱ ② ㄱ, ㄷ ③ ㄴ, ㄷ
④ ㄴ, ㄹ ⑤ ㄷ, ㄹ

12 지진과 관련된 설명으로 옳은 것만을 〈보기〉에서 있는 대로 고른 것은? > 25594-0245

〈보기〉
ㄱ. 예보가 쉽고 정확하다.
ㄴ. 지구 내부 에너지가 에너지원이다.
ㄷ. 내진 설계는 피해를 줄이는 데 도움이 된다.

① ㄱ ② ㄷ ③ ㄱ, ㄴ
④ ㄴ, ㄷ ⑤ ㄱ, ㄴ, ㄷ

실력 향상 문제

> 25594-0246

01 지구시스템의 층상 구조에 대한 설명으로 옳은 것은?

① 기권에서 오존층은 중간권에 위치한다.
② 지권에서 가장 부피가 큰 것은 핵이다.
③ 기권의 성층권에서는 대류가 활발하게 일어난다.
④ 수권에서 해수면에 가장 가까운 층은 혼합층이다.
⑤ 수온 약층은 매우 불안정한 층이다.

02 그림은 지권의 층상 구조를 나타낸 것이다.

> 25594-0247

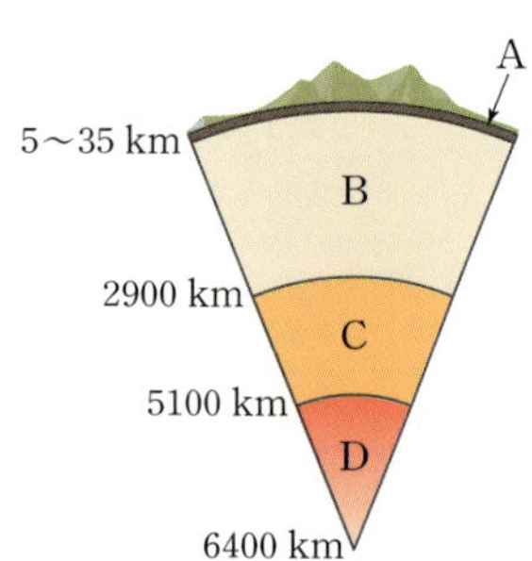

이에 대한 설명으로 옳은 것만을 〈보기〉에서 있는 대로 고른 것은?

┤ 보기 ├
ㄱ. 지권에서 가장 큰 부피를 차지하는 것은 B이다.
ㄴ. 밀도의 크기는 $A < B < C < D$이다.
ㄷ. C는 주로 규산염 물질로 이루어져 있다.

① ㄱ　　　　② ㄷ　　　　③ ㄱ, ㄴ
④ ㄴ, ㄷ　　　⑤ ㄱ, ㄴ, ㄷ

03 그림은 해수의 층상 구조를 나타낸 것이다.

> 25594-0248

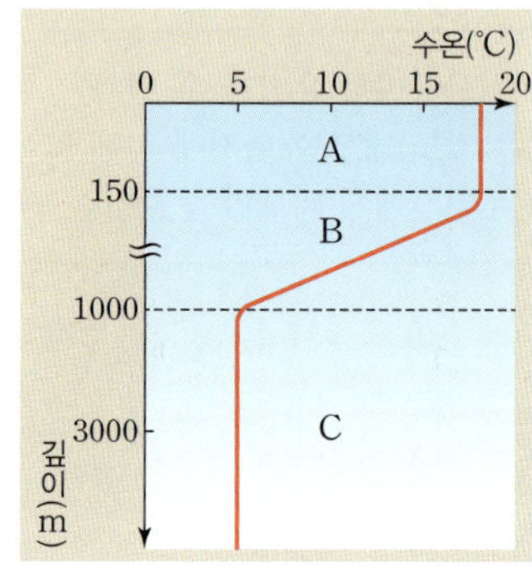

이에 대한 설명으로 옳은 것만을 〈보기〉에서 있는 대로 고른 것은?

┤ 보기 ├
ㄱ. A층은 적도보다 중위도에서 두껍다.
ㄴ. B층에서는 해수의 연직 운동이 활발하게 일어난다.
ㄷ. C층은 계절에 따른 온도 변화가 크다.

① ㄱ　　　　② ㄴ　　　　③ ㄱ, ㄷ
④ ㄴ, ㄷ　　　⑤ ㄱ, ㄴ, ㄷ

04 해수의 층상 구조 중 지구시스템 구성 요소의 상호작용에 의해 만들어진 층을 쓰고, 어떤 구성 요소들 간의 상호작용으로 만들어졌는지 서술하시오.

> 25594-0249

____

____

____

05 기권의 성층권에서 대류가 일어나지 않는 이유를 높이에 따른 기온 분포와 관련하여 설명하고, 그와 같은 기온 분포가 나타나는 까닭을 서술하시오.

> 25594-0250

____

____

____

> 25594-0251

06 생물권에 대한 설명으로 옳은 것만을 〈보기〉에서 있는 대로 고른 것은?

〈 보기 〉
ㄱ. 지구시스템의 수권에만 분포한다.
ㄴ. 생명활동에 필요한 에너지는 주로 지권으로부터 얻는다.
ㄷ. 기권으로부터는 주로 광합성이나 호흡에 필요한 기체를 얻는다.

① ㄱ   ② ㄷ   ③ ㄱ, ㄴ
④ ㄴ, ㄷ   ⑤ ㄱ, ㄴ, ㄷ

> 25594-0252

07 그림은 지구시스템의 에너지원을 나타낸 것이다.

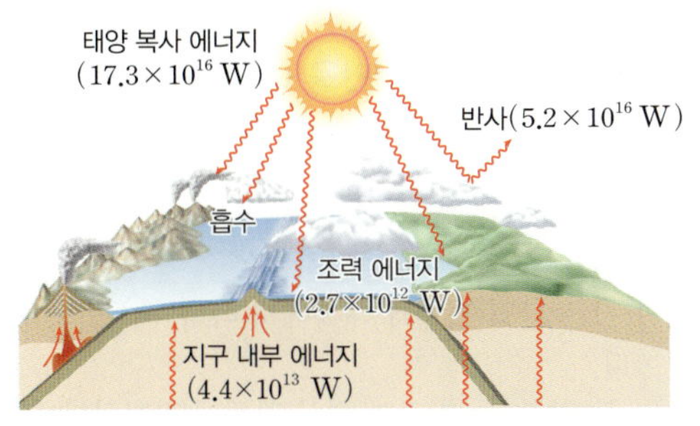

이에 대한 설명으로 옳은 것만을 〈보기〉에서 있는 대로 고른 것은?

〈 보기 〉
ㄱ. 지구시스템의 에너지원 중 가장 많은 양을 차지하는 것은 지구 내부 에너지이다.
ㄴ. 지구는 입사되는 태양 복사 에너지의 약 10 %를 반사한다.
ㄷ. 지구 내부 에너지는 지각 변동의 에너지원이다.

① ㄱ   ② ㄷ   ③ ㄱ, ㄴ
④ ㄴ, ㄷ   ⑤ ㄱ, ㄴ, ㄷ

> 25594-0253

08 그림은 지구에서 물이 이동하는 과정을 나타낸 것이다.
이에 대한 설명으로 옳은 것만을 〈보기〉에서 있는 대로 고른 것은?

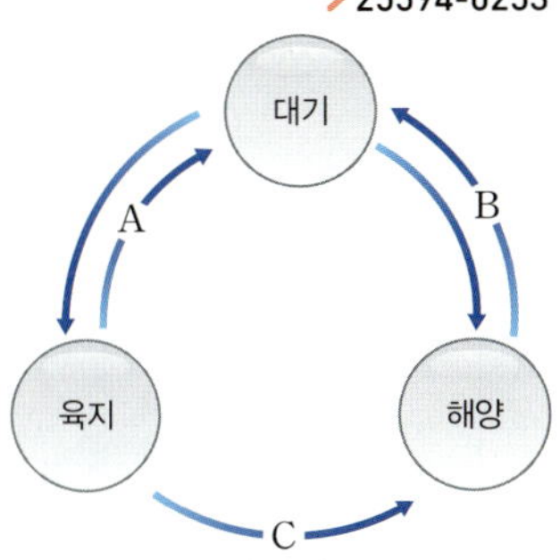

〈 보기 〉
ㄱ. '증발'은 A, '강수'는 B에 해당한다.
ㄴ. A 과정에서 육지의 에너지가 대기로 이동한다.
ㄷ. C 과정에 의해 지형의 변화가 나타난다.

① ㄱ   ② ㄴ   ③ ㄱ, ㄷ
④ ㄴ, ㄷ   ⑤ ㄱ, ㄴ, ㄷ

중요

> 25594-0254

09 그림은 지구시스템의 상호작용을 나타낸 것이다. 상호작용의 예로 옳은 것만을 〈보기〉에서 있는 대로 고른 것은?

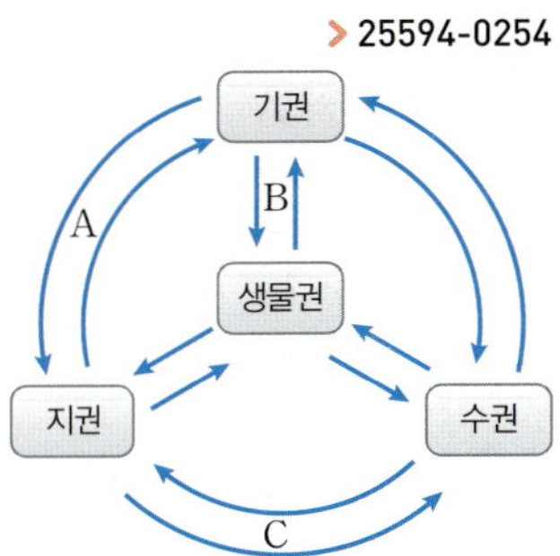

〈 보기 〉
ㄱ. A – 지진 해일 발생
ㄴ. B – 광합성
ㄷ. C – 태풍 발생

① ㄱ   ② ㄴ   ③ ㄱ, ㄷ
④ ㄴ, ㄷ   ⑤ ㄱ, ㄴ, ㄷ

서술형

> 25594-0255

10 식물의 광합성 과정에서 일어나는 탄소의 이동과 에너지의 이동에 대해서 서술하시오.

____
____
____
____

> 25594-0256

11 그림은 전 세계의 지진대를 나타낸 것이다.

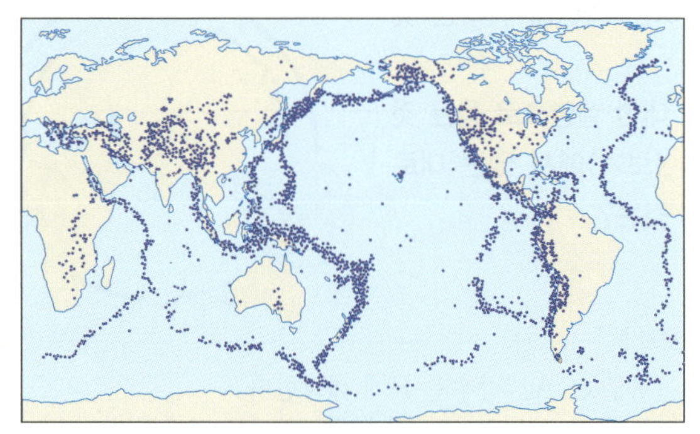

이에 대한 설명으로 옳은 것만을 〈보기〉에서 있는 대로 고른 것은?

| 보기 |
ㄱ. 지진은 전 세계적으로 고르게 일어난다.
ㄴ. 지진대는 주로 판의 경계를 따라 분포한다.
ㄷ. 화산대는 지진대와 거의 일치한다.

① ㄱ   ② ㄴ   ③ ㄱ, ㄷ
④ ㄴ, ㄷ   ⑤ ㄱ, ㄴ, ㄷ

> 25594-0257

12 그림은 지권의 구조를 나타낸 것이다.

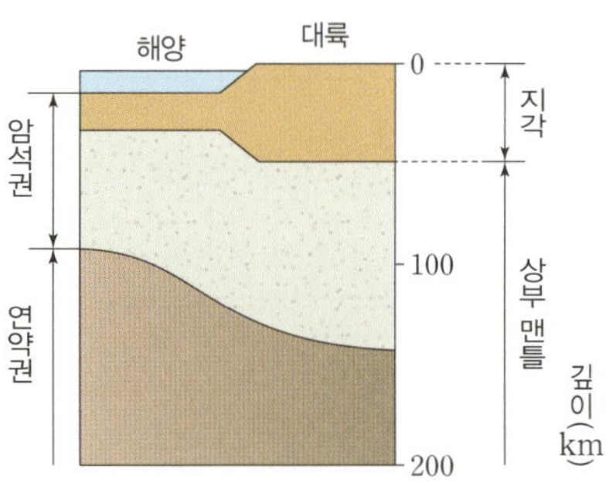

이에 대한 설명으로 옳은 것만을 〈보기〉에서 있는 대로 고른 것은?

| 보기 |
ㄱ. 지각은 해양이 대륙보다 두껍다.
ㄴ. 판의 두께는 대륙판이 해양판보다 두껍다.
ㄷ. 연약권에서 맨틀 대류가 일어난다.

① ㄱ   ② ㄴ   ③ ㄱ, ㄷ
④ ㄴ, ㄷ   ⑤ ㄱ, ㄴ, ㄷ

> 25594-0258

중요

13 그림 (가)~(다)는 서로 다른 판의 경계와 판의 상대적인 이동 방향을 모식적으로 나타낸 것이다.

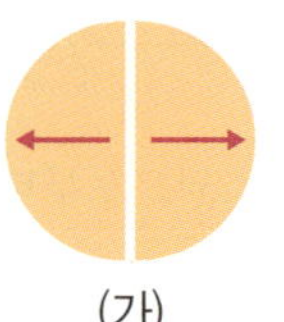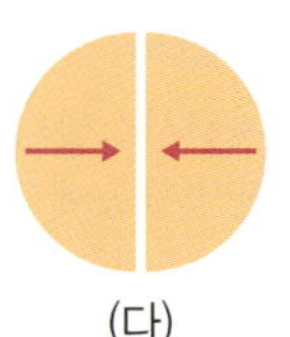

(가)~(다)의 판의 경계에서 공통적으로 일어나는 지각 변동만을 〈보기〉에서 있는 대로 고른 것은?

| 보기 |
ㄱ. 지진   ㄴ. 화산 활동   ㄷ. 판의 생성

① ㄱ   ② ㄷ   ③ ㄱ, ㄴ
④ ㄴ, ㄷ   ⑤ ㄱ, ㄴ, ㄷ

> 25594-0259

14 그림은 어느 판의 경계를 나타낸 것이다.

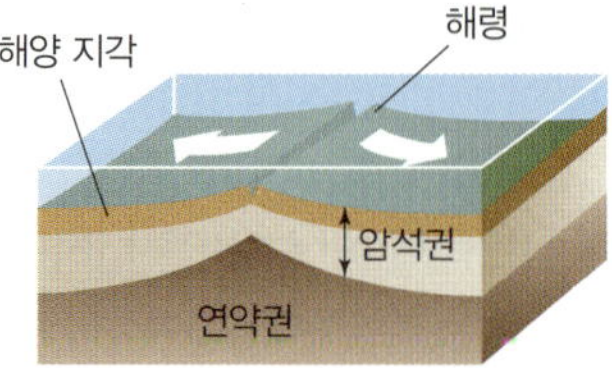

이에 대한 설명으로 옳은 것만을 〈보기〉에서 있는 대로 고른 것은?

| 보기 |
ㄱ. 맨틀 대류의 상승부에 발달하는 판의 경계이다.
ㄴ. 이와 같은 판의 경계가 대륙에서 나타나면 열곡대가 발달한다.
ㄷ. 판의 경계에서는 지진과 화산 활동이 활발하다.

① ㄱ   ② ㄴ   ③ ㄱ, ㄷ
④ ㄴ, ㄷ   ⑤ ㄱ, ㄴ, ㄷ

서술형

> 25594-0260

15 변동대와 판 경계의 분포를 비교하여 설명하고, 그와 같은 분포가 나타나는 까닭을 서술하시오.

____

____

____

> 25594-0261

16 그림 (가)와 (나)는 판 경계 부근의 단면을 나타낸 것이다.

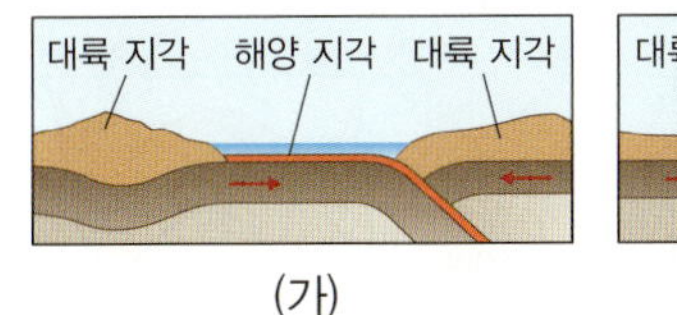
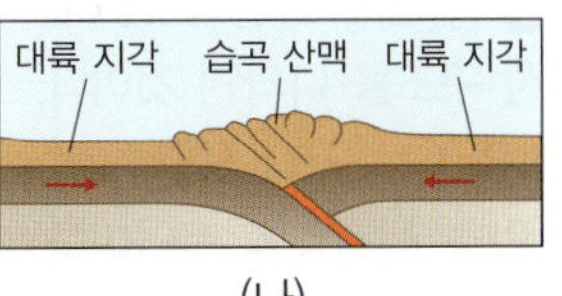

이에 대한 설명으로 옳은 것만을 〈보기〉에서 있는 대로 고른 것은?

[보기]
ㄱ. (가)와 (나) 모두 수렴형 경계에 해당한다.
ㄴ. (가)는 맨틀 대류의 상승부이다.
ㄷ. (나)에는 해구가 발달한다.

① ㄱ 　　② ㄷ 　　③ ㄱ, ㄴ
④ ㄴ, ㄷ 　　⑤ ㄱ, ㄴ, ㄷ

> 25594-0263

18 그림은 남아메리카 대륙 주변의 판의 경계와 이동 방향을 나타낸 것이다.

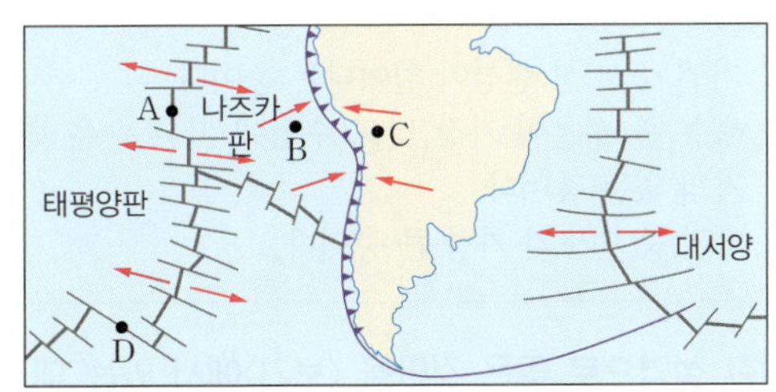

A~D 지점에 대한 설명으로 옳은 것만을 〈보기〉에서 있는 대로 고른 것은?

[보기]
ㄱ. A와 D에서는 지진이 발생한다.
ㄴ. B와 C는 서로 가까워지고 있다.
ㄷ. C에서는 습곡 산맥이 발달한다.

① ㄱ 　　② ㄴ 　　③ ㄱ, ㄷ
④ ㄴ, ㄷ 　　⑤ ㄱ, ㄴ, ㄷ

> 25594-0262

17 그림은 판 경계의 모식도를 나타낸 것이다.

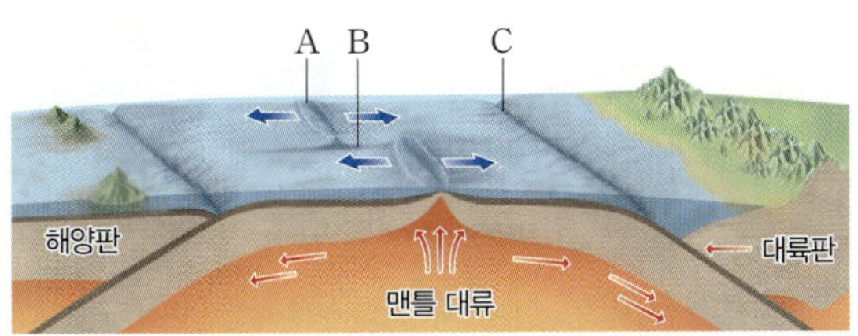

A~C에 대한 설명으로 옳은 것만을 〈보기〉에서 있는 대로 고른 것은?

[보기]
ㄱ. A에는 해령이 발달해 있다.
ㄴ. B에서는 이웃한 두 판이 서로 어긋난다.
ㄷ. A, B, C에서는 모두 지진이 발생한다.

① ㄱ 　　② ㄴ 　　③ ㄱ, ㄷ
④ ㄴ, ㄷ 　　⑤ ㄱ, ㄴ, ㄷ

☆중요
> 25594-0264

19 그림은 판의 경계와 이동 방향을 나타낸 것이다.

지점 A~D에 대한 설명으로 옳은 것만을 〈보기〉에서 있는 대로 고른 것은?

[보기]
ㄱ. 지각의 나이는 A가 B보다 많다.
ㄴ. 보존형 경계에 위치한 지점은 C이다.
ㄷ. 화산 활동은 B가 D보다 활발하다.

① ㄱ 　　② ㄴ 　　③ ㄱ, ㄷ
④ ㄴ, ㄷ 　　⑤ ㄱ, ㄴ, ㄷ

> 25594-0265

01 다음은 지구의 층상 구조 중 일부에 대한 설명이다.

- A: 기권 중 기상 현상이 일어나는 층이다.
- B: 해수 중 수온이 가장 낮고 수심에 따른 수온 변화가 거의 없는 층이다.
- C: 지권 중 밀도가 가장 큰 층이다.

이에 대한 설명으로 옳은 것만을 〈보기〉에서 있는 대로 고른 것은?

【 보기 】
ㄱ. A는 대류권이다.
ㄴ. B는 바람에 의한 혼합 작용이 활발하게 일어난다.
ㄷ. B와 C에는 모두 생물권이 분포할 수 있다.

① ㄱ   ② ㄷ   ③ ㄱ, ㄴ
④ ㄴ, ㄷ   ⑤ ㄱ, ㄴ, ㄷ

> 25594-0267

03 그림은 해수의 위도별 층상 구조를 나타낸 것이다. A, B, C는 각각 혼합층, 수온 약층, 심해층 중 하나이다. 이에 대한 설명으로 옳은 것만을 〈보기〉에서 있는 대로 고른 것은?

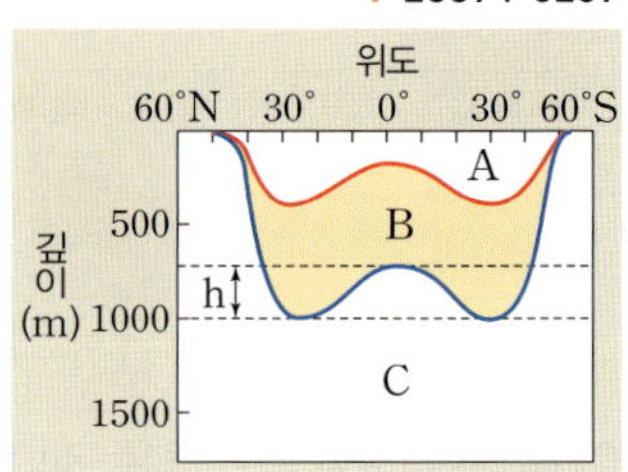

【 보기 】
ㄱ. 혼합층은 적도 지역이 위도 30° 지역보다 두껍다.
ㄴ. B층은 A층과 C층 사이의 물질 교환이나 에너지 흐름을 차단하는 역할을 한다.
ㄷ. 구간 h에서 깊이에 따른 수온 변화는 적도 지역이 위도 30° 지역보다 크다.

① ㄱ   ② ㄴ   ③ ㄱ, ㄷ
④ ㄴ, ㄷ   ⑤ ㄱ, ㄴ, ㄷ

⭐중요
02 그림은 기권에서 높이에 따른 기온과 공기의 밀도를 나타낸 것이다. 이에 대한 설명으로 옳은 것만을 〈보기〉에서 있는 대로 고른 것은?

> 25594-0266

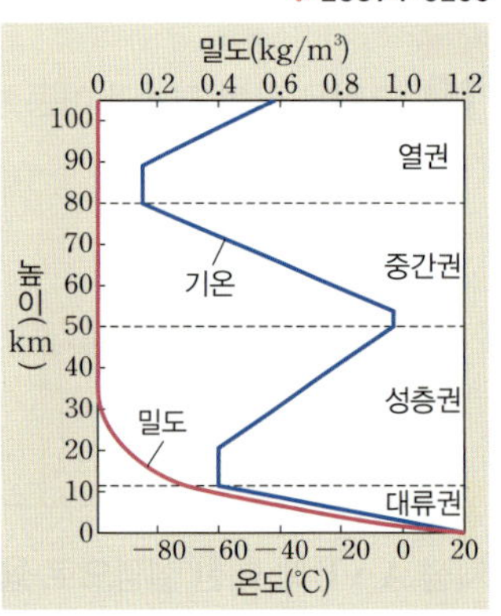

【 보기 】
ㄱ. 공기의 밀도는 대류권이 열권보다 높다.
ㄴ. 중간권에서는 대류가 거의 일어나지 않는다.
ㄷ. 오존층이 없다면 높이 약 50 km 부근의 온도는 지금보다 높을 것이다.

① ㄱ   ② ㄴ   ③ ㄱ, ㄷ
④ ㄴ, ㄷ   ⑤ ㄱ, ㄴ, ㄷ

⭐중요
> 25594-0268

04 그림 (가)는 기권의 높이에 따른 기온 분포를, (나)는 지구 내부의 층상 구조를 나타낸 것이다.

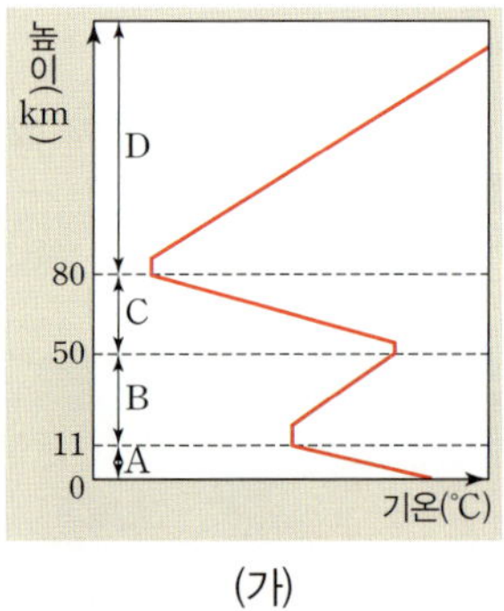

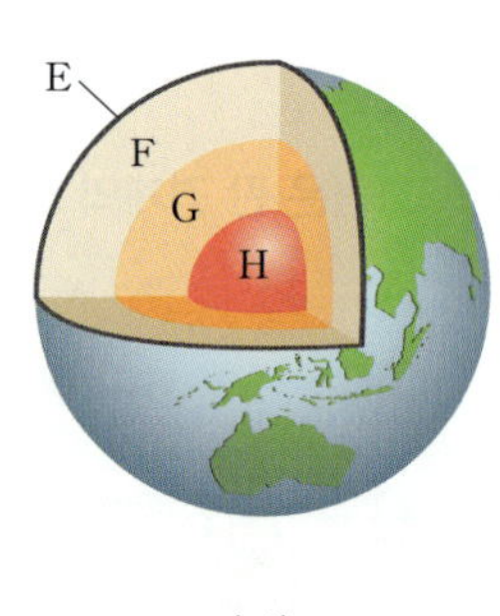

(가)   (나)

이에 대한 설명으로 옳은 것만을 〈보기〉에서 있는 대로 고른 것은?

【 보기 】
ㄱ. (가)에서 일교차가 가장 큰 층은 D이다.
ㄴ. A, C, F에서는 대류 현상이 일어난다.
ㄷ. A와 E는 상호작용이 가능하다.

① ㄱ   ② ㄴ   ③ ㄱ, ㄷ
④ ㄴ, ㄷ   ⑤ ㄱ, ㄴ, ㄷ

> 25594-0269

05 표는 지구시스템의 여러 가지 현상을 일으키는 에너지의 특징을 나타낸 것이다.

에너지	에너지양(W)	현상
(가)	12.1×10^{16}	대기와 해수의 순환
(나)	4.4×10^{13}	지진, 화산 활동
(다)	2.7×10^{12}	밀물과 썰물

이에 대한 설명으로 옳은 것만을 〈보기〉에서 있는 대로 고른 것은?

보기

ㄱ. (가)는 지권에서 지형의 변화를 일으킨다.
ㄴ. 방사성 원소의 붕괴열은 (나)의 에너지원 중 하나이다.
ㄷ. (다)는 지열 발전에 이용된다.

① ㄱ ② ㄷ ③ ㄱ, ㄴ
④ ㄴ, ㄷ ⑤ ㄱ, ㄴ, ㄷ

> 25594-0270

06 그림은 물의 순환 과정에서 이동하는 물의 양을 나타낸 것이다.

이에 대한 설명으로 옳은 것만을 〈보기〉에서 있는 대로 고른 것은?

보기

ㄱ. 해양에서는 증발량이 강수량보다 많다.
ㄴ. 지구 전체에서 강수량과 증발량은 같다.
ㄷ. 해양에서 유출되는 물의 양은 해양으로 유입되는 물의 양과 같다.

① ㄱ ② ㄴ ③ ㄱ, ㄷ
④ ㄴ, ㄷ ⑤ ㄱ, ㄴ, ㄷ

> 25594-0271

07 그림은 지구시스템의 탄소 순환을 나타낸 것이다.

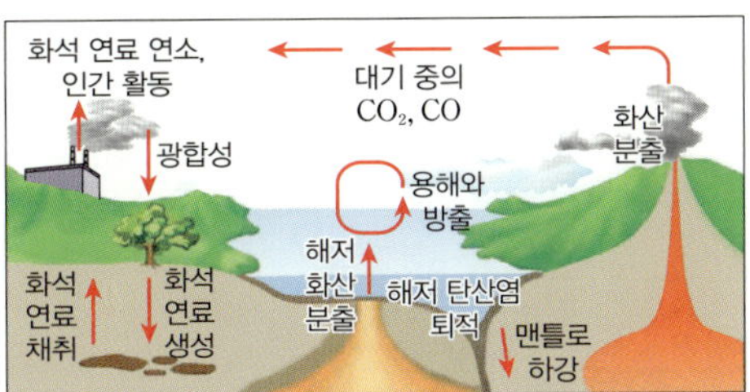

이에 대한 설명으로 옳은 것만을 〈보기〉에서 있는 대로 고른 것은?

보기

ㄱ. 화석 연료의 사용량이 증가하면 기권의 탄소가 증가한다.
ㄴ. 산림 면적의 확대는 대기 중 이산화 탄소의 양을 감소시킨다.
ㄷ. 화산 분출은 기권과 수권의 탄소량을 증가시킬 수 있다.

① ㄱ ② ㄴ ③ ㄱ, ㄷ
④ ㄴ, ㄷ ⑤ ㄱ, ㄴ, ㄷ

☆중요

> 25594-0272

08 그림은 탄소가 순환하는 지구시스템의 권역을, 표는 생물권과 각 권역 사이에 일어나는 탄소 순환 과정 ㉠, ㉡, ㉢의 예를 나타낸 것이다. (가), (나), (다)는 각각 지권, 기권, 수권 중 하나이다.

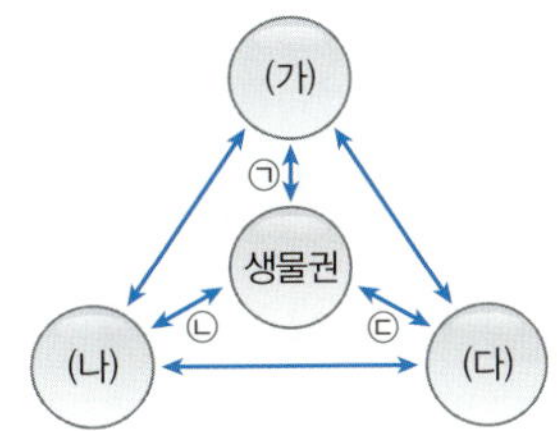

순환 과정	예
㉠	육상 생물의 호흡
㉡	화석 연료의 생성
㉢	산호 골격의 생성

이에 대한 설명으로 옳은 것만을 〈보기〉에서 있는 대로 고른 것은?

보기

ㄱ. (가)는 지권이다.
ㄴ. 화석 연료를 사용하면 (나)의 탄소량은 감소한다.
ㄷ. 침전에 의한 석회암의 생성은 (나)에서 (가)로의 탄소 순환 과정의 예이다.

① ㄱ ② ㄴ ③ ㄱ, ㄷ
④ ㄴ, ㄷ ⑤ ㄱ, ㄴ, ㄷ

09 그림은 지구 내부의 층상 구조를 나타낸 것이다.

> 25594-0273

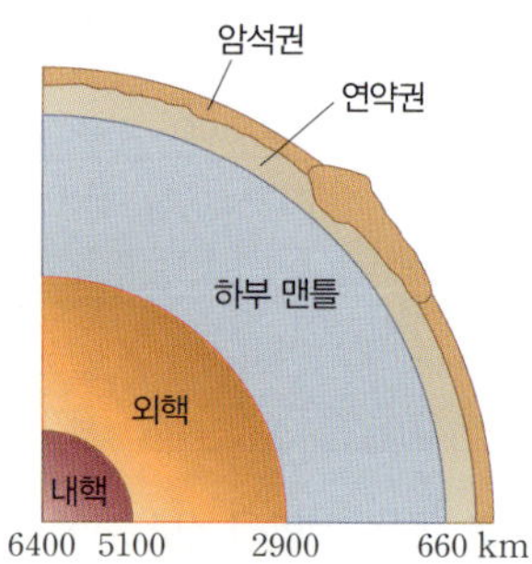

이에 대한 설명으로 옳은 것만을 〈보기〉에서 있는 대로 고른 것은?

〈보기〉
ㄱ. 암석권과 연약권은 모두 지각에 해당한다.
ㄴ. 암석권의 두께는 대륙이 해양보다 두껍다.
ㄷ. 연약권에서는 맨틀의 대류가 일어난다.

① ㄱ   ② ㄷ   ③ ㄱ, ㄴ
④ ㄴ, ㄷ   ⑤ ㄱ, ㄴ, ㄷ

> 25594-0274

10 그림 (가)와 (나)는 서로 다른 유형의 판의 수렴형 경계를 나타낸 것이다.

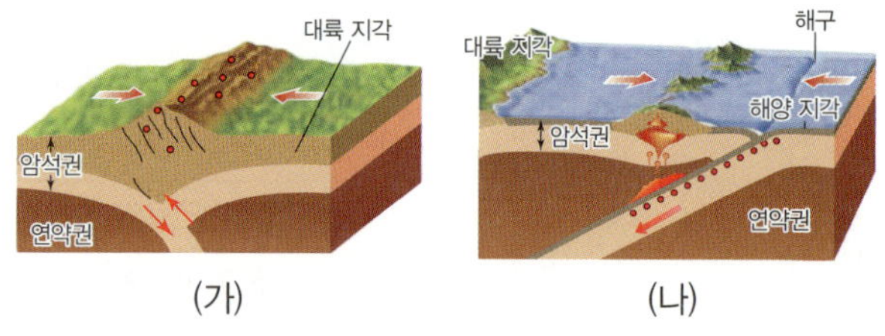

이에 대한 설명으로 옳은 것만을 〈보기〉에서 있는 대로 고른 것은?

〈보기〉
ㄱ. 화산 활동은 (가)보다 (나)에서 활발하다.
ㄴ. (가)에서는 판이 생성되고, (나)에서는 판이 소멸된다.
ㄷ. (가)에서는 맨틀 대류가 상승하고, (나)에서는 맨틀 대류가 하강한다.

① ㄱ   ② ㄴ   ③ ㄱ, ㄷ
④ ㄴ, ㄷ   ⑤ ㄱ, ㄴ, ㄷ

☆중요

> 25594-0275

11 그림은 세계 주요 판의 분포와 이동 방향을 나타낸 것이다.

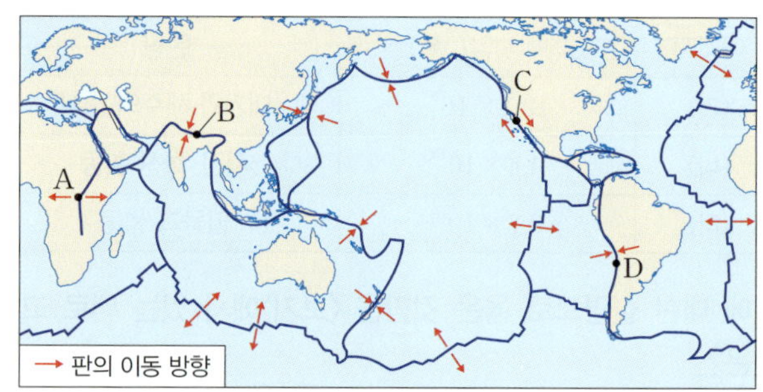

A~D 지역에 대한 설명으로 옳은 것만을 〈보기〉에서 있는 대로 고른 것은?

〈보기〉
ㄱ. 오랜 시간이 지난 후 A에는 바다가 생길 것이다.
ㄴ. B와 D에는 수렴형 경계가 분포한다.
ㄷ. C에서는 화산 활동이 활발하다.

① ㄱ   ② ㄷ   ③ ㄱ, ㄴ
④ ㄴ, ㄷ   ⑤ ㄱ, ㄴ, ㄷ

> 25594-0276

12 그림은 북아메리카 서쪽 지역에서 판의 경계와 상대적인 운동을 나타낸 것이다.
이에 대한 설명으로 옳은 것만을 〈보기〉에서 있는 대로 고른 것은?

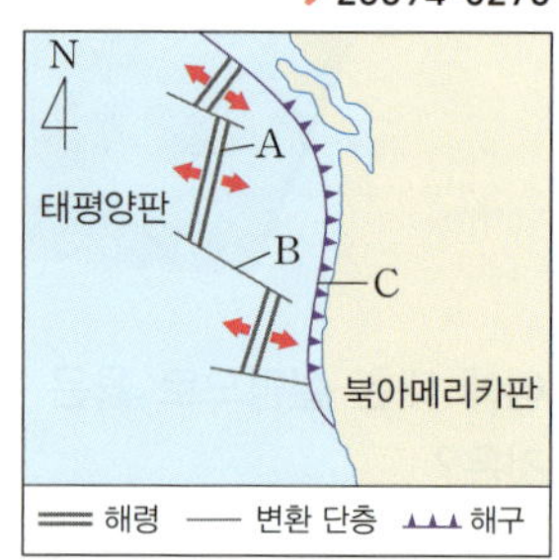

〈보기〉
ㄱ. A의 하부에서는 맨틀 대류가 하강한다.
ㄴ. A와 C에서는 지진이 자주 발생한다.
ㄷ. B는 발산형 경계에 해당한다.

① ㄱ   ② ㄴ   ③ ㄱ, ㄷ
④ ㄴ, ㄷ   ⑤ ㄱ, ㄴ, ㄷ

13 > 25594-0277

그림은 동아프리카 열곡대 주변의 판 경계와 화산 분포를 나타낸 것이다.

동아프리카 열곡대에 대한 설명으로 옳은 것만을 〈보기〉에서 있는 대로 고른 것은?

《 보기 》
ㄱ. 맨틀 대류가 하강하는 지역이다.
ㄴ. 화산 활동이 활발하다.
ㄷ. 새로운 판이 생성된다.

① ㄱ ② ㄴ ③ ㄱ, ㄷ
④ ㄴ, ㄷ ⑤ ㄱ, ㄴ, ㄷ

⭐중요
14 > 25594-0278

그림 (가)와 (나)는 각각 안데스산맥과 히말라야산맥 부근에 분포하는 판의 경계와 상대적인 이동 방향을 나타낸 것이다.

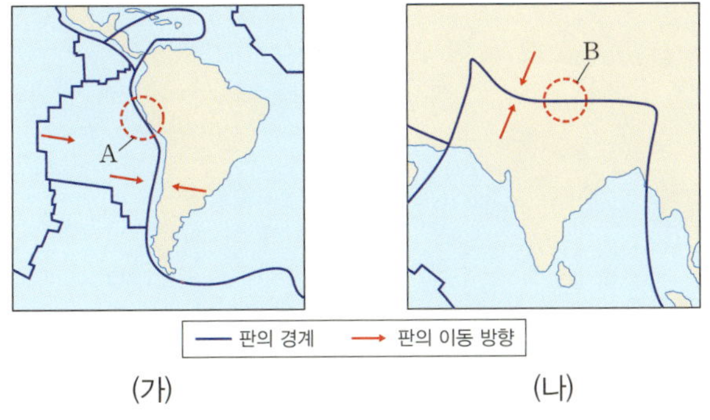

이에 대한 설명으로 옳은 것만을 〈보기〉에서 있는 대로 고른 것은?

《 보기 》
ㄱ. A에는 해양판과 대륙판의 경계가 존재한다.
ㄴ. 해구가 발달한 지역은 B이다.
ㄷ. 화산 활동은 A가 B보다 활발하다.

① ㄱ ② ㄴ ③ ㄱ, ㄷ
④ ㄴ, ㄷ ⑤ ㄱ, ㄴ, ㄷ

15 > 25594-0279

그림은 판 A, B, C가 분포하는 해저 지형의 단면을 나타낸 것이다. A는 대륙판이며, 이 지역에는 해령과 해구가 하나씩 존재한다.

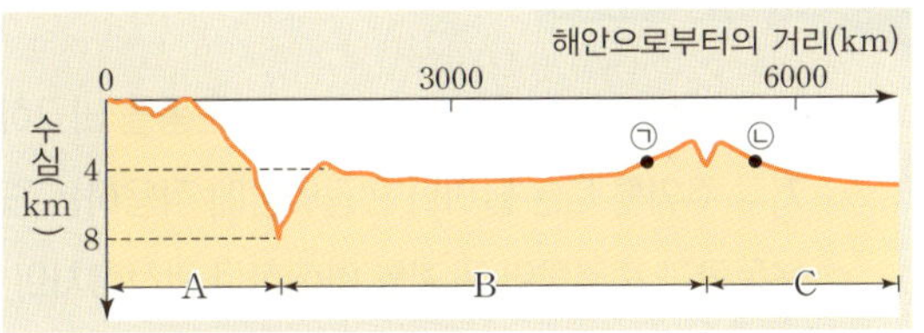

이에 대한 설명으로 옳은 것만을 〈보기〉에서 있는 대로 고른 것은?

《 보기 》
ㄱ. 해령은 A와 B 사이에 존재한다.
ㄴ. 지점 ㉠과 ㉡은 서로 멀어지고 있다.
ㄷ. A에는 습곡 산맥이 형성될 수 있다.

① ㄱ ② ㄷ ③ ㄱ, ㄴ
④ ㄴ, ㄷ ⑤ ㄱ, ㄴ, ㄷ

16 > 25594-0280

그림은 백두산의 위치를 나타낸 것이다. 겨울철에 백두산이 폭발적으로 분출한다고 할 때 백두산의 화산재가 우리나라에 미칠 영향에 대한 설명으로 옳지 <u>않은</u> 것은?

① 항공기가 결항될 수 있다.
② 평균 기온이 내려갈 수 있다.
③ 도로에 화산재가 쌓여 교통 혼란이 올 수 있다.
④ 화산재에 의한 피해는 제주도가 서울보다 클 것이다.
⑤ 화산재로 인해 오랜 시간이 지나면 토양이 비옥해질 수 있다.

2 역학 시스템

- 자유 낙하와 수평으로 던진 물체의 운동을 비교하여 이해하기
- 지구 주위를 도는 달이나 인공위성에 작용하는 중력과 물체의 가속도 이해하기
- 운동량과 충격량의 관계를 이해하고 안전장치의 원리 설명하기

이 단원의 핵심

● **중력에 의한 물체의 운동을 어떻게 분석할까?**

중력의 작용과 다양한 운동	자유 낙하와 수평으로 던진 물체의 운동
•**중력**: 질량을 가진 물체 사이에 작용하는 인력으로 지구의 중력은 지구상의 모든 물체에 작용한다. •**가속도**: 단위 시간당 속도 변화량으로 물체의 운동 변화를 알려 주는 물리량이다. •지구 표면에서 낙하하는 물체와 지구 주위를 공전하는 인공위성의 운동에서 가속도의 방향은 모두 지구 중심 방향이다.	•**자유 낙하**: 물체가 중력만 받아 낙하하는 운동으로 물체의 속력은 일정하게 증가한다. •**수평으로 던진 물체의 운동**: 수평 방향의 속력은 변하지 않고 연직 방향으로는 자유 낙하와 같은 운동을 한다.

● **물체 사이의 상호작용을 어떻게 알 수 있을까?**

상호작용에 따른 물체의 운동	충격 완화와 안전
•물체에 힘이 작용하지 않으면 정지 상태의 물체는 정지한 상태를 유지하며, 운동 상태의 물체는 등속 직선 운동을 유지한다. •물체에 가한 충격량만큼 물체의 운동량이 변한다. 충격량＝운동량의 변화량 •물체에 가한 힘이 일정할 경우, 물체에 힘을 가한 시간이 길수록 물체의 운동량 변화량의 크기가 크다.	•**충격 완화의 원리**: 물체가 받은 충격량이 같을 때, 물체가 긴 시간 동안 힘을 받을수록 물체가 받는 평균 힘의 크기가 작다. •**충격 완화를 이용한 예**: 자동차의 에어백, 범퍼, 높이뛰기 매트, 완충 포장재 등

중력과 역학 시스템

① 중력의 작용

지구에서 일어나는 다양한 기상 현상은 물의 순환 때문에 일어난다. 코끼리와 같이 무거운 동물은 단단한 골격을 이루고 있으며, 식물의 뿌리는 땅속을 향해 자란다. 이렇듯 지구에서 일어나는 모든 현상은 중력이 작용하여 나타난 결과이다. 여러 가지 힘이 상호작용을 하여 일정한 운동 체계를 유지하는 역학 시스템에서 중력은 매우 중요한 역할을 한다.

(1) 중력

① 물체의 질량으로 인해 물체 사이에서 작용하는 인력을 중력이라고 한다. 중력은 질량을 가진 모든 물체 사이에서 작용하며, 물체의 질량이 클수록 물체가 받는 ❶중력의 크기가 크다.

② 지구가 물체에 작용하는 중력은 물체의 ❷질량이 클수록 크고, 중력의 방향은 지구 중심을 향하는 방향이다. 지구 표면 근처에서 중력의 방향은 지면에 수직인 방향으로 생각할 수 있다.

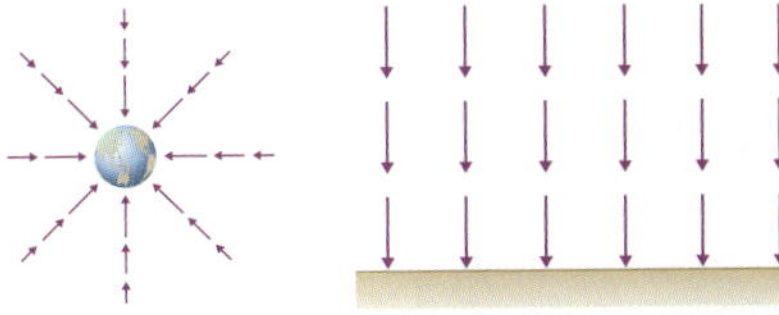

지구 중심 방향   지구 표면 근처에서 중력의 방향

③ 지구 표면 근처에서 질량이 m인 물체가 받는 중력의 크기는 mg로 물체의 위치에는 관련이 없다. g는 ❸중력 가속도로 약 $9.8\ m/s^2$의 값을 가진다.

☆☆ (2) 역학 시스템에서 중력으로 인해 나타나는 현상

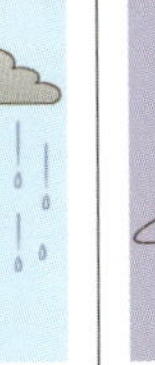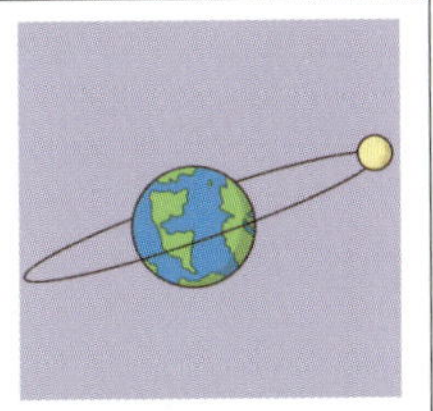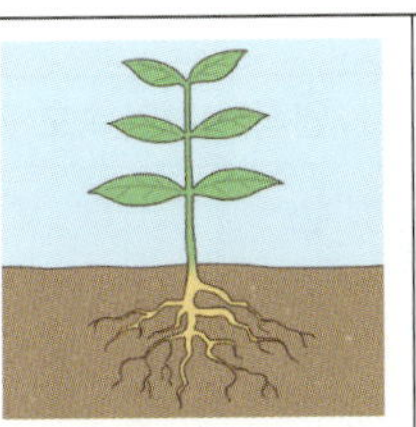

빗방울이 아래로 떨어진다.	달이 지구 주위를 공전한다.	식물의 뿌리가 땅속을 향해 자란다.	양초의 불꽃은 길쭉한 모양을 나타낸다.

역학 시스템에서 중력은 매우 중요한 역할을 한다. 일상생활에서 나타나는 대부분의 현상에 중력은 영향을 미친다. 지구에서 중력의 크기가 현재보다 커지거나 작아질 경우 자연 현상을 비롯해 생태계 전반에 매우 큰 변화가 있을 것이다.

---

❶ 중력의 크기

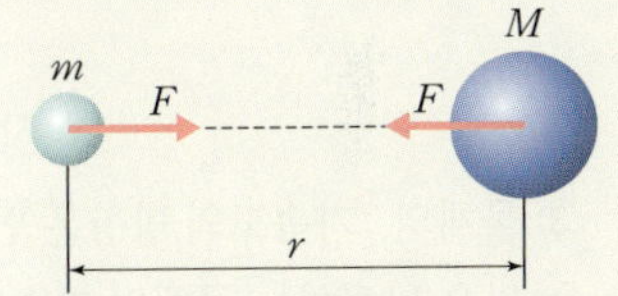

질량이 m, M인 두 물체가 거리 r만큼 떨어져 있을 때, 두 물체 사이에서 작용하는 중력의 크기 F는 다음과 같다.

$$F = G\frac{Mm}{r^2}$$

이때 G는 중력 상수로 전 우주에서 같은 값을 가진다.

❷ 질량과 무게

- 질량: 자신의 운동 상태를 유지하려는 성질이며 질량이 클수록 운동 상태를 변화시키기 어렵다. 단위는 kg(킬로그램)이다.
- 무게: 물체에 작용하는 중력의 크기를 나타낸다. 단위는 N(뉴턴)이다.

무겁다 가볍다는 표현은 물체에 중력이 작용하기 때문에 쓸 수 있다. 지구에서 중력의 크기는 물체의 질량에 비례하므로 질량이 클수록 무겁다는 표현은 타당하다. 중력이 지구와 다른 행성이나 달에서 측정한 물체의 무게는 지구에서 측정한 무게와 다르다. 이때 질량은 변하지 않으나 무게는 변하므로 질량과 무게는 서로 구분해 사용해야 한다.

❸ 중력 가속도

지구 표면에서 물체의 높이 차이는 지구의 반지름에 비해 그 크기가 무시할 수 있을 만큼 작기 때문에 지구와 물체 사이의 거리를 지구 반지름과 같다고 취급해도 큰 오차가 나지 않는다. 가장 높은 산인 에베레스트산 꼭대기에서도 중력 가속도 g의 값은 약 $9.8\ m/s^2$이다.

2 중력을 받는 물체의 운동

(1) 자유 낙하

물체에 중력만 작용하여 물체가 정지 상태로부터 출발해 속력이 점점 증가하는 운동을 자유 낙하라고 한다.

① 물체에 작용하는 중력의 크기는 일정하다.

② 중력이 연직 아래 방향으로 작용하기 때문에 물체의 속도는 1초당 9.8 m/s씩 증가한다.

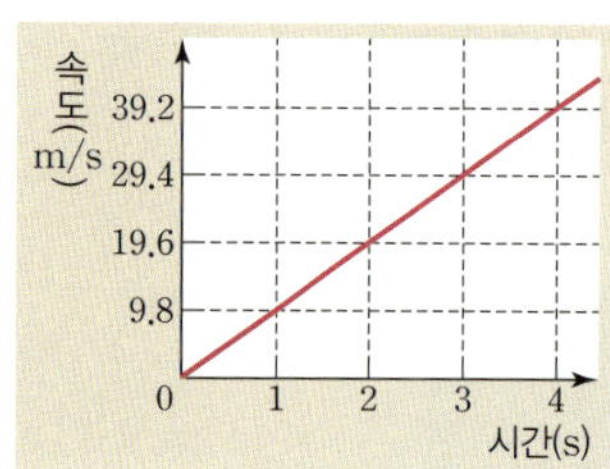

자유 낙하하는 물체의 속도－시간 그래프

③ 물체의 **❶가속도의 방향은 연직 아래 방향이다.**

④ 자유 낙하하는 물체의 가속도의 크기는 약 9.8 m/s²으로 일정하다.

(2) 수평으로 던진 물체의 운동

수평으로 던진 물체의 운동은 수평 방향의 운동과 연직 방향의 운동으로 **❷**나누어 분석할 수 있다.

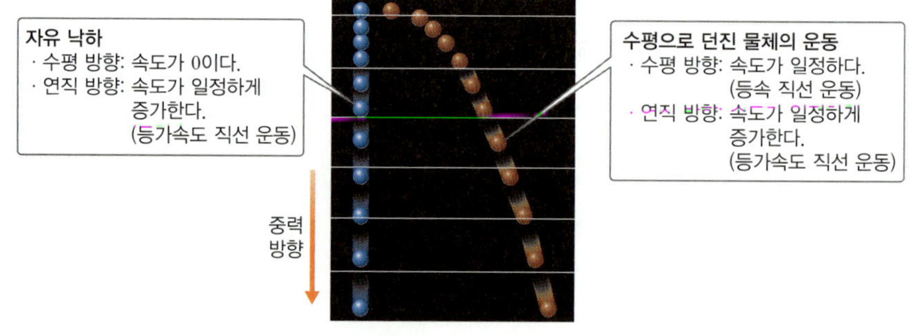

① 물체에 작용하는 중력의 크기는 일정하다.

② 중력이 수평 방향으로는 작용하지 않기 때문에 수평 방향의 속도는 일정하다.

③ 연직 방향의 운동은 자유 낙하와 같다.

수평 방향의 속도	연직 방향의 속도
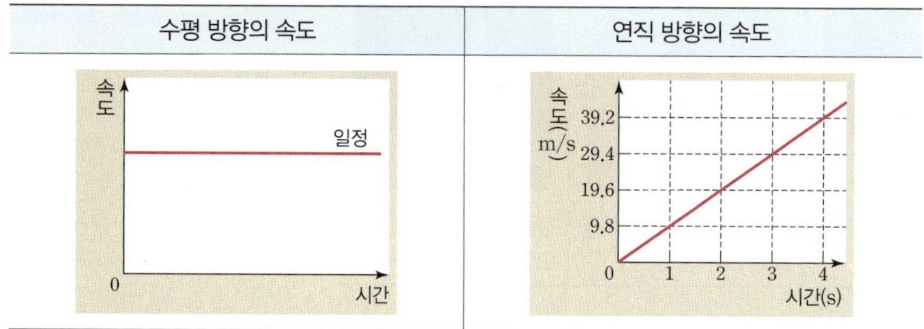	

④ 물체의 **❸가속도의 방향은 연직 아래 방향이다.**

⑤ 수평으로 던진 물체의 가속도의 크기는 약 9.8 m/s²으로 일정하다.

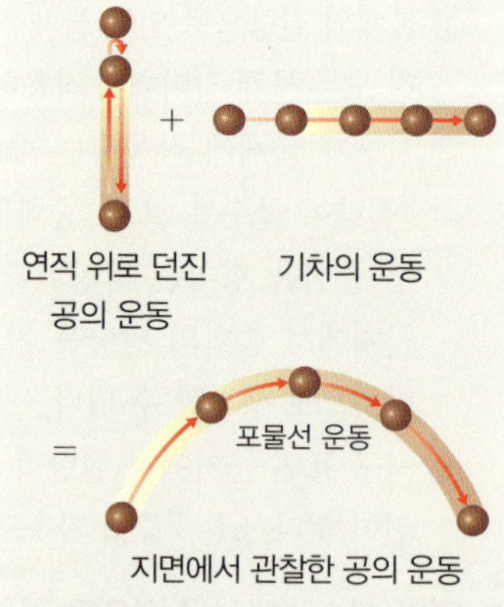

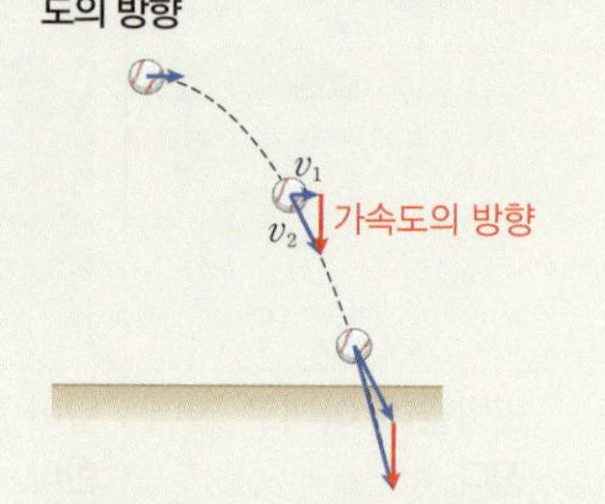

(3) 지구 주위를 도는 물체의 운동

지구 주위를 도는 물체의 운동은 수평 방향으로 큰 속도를 가진 물체를 발사했을 때 물체의 운동으로 생각할 수 있다. 물체를 수평 방향으로 점점 더 큰 속도로 발사하면 물체는 더 멀리 날아가서 바닥에 도달하는데, 지구가 둥글어서 구부러지는 길이와 물체가 낙하하는 거리의 비가 일정하게 유지되면 물체는 지구 주위를 원운동할 수 있다.

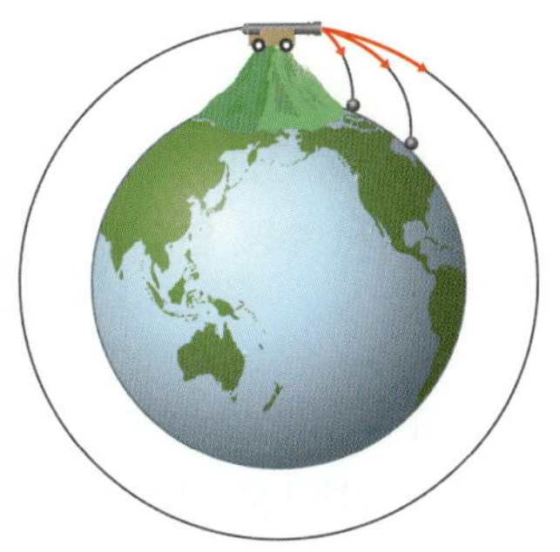

① 물체가 원운동을 할 때, 물체에 작용하는 중력의 크기는 일정하다.
② 물체의 ❶가속도의 방향은 지구 중심 방향이다.
③ 물체가 원운동을 할 때, 물체의 속력은 일정하게 유지된다.

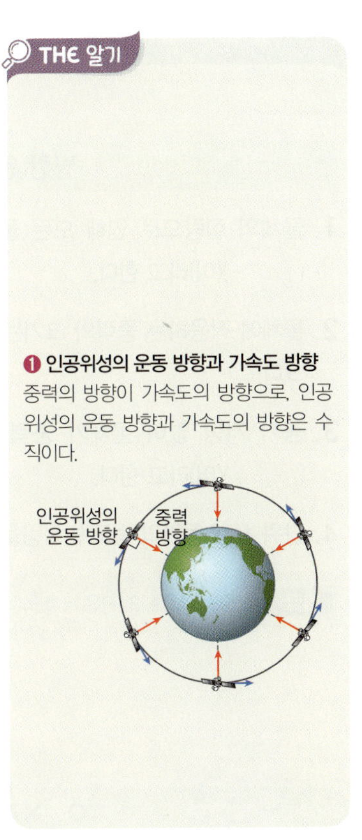

중력의 방향이 가속도의 방향으로, 인공위성의 운동 방향과 가속도의 방향은 수직이다.

수평으로 던진 물체의 운동과 지구 주위를 도는 물체의 운동

그림 (가)처럼 같은 높이에서 쇠구슬 A, B, C를 동시에 던지면 C가 A와 B보다 더 먼 거리를 이동한 후 바닥에 도달하기는 하지만 A, B, C는 동시에 바닥에 도달한다. 쇠구슬에는 연직 방향으로 중력만 작용하므로 수평 방향의 속도는 변하지 않고, 연직 방향의 속도 변화량은 A, B, C가 모두 같고 일정한 시간 동안 연직 방향으로 이동한 거리도 같으므로 A, B, C는 모두 동시에 바닥에 도달하는 것이다.

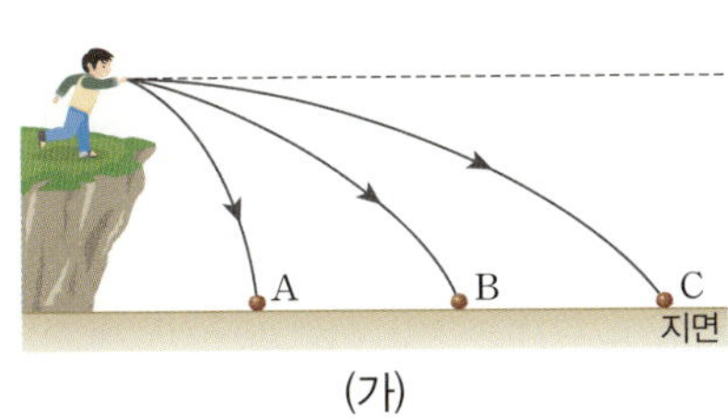

(가)

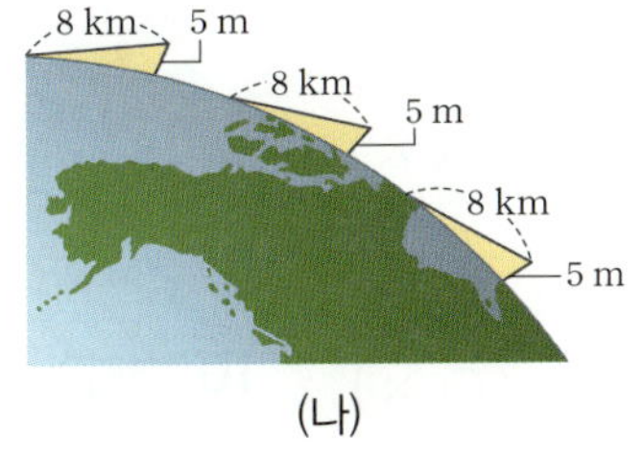

(나)

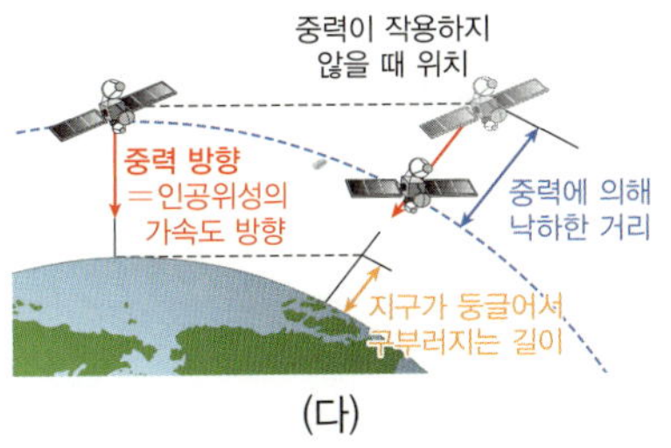

(다)

그림 (가)에서 쇠구슬을 점점 더 빠른 속력으로 던질 때를 생각해 보자. 지구는 반지름이 약 6400 km인 구 모양이다. 이 조건에서 발사 지점으로부터 수평 거리 8 km 길이의 접선을 그릴 경우, 지구 표면은 접선의 끝으로부터 5 m 아래에 위치한다. 그림 (나)처럼 지구 표면에서 낙하하는 물체는 1초 동안 약 5 m의 거리를 낙하하므로 1초에 물체가 8 km씩 진행할 경우, 물체가 낙하하는 거리와 지구가 둥글기 때문에 바닥이 내려가는 길이가 같아진다. 따라서 물체를 약 8 km/s의 속력으로 발사하면 물체는 지구 표면에 닿지 않고 지구를 한 바퀴 돌아 발사된 위치까지 되돌아온다.

그림 (다)처럼 지구 주위를 도는 인공위성이 지구의 중력을 받아 낙하한 거리는 지구가 둥글어서 구부러지는 길이보다 크지만 원운동을 할 때마다 두 거리의 비율이 일정하게 유지되기 때문에 인공위성은 지구 주위를 원운동할 수 있다.

빈칸 완성

1. 물체의 질량으로 인해 모든 물체 사이에서 작용하는 힘을 ( )(이)라고 한다.

2. 물체에 작용하는 중력의 크기는 물체의 질량이 ( )수록 크다.

3. 공기 저항 없이 물체가 중력만 받아서 낙하하는 운동을 ( )(이)라고 한다.

4. 단위 시간 동안의 속도 변화량을 ( )(이)라고 한다.

> **정답** 1. 중력 2. 클 3. 자유 낙하 4. 가속도 5. 속도 6. 수평, 연직 7. 지구 중심 방향

둘 중에 고르기

5. 자유 낙하하는 물체의 (속도, 가속도)의 크기는 일정하게 증가한다.

6. 수평으로 던진 물체의 운동은 (수평, 연직) 방향의 등속도 운동과 (수평, 연직) 방향의 자유 낙하로 나누어 분석할 수 있다.

7. 지구 주위를 도는 인공위성의 가속도 방향은 (지구 중심 방향, 인공위성의 운동 방향)이다.

○, × 퀴즈

1. 지구 표면에서 중력의 크기는 물체의 질량이 클수록 크다. (○ , ×)

2. 우주 공간에 있는 물체끼리는 중력이 작용하지 않는다. (○ , ×)

3. 물체의 질량은 지구에서 멀어질수록 작아진다. (○ , ×)

4. 지구 표면에서 물체에 작용하는 중력의 방향은 연직 아래 방향이다. (○ , ×)

5. 일정한 크기의 중력을 받는 물체의 가속도의 크기는 점점 증가한다. (○ , ×)

6. 수평으로 던진 물체는 수평 방향으로 속력이 일정하게 빨라지는 운동을 한다. (○ , ×)

7. 수평으로 던진 물체에는 수평 방향으로는 중력이 작용하고, 연직 방향으로는 작용하는 힘이 없다. (○ , ×)

단답형

8. 그림은 질량이 각각 m, $2m$인 두 물체 사이에 중력이 작용하는 것을 나타낸 것이다.

질량이 m인 물체에 작용하는 중력의 크기가 F일 때, 질량이 $2m$인 물체에 작용하는 중력의 크기를 구하시오.

9. 표는 자유 낙하하는 물체의 시간에 따른 속력을 나타낸 것이다.

시간(s)	0	0.1	0.2	0.3	0.4	0.5
속력(m/s)	0	0.98	1.96	2.94	3.92	㉠

㉠에 들어갈 알맞은 값을 쓰시오.

10. 그림과 같이 어떤 높이에서 물체를 수평 방향으로 15 m/s의 속력으로 던졌더니 2초 후에 바닥에 도달하였다. 물

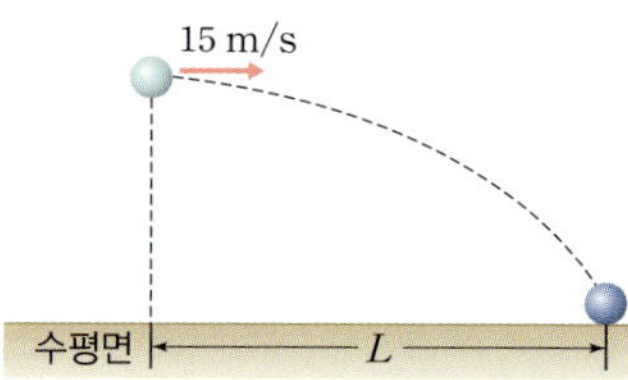

체의 수평 이동 거리 L은 몇 m인지 구하시오. (단, 공기 저항은 무시한다.)

> **정답** 1. ○ 2. × 3. × 4. ○ 5. × 6. × 7. × 8. F 9. 4.90 10. 30 m

1 운동량과 충격량

(1) 관성(Inertia)

① 관성은 물체가 자신의 [1]운동 상태를 유지하려는 성질을 말한다.

② 물체에 작용하는 힘([2]상호작용)이 없으면 물체는 현재의 운동 상태를 유지한다. [3]정지해 있는 물체는 현재의 정지 상태를 유지하고, 운동하는 물체는 현재의 운동 상태인 속도를 유지한다.

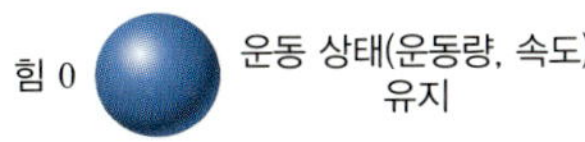

③ 관성이 클수록 물체의 운동 상태(속도)를 변화시키기 어려우며 같은 힘을 가했을 때 속도 변화량이 작다. 따라서 관성의 크기는 물체의 질량을 의미한다.

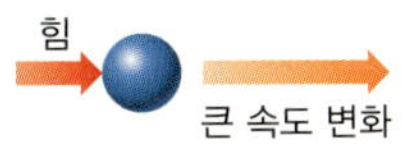

(2) 운동량(Momentum): 운동하는 물체가 가지는 운동의 효과를 나타내는 물리량

① 운동량(p)은 질량(m)과 속도(v)를 곱한 양으로, 단위는 $kg \cdot m/s$이다.

$$운동량(p) = 질량(m) \times 속도(v)$$

② 물체의 질량이 같은 경우 속도의 크기가 클수록 운동량의 크기가 크고, 물체의 속도가 같은 경우 질량이 클수록 운동량의 크기가 크다.

(3) 충격량(Impulse): 물체가 받은 힘의 효과를 나타내는 물리량

① 물체에 가한 충격량(I)은 물체에 가한 힘(F)과 힘을 가한 시간(Δt)을 곱한 양으로, 단위는 $N \cdot s$이다.

$$충격량(I) = 힘(F) \times 시간(\Delta t)$$

② 같은 크기의 힘을 받을 경우 힘을 받은 시간이 길수록 물체가 받은 충격량의 크기가 크고, 같은 시간 동안 힘을 받을 경우 받은 힘의 크기가 클수록 물체가 받은 충격량의 크기가 크다.

③ 힘—시간 그래프에서 그래프와 시간 축이 만드는 넓이는 물체가 받은 충격량을 나타낸다.

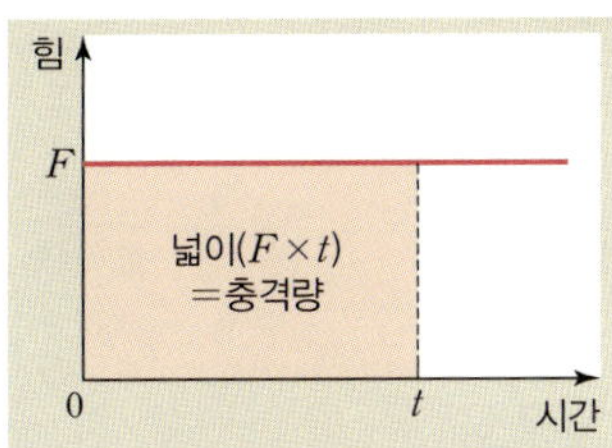

힘의 크기가 일정할 때

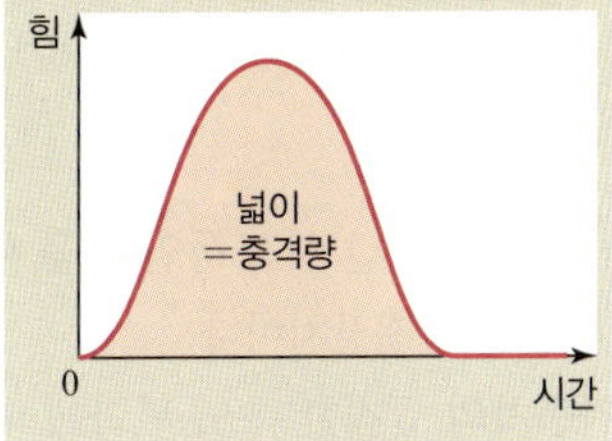

힘의 크기가 일정하지 않을 때

[1] 정지 관성과 운동 관성

• 정지 상태를 유지하려는 관성에 의한 현상

| 차가 급히 출발하면 차에 탄 사람의 몸은 뒤로 쏠린다. | 카드 위에 동전을 놓고 카드를 손가락으로 퉁기면 동전은 컵 속으로 떨어진다. |

• 운동 상태를 유지하려는 관성에 의한 현상

| 차가 급정지를 하면 차에 탄 사람의 몸은 앞으로 쏠린다. | 뛰어가던 사람이 돌부리에 걸리면 앞으로 넘어진다. |

[2] 힘과 상호작용

힘은 상호작용의 일종으로 두 물체 사이에서 같이 작용하는 물리량이다.

[3] 뉴턴 운동 제1법칙

뉴턴은 자신의 저서에서 운동 제1법칙을 다음과 같이 서술하였다.

"힘이 작용하여 물체의 운동 상태를 강제로 바꾸지 않으면 물체의 운동 상태가 지속된다."

이는 물체의 운동 상태가 변했다면 그 원인은 물체에 작용한 힘이라는 뜻이다.

② 충돌과 안전장치

(1) 운동량과 충격량의 관계

① 충돌과 같이 두 물체가 상호작용할 때, ❶물체의 운동량 변화량은 물체가 받은 충격량과 같다.

$$F \Delta t = \Delta(mv)$$

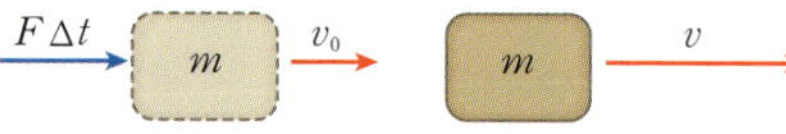

물체에 가한 충격량: $F \Delta t$
운동량의 변화량: $mv - mv_0$

② 같은 크기의 힘을 받을 경우 힘을 받은 시간이 길수록 물체의 운동량 변화량이 크다.

같은 크기의 힘을 짧은 시간 동안 받은 경우	같은 크기의 힘을 긴 시간 동안 받은 경우
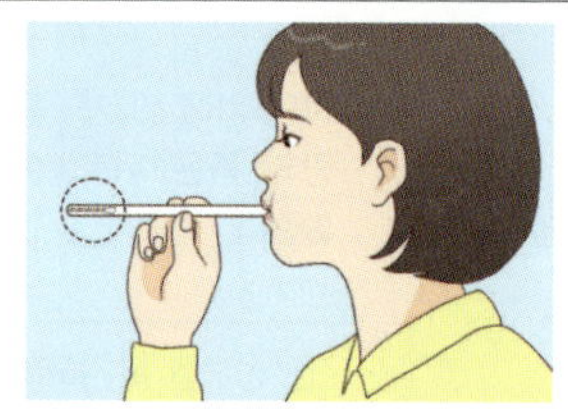	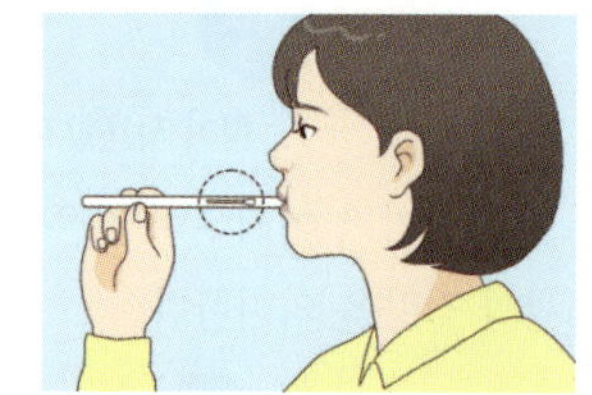
면봉이 조금 날아간다. ➡ 면봉의 운동량 변화량이 작다.	면봉이 멀리 날아간다. ➡ 면봉의 운동량 변화량이 크다.

(2) 충돌과 충격 완화

① 물체가 ❷같은 크기의 충격량을 서로 다른 시간 동안 받은 경우, 힘을 받은 시간이 길수록 물체가 받은 평균 힘의 크기가 작다.

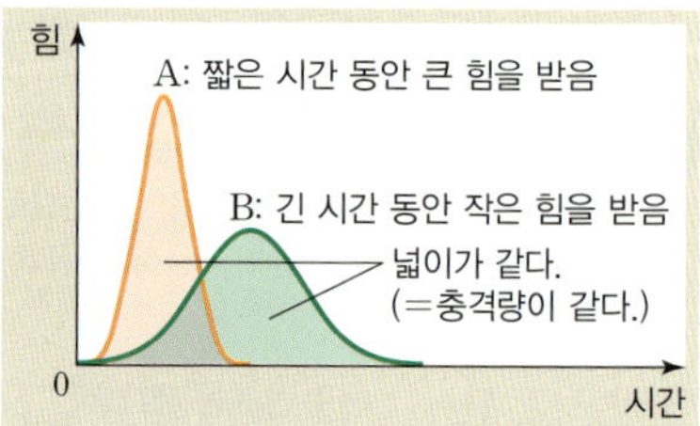

[자료 해석] A와 B는 같은 크기의 충격량을 받았지만, 긴 시간 동안 힘을 나누어 받은 B가 평균적으로 더 작은 크기의 힘을 받았다.

② 같은 충격량을 받아도 물체가 받는 평균 힘이나 최대 힘을 줄일 수 있는데, 이와 같이 물체가 받는 충격을 완화시켜 물체를 보호할 수 있다.

③ 충격 완화의 예로는 자동차의 에어백이나 범퍼, 씨름 경기장이나 멀리뛰기 경기장의 모래, 안전매트, 공기가 충전된 포장재와 같은 것들이 있다.

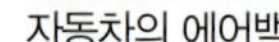

| 자동차의 에어백 | 경기장의 모래 | 안전매트 | 공기가 충전된 포장재 |

(3) 자동차의 안전장치

① 자동차의 에어백이나 범퍼는 충돌이 발생할 때 비교적 긴 시간 동안 힘을 나누어 받게 하여 사람이 받는 힘을 줄이려는 충격 완화를 이용한 안전장치이다.

② 자동차의 안전띠는 충돌과 같은 상황에서 자동차의 급격한 속도 변화에 따라 관성에 의해 사람의 몸이 앞으로 쏠림으로 인해 발생하는 위험한 상황을 막아 주는 안전장치이다.

개념 체크

빈칸 완성

1. 운동량은 물체의 운동 상태를 나타내는 물리량으로, 질량과 ( )의 곱이다.

2. ( )은/는 물체가 받은 힘의 효과를 나타내는 물리량으로, 힘과 힘을 가한 시간의 곱이다.

3. 물체가 현재의 운동을 유지하려는 성질을 ( )(이)라고 한다.

4. 같은 크기의 힘을 가했을 때, 물체가 받은 충격량의 크기는 물체에 힘을 가한 시간이 길수록 ( ).

5. 같은 크기의 충격량을 받았을 때, 충돌 시간이 ( ) 물체가 받은 평균 힘의 크기가 작다.

O, × 퀴즈

6. 물체의 속력이 클수록 물체의 관성이 크다. (O, ×)

7. 물체의 질량이 크다는 것은 물체의 관성이 크다는 것을 의미한다. (O, ×)

8. 충격량의 단위는 $N \cdot s$이다. (O, ×)

9. 물체에 큰 충격량을 가할수록 물체의 운동량 변화량의 크기는 크다. (O, ×)

10. 자동차의 범퍼는 충돌 시간을 짧게 하여 물체가 받는 힘의 크기를 증가시키는 장치이다. (O, ×)

정답 1. 속도 2. 충격량 3. 관성 4. 크다 5. 길수록 6. × 7. ○ 8. ○ 9. ○ 10. ×

단답형

1. 그림과 같이 수평면에서 질량이 $2\ kg$인 물체가 $3\ m/s$의 일정한 속도로 운동한다. 이 물체의 운동량의 크기는 몇 $kg \cdot m/s$인지 구하시오.

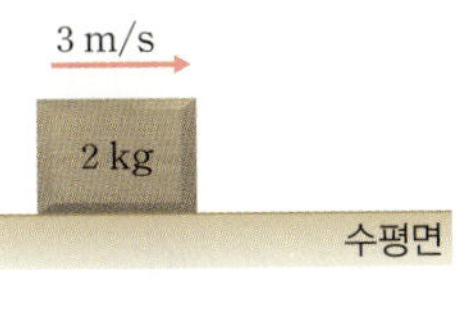

2. 그림은 물체에 일정한 방향으로 힘을 가했을 때, 물체가 받은 힘의 크기를 시간에 따라 나타낸 것이다. 0초부터 3초까지 물체가 받은 충격량의 크기는 몇 $N \cdot s$인지 구하시오.

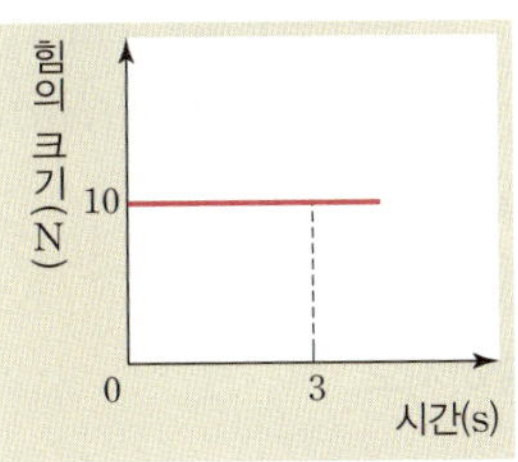

3. 운동량의 크기가 $10\ kg \cdot m/s$인 물체에 운동 방향과 같은 방향으로 크기가 $5\ N \cdot s$인 충격량을 가하였다. 충격량을 가한 후 물체의 운동량의 크기는 몇 $kg \cdot m/s$인지 구하시오.

4. 테니스 라켓으로 테니스 공에 크기가 $5\ N \cdot s$인 충격량을 가했을 때, 테니스 공과 테니스 라켓의 충돌 시간은 0.1초였다. 충돌 과정에서 테니스 공이 받은 평균 힘의 크기는 몇 N인지 구하시오.

5. 다음은 물체 A, B, C가 각각 다른 벽에 충돌할 때, 물체가 받은 충격량의 크기, 충돌 시간, 충돌 과정에서 받은 평균 힘의 크기를 나타낸 것이다.

물체	충격량의 크기 ($N \cdot s$)	충돌 시간 (s)	평균 힘의 크기 (N)
A	㉠	0.1	100
B	10	0.2	㉡
C	20	㉢	40

㉠~㉢에 들어갈 알맞은 수를 각각 쓰시오.

정답 1. $6\ kg \cdot m/s$ 2. $30\ N \cdot s$ 3. $15\ kg \cdot m/s$ 4. 50 N 5. ㉠ 10, ㉡ 50, ㉢ 0.5

탐구 활동 — 자유 낙하와 수평으로 던진 물체의 운동 비교하기

● 정답과 해설 **40**쪽

● 목표

자유 낙하와 수평으로 던진 물체의 운동의 공통점과 차이점을 설명할 수 있다.

● 과정

1. 쇠구슬 발사 장치를 스탠드에 고정시키고 우드록을 이용해 모눈종이를 수직으로 세워 설치한다.
2. 두 쇠구슬을 동시에 발사시키고 각각의 쇠구슬의 운동을 스마트 기기로 촬영해 동영상으로 녹화한다.
3. 동영상을 재생하여 일정한 시간 간격으로 쇠구슬의 위치를 기록한다.
4. 수평 방향과 연직 방향의 운동으로 나누어 두 쇠구슬의 운동을 분석한다.

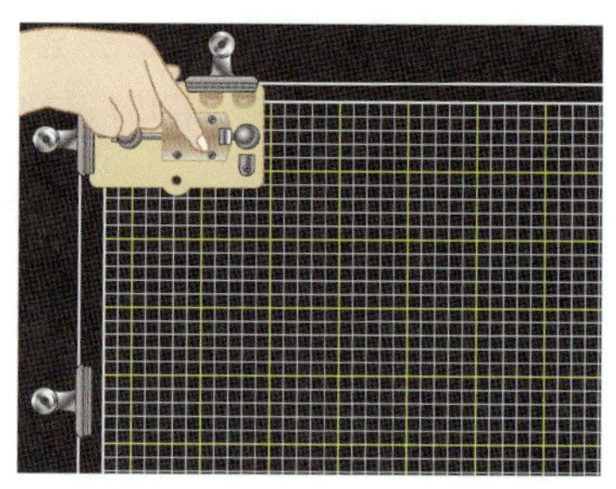

● 결과 정리 및 해석

1. 자유 낙하하는 쇠구슬의 위치를 0.1초 간격으로 정리해 보자.

시간(s)	0	0.1	0.2	0.3	0.4	0.5
위치(cm)	0	4.9	19.6	44.1	78.4	122.5
구간 이동 거리(cm)		4.9	14.7	24.5	34.3	44.1	
구간 평균 속도(cm/s)		49	147	245	343	441	
구간당 속도 변화량(cm/s)			98	98	98	98	

2. 수평으로 던진 쇠구슬의 수평 방향 위치와 연직 방향 위치를 0.1초 간격으로 정리해 보자.

[수평 방향 위치]

시간(s)	0	0.1	0.2	0.3	0.4	0.5
위치(cm)	0	1.2	2.4	3.6	4.8	6.0
구간 이동 거리(cm)		1.2	1.2	1.2	1.2	1.2
구간 평균 속도(cm/s)		12	12	12	12	12
구간당 속도 변화량(cm/s)		0	0	0	0	

[연직 방향 위치]

시간(s)	0	0.1	0.2	0.3	0.4	0.5
위치(cm)	0	4.9	19.6	44.1	78.4	122.5
구간 이동 거리(cm)		4.9	14.7	24.5	34.3	44.1
구간 평균 속도(cm/s)		49	147	245	343	441
구간당 속도 변화량(cm/s)			98	98	98	98

● 탐구 분석

1. 자유 낙하하는 쇠구슬의 구간 평균 속도가 어떻게 변하는지 서술하시오.

   ➡

2. 수평으로 던진 쇠구슬의 수평 방향 속도의 특징에 대해 서술하시오.

   ➡

3. 수평으로 던진 쇠구슬의 연직 방향 속도가 어떻게 변하는지 서술하시오.

   ➡

4. 수평으로 던진 쇠구슬의 운동을 자유 낙하하는 쇠구슬의 운동과 비교해 서술하시오.

   ➡

내신 기초 문제

★중요
> 25594-0281

01 다음은 어떤 힘 A에 대한 설명이다.

> • 물체의 운동에 영향을 준다.
> • 질량을 가진 물체 사이에서 작용하는 서로 당기는 힘이다.
> • 지구시스템과 생명 시스템의 유지에 중요하게 작용한다.

A로 옳은 것은?

① 중력 ② 부력 ③ 탄성력
④ 전기력 ⑤ 자기력

> 25594-0282

02 중력이 작용할 때 일어나는 현상이 <u>아닌</u> 것은?

① 공이 지면으로 떨어진다.
② 달이 지구 주위를 공전한다.
③ 양초의 불꽃이 둥근 모양에 가까워진다.
④ 무거운 동물은 단단한 골격을 이루고 있다.
⑤ 물이 순환하여 다양한 기상 현상이 일어난다.

> 25594-0283

03 중력에 대한 설명으로 옳은 것은?

① 물체에 접촉했을 때만 나타나는 힘이다.
② 달에서의 중력은 지구에서의 중력보다 크다.
③ 지구 대기권 밖에서는 지구의 중력이 작용하지 않는다.
④ 물체의 질량이 클수록 물체에 작용하는 중력의 크기가 크다.
⑤ 물체의 속력이 클수록 물체에 작용하는 중력의 크기가 감소한다.

> 25594-0284

04 자유 낙하하는 물체의 운동에 대한 설명으로 옳은 것은?

① 물체의 가속도의 크기는 일정하다.
② 물체의 가속도의 방향은 수평 방향이다.
③ 물체에 작용하는 중력의 크기는 점점 증가한다.
④ 낙하하는 동안 물체의 속력은 일정하게 감소한다.
⑤ 낙하하는 동안 물체의 단위 시간당 이동 거리는 감소한다.

★중요
> 25594-0285

05 그림과 같이 수평 방향으로 물체를 던졌더니 물체가 곡선 경로를 따라 운동하여 바닥에 도달했다.

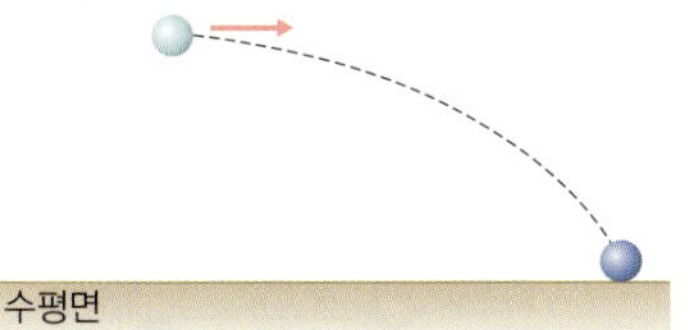

이에 대한 설명으로 옳은 것은? (단, 공기 저항은 무시한다.)

① 수평 방향의 속력은 일정하다.
② 연직 방향의 속력은 일정하다.
③ 가속도의 방향은 물체의 운동 방향과 같다.
④ 운동하는 동안 수평 방향으로 힘이 작용한다.
⑤ 물체에 작용하는 중력의 방향은 물체의 운동 방향과 같다.

> 25594-0286

06 그림은 지구 주위를 원운동하는 인공위성의 어느 한 순간의 모습을 나타낸 것이다. a, c는 인공위성 궤도의 접선 방향이고 b, d는 인공위성을 지나면서 접선에 수직인 방향이다.

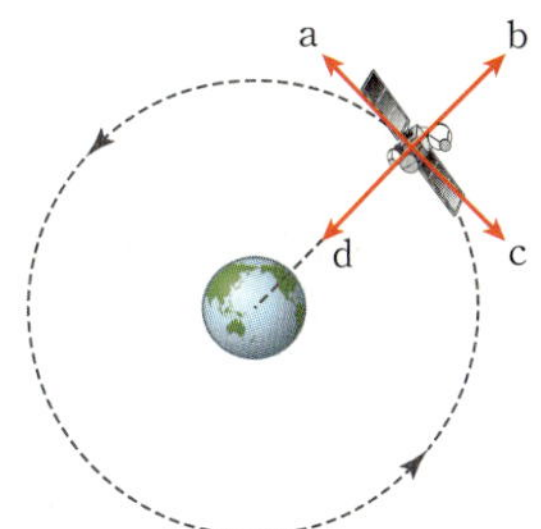

이에 대한 설명으로 옳은 것만을 〈보기〉에서 있는 대로 고른 것은?

> **보기**
> ㄱ. 인공위성의 운동 방향은 a 방향이다.
> ㄴ. 인공위성에 작용하는 중력의 방향은 c 방향이다.
> ㄷ. 인공위성의 가속도 방향은 d 방향이다.

① ㄱ ② ㄴ ③ ㄱ, ㄷ
④ ㄴ, ㄷ ⑤ ㄱ, ㄴ, ㄷ

> 25594-0287

07 그림은 일정한 속도로 운동하는 승용차와 버스의 질량과 속도를 나타낸 것이다.

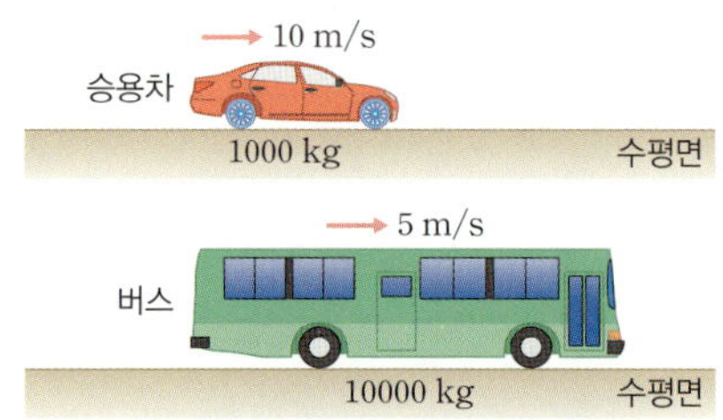

운동량의 크기는 버스가 승용차의 몇 배인가?

① 2배 ② 5배 ③ 10배
④ 25배 ⑤ 50배

> 25594-0288

08 그림은 물체 A와 B에 작용한 힘의 크기를 시간에 따라 나타낸 것이다.

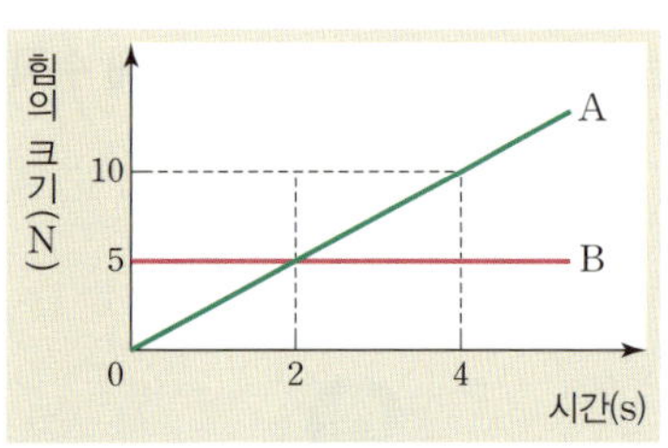

이에 대한 설명으로 옳은 것만을 〈보기〉에서 있는 대로 고른 것은?

┤ 보기 ├
ㄱ. 0초부터 2초까지 A가 받은 충격량의 크기는 5 N · s 이다.
ㄴ. 0초부터 4초까지 A와 B가 받은 충격량의 크기는 서로 같다.
ㄷ. 0초부터 4초까지 A와 B의 운동량 변화량의 크기는 서로 같다.

① ㄱ ② ㄴ ③ ㄱ, ㄷ
④ ㄴ, ㄷ ⑤ ㄱ, ㄴ, ㄷ

[09~10] 그림과 같이 정지해 있던 당구공에 당구 막대를 이용해 수평 방향으로 힘을 가하였다. 당구 막대가 당구공에 가한 힘의 크기는 **10 N**으로 일정하고, 당구 막대와 당구공의 충돌 시간은 **0.1초**이며 당구공의 질량은 **0.2 kg**이다. (단, 모든 마찰과 공기 저항은 무시한다.)

> 25594-0289

09 당구 막대가 당구공에 가한 충격량의 크기는?

① 1 N · s ② 2 N · s ③ 5 N · s
④ 10 N · s ⑤ 100 N · s

> 25594-0290

10 당구 막대와 충돌한 후 당구공의 속력은?

① 1 m/s ② 2 m/s ③ 5 m/s
④ 10 m/s ⑤ 15 m/s

> 25594-0291

11 충돌할 때 충돌 시간을 길게 하여 충돌 대상이 받는 평균 힘의 크기를 줄이는 안전장치만을 〈보기〉에서 있는 대로 고른 것은?

┤ 보기 ├

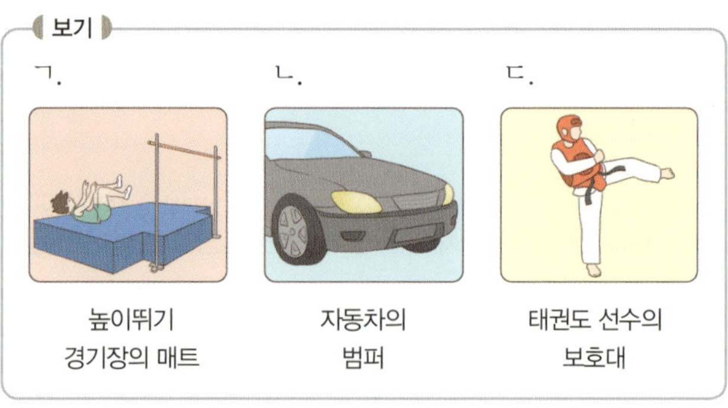

① ㄱ ② ㄴ ③ ㄱ, ㄷ
④ ㄴ, ㄷ ⑤ ㄱ, ㄴ, ㄷ

실력 향상 문제

01 그림은 사과나무에 매달려 정지해 있는 사과 **A**와 떨어지고 있는 사과 **B**를 나타낸 것이다.

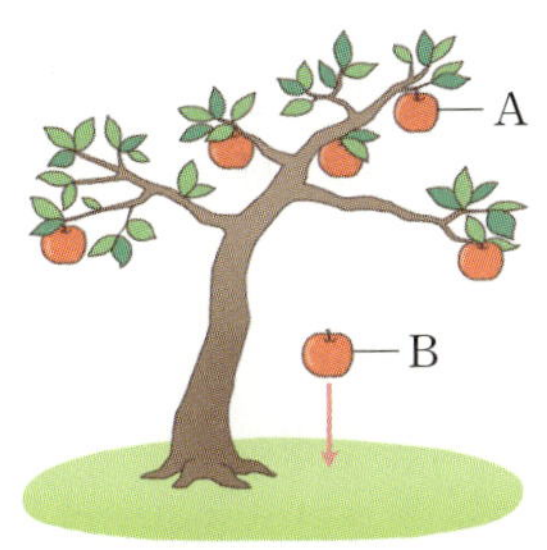

이에 대한 설명으로 옳은 것만을 〈보기〉에서 있는 대로 고른 것은? (단, 공기 저항은 무시한다.)

> 25594-0292

보기

ㄱ. A에는 중력이 작용하지 않는다.
ㄴ. B에 작용하는 중력의 크기는 점점 증가한다.
ㄷ. B의 가속도의 크기는 일정하다.

① ㄱ　　　　② ㄷ　　　　③ ㄱ, ㄴ
④ ㄴ, ㄷ　　　⑤ ㄱ, ㄴ, ㄷ

> 25594-0293

02 표는 물체 **A**, **B**, **C**를 서로 다른 행성의 표면에 놓았을 때, 물체의 질량과 행성에서의 중력 가속도를 나타낸 것이다.

물체	A	B	C
질량	1 kg	2 kg	3 kg
중력 가속도	g	$\frac{1}{6}g$	$\frac{1}{6}g$

물체가 받는 중력의 크기를 옳게 비교한 것은?

① A>B>C　　② A>C>B　　③ B>A>C
④ C>A>B　　⑤ C>B>A

중요

> 25594-0294

03 진공 중에서 질량이 큰 골프공과 질량이 작은 깃털을 같은 높이에서 동시에 떨어뜨렸다. 골프공과 깃털이 바닥까지 낙하하는 동안 동일한 시간 간격으로 위치를 표시한 것으로 가장 적절한 것은?

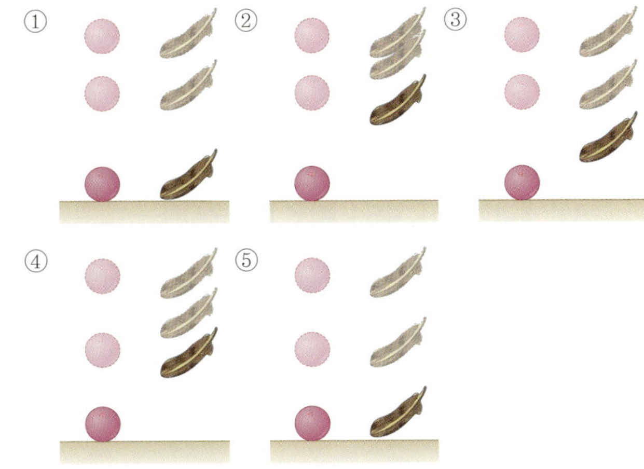

> 25594-0295

04 그림은 질량이 각각 m, $2m$인 물체 **A**, **B**를 같은 높이 h에서 동시에 놓아 자유 낙하시키는 모습을 나타낸 것이다.

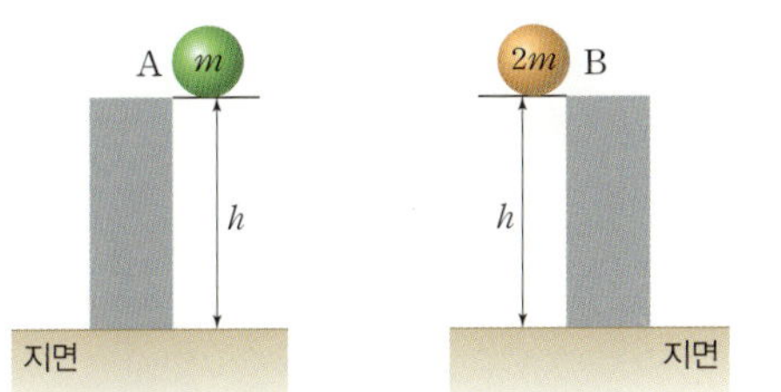

이에 대한 설명으로 옳은 것만을 〈보기〉에서 있는 대로 고른 것은? (단, 물체의 크기, 공기 저항은 무시한다.)

보기

ㄱ. 작용하는 중력의 크기는 B가 A의 2배이다.
ㄴ. 낙하하는 동안 물체와 지면 사이의 거리는 B가 A보다 항상 작다.
ㄷ. A와 B는 동시에 지면에 도달한다.

① ㄱ　　　　② ㄴ　　　　③ ㄱ, ㄷ
④ ㄴ, ㄷ　　　⑤ ㄱ, ㄴ, ㄷ

05 그림은 자유 낙하하는 물체의 위치를 일정한 시간 간격마다 점으로 나타낸 것이다. A와 B는 물체가 낙하하는 동안의 특정한 구간이다.

이에 대한 설명으로 옳은 것만을 〈보기〉에서 있는 대로 고른 것은?

> 25594-0296

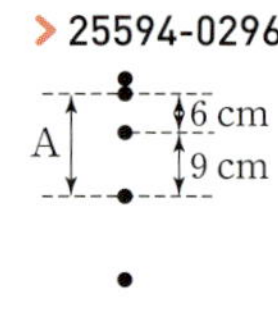

〈보기〉
ㄱ. A를 통과하는 데 걸린 시간은 B를 통과하는 데 걸린 시간과 같다.
ㄴ. 물체가 A를 벗어날 때의 속력은 B에 진입할 때의 속력보다 크다.
ㄷ. 물체의 가속도의 크기는 B를 통과할 때가 A를 통과할 때보다 크다.

① ㄱ ② ㄴ ③ ㄱ, ㄷ
④ ㄴ, ㄷ ⑤ ㄱ, ㄴ, ㄷ

중요

06 그림은 자유 낙하하는 물체의 속력을 시간에 따라 나타낸 것이다.

> 25594-0297

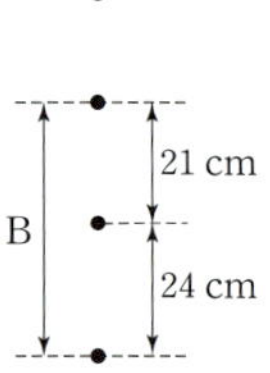

물체의 운동에 대한 설명으로 옳은 것만을 〈보기〉에서 있는 대로 고른 것은?

〈보기〉
ㄱ. 속도 변화량은 0초부터 0.5초까지와 0.5초부터 1초까지가 같다.
ㄴ. 0초부터 1초까지 이동 거리는 5 m이다.
ㄷ. 가속도의 크기는 일정하다.

① ㄱ ② ㄴ ③ ㄱ, ㄷ
④ ㄴ, ㄷ ⑤ ㄱ, ㄴ, ㄷ

07 그림은 공 A를 자유 낙하시키는 순간 공 B를 같은 높이에서 수평으로 던진 모습을 나타낸 것이다.

이에 대한 설명으로 옳지 <u>않은</u> 것은? (단, 모든 마찰과 공기 저항은 무시한다.)

> 25594-0298

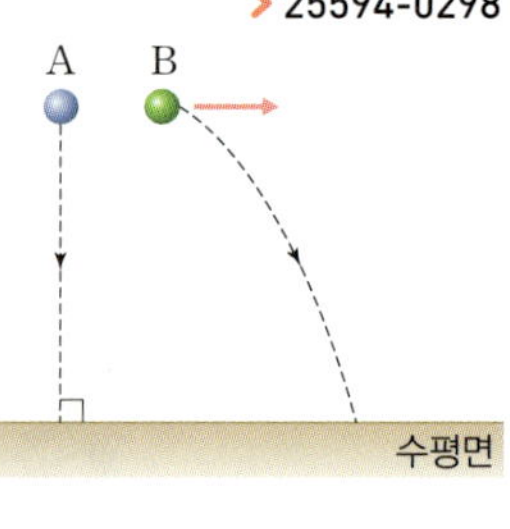

① A의 속력은 점점 증가한다.
② B의 수평 방향 속력은 일정하다.
③ B에는 연직 방향으로 중력이 작용한다.
④ A와 B의 가속도의 방향은 서로 같다.
⑤ A가 B보다 수평면에 먼저 도착한다.

서술형 중요

08 그림은 같은 높이에서 공 A를 자유 낙하시키는 순간 공 B를 수평 방향으로 던졌을 때, A, B의 위치를 일정한 시간 간격으로 나타낸 것이다.

> 25594-0299

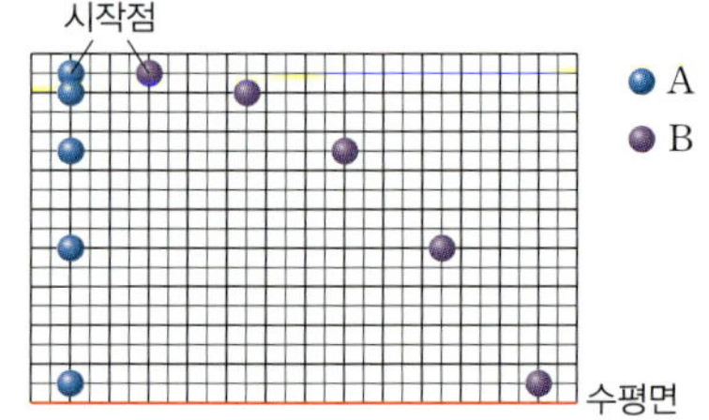

⑴ A의 연직 방향 운동의 특징을 서술하시오.

⑵ B의 연직 방향 운동과 A의 운동을 비교하여 서술하시오.

⑶ A와 B의 가속도의 크기를 비교하고, 그렇게 생각한 까닭을 서술하시오.

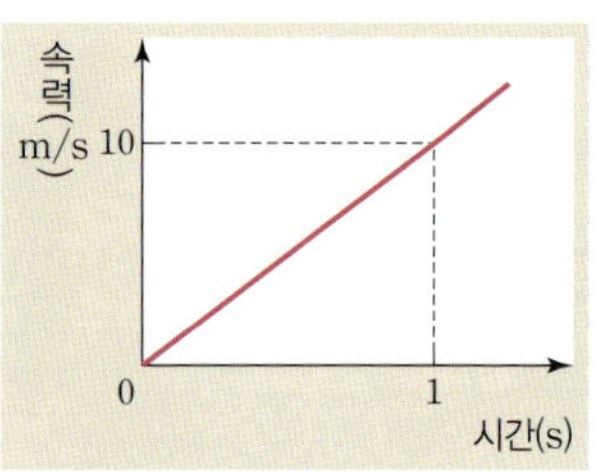

09 그림은 지구에서 물체 A, B, C를 수평 방향으로 각각 v_A, v_B, v_C의 속력으로 발사하였을 때, A, B, C가 운동하는 모습을 나타낸 것이다. A, B, C의 질량은 서로 같다.

> 25594-0300

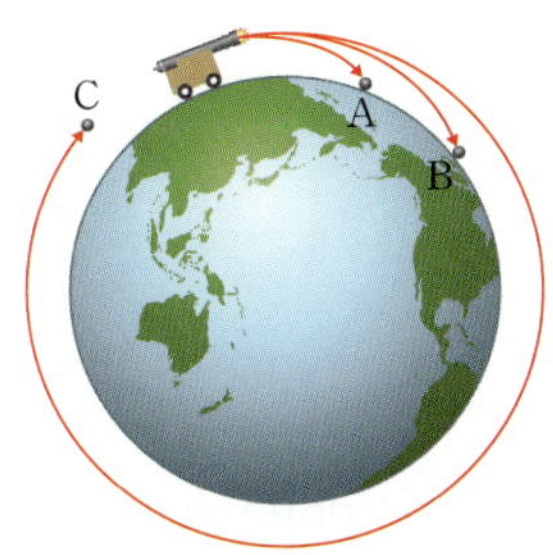

이에 대한 설명으로 옳은 것만을 〈보기〉에서 있는 대로 고른 것은? (단, 공기 저항은 무시한다.)

〈보기〉
ㄱ. A에 작용하는 중력의 크기는 C에 작용하는 중력의 크기보다 크다.
ㄴ. $v_A < v_B < v_C$이다.
ㄷ. B의 운동 방향과 B의 가속도 방향은 서로 반대이다.

① ㄱ   ② ㄴ   ③ ㄱ, ㄷ
④ ㄴ, ㄷ   ⑤ ㄱ, ㄴ, ㄷ

★중요

10 그림은 직선 운동하는 질량이 1 kg인 물체의 운동량을 시간에 따라 나타낸 것이다.

> 25594-0301

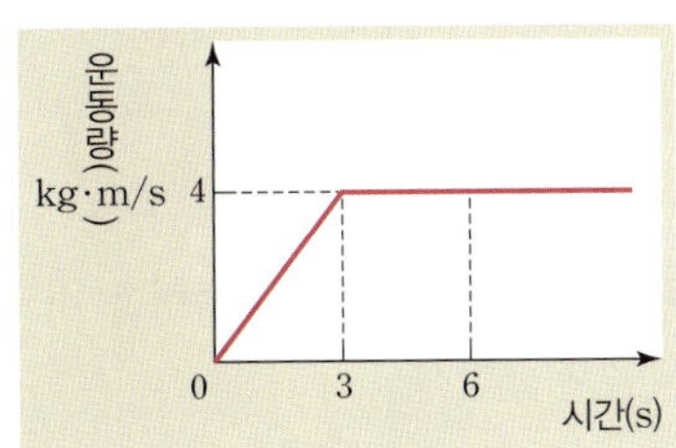

이에 대한 설명으로 옳지 <u>않은</u> 것은?

① 0초부터 3초까지 물체의 운동량의 크기는 증가한다.
② 0초부터 3초까지 물체가 받은 충격량의 크기는 4 N·s이다.
③ 3초부터 6초까지 물체는 등속 직선 운동을 한다.
④ 3초부터 6초까지 물체가 받은 충격량의 크기는 4 N·s이다.
⑤ 3초부터 6초까지 물체의 이동 거리는 12 m이다.

11 그림 (가)는 마찰이 없는 수평면에서 4 m/s의 속력으로 운동하던 질량이 1 kg인 물체에 운동 방향과 반대 방향으로 힘 F가 작용하는 모습을 나타낸 것이다. 그림 (나)는 F의 크기를 시간에 따라 나타낸 것이다.

> 25594-0302

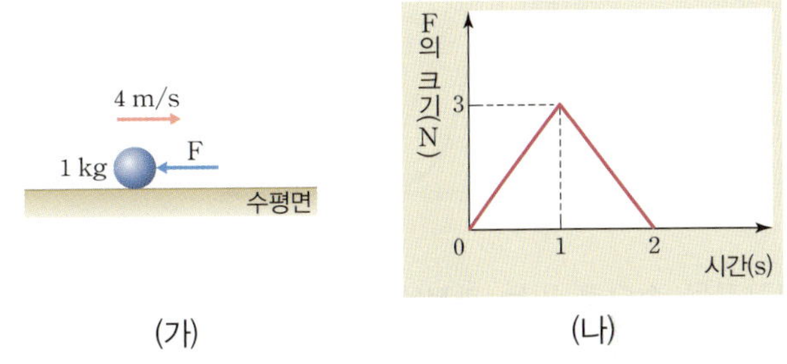

(가)   (나)

2초일 때 물체의 속력은? (단, 공기 저항은 무시한다.)

① 1 m/s   ② 2 m/s   ③ 3 m/s   ④ 4 m/s   ⑤ 5 m/s

12 다음은 충격량에 대한 실험이다.

> 25594-0303

[실험 과정]
(가) 그림과 같이 빨대의 출구 쪽에 면봉을 넣은 빨대 A, 입구 쪽에 같은 질량의 면봉을 넣은 빨대 B를 준비한다.

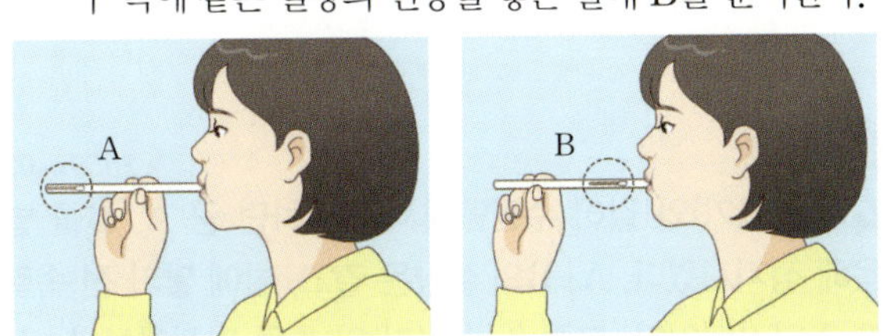

(나) A와 B를 같은 세기로 불어 면봉이 날아가는 거리를 비교한다.

[실험 결과]
B에서 나온 면봉이 A에서 나온 면봉보다 더 멀리 날아갔다.

이에 대한 설명으로 옳은 것만을 〈보기〉에서 있는 대로 고른 것은? (단, 모든 마찰과 공기 저항은 무시한다.)

〈보기〉
ㄱ. 면봉이 받은 충격량의 크기는 A에서가 B에서보다 크다.
ㄴ. 면봉의 운동량 변화량의 크기는 B에서가 A에서보다 크다.
ㄷ. (나)를 통해 면봉이 받은 충격량의 크기를 비교할 수 있다.

① ㄱ   ② ㄴ   ③ ㄱ, ㄷ   ④ ㄴ, ㄷ   ⑤ ㄱ, ㄴ, ㄷ

• 정답과 해설 **42**쪽

중요

> 25594-0304

13 그림은 야구공을 손으로 받는 두 상황 (가)와 (나)에서 야구공의 운동량을 공을 받는 순간부터 시간에 따라 나타낸 것이다.

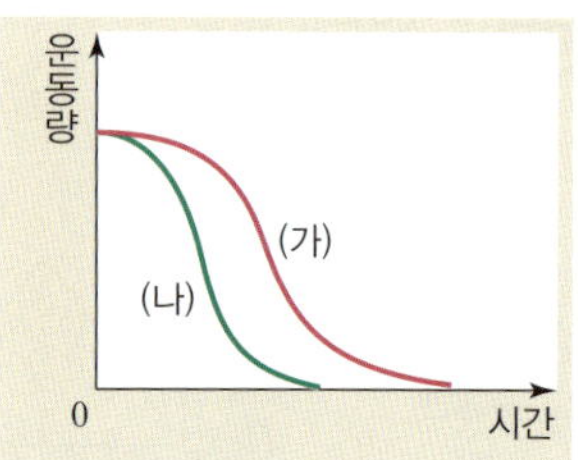

야구공을 손으로 받는 과정에 대한 설명으로 옳은 것만을 〈보기〉에서 있는 대로 고른 것은?

보기

ㄱ. 야구공의 속력은 (가)에서와 (나)에서 모두 감소한다.
ㄴ. 야구공의 운동량 변화량은 (나)에서가 (가)에서보다 크다.
ㄷ. 손이 받는 평균 힘의 크기는 (나)에서가 (가)에서보다 크다.

① ㄱ　　　　② ㄴ　　　　③ ㄱ, ㄷ
④ ㄴ, ㄷ　　　⑤ ㄱ, ㄴ, ㄷ

중요

> 25594-0305

14 그림 (가)와 같이 수평면에서 운동하던 공 A, B를 발을 이용해 정지시켰다. A, B의 질량은 같고, 발에 닿기 전 속력은 B가 A의 2배이다. 그림 (나)는 (가)의 충돌 과정에서 A, B가 받은 힘의 크기를 시간에 따라 나타낸 것이다.

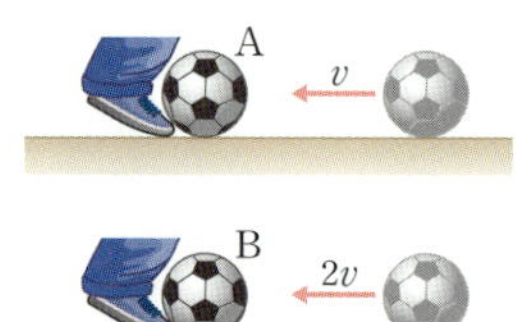

발과의 충돌 과정에서 공이 받은 평균 힘의 크기는 B가 A의 몇 배인가? (단, 모든 마찰과 공기 저항은 무시한다.)

① $\frac{1}{4}$배　　② $\frac{1}{2}$배　　③ 1배
④ 2배　　　　⑤ 4배

> 25594-0306

15 그림과 같이 수평면에서 질량이 80 kg인 선수 A와 질량이 60 kg인 선수 B가 각각 5 m/s, 3 m/s의 속력으로 운동한다. 이후 A가 B를 수평 방향으로 밀어 B에 120 N · s의 충격량을 가하였다.

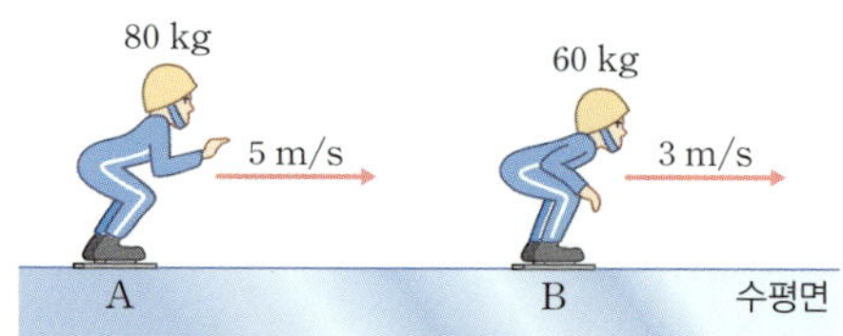

이에 대한 설명으로 옳은 것만을 〈보기〉에서 있는 대로 고른 것은? (단, 모든 마찰과 공기 저항은 무시한다.)

보기

ㄱ. A가 B로부터 받은 충격량의 크기는 120 N · s이다.
ㄴ. B의 운동량 변화량의 크기는 120 kg · m/s이다.
ㄷ. A가 B를 민 후 B의 속력은 5 m/s이다.

① ㄱ　　　　② ㄴ　　　　③ ㄱ, ㄷ
④ ㄴ, ㄷ　　　⑤ ㄱ, ㄴ, ㄷ

서술형

> 25594-0307

16 그림은 같은 높이에서 질량이 같은 두 달걀을 가만히 놓았을 때 딱딱한 바닥에 떨어진 달걀은 깨지고, 푹신한 방석에 떨어진 달걀은 깨지지 않은 모습을 나타낸 것이다. (단, 달걀의 크기, 공기 저항은 무시한다.)

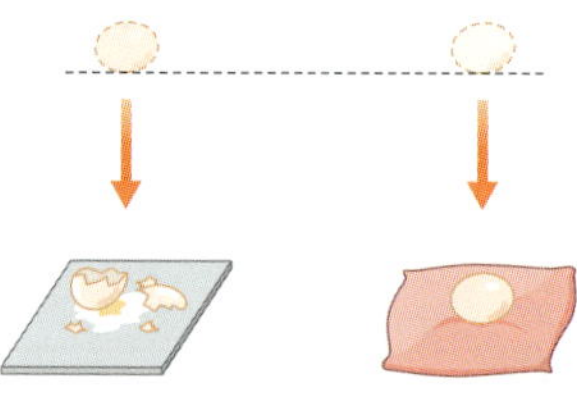

(1) 바닥에 충돌하기 직전 두 달걀의 속력을 비교하고, 그렇게 생각한 까닭을 서술하시오.

____

____

(2) 딱딱한 바닥에 떨어진 달걀만 깨진 까닭을 서술하시오.

____

____

수능 유형 문제

> 25594-0308

01 그림 (가)는 질량이 각각 $2m$, m인 두 물체가 거리 r만큼 떨어져 있을 때, 두 물체에 크기가 F_0인 중력이 작용하는 모습을 나타낸 것이다. 그림 (나)는 (가)에서 물체의 질량과 물체 사이의 거리를 바꾸었을 때, 두 물체에 크기가 F인 중력이 작용하는 모습을 나타낸 것이다.

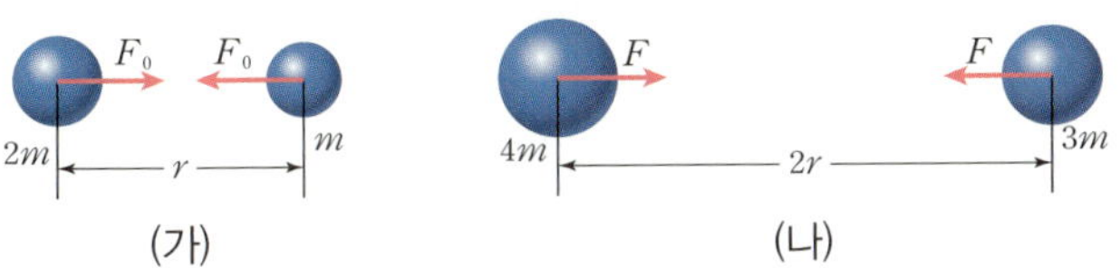

F는?

① F_0 ② $\dfrac{3}{2}F_0$ ③ $2F_0$ ④ $\dfrac{5}{2}F_0$ ⑤ $3F_0$

⭐중요

> 25594-0309

02 다음은 자유 낙하에 대한 실험이다.

[실험 과정]
(가) 그림과 같이 쇠구슬을 가만히 놓고 쇠구슬이 낙하하는 모습을 스마트 기기로 촬영한다.
(나) 촬영한 영상을 분석하여 쇠구슬의 위치를 시간에 따라 기록한다.

[실험 결과]

시간(s)	0	0.1	0.2	0.3	0.4	0.5
위치 (cm)	0	4.9	㉠	44.1	78.4	122.5
평균 속력 (cm/s)		49	147	245	㉡	441

이에 대한 설명으로 옳은 것만을 〈보기〉에서 있는 대로 고른 것은? (단, 쇠구슬의 크기, 공기 저항은 무시한다.)

보기
ㄱ. 쇠구슬에 작용하는 중력의 방향과 쇠구슬의 운동 방향은 서로 같다.
ㄴ. ㉠은 19.6이다.
ㄷ. ㉡은 343이다.

① ㄱ ② ㄴ ③ ㄱ, ㄷ
④ ㄴ, ㄷ ⑤ ㄱ, ㄴ, ㄷ

> 25594-0310

03 그림과 같이 높이가 h, $2h$인 지점에서 동시에 가만히 놓은 물체 A와 B가 각각 수평면에 도달하였다. A와 B의 질량은 각각 m, $2m$이다.

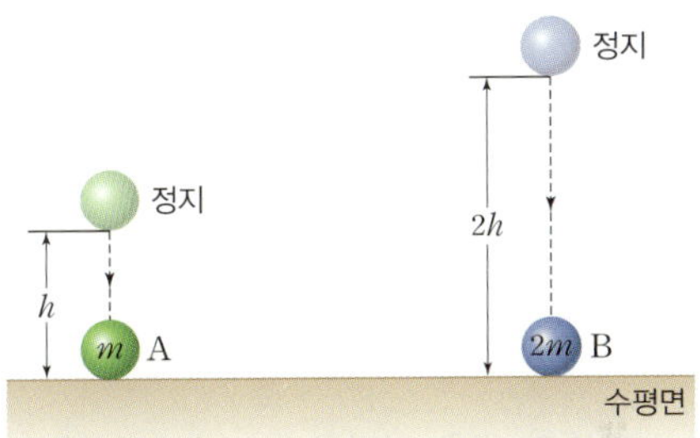

이에 대한 설명으로 옳은 것만을 〈보기〉에서 있는 대로 고른 것은? (단, 물체의 크기, 공기 저항은 무시한다.)

보기
ㄱ. B에 작용하는 중력의 크기는 A에 작용하는 중력의 크기의 2배이다.
ㄴ. 가속도의 방향은 A와 B가 서로 같다.
ㄷ. A가 바닥에 도달했을 때, 수평면으로부터 B의 높이는 h이다.

① ㄱ ② ㄴ ③ ㄱ, ㄷ
④ ㄴ, ㄷ ⑤ ㄱ, ㄴ, ㄷ

> 25594-0311

04 그림과 같이 물체 A를 가만히 놓는 순간 A와 같은 높이에서 물체 B를 수평 방향으로 속력 v로 던졌더니, A와 B가 각각의 경로를 따라 운동하여 수평선 P, Q를 통과하였다. P에서 B의 수평 방향 속력은 연직 방향 속력의 2배이고, A의 속력은 Q에서가 P에서의 2배이다.

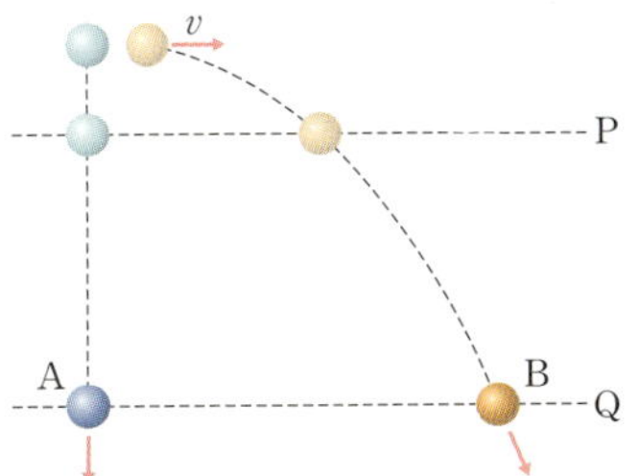

Q에서 B의 연직 방향 속력은? (단, 물체의 크기, 공기 저항은 무시한다.)

① $\dfrac{1}{2}v$ ② v ③ $\sqrt{2}v$ ④ $2v$ ⑤ $4v$

⭐중요

> 25594-0312

05 그림과 같이 동일한 높이에서 물체 A를 가만히 놓는 순간 물체 B를 수평 방향으로 v의 속력으로 던졌더니 A와 B가 각각의 경로를 따라 운동한다. B를 던진 순간부터 B가 수평면에 도달할 때까지 걸린 시간은 2초이다.

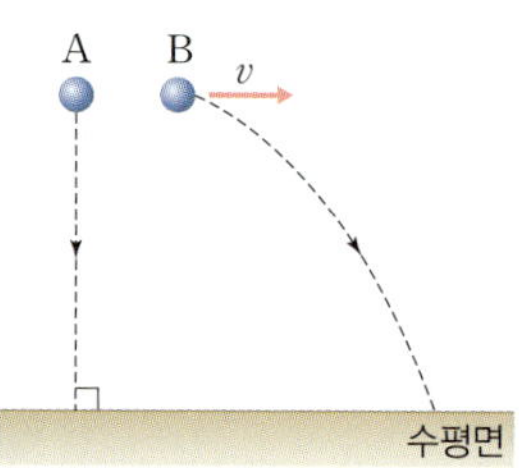

이에 대한 설명으로 옳은 것만을 〈보기〉에서 있는 대로 고른 것은? (단, 물체의 크기, 공기 저항은 무시한다.)

〈보기〉
ㄱ. A와 B에 작용하는 중력의 방향은 서로 같다.
ㄴ. A와 B의 가속도의 크기는 서로 같다.
ㄷ. A가 수평면에 도달할 때까지 걸린 시간은 2초보다 작다.

① ㄱ ② ㄷ ③ ㄱ, ㄴ
④ ㄴ, ㄷ ⑤ ㄱ, ㄴ, ㄷ

⭐중요

> 25594-0313

06 그림은 지표면 근처의 같은 높이에서 질량이 같은 물체 A, B, C를 발사하였을 때, A, B, C의 운동 경로를 나타낸 것이다. C는 지구를 한 바퀴 돌아 제자리로 돌아오는 운동을 한다.
이에 대한 설명으로 옳은 것만을 〈보기〉에서 있는 대로 고른 것은? (단, 공기 저항은 무시한다.)

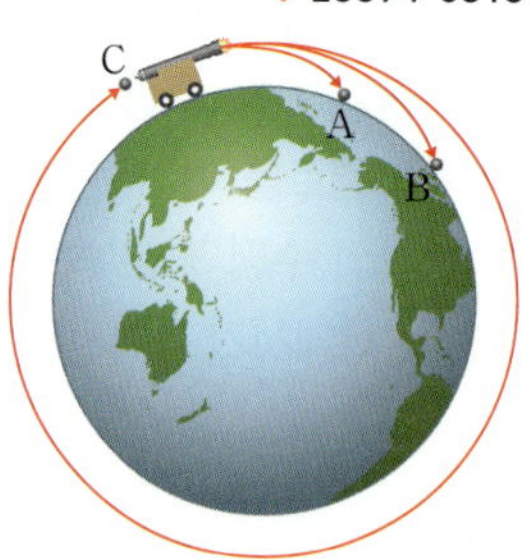

〈보기〉
ㄱ. A에 작용하는 중력의 크기는 B에 작용하는 중력의 크기보다 크다.
ㄴ. B가 운동하는 동안 속력은 증가한다.
ㄷ. C의 가속도는 0이다.

① ㄱ ② ㄴ ③ ㄱ, ㄷ
④ ㄴ, ㄷ ⑤ ㄱ, ㄴ, ㄷ

> 25594-0314

07 그림은 수평면에 놓인 물체에 수평 방향으로 힘을 가했을 때, 물체에 가한 힘의 크기를 시간에 따라 나타낸 것이다. 이에 대한 설명으로 옳은 것만을 〈보기〉에서 있는 대로 고른 것은? (단, 모든 마찰과 공기 저항은 무시한다.)

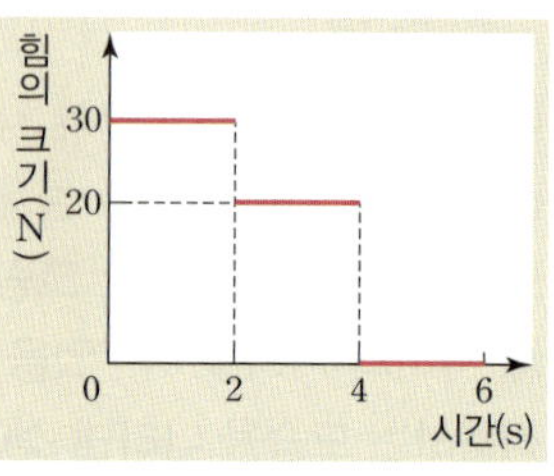

〈보기〉
ㄱ. 0초부터 2초까지 물체가 받은 충격량의 크기는 60 N·s이다.
ㄴ. 0초부터 4초까지 물체의 운동량 변화량의 크기는 100 kg·m/s이다.
ㄷ. 4초부터 6초까지 물체의 속력은 일정하다.

① ㄱ ② ㄷ ③ ㄱ, ㄴ ④ ㄴ, ㄷ ⑤ ㄱ, ㄴ, ㄷ

> 25594-0315

08 그림 (가)는 수평면에서 물체 A와 B가 각각 같은 속력 v로 운동하다가 벽과 충돌하는 모습을 나타낸 것이다. A는 벽과 충돌한 후 반대 방향으로 운동하고, B는 벽과 충돌한 후 정지한다. A와 B의 질량은 각각 $4m$, m이다. 그림 (나)는 A, B가 벽과 충돌할 때부터 A와 B가 받는 힘의 크기를 시간에 따라 나타낸 것이다. 그래프가 시간 축과 만드는 넓이는 A, B가 각각 $5S$, S이다.

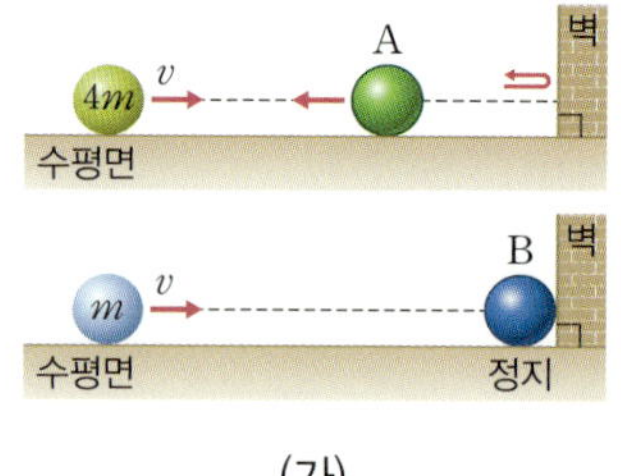

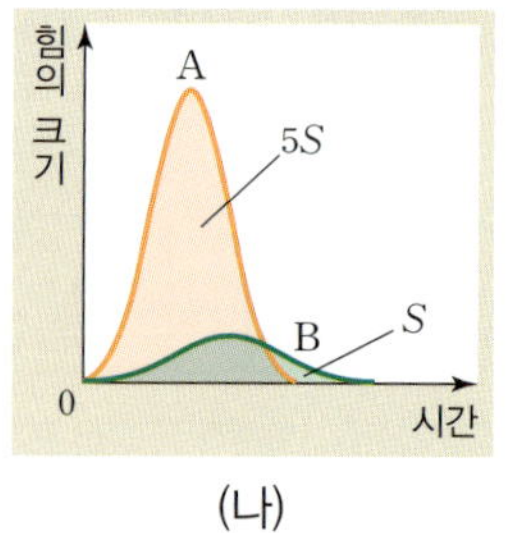

이에 대한 설명으로 옳은 것만을 〈보기〉에서 있는 대로 고른 것은? (단, 모든 마찰과 공기 저항은 무시한다.)

〈보기〉
ㄱ. $S = mv$이다.
ㄴ. 벽과 충돌한 후 A의 운동량의 크기는 $5mv$이다.
ㄷ. 벽과 충돌한 후 A의 속력은 $\frac{1}{4}v$이다.

① ㄱ ② ㄴ ③ ㄱ, ㄷ ④ ㄴ, ㄷ ⑤ ㄱ, ㄴ, ㄷ

09 그림과 같이 빨대 속에 정지해 있는 물체 A, B를 각각 불어서 발사시킨다. 표는 물체의 질량, 물체가 빨대에서 받은 충격량의 크기를 나타낸 것이다.

> 25594-0316

물체	질량	충격량
A	$2m$	I_0
B	m	$2I_0$

이에 대한 설명으로 옳은 것만을 〈보기〉에서 있는 대로 고른 것은? (단, 물체의 크기, 공기 저항은 무시한다.)

┤ 보기 ├
ㄱ. 빨대 속에서 속력은 A와 B 모두 점점 감소한다.
ㄴ. 빨대 속에서 운동량의 변화량은 B가 A의 2배이다.
ㄷ. 빨대를 빠져나올 때의 속력은 B가 A의 4배이다.

① ㄱ ② ㄷ ③ ㄱ, ㄴ ④ ㄴ, ㄷ ⑤ ㄱ, ㄴ, ㄷ

★중요
10 그림 (가)와 같이 쟁반과 푹신한 방석에 각각 질량이 같은 물풍선 A, B가 같은 속력으로 떨어졌을 때, 쟁반에 떨어진 물풍선은 터졌지만 푹신한 방석에 떨어진 물풍선은 터지지 않았다. 그림 (나)는 (가)의 A, B가 충돌해 정지하는 동안 받은 알짜힘을 시간에 따라 나타낸 것이다. X, Y는 A, B가 받은 알짜힘을 순서 없이 나타낸 것이다.

> 25594-0317

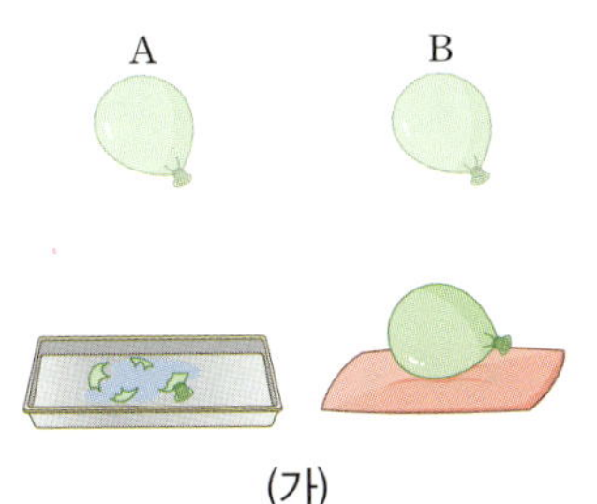

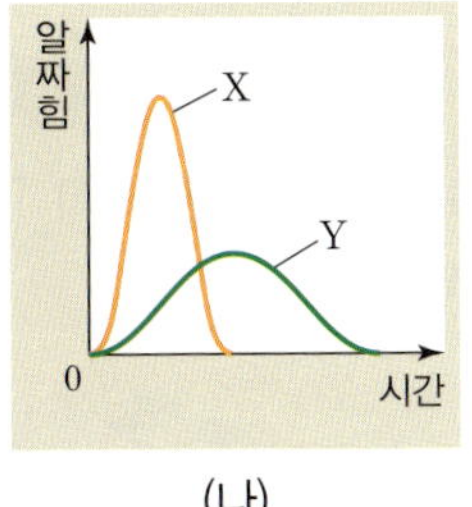

(가) | (나)

이에 대한 설명으로 옳은 것만을 〈보기〉에서 있는 대로 고른 것은? (단, A, B의 크기, 공기 저항은 무시한다.)

┤ 보기 ├
ㄱ. A가 받은 알짜힘을 나타낸 그래프는 X이다.
ㄴ. 충돌하면서 받은 충격량의 크기는 A가 B보다 크다.
ㄷ. 충돌하면서 받은 평균 힘의 크기는 A가 B보다 크다.

① ㄱ ② ㄴ ③ ㄱ, ㄷ ④ ㄴ, ㄷ ⑤ ㄱ, ㄴ, ㄷ

11 그림은 질량이 각각 $2m$, m인 찰흙 공 A, B가 각각 h, $4h$의 높이에서 자유 낙하한 후 바닥에 충돌하여 달라붙은 모습을 나타낸 것이다. A, B가 각각 바닥에 닿는 순간부터 완전히 멈출 때까지 걸린 시간은 같고, A가 바닥에 닿기 직전의 속력은 v이다. 이에 대한 설명으로 옳은 것만을 〈보기〉에서 있는 대로 고른 것은? (단, A, B의 크기, 공기 저항은 무시한다.)

> 25594-0318

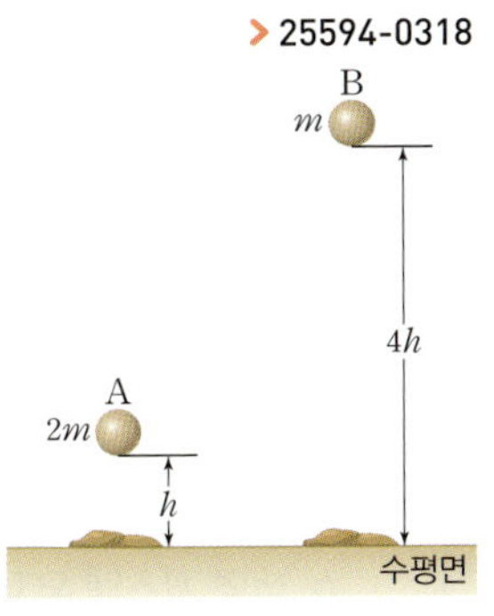

┤ 보기 ├
ㄱ. 바닥에 닿기 직전 A의 운동 에너지는 mv^2이다.
ㄴ. 바닥과 충돌하는 동안 B의 운동량 변화량의 크기는 mv이다.
ㄷ. 바닥과 충돌하는 동안 받은 알짜힘의 크기의 평균값은 A가 B보다 크다.

① ㄱ ② ㄷ ③ ㄱ, ㄴ ④ ㄴ, ㄷ ⑤ ㄱ, ㄴ, ㄷ

> 25594-0319

12 다음은 학생이 발표한 자료이다.

그림과 같이 피겨 스케이트 선수는 점프를 하기 전에 무릎을 굽히면서 점프 준비 동작을 취하고, 빙판에 닿는 순간부터 ㉠무릎을 구부렸다 펴는 착지 동작을 하면서 몸이 받는 충격을 완화한다.

이에 대한 설명으로 옳은 것만을 〈보기〉에서 있는 대로 고른 것은?

┤ 보기 ├
ㄱ. 선수가 빙판에 가한 충격량의 크기는 빙판이 선수에게 가한 충격량의 크기와 같다.
ㄴ. 공중에 떠 있을 때 선수에게 작용하는 중력은 0이다.
ㄷ. ㉠은 충돌 시간을 길게 하여 받는 평균 힘을 줄이기 위한 동작이다.

① ㄱ ② ㄴ ③ ㄱ, ㄷ ④ ㄴ, ㄷ ⑤ ㄱ, ㄴ, ㄷ

3 생명 시스템

- 우리 몸에서 생명활동을 수행하는 생명 시스템의 기본 단위에 대해 설명하기
- 세포막의 선택적 투과성을 이용한 물질 출입을 설명하기
- 생명 시스템 유지를 위한 화학 반응에 효소가 관여함을 설명하기
- 일상생활에서 효소가 활용되는 사례 발표하기
- 생명 시스템의 유지에 필요한 세포 내 유전정보의 흐름 설명하기
- 유전자로부터 단백질이 합성되기까지의 과정 설명하기

 이 단원의 **핵심**

● **세포막을 통한 물질 출입 원리는 무엇일까?**

확산	삼투
• 세포막을 경계로 물질이 용액의 농도가 높은 곳에서 낮은 곳으로 이동하는 현상 ➡ 산소, 이산화 탄소 등은 인지질 2중층을 통해 이동하며, 포도당, 이온 등은 막단백질을 통해 이동한다.	• 세포막을 경계로 용액의 농도가 낮은 곳에서 높은 곳으로 물이 이동하는 현상 ➡ 적혈구를 증류수에 넣으면 물이 적혈구 내부로 이동하여 적혈구의 부피가 증가한다.

● **생명 시스템 내에서의 물질대사와 유전정보의 흐름은 어떻게 일어나는가?**

물질대사	생명중심원리
• 생명체 내에서 일어나는 모든 화학 반응으로 효소가 관여한다.	• DNA의 유전정보가 RNA를 거쳐 단백질로 전달되는 것

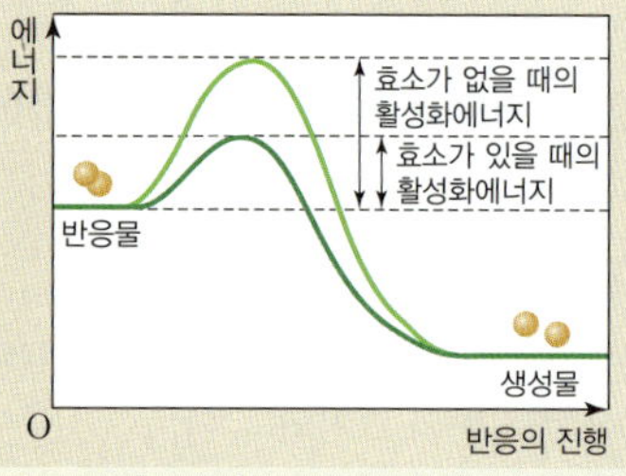

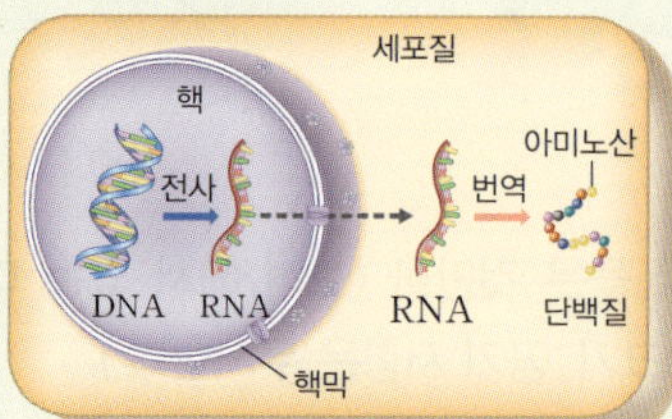

➡ 효소는 화학 반응의 활성화에너지를 낮춰 반응 속도를 빠르게 한다.

➡ DNA의 유전정보는 핵 속에서 RNA로 전사되며, 라이보솜에서 번역되어 단백질의 합성에 이용된다.

1 생명 시스템과 세포

(1) **생명 [1]시스템:** 각 생명체는 하나의 생명 시스템으로써 외부 환경 요소와 상호작용하면서 이루는 하나의 정교한 체계이다.

(2) **생명 시스템의 기본 단위:** 생명 시스템은 [2]다양한 화학 반응이 일어나는 세포를 기본 단위로 구성된다. [3]동물과 식물을 비롯한 모든 생물은 세포로 이루어져 있으며, 모양과 기능이 다양하다.

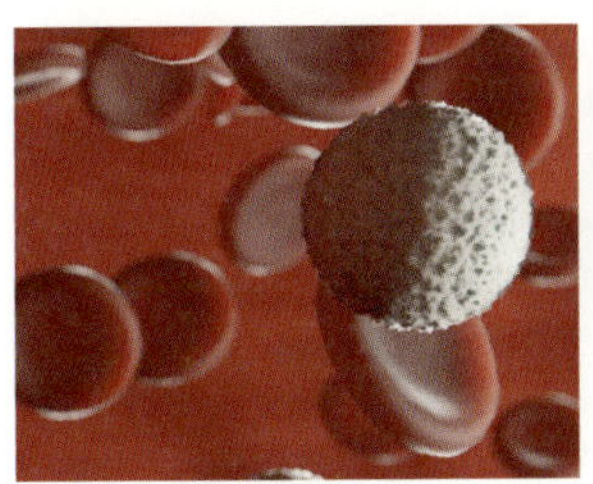
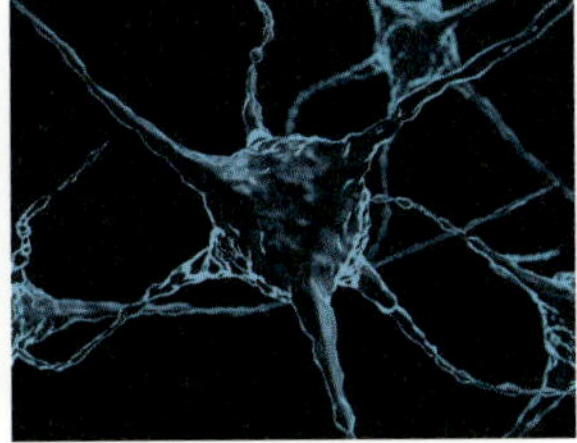
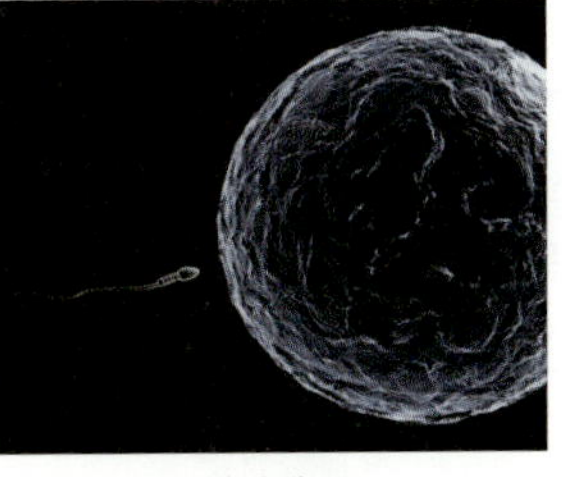

적혈구와 백혈구   신경세포   생식세포

〈우리 몸을 구성하는 다양한 세포의 모습〉

(3) **세포의 구조와 기능:** 세포막으로 외부와 구분된 세포는 핵과 서로 다른 기능을 하는 여러 소기관으로 구성되며, 각 세포 내 구조의 상호작용에 의해 유지되는 하나의 생명 시스템이다.

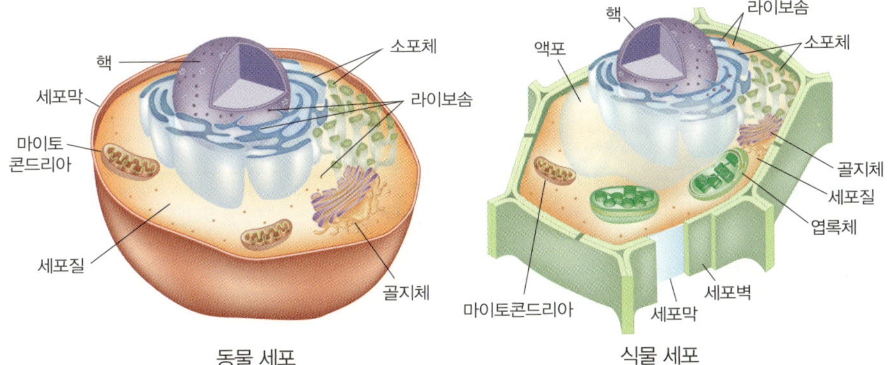

[4]세포 내 구조	기능
핵	유전정보를 가진 DNA가 있으며, 생명활동 조절
라이보솜	작은 알갱이 모양이며, 단백질을 합성
소포체	라이보솜에서 합성한 단백질을 세포 내 다른 부위로 운반
골지체	소포체에서 운반된 단백질의 변형 및 분비에 관여
마이토콘드리아	세포호흡을 통해 생명활동에 필요한 에너지를 생성
엽록체	빛에너지를 흡수하여 광합성을 통해 포도당 합성
액포	영양분, 색소, 노폐물 저장 및 세포의 생장과 삼투압 유지에 관여
세포막	세포를 둘러싸는 막으로 세포의 물질 출입 조절
세포벽	식물 세포의 세포막 바깥쪽에 있는 단단한 구조물, 세포의 형태 유지 및 보호

② 물질대사

(1) **❶물질대사:** 생명체 내에서 일어나는 모든 화학 반응이다. ➡ 녹말, 단백질 등 큰 분자가 포도당, 아미노산 등의 작은 분자로 분해되거나, 작은 분자가 다시 큰 분자로 합성되는 등의 물질대사에는 효소가 관여한다.

(2) **우리 몸에서 일어나는 물질대사의 예**

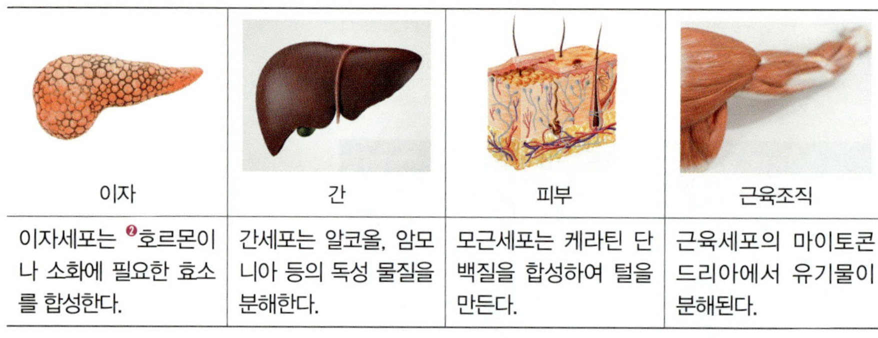

이자	간	피부	근육조직
이자세포는 ❷호르몬이나 소화에 필요한 효소를 합성한다.	간세포는 알코올, 암모니아 등의 독성 물질을 분해한다.	모근세포는 케라틴 단백질을 합성하여 털을 만든다.	근육세포의 마이토콘드리아에서 유기물이 분해된다.

(3) **물질대사의 종류**

구분	물질을 합성하는 반응 (동화작용)	물질을 분해하는 반응 (이화작용)
특징	작고 간단한 물질을 크고 복잡한 물질로 합성하는 반응으로 이 과정에서 ❸에너지가 흡수된다.	크고 복잡한 물질을 작고 간단한 물질로 분해하는 반응으로 이 과정에서 에너지가 방출된다.
예	광합성, 단백질합성	소화, 세포호흡

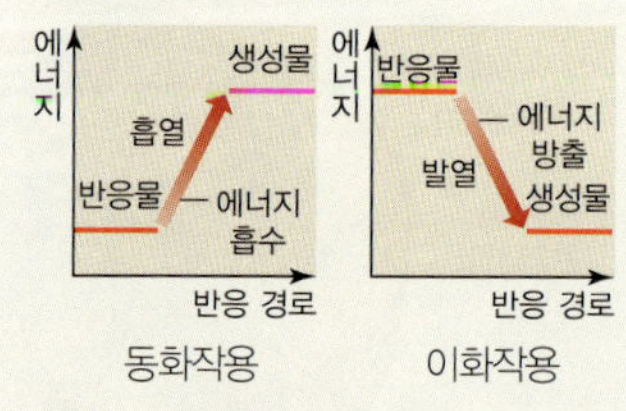

● **물질대사(세포호흡)와 생명체 밖 화학 반응(연소) 비교**

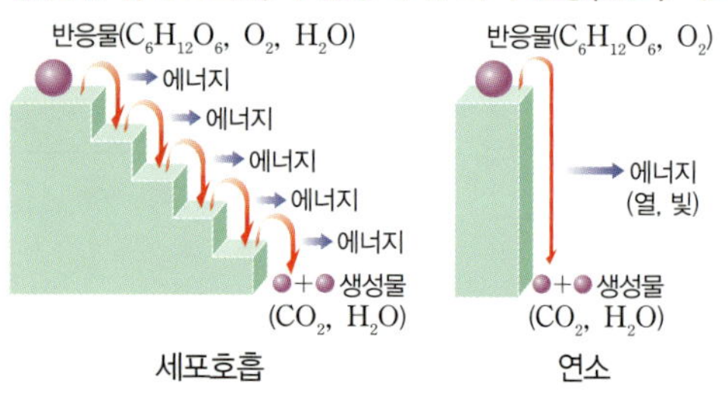

구분	세포호흡	연소
반응 온도	약 37 ℃	400 ℃ 이상
촉매	필요(효소)	불필요
에너지 방출	단계적으로 소량의 에너지 방출	한꺼번에 다량의 에너지 방출
에너지 형태	열에너지, 화학 에너지	빛에너지, 열에너지

③ 효소

(1) 효소(생체촉매)

① 생명체 내에서 합성되며, 주성분은 단백질이다. ➡ 효소는 단백질로 구성되므로 높은 온도에서는 입체 구조가 변화되어 [1]촉매 기능을 상실한다.

② 물질대사 과정에서 화학 반응을 촉진하는 생체촉매이다.

➡ 과산화 수소는 실온에서 물과 산소로 느리게 분해되지만, 효소([2]카탈레이스)를 넣으면 빠르게 분해된다.

★★ (2) 활성화에너지

① 화학 반응이 일어나기 위해 필요한 최소한의 에너지이다.

② 효소는 화학 반응의 활성화에너지를 낮춰 반응이 빠르게 일어나게 한다.

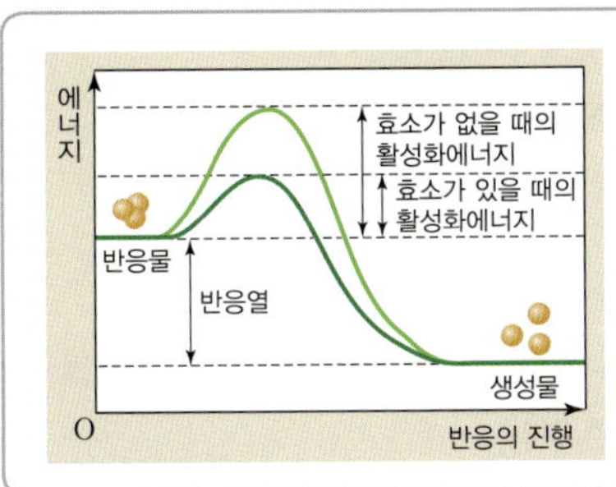

• 활성화에너지가 높을수록 화학 반응이 일어나기 어렵다.
➡ 활성화에너지가 높을수록 반응 속도가 느리다.
• 효소가 있을 때 활성화에너지가 감소하므로 화학 반응이 일어나기 쉽다.
➡ 효소가 있으면 반응 속도가 빨라진다.
• 효소가 있을 때와 없을 때 반응열은 변화 없다.

(3) 효소의 작용 원리

① 효소는 고유의 입체 구조를 갖는다.

② 효소는 [3]입체 구조에 들어맞는 반응물(기질)과 결합하여 활성화에너지를 낮춘다.

③ 반응이 끝난 후 생성물은 효소에서 분리되며, 효소는 다음 반응에 재사용된다.

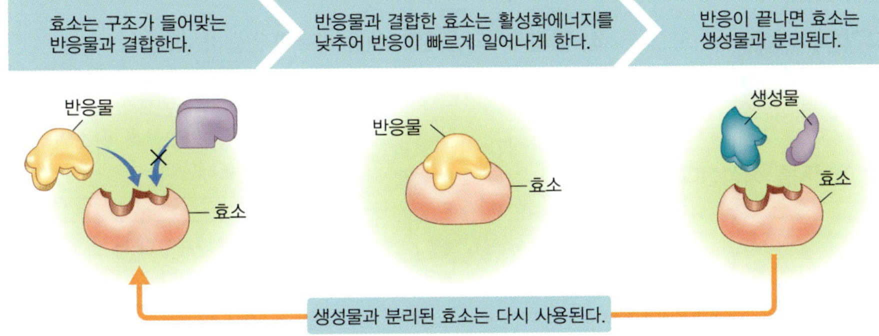

(4) 효소의 활용

① 효소에 의한 화학 반응은 위험성이 적고, 경제적이며 친환경적이다.

② 효소는 생명체 안에서뿐만 아니라 생명체 밖에서도 작용해 화학 반응을 빠르게 할 수 있다.

③ 효소의 활용 사례
• 세탁 세제와 렌즈 세정제에는 단백질분해효소가 들어 있다.
• 엿기름에 포함된 아밀레이스를 이용하여 단맛이 나는 식혜를 만든다.
• 당뇨병을 진단하기 위해 포도당 분해효소가 포함된 요검사지를 이용한다.

빈칸 완성

1. 생명체의 구조적·기능적 기본 단위는 (　　　)이다.

2. 사람은 조직, 기관 등의 구성요소 간 상호작용으로 생명활동이 나타나는 하나의 (　　　)이다.

3. 생물에서 서로 모양과 기능이 비슷한 세포가 모여 조직을, 여러 조직이 모여 고유한 형태와 기능을 나타내는 기관을, 기관이 모여 독립된 하나의 생명체인 (　　　)을/를 구성한다.

4. (　　　)은/는 생명체 내에서 물질이 분해되거나 합성되는 모든 화학 반응이다.

5. (　　　)은/는 화학 반응이 일어나기 위해 필요한 최소한의 에너지이다.

둘 중에 고르기

6. (세포호흡, 광합성) 과정을 통해 빛에너지를 흡수하여 포도당을 합성하는 세포소기관인 엽록체는 동물 세포에는 (있, 없)다.

7. 동화작용에서는 (작은, 큰) 물질이 (작은, 큰) 물질로 (합성, 분해)된다.

8. (동화작용, 이화작용)의 예로는 세포호흡이 있고, (동화작용, 이화작용)의 예로는 단백질합성이 있다.

9. 효소는 활성화에너지를 (높여, 낮추어) 반응 속도를 (빠르게, 느리게) 하는 물질이다.

정답 **1.** 세포 **2.** 생명 시스템 **3.** 개체 **4.** 물질대사 **5.** 활성화에너지 **6.** 광합성, 없 **7.** 작은, 큰, 합성 **8.** 이화작용, 동화작용 **9.** 낮추어, 빠르게

단답형

1. 다음에서 설명하는 세포 내 구조를 〈보기〉에서 찾아 쓰시오.

보기
핵　마이토콘드리아　엽록체　라이보솜

(1) 세포호흡을 통해 생명활동에 필요한 에너지를 생성한다.
(　　　)

(2) 세포의 생명활동을 조절하는 중추이다. (　　　)
(3) 빛에너지를 이용하여 포도당을 합성한다. (　　　)
(4) 핵산의 유전 정보를 바탕으로 단백질을 합성한다. (　　　)

2. 활성화에너지를 낮춰 반응 속도를 증가시키는 생체촉매를 무엇이라고 하는지 쓰시오.

3. 특정한 효소는 특정한 기질하고만 결합한다. 이러한 효소의 특성을 무엇이라고 하는지 쓰시오.

바르게 연결하기

4. 물질대사의 특징과 예를 바르게 연결하시오.

(1) 작고 간단한 물질을 크고 복잡한 물질로 합성하는 반응 ·

(2) 크고 복잡한 물질을 작고 간단한 물질로 분해하는 반응 ·

· ㉠ 마이토콘드리아에서 유기물이 이산화 탄소와 물로 분해된다.

· ㉡ 이자세포에서 소화효소를 합성한다.

· ㉢ 간에서 알코올이 분해된다.

· ㉣ 에너지가 흡수된다.

· ㉤ 에너지가 방출된다.

정답 **1.** (1) 마이토콘드리아 (2) 핵 (3) 엽록체 (4) 라이보솜 **2.** 효소 **3.** 기질특이성 **4.** (1)—㉡, ㉣ (2)—㉠, ㉢, ㉤

① 세포막을 통한 물질의 출입

(1) **세포막**: 세포 주변의 환경과 세포 사이에서 물질의 출입을 조절한다.
　① ❶인지질이 2중층으로 배열되어 있으며, 인지질 2중층 곳곳에 단백질이 있다.
　② 물질의 종류에 따라 세포 안팎으로 물질의 출입이 선택적으로 조절(선택적 투과성)된다.

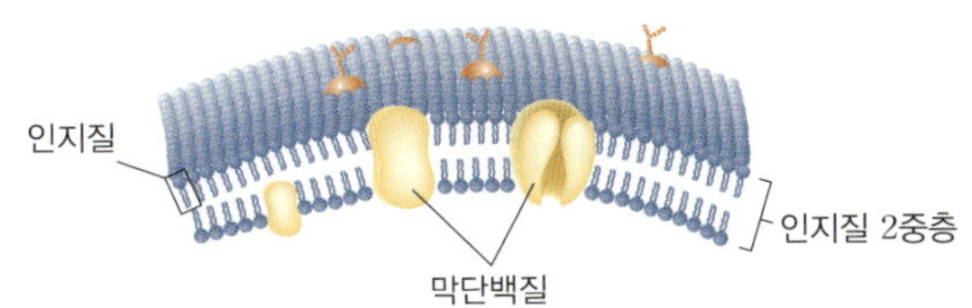

(2) **세포막을 통한 물질 이동**
　① ❷확산: 세포막을 경계로 물질이 용액의 농도가 높은 곳에서 낮은 곳으로 이동하는 현상
　　• 인지질층을 통한 확산(단순 확산): 크기가 작은 물질, 지질 입자 등 물과 잘 결합하지 않는 물질이 이동하는 방식이다.
　　• 인지질층을 통한 확산의 예: 산소, 이산화 탄소 등
　　　➡ 폐포와 모세혈관 사이에서 산소와 이산화 탄소 등의 기체 교환은 확산으로 일어난다.

　　• 막단백질을 통한 확산(촉진 확산): 이온과 같이 전하를 띠는 물질이나 인지질 2중층을 바로 통과할 수 없는 물질은 막단백질을 통해 이동한다.
　　　➡ 통로 역할을 하는 단백질의 구조가 다양하므로 특정 단백질 통로를 통해서는 특정 물질만 ❸선택적으로 투과한다.

　　• 막단백질을 통한 확산의 예: 포도당, 아미노산, Na^+, K^+ 등
　　　➡ 작은창자에서 아미노산이 흡수된다.
　② 삼투: 세포막을 경계로 막을 통과하지 못하는 ❹용질 입자가 있을 때 용액의 농도가 낮은 곳에서 용액의 농도가 높은 곳으로 물이 이동하는 현상이다.
　　• 식물 세포에서의 삼투

세포 안보다 용질의 농도가 낮은 용액에 있을 때	세포 안과 용질의 농도가 같은 용액에 있을 때	세포 안보다 용질의 농도가 높은 용액에 있을 때
세포의 부피 증가	세포의 부피 변화 없음	❺세포막과 세포벽이 분리

---

❶ 인지질
친수성인 머리 부분과 소수성인 꼬리 부분으로 이루어진 인지질은 물이 많은 세포 안팎의 환경에서 머리 부분은 바깥쪽으로, 꼬리 부분은 안쪽으로 배열되어 인지질 2중층을 형성하여 세포 내부와 외부를 효과적으로 분리한다.

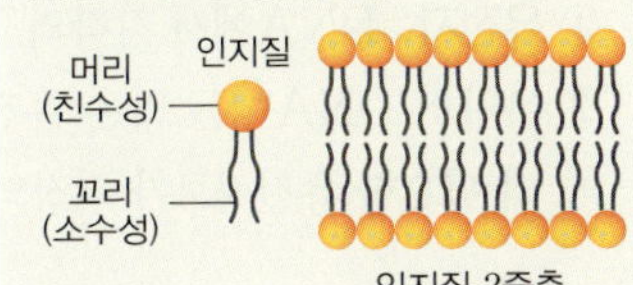

❷ 확산
세포막을 경계로 물질의 농도가 높은 곳에서 낮은 곳으로 이동하므로 확산의 결과 세포 안팎에서 물질의 농도 차는 감소하게 된다.

❸ 선택적 투과

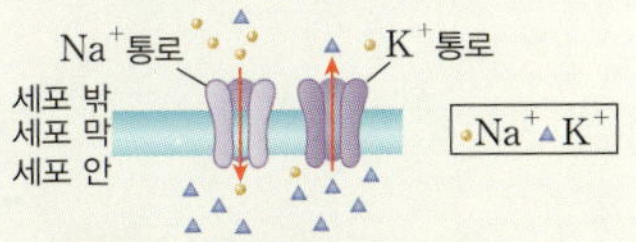

➡ Na^+ 통로를 통해서는 Na^+만 이동하고, K^+ 통로를 통해서는 K^+만 이동한다.

❹ 용질
용매에 녹아 들어가는 물질

❺ 원형질분리
식물 세포를 세포 안보다 용질의 농도가 높은 용액에 넣었을 때 세포막과 세포벽이 분리되는 현상이다.

• 동물 세포(적혈구)에서의 삼투

세포 안보다 용질의 농도가 낮은 용액에 있을 때	세포 안과 용질의 농도가 같은 용액에 있을 때	세포 안보다 용질의 농도가 높은 용액에 있을 때
세포의 부피 증가 ➡ ❶심한 경우 터짐	세포의 부피 변화 없음 ➡ 출입하는 물의 양이 같음	세포의 부피 감소 ➡ 적혈구가 쭈그러듦

② 세포 내 정보의 흐름

(1) 유전자와 단백질

① 유전자: DNA에서 각각의 ❷형질에 대한 유전정보가 저장되는 특정 부위이다.

② 하나의 DNA에는 많은 유전자가 정해진 위치에 있으며, 각각 특정한 단백질을 만드는 데 필요한 유전정보가 저장되어 있다.

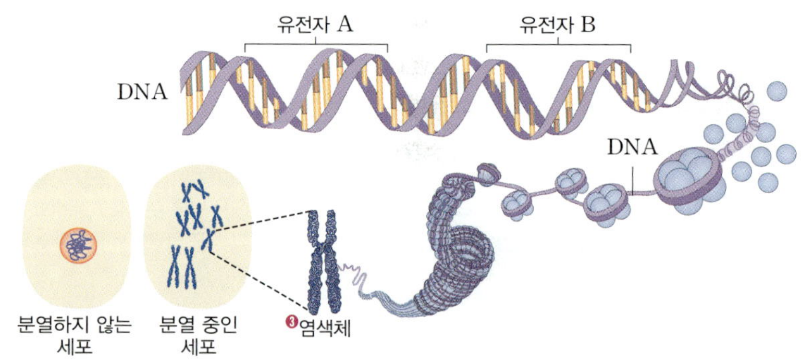

③ 유전자에 의해 만들어진 단백질이 작용하여 형질이 나타난다.

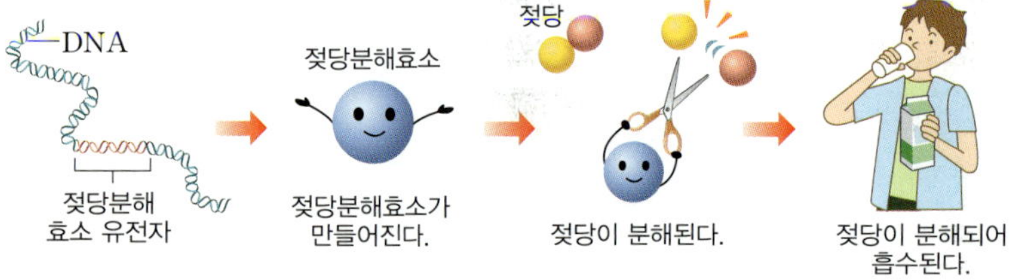

젖당의 분해가 일어나기까지 우리 몸에서 일어나는 과정

④ ❹유전자가 다르면 합성되는 단백질이 달라져 형질이 다르게 나타난다.

❶ 용혈 현상

적혈구를 세포 안보다 용질의 농도가 많이 낮은 용액에 넣었을 때 적혈구가 터지는 현상

❷ 형질

사람의 키, 귓불 모양, 눈동자 색, 머리카락 색 등과 같이 생물이 나타내는 여러 가지 특징이다.

❸ 염색체

분열 중인 세포에서 막대 모양으로 관찰되며, DNA를 포함한다.

❹ 유전자의 종류와 형질

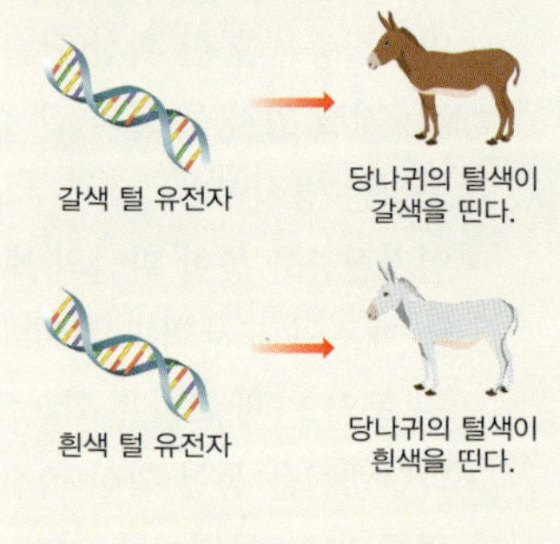

달걀을 이용한 삼투 실험

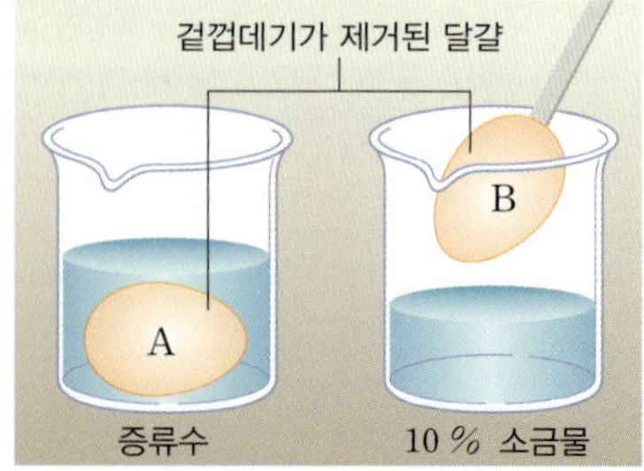

[실험 과정 및 결과]

① 식초가 든 비커에 날달걀 A와 B를 넣어 겉껍데기가 제거되면 각각 질량을 측정한다.

② A는 증류수에, B는 10 %의 소금물에 각각 넣는다.

③ 일정 시간 후 A의 질량은 증가하고, B의 질량은 감소하였다.

➡ 증류수에 넣은 A에서는 물이 달걀 내부로 들어왔기 때문에 질량이 증가하였고, 10 % 소금물에 넣은 B에서는 물이 달걀 내부에서 빠져나갔기 때문에 질량이 감소하였다.

➡ A와 B에서 모두 세포막을 통해 물이 이동하는 삼투가 일어났다.

(2) 세포 내 유전정보의 흐름

① 세포 내에서 단백질이 만들어질 때 DNA의 유전정보가 RNA로 전달되는 전사가 일어나고, RNA의 정보를 이용하여 단백질이 합성되는 번역이 일어난다. ➡ [1]생명중심원리

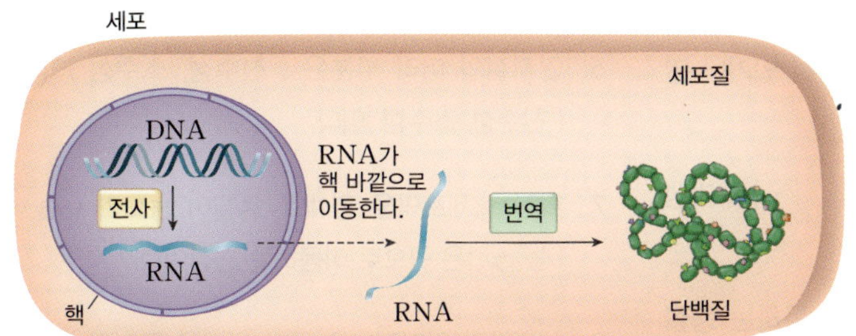

② 유전정보는 유전자를 이루는 DNA의 염기서열에 저장되어 있으며, 염기 배열 순서는 단백질의 아미노산 배열 순서에 대한 정보를 저장한다.

③ 유전정보의 전달과 발현

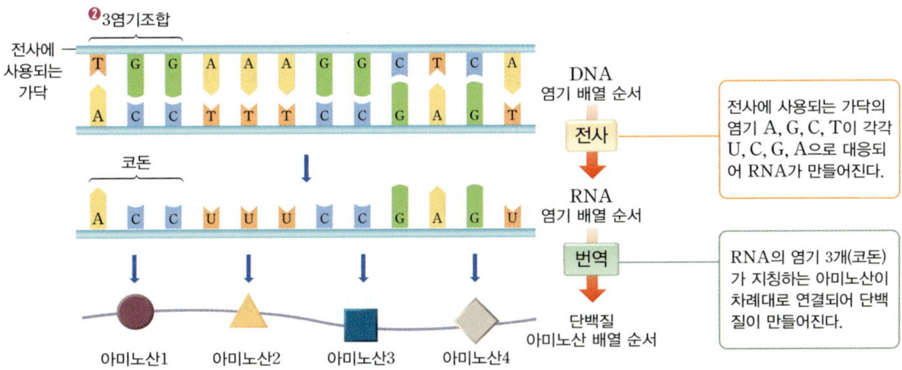

- [3]DNA의 한 가닥을 주형으로 하여 RNA 합성 ➡ 전사
- 전사된 RNA가 라이보솜에 결합하여 코돈의 순서에 따라 대응되는 아미노산이 순서대로 펩타이드결합으로 연결되어 단백질 합성 ➡ 번역
- 합성된 단백질에 의해 형질 발현

❶ 생명중심원리

DNA의 유전정보가 RNA를 거쳐 단백질로 전달되는 유전정보의 흐름을 설명하는 원리이다.

❷ 3염기조합과 코돈

DNA의 3염기조합이 전사되면 RNA의 코돈이 되며, 전사에 사용되는 DNA 가닥의 염기와 대응되는 RNA 가닥의 염기는 서로 상보적이다.

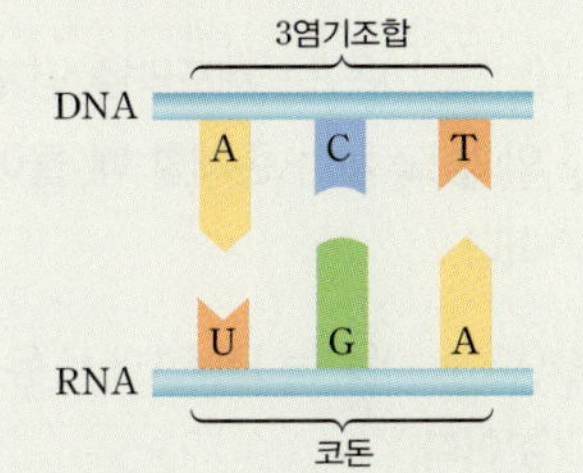

DNA의 주형 가닥 염기	RNA의 상보적인 염기
A	U
G	C
C	G
T	A

❸ DNA와 RNA

이중나선구조인 DNA는 RNA에 비해 안정적인 구조로 유전정보를 저장하고, 단일 가닥인 RNA는 주로 유전정보를 전달한다.

➡ DNA에 저장된 유전정보는 RNA를 통해 핵 밖으로 전달되므로 DNA는 안전하게 보존될 수 있다.

◦ 유전암호(유전부호)의 특징

- 표는 유전암호를 이루는 염기의 개수에 따라 가능한 유전부호의 개수를 나타낸 것이다.

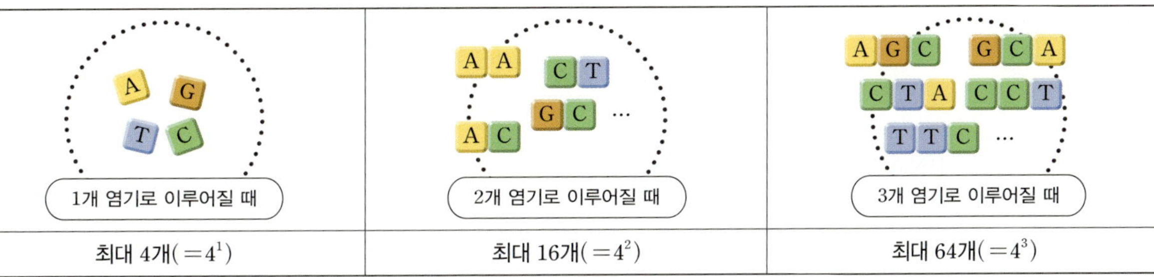

최대 4개 ($=4^1$)	최대 16개 ($=4^2$)	최대 64개 ($=4^3$)

➡ 20종류의 아미노산을 모두 지정하려면 적어도 3개의 염기가 조합($4^3 = 64$)을 이루어야 한다.

빈칸 완성

1. 세포막은 인지질 (　　　)중층에 단백질이 파묻혀 있거나 관통하고 있는 구조이다.

2. 세포막은 세포 안팎의 물질 출입을 조절하는 (　　　) 투과성이 있다.

3. (　　　)은/는 세포막을 경계로 막을 통과하지 못하는 용질의 농도 차가 존재할 때 물이 세포막을 통해 이동하는 현상이다.

4. (　　　)은/는 DNA에서 유전정보가 저장되어 있는 특정 부분이다.

5. (　　　)은/는 효소, 호르몬, 항체 등의 주성분으로 세포의 생명활동을 조절하여 생물의 형질을 결정한다.

둘 중에 고르기

6. 인지질의 머리 부분은 (친수성, 소수성)이고, 꼬리 부분은 (친수성, 소수성)이다.

7. 확산은 세포막을 경계로 물질이 농도가 (높, 낮)은 곳에서 (높, 낮)은 곳으로 이동하는 현상이다.

8. 세포막의 인지질층을 통한 확산은 물질의 크기가 (작, 크)고, 극성이 (있, 없)는 물질이 이동하는 방식이다.

9. 동물 세포를 세포보다 농도가 높은 용액에 넣으면 세포의 부피는 (증가, 감소)한다.

10. 코돈은 (DNA, RNA)에서 1개의 아미노산을 암호화하는 연속된 (2, 3)개의 염기이다.

정답 **1.** 2 **2.** 선택적 **3.** 삼투 **4.** 유전자 **5.** 단백질 **6.** 친수성, 소수성 **7.** 높, 낮 **8.** 작, 없 **9.** 감소 **10.** RNA, 3

단답형

1. 다음에서 설명하는 세포막을 통한 물질의 이동 방식이 무엇인지 쓰시오.

> 세포막을 경계로 용액의 농도가 높은 곳에서 낮은 곳으로 용질이 이동하여 세포 안팎의 농도 차가 감소한다.

(　　　　　　)

2. DNA의 3염기조합 AGT의 상보적인 RNA 코돈의 염기 서열을 쓰시오.

(　　　　　　)

3. DNA의 유전정보가 RNA를 거쳐 단백질로 전달되는 유전정보의 흐름을 설명하는 원리는 무엇인지 쓰시오.

(　　　　　　)

바르게 연결하기

4. 유전정보의 전달 과정에서 DNA의 염기와 짝이 되는 RNA의 염기를 바르게 연결하시오.

DNA의 염기	RNA의 염기
(1) 아데닌(A) ·	· ㉠ 아데닌(A)
(2) 구아닌(G) ·	· ㉡ 구아닌(G)
(3) 사이토신(C) ·	· ㉢ 사이토신(C)
(4) 타이민(T) ·	· ㉣ 유라실(U)

5. 유전정보의 흐름에 따라 형질이 발현되는 과정을 순서대로 연결하시오.

(1) ·	· ㉠ DNA로부터 RNA가 합성된다.
↓	
(2) ·	· ㉡ 단백질이 작용하여 형질이 나타난다.
↓	
(3) ·	· ㉢ RNA의 코돈 서열에 따라 아미노산이 결합하여 단백질이 합성된다.

정답 **1.** 확산 **2.** UCA **3.** 생명중심원리 **4.** (1)―㉣ (2)―㉢ (3)―㉡ (4)―㉠ **5.** (1)―㉠ (2)―㉢ (3)―㉡

목표

카탈레이스에 의해 과산화 수소가 분해되는 원리를 확인할 수 있다.

과정

1. 생감자를 강판에 간 다음 거즈로 걸러 감자즙을 만든다.
2. 시험관 A~C를 준비한 후 각각 3 % 과산화 수소수 3 mL를 넣는다.
3. A~C에 그림과 같이 증류수, 감자즙, 삶은 감자즙을 넣고, 각각 거품이 발생하는지를 관찰한다.

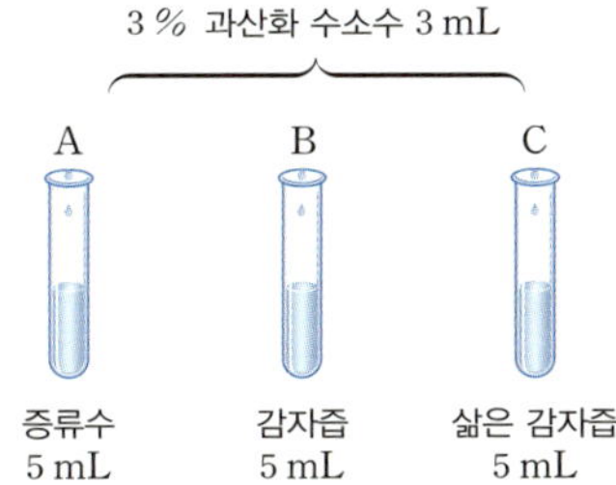

4. 향에 불을 붙였다가 끈 후, 꺼져가는 불씨를 A~C에 각각 넣고 불씨의 변화를 관찰한다.

결과 정리 및 해석

1. A~C에서 거품 발생 여부를 정리해 보자.

시험관	A	B	C
거품 발생 여부	발생하지 않음	발생함	발생하지 않음

→ 감자즙에는 과산화 수소 분해효소인 카탈레이스가 있다.

→ A에는 카탈레이스가 없어 과산화 수소가 분해되지 않아 거품이 발생하지 않았다.

→ B에서는 감자즙에 들어 있는 카탈레이스에 의해 과산화 수소가 분해되어 거품이 발생하였다.

→ C에는 과산화 수소를 분해하는 카탈레이스가 열에 의해 변성되었으므로 과산화 수소가 분해되지 않아 거품이 발생하지 않았다.

2. A~C에서 꺼져가는 불씨의 변화를 정리해 보자.

시험관	A	B	C
불씨의 변화	변화 없음	살아남	변화 없음

→ B에서 발생한 기체는 과산화 수소가 분해되어 만들어진 산소(O_2)이다.

탐구 분석

1. 화학 반응에서 효소의 역할은 무엇인지 서술하시오.

　→

2. B에서 거품 발생이 멈추었을 때 과산화 수소수를 추가로 더 넣으면 거품 발생은 어떻게 될지 서술하시오.

　→

01 세포에 대한 설명으로 옳은 것만을 〈보기〉에서 있는 대로 고른 것은?

> 25594-0320

┤ 보기 ├
ㄱ. 생명 시스템의 기본 단위이다.
ㄴ. 다양한 화학 반응이 일어난다.
ㄷ. 세포막을 통해 물질의 출입을 조절한다.

① ㄱ   ② ㄴ   ③ ㄱ, ㄷ
④ ㄴ, ㄷ   ⑤ ㄱ, ㄴ, ㄷ

02 물질대사에 대한 설명으로 옳은 것만을 〈보기〉에서 있는 대로 고른 것은?

> 25594-0321

┤ 보기 ├
ㄱ. 효소가 관여하는 반응이다.
ㄴ. 에너지의 흡수와 방출이 일어난다.
ㄷ. 생명체 밖에서 일어나는 화학 반응이다.

① ㄱ   ② ㄷ   ③ ㄱ, ㄴ
④ ㄴ, ㄷ   ⑤ ㄱ, ㄴ, ㄷ

03 그림 (가)와 (나)는 마이토콘드리아와 엽록체를 순서 없이 나타낸 것이다.

> 25594-0322

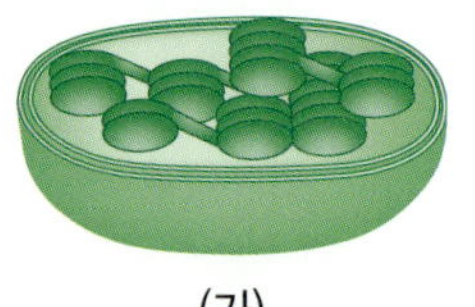

(가)   (나)

이에 대한 설명으로 옳지 않은 것은?

① (가)는 엽록체이다.
② (가)에서 광합성이 일어난다.
③ (가)는 동물 세포와 식물 세포에 모두 있다.
④ (나)에서 물질대사가 일어난다.
⑤ (나)에서 생명활동에 필요한 에너지가 생성된다.

04 그림은 세포에서 일어나는 물질대사를 나타낸 것이다.

> 25594-0323

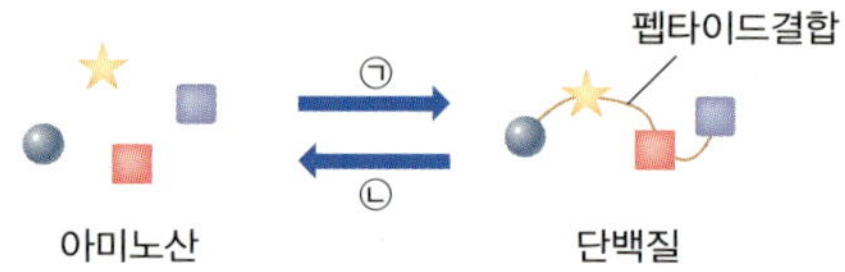

이에 대한 설명으로 옳은 것만을 〈보기〉에서 있는 대로 고른 것은?

┤ 보기 ├
ㄱ. 라이보솜에서 과정 ㉠이 일어난다.
ㄴ. 과정 ㉠에서 에너지의 흡수가 일어난다.
ㄷ. 과정 ㉡에 효소가 관여한다.

① ㄱ   ② ㄷ   ③ ㄱ, ㄴ
④ ㄴ, ㄷ   ⑤ ㄱ, ㄴ, ㄷ

05 그림은 세포막의 구조를 나타낸 것이다. 이에 대한 설명으로 옳지 않은 것은?

> 25594-0324

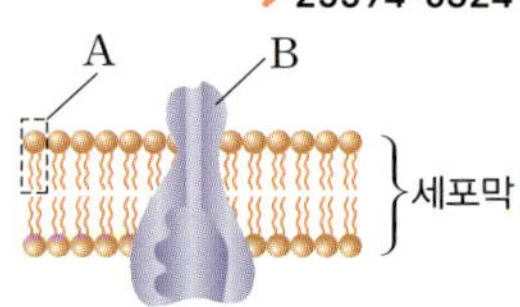

① A는 인지질이다.
② B는 막단백질이다.
③ A에는 친수성 부분이 없다.
④ 세포막에서 A는 2중층을 이루고 있다.
⑤ 세포막을 통한 물질 출입은 선택적으로 일어난다.

06 그림은 세포막을 통한 물질 A와 B의 이동을 나타낸 것이다. A와 B는 각각 산소와 포도당 중 하나이다.

> 25594-0325

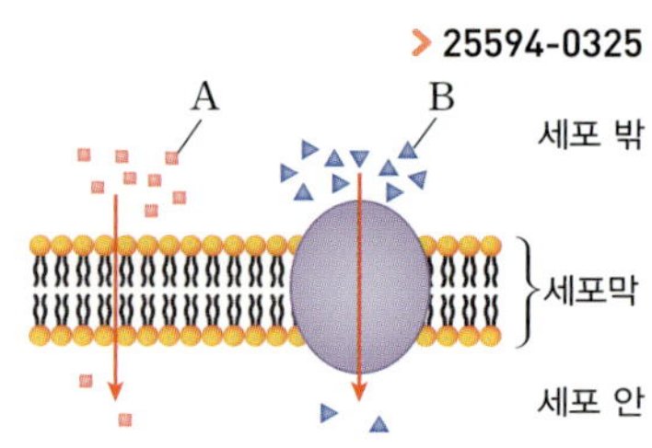

이에 대한 설명으로 옳은 것은?

① A는 산소이다.
② A는 친수성 물질이다.
③ B는 세포막의 인지질층을 직접 투과한다.
④ A의 농도는 세포 안에서가 세포 밖에서보다 높다.
⑤ B의 농도는 세포 안에서가 세포 밖에서보다 높다.

> 25594-0326

07 그림은 사람의 적혈구를 용액 X에 넣었을 때의 변화를 나타낸 것이다.

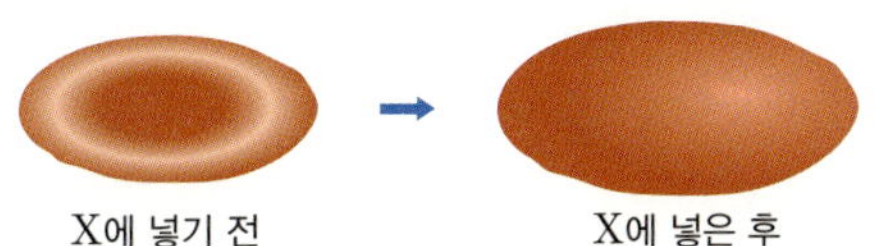

이에 대한 설명으로 옳은 것을 모두 고르면? (2개)

① 적혈구의 부피는 증가하였다.
② 적혈구의 세포질 농도는 증가하였다.
③ 적혈구의 세포막을 통한 삼투가 일어났다.
④ 적혈구를 넣기 전 X의 농도는 적혈구의 세포질보다 높다.
⑤ 적혈구의 세포막을 통해 빠져나간 물이 들어온 물보다 많다.

중요

> 25594-0327

08 그림은 효소에 의한 반응에서 효소의 유무에 따른 에너지 변화를 나타낸 것이다.

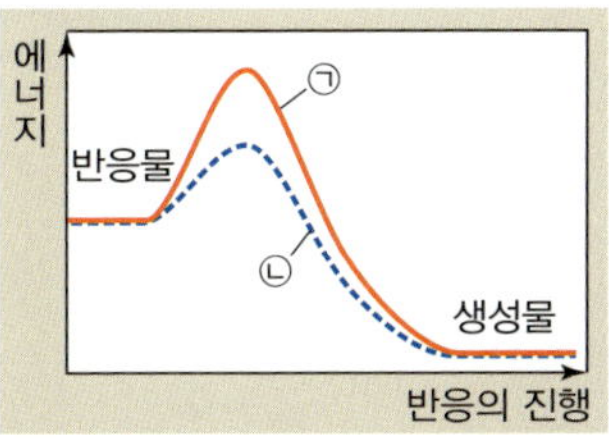

이에 대한 설명으로 옳은 것만을 〈보기〉에서 있는 대로 고른 것은?

〈보기〉
ㄱ. ㉠은 효소가 있을 때의 에너지 변화이다.
ㄴ. 반응 속도는 ㉠에서가 ㉡에서보다 빠르다.
ㄷ. 활성화에너지는 ㉠에서가 ㉡에서보다 높다.

① ㄱ　　② ㄷ　　③ ㄱ, ㄴ　　④ ㄴ, ㄷ　　⑤ ㄱ, ㄴ, ㄷ

> 25594-0328

09 효소에 대한 설명으로 옳은 것만을 〈보기〉에서 있는 대로 고른 것은?

〈보기〉
ㄱ. 생체촉매이다.
ㄴ. 반응 과정에서 소모된다.
ㄷ. 활성화에너지를 낮춰 반응 속도를 빠르게 한다.

① ㄱ　　② ㄴ　　③ ㄷ　　④ ㄱ, ㄷ　　⑤ ㄴ, ㄷ

> 25594-0329

10 그림은 세포 내에서 유전정보를 저장하고 있는 물질의 구조를 나타낸 것이다. ㉠과 ㉡은 각각 염색체와 DNA 중 하나이다.

이에 대한 설명으로 옳지 않은 것은?

① ㉠은 염색체이다.
② ㉡에는 뉴클레오타이드가 있다.
③ 1개의 ㉠에는 1개의 유전자가 있다.
④ A에는 RNA의 전사에 필요한 유전정보가 있다.
⑤ B에는 단백질의 합성에 필요한 유전정보가 있다.

중요

[11~12] 그림은 동물 세포에서 유전정보의 흐름을 나타낸 것이다.

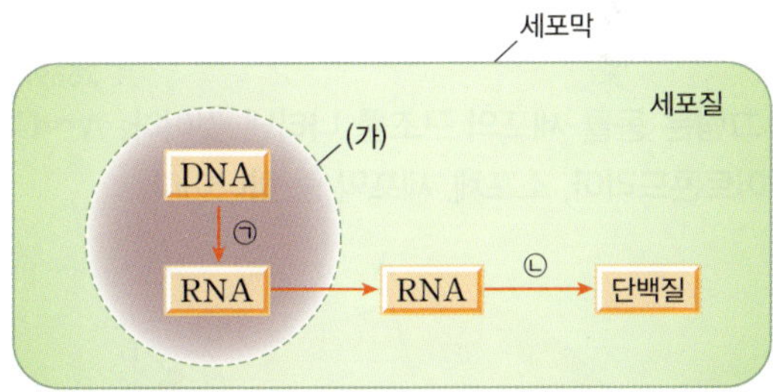

> 25594-0330

11 과정 ㉠이 일어나는 세포 내 구조 (가)는?

① 핵　　　　② 소포체　　　　③ 골지체
④ 엽록체　　⑤ 라이보솜

> 25594-0331

12 과정 ㉠과 ㉡을 옳게 짝 지은 것은?

	㉠	㉡
①	전사	복제
②	복제	번역
③	복제	전사
④	전사	번역
⑤	번역	전사

01 표는 식물 세포를 구성하는 세포 내 구조 A~C의 특징을 나타낸 것이다. A~C는 핵, 엽록체, 라이보솜을 순서 없이 나타낸 것이다.

> 25594-0332

구분	특징
A	세포의 생명활동을 조절
B	RNA의 유전정보에 따라 단백질합성
C	빛에너지를 이용하여 포도당을 합성

이에 대한 설명으로 옳은 것만을 〈보기〉에서 있는 대로 고른 것은?

〈보기〉
ㄱ. A는 핵이다.
ㄴ. B에서 물질대사가 일어난다.
ㄷ. C는 동물 세포에도 있는 세포 내 구조이다.

① ㄱ   ② ㄷ   ③ ㄱ, ㄴ
④ ㄴ, ㄷ   ⑤ ㄱ, ㄴ, ㄷ

중요

02 그림은 동물 세포의 구조를 나타낸 것이다. A~C는 각각 마이토콘드리아, 소포체, 세포막 중 하나이다.

> 25594-0333

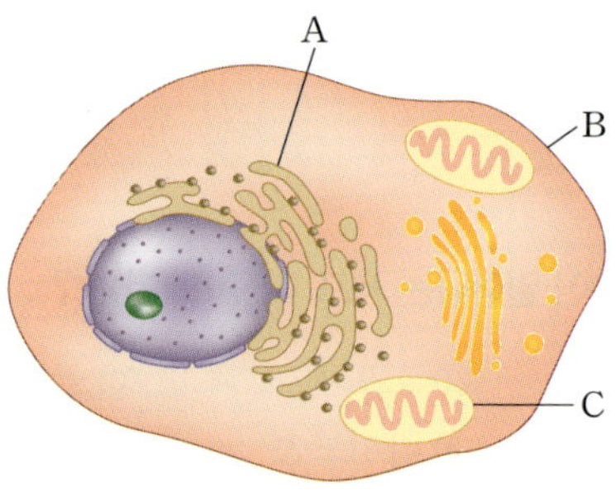

이에 대한 설명으로 옳은 것만을 〈보기〉에서 있는 대로 고른 것은?

〈보기〉
ㄱ. A는 소포체이다.
ㄴ. B에서 인지질은 2중층으로 배열되어 있다.
ㄷ. C에서 생명활동에 필요한 에너지가 생성된다.

① ㄱ   ② ㄴ   ③ ㄱ, ㄷ
④ ㄴ, ㄷ   ⑤ ㄱ, ㄴ, ㄷ

03 그림은 세포막의 구조를, 표는 세포막을 통한 Na^+의 이동에 대한 설명을 나타낸 것이다. ㉠과 ㉡은 각각 단백질과 인지질 중 하나이다.

> 25594-0334

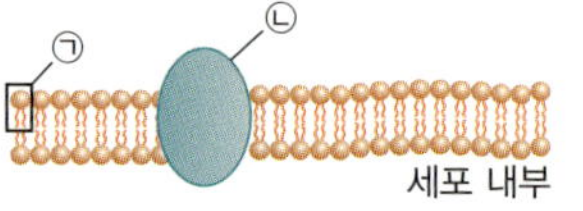

Na^+는 세포막에 있는 ㉠과 ㉡ 중 하나를 통해 확산된다.

이에 대한 설명으로 옳은 것만을 〈보기〉에서 있는 대로 고른 것은?

〈보기〉
ㄱ. ㉠은 인지질이다.
ㄴ. Na^+은 ㉡을 통해 확산된다.
ㄷ. 세포막에서 ㉡은 고정되어 있다.

① ㄱ   ② ㄴ   ③ ㄷ
④ ㄱ, ㄴ   ⑤ ㄴ, ㄷ

서술형

04 그림 (가)는 세포막의 구조를, (나)는 ㉠의 구조를 나타낸 것이다.

> 25594-0335

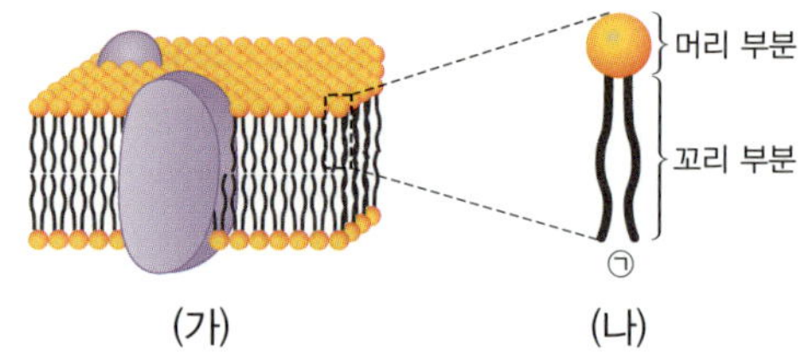

(1) 다음 빈칸에 적절한 용어를 쓰시오.

㉠의 머리 부분은 (   )성의 성질을, 꼬리 부분은 (   )성의 성질을 갖는다.

(2) 세포막에서 ㉠이 배열되어 있는 형태를 세포 안팎의 환경 및 (1)에 작성한 답안과 연결지어 서술하시오.

____

____

> 25594-0336

05 그림 (가)와 (나)는 동물 세포에서 일어나는 물질대사에서의 에너지 변화를 나타낸 것이다.

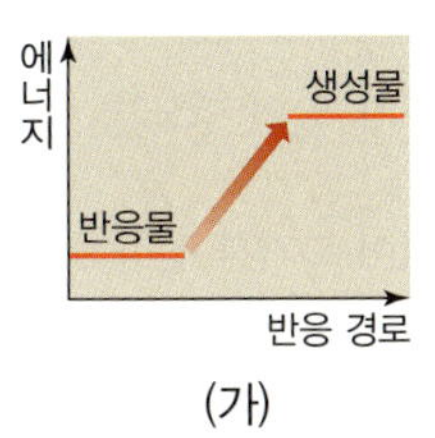
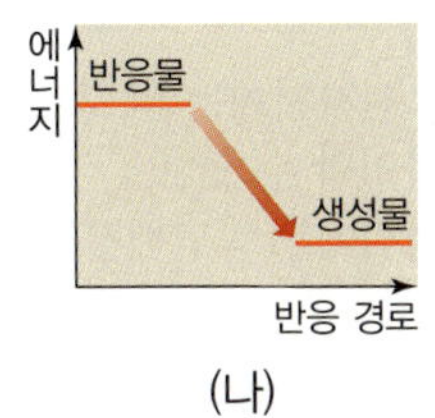

이에 대한 설명으로 옳은 것만을 〈보기〉에서 있는 대로 고른 것은?

┌ 보기 ┐
ㄱ. (가)에서 에너지가 흡수된다.
ㄴ. (나)에서 반응물이 생성물로 분해된다.
ㄷ. (가)와 (나)에 모두 효소가 관여한다.

① ㄱ   ② ㄴ   ③ ㄱ, ㄷ
④ ㄴ, ㄷ   ⑤ ㄱ, ㄴ, ㄷ

⭐중요

> 25594-0337

06 표는 양파 세포를 농도가 서로 다른 용액이 담긴 비커 A~D에 넣고 시간 t만큼 경과한 후 꺼내어 양파 세포 질량의 변화(나중 질량−처음 질량)를 측정한 결과를 나타낸 것이다.

비커	질량의 변화(g)	비커	질량의 변화(g)
A	0	C	+0.3
B	−0.2	D	−0.5

A~D에 대한 설명으로 옳은 것만을 〈보기〉에서 있는 대로 고른 것은?

┌ 보기 ┐
ㄱ. 시간 t가 경과한 후 양파 세포의 부피는 D에서가 가장 크다.
ㄴ. 양파 세포를 넣기 전 용액의 농도는 A에서가 B에서보다 낮다.
ㄷ. 양파 세포에서 빠져나간 물의 양이 가장 많은 것은 C이다.

① ㄱ   ② ㄴ   ③ ㄱ, ㄷ
④ ㄴ, ㄷ   ⑤ ㄱ, ㄴ, ㄷ

> 25594-0338

07 그림은 사람의 정상 적혈구를 나타낸 것이다. 사람의 정상 적혈구를 세포보다 농도가 높은 용액 A, 세포와 농도가 같은 용액 B, 세포보다 농도가 낮은 용액 C에 각각 넣은 후 시간이 경과하였을 때 적혈구의 모습을 옳게 짝 지은 것은?

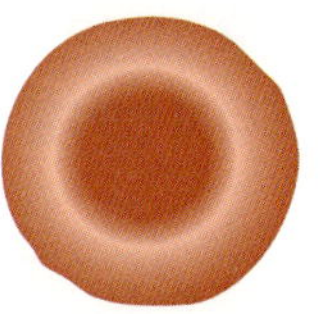

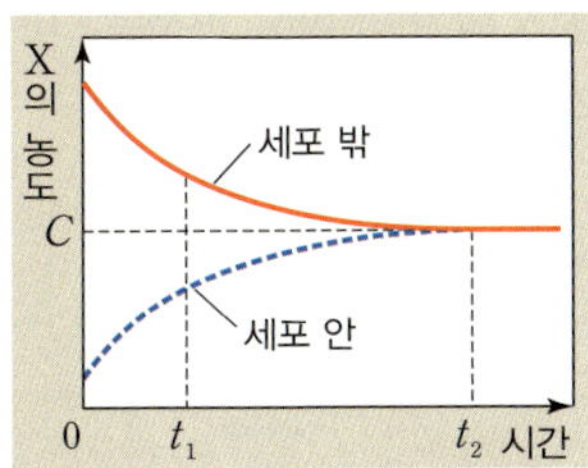

> 25594-0339

08 그림은 어떤 세포를 물질 X가 들어 있는 용액 (가)에 넣었을 때 시간에 따른 세포 안팎의 용액 X의 농도를 나타낸 것이다.

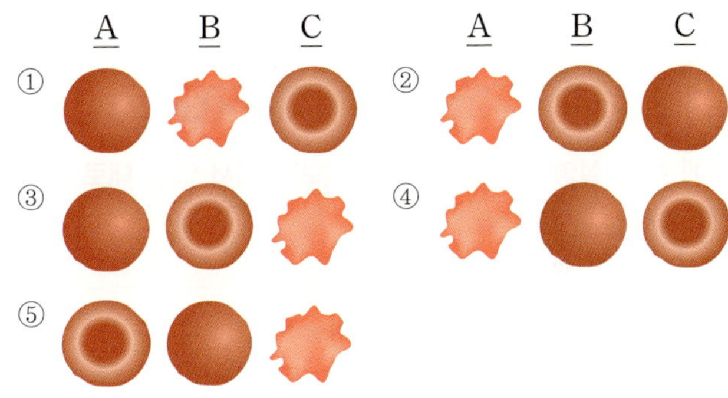

이에 대한 설명으로 옳은 것만을 〈보기〉에서 있는 대로 고른 것은? (단, C는 세포 안팎에서 X의 농도가 같을 때 세포 안 X의 농도를 나타낸 것이고, X는 세포막을 통해 이동한다.)

┌ 보기 ┐
ㄱ. X는 세포막을 통해 확산하는 물질이다.
ㄴ. t_1일 때 X의 농도는 (가)에서가 세포에서보다 높다.
ㄷ. t_2일 때 X의 세포 안팎으로 X의 이동은 없다.

① ㄱ   ② ㄷ   ③ ㄱ, ㄴ
④ ㄴ, ㄷ   ⑤ ㄱ, ㄴ, ㄷ

09 그림은 어떤 화학 반응에서 효소가 있을 때와 없을 때의 에너지 변화를 나타낸 것이다.

> 25594-0340

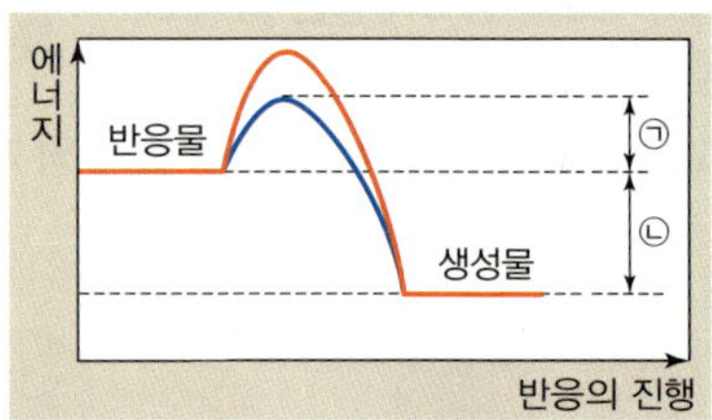

이에 대한 설명으로 옳은 것만을 〈보기〉에서 있는 대로 고른 것은?

〈보기〉
ㄱ. 이 반응 과정에서 에너지가 방출된다.
ㄴ. ㉠은 효소가 있을 때의 활성화에너지이다.
ㄷ. ㉡은 효소가 있을 때가 효소가 없을 때보다 크다.

① ㄴ 　② ㄷ 　③ ㄱ, ㄴ
④ ㄱ, ㄷ 　⑤ ㄱ, ㄴ, ㄷ

10 그림은 효소 X에 의한 반응 과정을 나타낸 것이다. A와 B 중 하나만 X의 반응물이다.

> 25594-0341

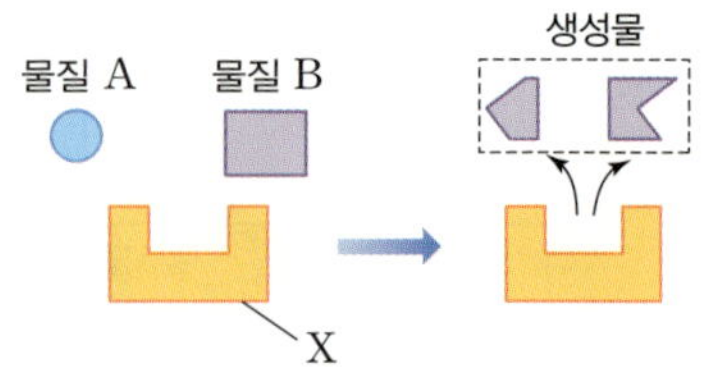

이에 대한 설명으로 옳은 것만을 〈보기〉에서 있는 대로 고른 것은?

〈보기〉
ㄱ. X는 반응 과정에서 소모되었다.
ㄴ. 이 반응에서 에너지가 방출된다.
ㄷ. A와 B 중 반응물은 B이다.

① ㄱ 　② ㄷ 　③ ㄱ, ㄴ
④ ㄴ, ㄷ 　⑤ ㄱ, ㄴ, ㄷ

11 다음은 일상 생활에서 효소를 이용한 사례를 나타낸 것이다.

> 25594-0342

• 요검사지에는 ㉠포도당분해효소가 있어 당뇨병 여부를 확인할 수 있다.
• 키위에는 ㉡단백질분해효소가 있어 고기를 연하게 한다.

이에 대한 설명으로 옳은 것만을 〈보기〉에서 있는 대로 고른 것은?

〈보기〉
ㄱ. ㉠의 성분에는 단백질이 포함된다.
ㄴ. ㉠은 포도당 분해 반응의 활성화에너지를 높인다.
ㄷ. 키위의 세포에는 ㉡을 합성하는 유전정보가 있다.

① ㄱ 　② ㄴ 　③ ㄷ
④ ㄱ, ㄴ 　⑤ ㄱ, ㄷ

12 다음은 감자즙에 있는 효소 ㉠에 의한 과산화 수소의 분해 반응을 나타낸 것이다.

> 25594-0343

$$2H_2O_2 \xrightarrow{\text{효소 } ㉠} 2H_2O + O_2$$

(1) ㉠이 무엇인지 쓰시오.

(2) ㉠이 있을 때와 없을 때 이 반응의 속도는 어떻게 다른지를 ㉠의 기능과 관련지어 설명하시오.

13 그림 (가)는 생명중심원리를, (나)는 물질 ㉠~㉢ 중 하나의 기본 단위체를 나타낸 것이다. ㉠~㉢은 각각 DNA, RNA, 단백질 중 하나이다.

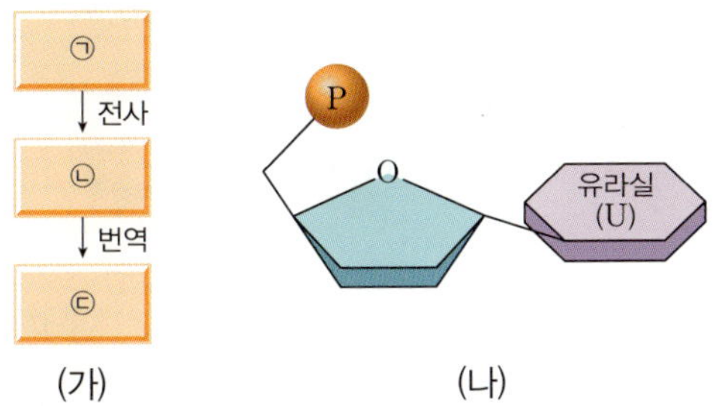

이에 대한 설명으로 옳은 것만을 〈보기〉에서 있는 대로 고른 것은?

보기
ㄱ. ㉠은 DNA이다.
ㄴ. (나)는 ㉡의 기본 단위체이다.
ㄷ. ㉢은 라이보솜에서 합성된다.

① ㄱ 　② ㄴ 　③ ㄱ, ㄷ
④ ㄴ, ㄷ 　⑤ ㄱ, ㄴ, ㄷ

> 25594-0345

14 그림은 유전정보의 흐름에 대한 학생 A~C의 발표 내용이다.

제시한 내용이 옳은 학생만을 있는 대로 고른 것은?

① A 　② B 　③ A, C
④ B, C 　⑤ A, B, C

> 25594-0346

15 그림은 세포 내 유전정보의 흐름을 나타낸 것이다. ㉠은 아데닌(A), 구아닌(G), 사이토신(C), 타이민(T), 유라실(U) 중 하나이고, DNA는 한 가닥만 나타내었다.

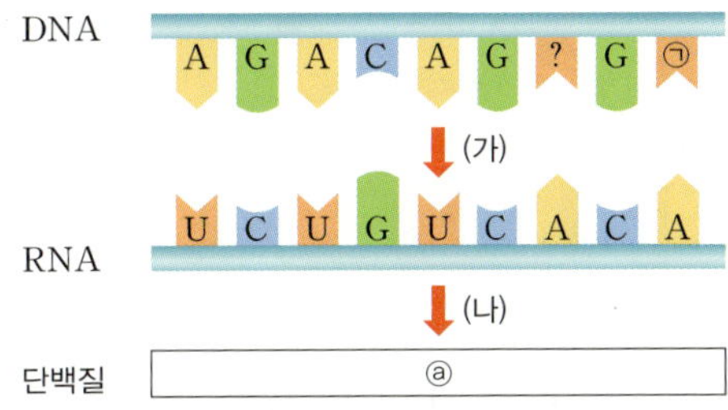

이에 대한 설명으로 옳은 것만을 〈보기〉에서 있는 대로 고른 것은? (단, 돌연변이는 고려하지 않는다.)

보기
ㄱ. ㉠은 타이민(T)이다.
ㄴ. 동물 세포에서 (가)와 (나)는 모두 세포질에서 일어난다.
ㄷ. ⓐ에는 최소 3개의 펩타이드결합이 있다.

① ㄱ 　② ㄴ 　③ ㄱ, ㄷ
④ ㄴ, ㄷ 　⑤ ㄱ, ㄴ, ㄷ

서술형

> 25594-0347

16 그림은 사람의 세포에서 일어나는 유전정보의 흐름을, 표는 사람에 있는 DNA와 단백질에 대한 설명을 나타낸 것이다.

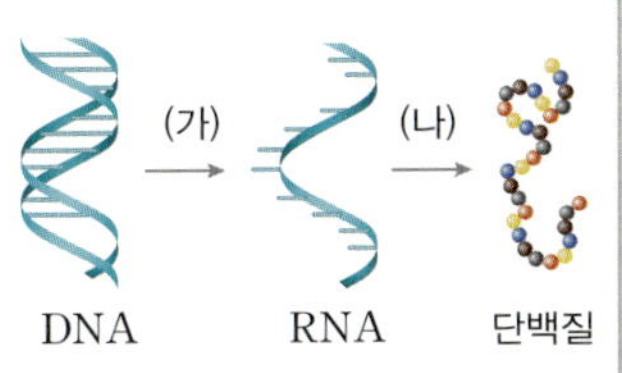

DNA에는 아데닌(A), 구아닌(G), 사이토신(C), 타이민(T)의 4종류의 염기가 있으며, 사람에 있는 단백질은 약 20종류의 아미노산으로 구성된다.

(1) (가)와 (나) 과정은 각각 무엇인지 쓰시오.

____

(2) DNA에서 1개의 아미노산에 대한 정보를 저장하고 있는 연속된 염기는 최소 몇 개여야 하는지를 표의 자료를 바탕으로 설명하시오.

____

____

중요
> 25594-0348

01 그림은 식물 세포의 구조를 나타낸 것이다. A~C는 각각 라이보솜, 엽록체, 세포막 중 하나이다.

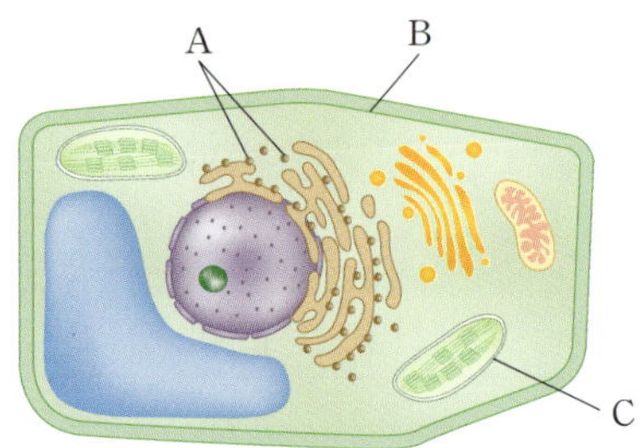

이에 대한 설명으로 옳은 것만을 〈보기〉에서 있는 대로 고른 것은?

〈보기〉
ㄱ. A는 라이보솜이다.
ㄴ. B는 선택적 투과성이 있다.
ㄷ. C는 동물 세포에도 있다.

① ㄱ   ② ㄷ   ③ ㄱ, ㄴ
④ ㄴ, ㄷ   ⑤ ㄱ, ㄴ, ㄷ

> 25594-0349

02 그림 (가)는 동물 세포의 구조를, (나)는 세포 내 구조 A~C 중 하나에서 일어나는 물질대사를 나타낸 것이다. A~C는 각각 핵, 라이보솜, 골지체 중 하나이고, ㉠과 ㉡은 각각 DNA와 RNA 중 하나이다.

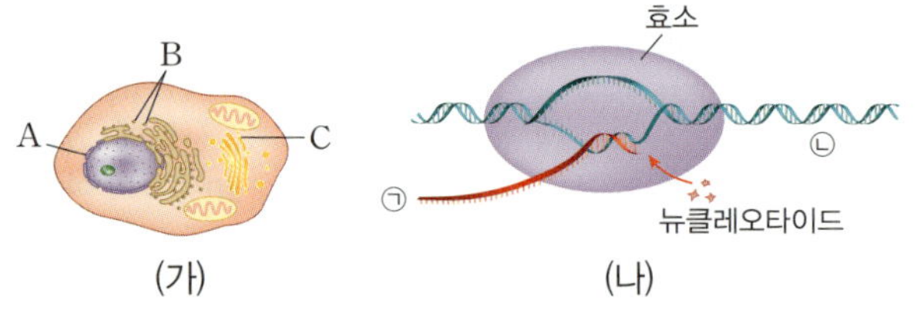

이에 대한 설명으로 옳은 것만을 〈보기〉에서 있는 대로 고른 것은?

〈보기〉
ㄱ. A에서 (나)가 일어난다.
ㄴ. B에서 ㉠의 유전정보에 따른 단백질합성이 일어난다.
ㄷ. C는 생명활동에 필요한 에너지를 생성한다.

① ㄱ   ② ㄴ   ③ ㄷ
④ ㄱ, ㄴ   ⑤ ㄱ, ㄷ

중요
> 25594-0350

03 그림 (가)는 세포소기관 A와 B를, (나)는 세포소기관 X에서의 에너지 변화를 나타낸 것이다. A와 B는 각각 마이토콘드리아와 엽록체 중 하나이고, X는 A와 B 중 하나이다.

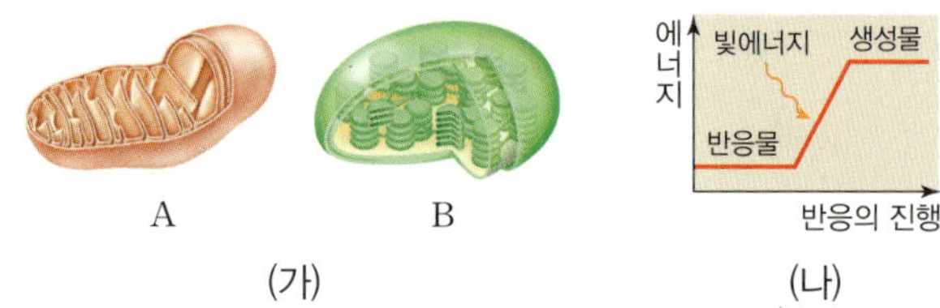

이에 대한 설명으로 옳은 것만을 〈보기〉에서 있는 대로 고른 것은?

〈보기〉
ㄱ. A는 마이토콘드리아이다.
ㄴ. (나)는 흡열 반응에 해당한다.
ㄷ. (나)는 B에서 일어난다.

① ㄱ   ② ㄷ   ③ ㄱ, ㄴ
④ ㄴ, ㄷ   ⑤ ㄱ, ㄴ, ㄷ

> 25594-0351

04 그림은 식물에서 일어나는 반응 Ⅰ과 Ⅱ를, 표는 반응 ㉠과 ㉡에서 반응물의 에너지양에 대한 생성물의 에너지양의 비 $\left(\dfrac{생성물의\ 에너지양}{반응물의\ 에너지양}\right)$를 나타낸 것이다. ㉠과 ㉡은 Ⅰ과 Ⅱ를 순서 없이 나타낸 것이다.

Ⅰ : 포도당 → 녹말

Ⅱ : 단백질 → 아미노산

물질대사	$\dfrac{생성물의\ 에너지양}{반응물의\ 에너지양}$
㉠	1보다 크다.
㉡	1보다 작다.

이에 대한 설명으로 옳은 것만을 〈보기〉에서 있는 대로 고른 것은?

〈보기〉
ㄱ. ㉠은 Ⅰ이다.
ㄴ. Ⅱ는 물질대사에 해당한다.
ㄷ. Ⅰ과 Ⅱ에서 모두 효소가 관여한다.

① ㄱ   ② ㄴ   ③ ㄱ, ㄷ
④ ㄴ, ㄷ   ⑤ ㄱ, ㄴ, ㄷ

05 그림 (가)는 어떤 세포의 세포막을, (나)는 이 세포 안에서의 산소(O_2) 농도 변화를 나타낸 것이다. A는 단백질과 인지질 중 하나이다.

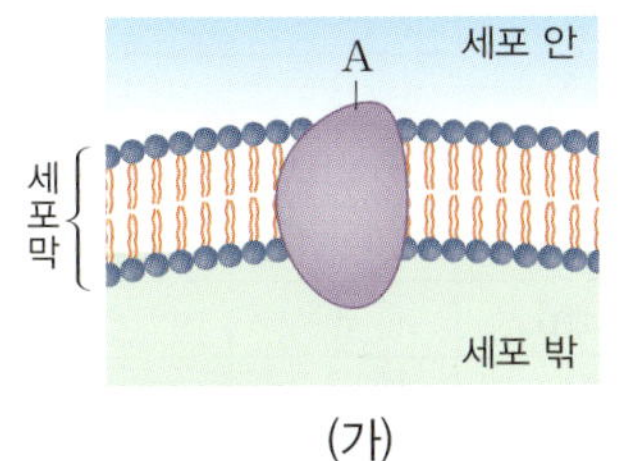

(가)

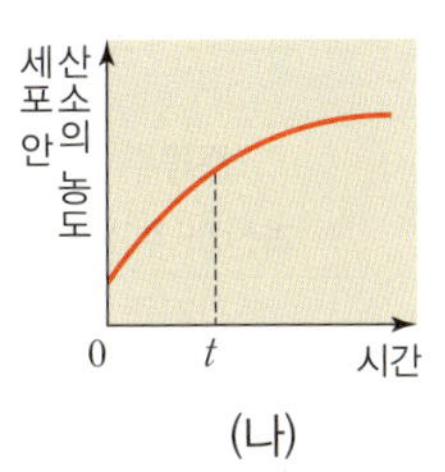

(나)

이에 대한 설명으로 옳은 것만을 〈보기〉에서 있는 대로 고른 것은?

〈보기〉
ㄱ. A에는 펩타이드결합이 있다.
ㄴ. 산소(O_2)는 A를 통해서만 이동하는 물질이다.
ㄷ. t일 때 세포 밖 산소(O_2)의 농도는 세포 안보다 높다.

① ㄱ 　　　　② ㄴ 　　　　③ ㄱ, ㄷ
④ ㄴ, ㄷ 　　　　⑤ ㄱ, ㄴ, ㄷ

> 25594-0353

중요
06 그림은 세포막을 통해 물질 A와 B가 이동하는 과정을 나타낸 것이다. A와 B는 각각 K^+과 CO_2 중 하나이다.

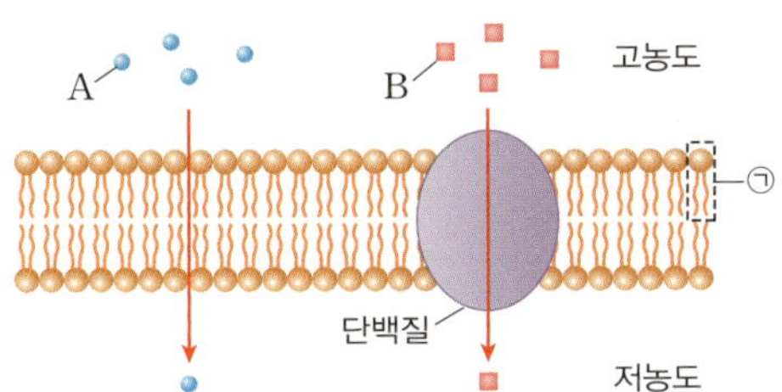

이에 대한 설명으로 옳은 것만을 〈보기〉에서 있는 대로 고른 것은?

〈보기〉
ㄱ. ㉠에는 친수성 부분이 있다.
ㄴ. B는 K^+이다.
ㄷ. 세포막을 통한 A와 B의 이동 방식은 모두 확산이다.

① ㄱ 　　　　② ㄷ 　　　　③ ㄱ, ㄴ
④ ㄴ, ㄷ 　　　　⑤ ㄱ, ㄴ, ㄷ

> 25594-0354

07 그림 (가)는 양파 세포 X를, (나)는 X를 설탕 용액 ㉠에 넣고 일정 시간 후 ㉠에서 꺼내어 설탕 용액 ㉡에 넣었을 때 시간에 따른 X의 부피 변화를 나타낸 것이다.

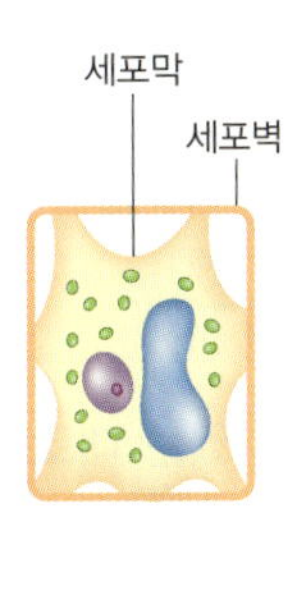

(가)

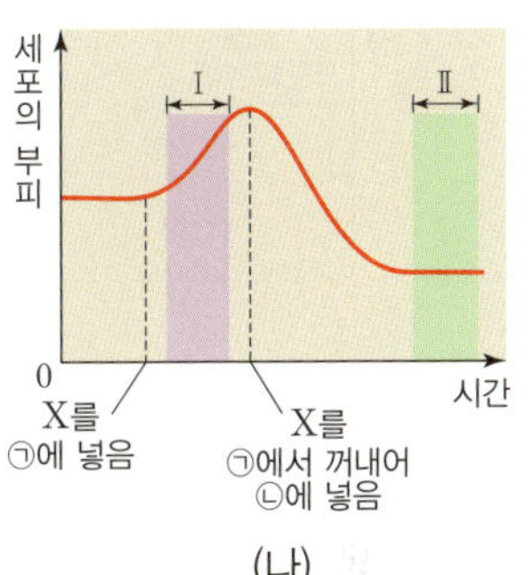

(나)

이에 대한 설명으로 옳은 것만을 〈보기〉에서 있는 대로 고른 것은?

〈보기〉
ㄱ. 용액의 농도는 ㉠이 ㉡보다 높다.
ㄴ. X를 ㉠에 넣은 후 삼투가 일어났다.
ㄷ. $\dfrac{\text{X의 안으로 들어오는 물의 양}}{\text{X의 밖으로 빠져나가는 물의 양}}$ 은 구간 Ⅰ에서가 구간 Ⅱ에서보다 작다.

① ㄱ 　　　　② ㄴ 　　　　③ ㄱ, ㄷ
④ ㄴ, ㄷ 　　　　⑤ ㄱ, ㄴ, ㄷ

> 25594-0355

중요
08 그림 (가)는 적혈구를 용액 X에, (나)는 용액 Y에 넣었을 때의 변화를 나타낸 것이다. X와 Y는 증류수와 소금물 중 하나이다.

(가) 　　　　　(나)

이에 대한 설명으로 옳은 것은?

① X는 소금물이다.
② (가)에서 적혈구의 부피는 감소하였다.
③ (나)에서 적혈구의 세포질 농도는 감소하였다.
④ 적혈구를 넣기 전 Y 농도는 적혈구의 세포질 농도보다 낮다.
⑤ (가)와 (나)에서 모두 적혈구의 세포막을 통한 삼투가 일어났다.

> 25594-0356

09 그림은 과산화 수소의 분해 반응에서 효소 ㉠의 유무에 따른 에너지 변화를 나타낸 것이다.

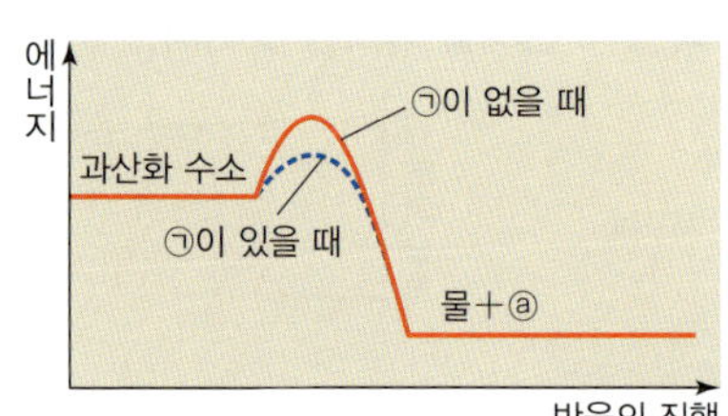

이에 대한 설명으로 옳은 것만을 〈보기〉에서 있는 대로 고른 것은?

┤보기├
ㄱ. ⓐ에는 공유 결합이 있다.
ㄴ. 카탈레이스는 ㉠에 해당한다.
ㄷ. ㉠은 과산화 수소의 분해 반응에서 활성화에너지를 높인다.

① ㄱ　　　　② ㄷ　　　　③ ㄱ, ㄴ
④ ㄱ, ㄷ　　　⑤ ㄴ, ㄷ

> 25594-0357

10 그림은 어떤 세포에서 일어나는 효소 X와 Y에 의한 반응을 나타낸 것이다. 물질 $A \sim D$는 각각 X와 Y의 반응물과 생성물 중 하나이다.

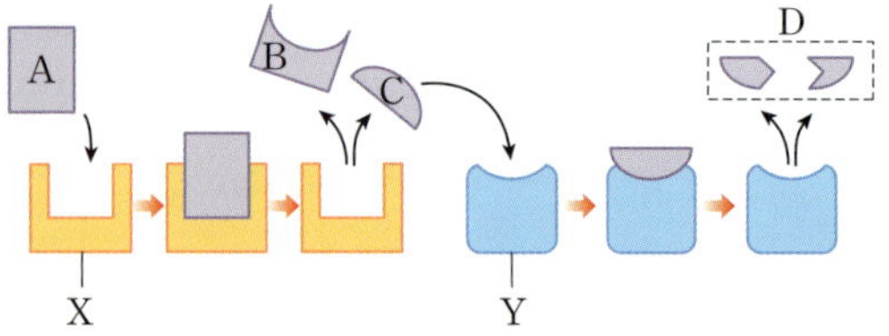

이에 대한 설명으로 옳은 것만을 〈보기〉에서 있는 대로 고른 것은?

┤보기├
ㄱ. X에 의해 A의 분해가 촉진된다.
ㄴ. Y에 의한 반응은 흡열 반응이다.
ㄷ. 반응이 끝난 Y는 또 다른 C와 결합할 수 있다.

① ㄴ　　　　② ㄷ　　　　③ ㄱ, ㄴ
④ ㄱ, ㄷ　　　⑤ ㄱ, ㄴ, ㄷ

★중요
> 25594-0358

11 다음은 카탈레이스의 기능을 알아보기 위한 실험이다.

(가) 3개의 시험관 $A \sim C$에 표와 같이 첨가물을 넣고 기포 발생 여부를 관찰한다.

구분	A	B	C
증류수	−	5 mL	−
과산화 수소수	10 mL	10 mL	10 mL
감자즙	5 mL	−	−
끓인 감자즙	−	−	5 mL

(나) $A \sim C$ 중 A에서만 ㉠기포가 발생하였다.
(다) 기포 발생이 완전히 멈춘 A에 과산화 수소수 5 mL를 추가한 후 기포 발생 여부를 관찰한다.

이에 대한 설명으로 옳은 것만을 〈보기〉에서 있는 대로 고른 것은? (단, 카탈레이스는 감자즙에 들어 있다.)

┤보기├
ㄱ. ㉠에는 산소가 들어 있다.
ㄴ. (다)의 결과 A에서 기포가 다시 발생한다.
ㄷ. 과산화 수소 분해 반응의 활성화에너지는 A에서가 C에서보다 높다.

① ㄱ　　　　② ㄷ　　　　③ ㄱ, ㄴ
④ ㄴ, ㄷ　　　⑤ ㄱ, ㄴ, ㄷ

★중요
> 25594-0359

12 다음은 효소 A와 B에 대한 자료이다.

(가) 적혈구에는 ㉠카탈레이스가 들어 있어 상처 부위에 소독용 과산화 수소를 뿌리면 기포가 발생한다.
(나) 세탁용 세제에 들어 있는 ㉡여러 효소에 의해 옷감에 있는 단백질의 분해가 촉진된다.

이에 대한 설명으로 옳은 것만을 〈보기〉에서 있는 대로 고른 것은?

┤보기├
ㄱ. ㉠은 탄소 화합물에 해당한다.
ㄴ. ㉡에 단백질분해효소가 포함되어 있다.
ㄷ. ㉠과 ㉡은 화학 반응의 활성화에너지를 낮춘다.

① ㄱ　　　　② ㄷ　　　　③ ㄱ, ㄴ
④ ㄴ, ㄷ　　　⑤ ㄱ, ㄴ, ㄷ

⭐중요 ＞ 25594-0360

13 다음은 어떤 동물의 털색이 갈색을 띠게 되는 과정을 나타낸 것이다.

> (가) 특정 ㉠유전자로부터 멜라닌 합성 효소가 합성된다.
> (나) 멜라닌 합성 효소에 의해 ㉡멜라닌이 합성되어 털이 갈색을 띤다.

이에 대한 설명으로 옳은 것만을 〈보기〉에서 있는 대로 고른 것은?

> **보기**
> ㄱ. 이 동물의 털색은 형질이다.
> ㄴ. ㉠은 핵 속의 DNA에 있다.
> ㄷ. ㉠에는 ㉡에 대한 유전정보가 저장되어 있다.

① ㄱ　　　　② ㄴ　　　　③ ㄱ, ㄴ
④ ㄱ, ㄷ　　　⑤ ㄴ, ㄷ

⭐중요 ＞ 25594-0361

14 그림은 생명체의 유전부호와 유전정보 흐름에 대해 학생 A~C의 발표를 나타낸 것이다.

제시한 내용이 옳은 학생만을 있는 대로 고른 것은?

① A　　　　② C　　　　③ A, B
④ B, C　　　⑤ A, B, C

⭐중요 ＞ 25594-0362

15 그림은 어떤 세포에서 일어나는 유전정보 흐름의 일부를 나타낸 것이다. (가)는 전사와 번역 중 하나이고, ⓐ는 단백질의 단위체이며, DNA는 한 가닥만 나타내었다.

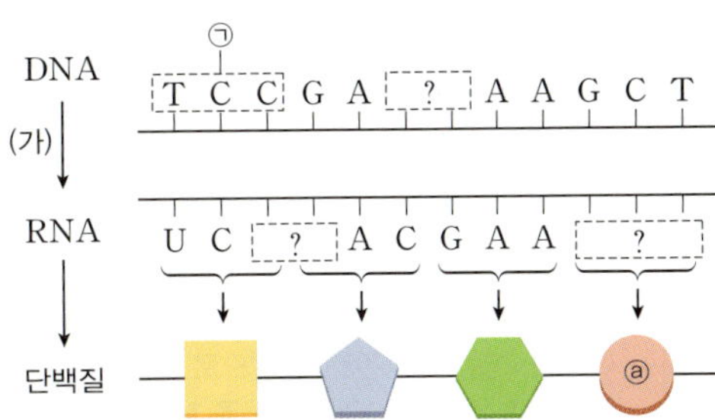

이에 대한 설명으로 옳은 것만을 〈보기〉에서 있는 대로 고른 것은? (단, 돌연변이는 고려하지 않는다.)

> **보기**
> ㄱ. (가)는 전사이다.
> ㄴ. ㉠은 코돈이다.
> ㄷ. ⓐ를 암호화하는 코돈의 염기서열은 GCT이다.

① ㄱ　　　　② ㄷ　　　　③ ㄱ, ㄴ
④ ㄴ, ㄷ　　　⑤ ㄱ, ㄴ, ㄷ

＞ 25594-0363

16 그림은 어떤 세포에서 일어나는 유전정보의 흐름을, 표는 일부 코돈이 지정하는 아미노산을 나타낸 것이다.

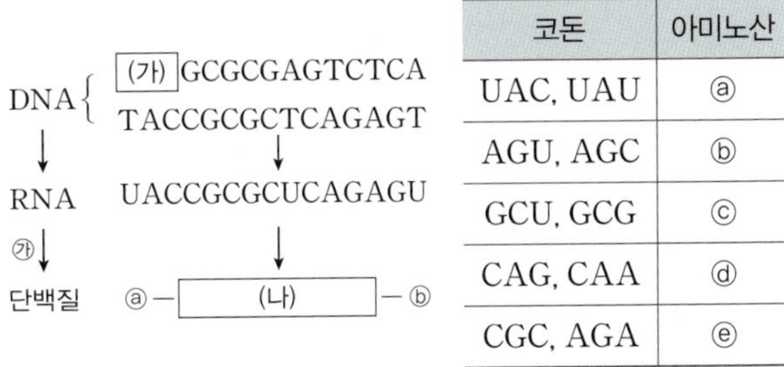

코돈	아미노산
UAC, UAU	ⓐ
AGU, AGC	ⓑ
GCU, GCG	ⓒ
CAG, CAA	ⓓ
CGC, AGA	ⓔ

이에 대한 설명으로 옳은 것만을 〈보기〉에서 있는 대로 고른 것은? (단, 돌연변이는 고려하지 않는다.)

> **보기**
> ㄱ. (가)의 염기서열은 AUG이다.
> ㄴ. 세포질에서 과정 ㉮가 일어난다.
> ㄷ. (나)의 아미노산서열은 ⓔ－ⓒ－ⓓ이다.

① ㄱ　　　　② ㄷ　　　　③ ㄱ, ㄴ
④ ㄴ, ㄷ　　　⑤ ㄱ, ㄴ, ㄷ

1. 지구시스템의 구성

구분	특징
지권	• 지각, 맨틀, 외핵, 내핵으로 구분한다. • 생명체에 서식처와 영양분을 제공한다.
수권	• 해수, 빙하, 지하수, 하천수 등으로 분포한다. • 해수는 혼합층, 수온 약층, 심해층으로 구분한다. • 지구의 기후에 영향을 준다.
기권	• 지표면에서 높이 약 1000 km까지의 대기층이다. • 대류권, 성층권, 중간권, 열권으로 구분한다. • 광합성과 호흡에 필요한 기체를 제공한다.
생물권	• 모든 생명체를 말하며, 지권, 수권, 기권에 분포한다.
외권	• 지상으로부터 높이 약 1000 km 이상에서 지구를 둘러싸고 있는 우주 공간이다. • 자기권에서 태양에서 오는 고에너지 입자를 차단한다.

2. 지구시스템의 상호작용

지구시스템의 구성 요소 사이에는 끊임없이 상호작용이 일어나고 있으며, 상호작용이 일어나는 과정에서 물질의 순환과 에너지의 흐름이 일어난다.

(1) **지구시스템의 에너지원**: 태양 에너지, 지구 내부 에너지, 조력 에너지가 있다.

(2) **물의 순환**

① 주로 태양 에너지에 의해 일어난다.

② 물의 순환 과정에서 지표의 변화를 일으킨다.

③ 에너지의 이동을 수반한다.

④ 생명체의 생명활동을 유지시킨다.

(3) **탄소의 순환**

① 지구시스템에서 다양한 형태로 존재한다.

② 화산 분출로 지권에서 기권으로 이동한다.

③ 광합성으로 기권에서 생물권으로 이동한다.

④ 화석 연료 연소로 지권에서 기권으로 이동한다.

3. 판 구조론

(1) **판 구조론**: 지구 표면은 크고 작은 여러 조각의 판들로 덮여 있으며 판들의 상대적인 움직임에 의해 지각 변동이 일어난다.

(2) **판의 구조**: 판은 지각과 상부 맨틀의 일부를 포함한 두께 약 100 km인 암석권의 크고 작은 조각이다. 연약권의 맨틀 대류에 의해 판이 움직인다.

4. 판의 경계와 지각 변동

구분	특징
발산형 경계	• 맨틀 대류의 상승부에 위치한다. • 새로운 해양 지각이 생성된다. • 지진과 화산 활동이 활발하다. • 예: 해령, 열곡대

수렴형 경계	• 맨틀 대류의 하강부에 위치한다.
	• 판이 충돌하거나 섭입하며 소멸한다.
	• 해양판과 대륙판(또는 해양판)의 경계
	  – 해양판이 대륙판 아래로 섭입하여 소멸한다.
	  – 해구와 호상열도 또는 습곡 산맥이 발달한다.
	  – 지진, 화산 활동이 활발하다.
	  – 예: 일본 해구, 필리핀 해구, 안데스산맥
	• 대륙판과 대륙판의 경계
	  – 판의 충돌로 습곡 산맥이 형성된다.
	  – 지진이 활발하다.
	  – 예: 히말라야산맥, 알프스산맥

보존형 경계	• 판의 생성이나 소멸이 없다. • 변환 단층이 발달한다. • 지진이 활발하다. • 예: 산안드레아스 단층

5. 지권의 변화가 지구시스템에 미치는 영향

(1) **화산 활동**: 지하의 마그마가 지표로 분출하는 현상이다.

① 기권이나 수권의 성분을 변화시킨다.

② 많은 인명과 재산 피해를 유발한다.

③ 토양이 비옥해지거나, 관광 자원으로 활용할 수도 있다.

(2) **지진**: 단층이나 화산 활동 시 발생한다.

① 지진이 발생하면 건물 붕괴, 도로 파손, 산사태 등의 피해가 발생한다.

② 지진파를 분석하면 지구 내부에 대한 정보를 얻을 수 있다.

6. 중력의 작용

(1) **중력**: 질량으로 인해 물체 사이에서 작용하는 당기는 힘이다.

   ① 중력의 크기: 물체의 질량의 곱에 비례하고 물체 사이의 거리의 제곱에 반비례한다.

   ② 질량이 m인 물체가 지구 표면 근처에서 받는 중력의 크기는 mg이며, 중력이 작용하는 방향은 지구 중심 방향, 즉 연직 아래 방향이다. 이때 g는 중력 가속도이고, 크기는 약 9.8 m/s^2이다.

   ③ 달에서의 중력: 달 표면에서 중력 가속도의 크기는 지구의 약 $\frac{1}{6}$이다.

(2) **중력과 역학 시스템**: 힘이 작용하고 그에 따라 물체의 운동 상태나 모양이 변하는 체계를 역학 시스템이라고 한다. 물체가 아래로 떨어지거나, 물의 순환, 달이 지구 주위를 공전하는 현상과 같이 우리 주변에서 일어나는 대부분의 현상은 중력이 작용해 나타나는 현상이다.

7. 중력을 받는 물체의 운동

(1) **가속도**: 단위 시간당 속도 변화량을 가속도라고 하며 단위는 m/s^2이다. 가속도의 크기가 클수록 속도가 크게 변한다.

(2) **자유 낙하**: 물체가 중력만 받아 정지 상태로부터 출발해 속력이 1초마다 9.8 m/s씩 일정하게 증가하는 운동이다. 물체의 가속도의 방향은 중력이 작용하는 방향과 같은 연직 아래 방향이다.

(3) **수평으로 던진 물체의 운동**: 수평 방향으로는 속도가 일정하게 유지되며 연직 방향의 운동은 자유 낙하와 동일하다.

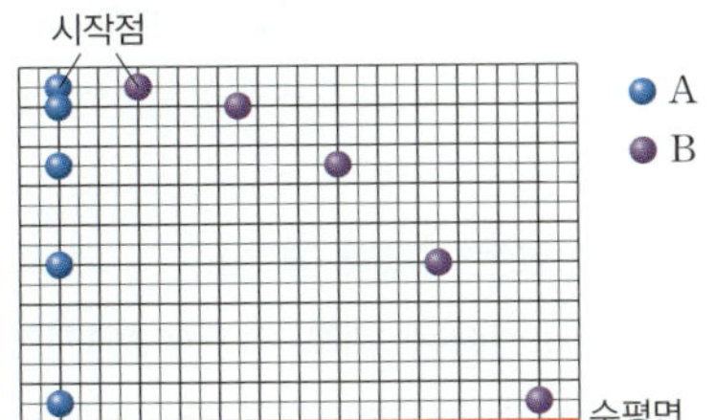

(4) **지구 주위를 도는 원운동**: 수평 방향으로 물체를 더 큰 속력으로 던지면 지구가 둥글어서 지표면이 구부러지는 만큼 물체가 낙하하게 되어 물체는 지구 주위를 원운동할 수 있다. 따라서 지구 주위를 원운동하는 물체의 운동은 수평으로 던진 물체의 운동과 같은 원리이므로 원운동하는 물체의 가속도는 지구 중심 방향이다.

8. 운동량과 충격량

(1) **관성**: 물체의 속도를 변화시키기 어려운 성질을 말하며 관성의 크기는 물체의 질량이 클수록 크다.

(2) **운동량**: 운동하는 물체의 운동 상태를 나타내는 물리량으로 질량과 속도의 곱이다. 단위는 $\text{kg} \cdot \text{m/s}$이다.

$$p = mv$$

(3) **충격량**: 물체가 힘을 받을 때, 받은 힘의 효과를 나타내는 물리량으로 힘과 시간의 곱이다. 단위는 $\text{N} \cdot \text{s}$이다.

$$I = F \Delta t$$

(4) **운동량과 충격량의 관계**: 물체가 받은 충격량이 0이면 물체의 운동량은 일정하게 유지되며, 물체가 받은 충격량만큼 물체의 운동량이 변한다. 즉, 물체의 운동량 변화량은 물체가 받은 충격량과 같다.

$$I = \Delta p, \ F \Delta t = \Delta(mv)$$

9. 충돌과 안전장치

(1) **힘 – 시간 그래프와 충격량**: 물체가 받은 힘을 시간에 따라 나타낸 그래프에서 그래프와 시간 축이 만드는 넓이는 물체가 받은 충격량을 의미한다.

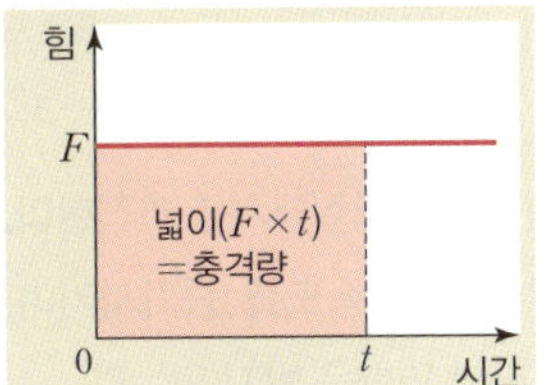

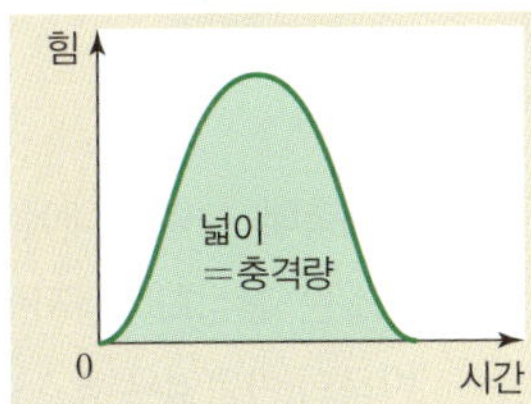

(2) **충돌과 충격 완화**: 같은 크기의 충격량을 서로 다른 시간 동안 받는 경우, 힘을 받은 시간이 길수록 물체가 받은 평균 힘의 크기가 작다.

(3) **충돌 완화를 이용한 안전장치**: 자동차의 에어백, 공기가 충전된 포장재, 스포츠 경기에서의 안전매트, 보호대와 같은 장치는 충돌 시간을 늘려 받는 힘의 크기를 줄여주는 안전장치이다.

(4) 자동차에서 사용되는 대표적인 안전장치인 안전띠는 관성으로 인한 피해를 줄이기 위한 장치이며, 에어백이나 범퍼는 충돌 시간을 늘려 받는 힘을 줄이기 위한 안전장치이다.

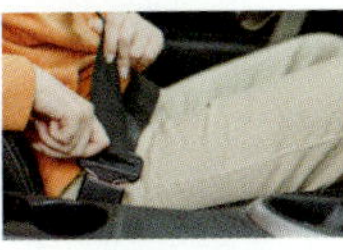

안전띠   에어백   범퍼

10. 생명 시스템

(1) **세포**: 생명 시스템의 구조적·기능적 기본 단위이다.

(2) 다세포 생물은 세포 → 조직 → 기관 → 개체의 구성 체계를 갖는다.

11. 물질대사

(1) **물질대사**: 생명체 내에서 일어나는 모든 화학 반응이다.

(2) **물질대사의 종류**

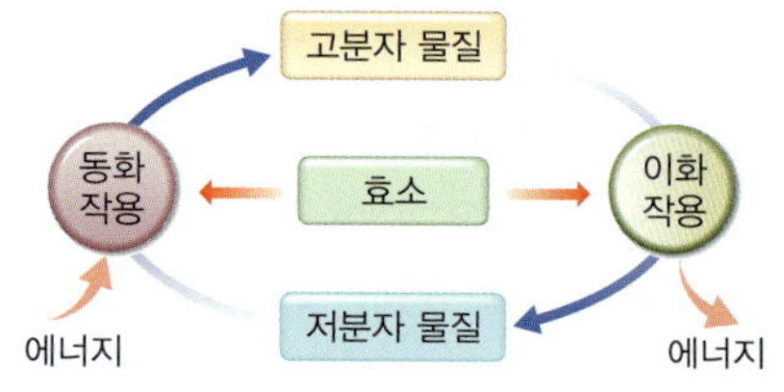

구분	동화작용 (물질을 합성하는 반응)	이화작용 (물질을 분해하는 반응)
물질 변화	저분자 물질 → 고분자 물질	고분자 물질 → 저분자 물질
에너지	흡수	방출
예	광합성, 단백질합성	세포호흡, 소화

12. 효소

(1) **생체촉매**: 생명체 내에서 합성되고 물질대사를 촉진한다.

(2) 효소는 활성화에너지를 낮춰 반응 속도를 증가시키며, 화학 반응의 반응열은 효소의 유무에 영향을 받지 않는다.

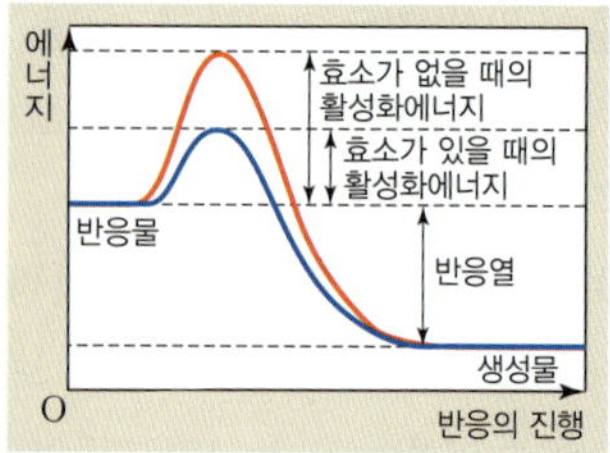

(3) 효소는 고유한 입체 구조를 가지고 있으며, 반응 과정에서 소모되지 않는다.

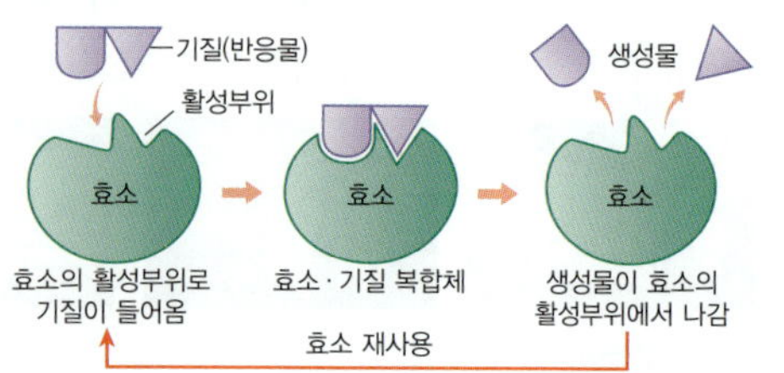

13. 세포막을 통한 물질 출입

(1) **세포막**: 인지질 2중층에 단백질이 곳곳에 파묻혀 있거나 표면에 있어 세포 안팎으로의 물질 출입을 선택적으로 조절한다.

(2) **확산**: 세포막을 경계로 용질의 농도가 높은 곳에서 낮은 곳으로 용질이 이동하는 현상이다.

① 산소, 이산화 탄소 등과 같이 크기가 작은 입자, 지질 입자 등은 인지질층을 직접 투과하여 확산된다.

② 전하를 띠는 물질(이온), 포도당, 아미노산 등과 같이 크기가 크고 극성이 있는 물질은 막단백질을 통해 확산된다.

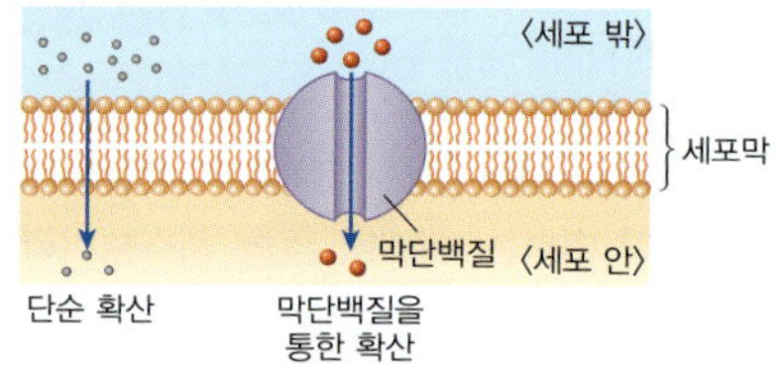

(3) **삼투**: 세포막을 경계로 용액의 농도가 낮은 곳에서 높은 곳으로 물이 이동하는 현상이다.

14. 세포 내 정보의 흐름

(1) **생명중심원리**: 핵 속 DNA에 저장된 유전정보가 RNA를 거쳐 단백질로 전달되는 유전정보의 흐름을 설명하는 원리이다.

(2) **유전자와 단백질**

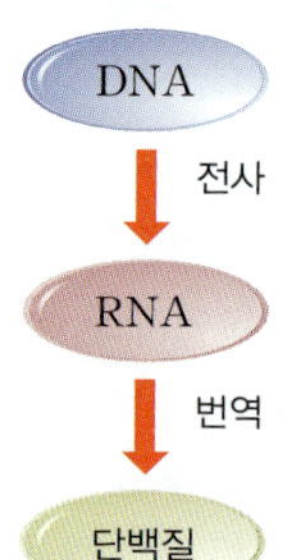

① 유전자: DNA에서 RNA와 단백질의 합성 정보가 저장된 부분이다.

② DNA의 유전자로부터 전사 과정을 통해 RNA가 합성되고, 라이보솜에서 RNA의 유전정보를 바탕으로 번역 과정이 일어나 단백질이 합성된다.

(3) **3염기조합과 코돈**: 1개의 아미노산에 대한 정보를 저장하고 있는 DNA의 연속된 3개의 염기를 3염기조합이라고 하며, 1개의 아미노산에 대한 정보를 저장하고 있는 RNA의 연속된 3개의 염기를 코돈이라고 한다.

> DNA의 3염기조합 ── RNA의 코돈
> 예 CAT　　　　　　 GUA

(4) **형질의 결정**: 유전자로부터 전사와 번역 과정을 통해 합성된 단백질이 작용하여 개체의 형질이 결정된다.

> 25594-0364

01 그림은 기권과 지권의 층상 구조를 나타낸 것이다.

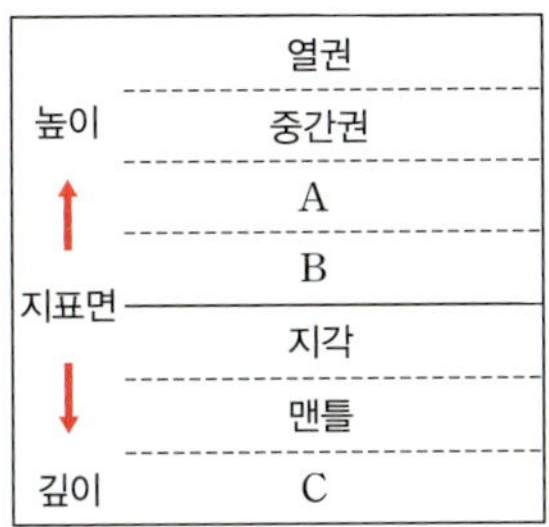

이에 대한 설명으로 옳은 것만을 〈보기〉에서 있는 대로 고른 것은?

보기

ㄱ. A에는 오존층이 존재한다.
ㄴ. 중간권과 B에서는 대류가 일어난다.
ㄷ. 평균 밀도는 지각이 C보다 크다.

① ㄱ   ② ㄷ   ③ ㄱ, ㄴ
④ ㄴ, ㄷ   ⑤ ㄱ, ㄴ, ㄷ

수능 유형

> 25594-0365

02 그림은 어느 해역에서 A, B, C 시기에 측정한 연직 수온 분포를 나타낸 것이다.

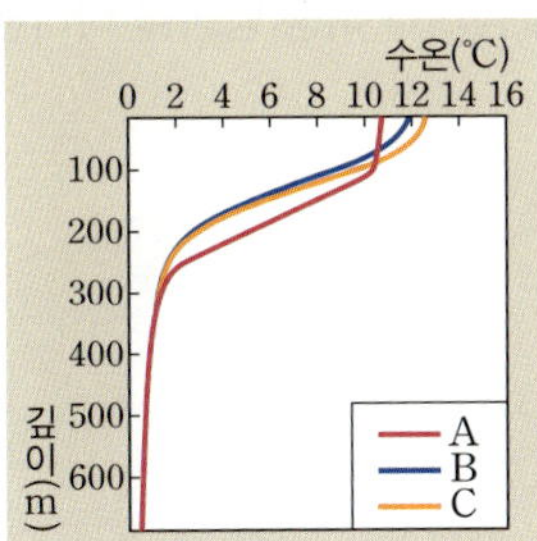

이에 대한 설명으로 옳은 것만을 〈보기〉에서 있는 대로 고른 것은?

보기

ㄱ. 바람의 평균 세기는 A 시기에 가장 강했다.
ㄴ. 수심 400 m~600 m는 수온 약층에 해당한다.
ㄷ. 수심 200 m 부근에서는 연직 방향으로의 물질 교환과 에너지 흐름이 활발하게 일어난다.

① ㄱ   ② ㄴ   ③ ㄱ, ㄷ
④ ㄴ, ㄷ   ⑤ ㄱ, ㄴ, ㄷ

> 25594-0366

03 그림 (가)는 기권의 구조를, (나)는 오존의 농도를 높이에 따라 나타낸 것이다.

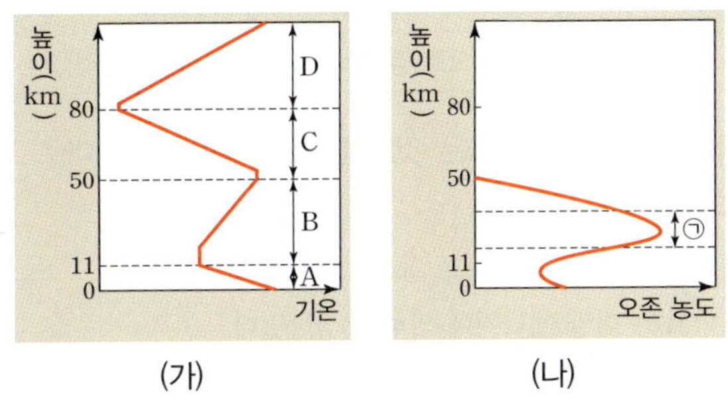

(가)   (나)

이에 대한 설명으로 옳은 것만을 〈보기〉에서 있는 대로 고른 것은?

보기

ㄱ. 대류가 일어나는 층은 B이다.
ㄴ. ㉠ 구간의 오존은 태양 에너지를 흡수하여 기온을 높이는 역할을 한다.
ㄷ. 태양풍의 고에너지 입자 대부분을 흡수하는 층은 A이다.

① ㄱ   ② ㄴ   ③ ㄱ, ㄷ   ④ ㄴ, ㄷ   ⑤ ㄱ, ㄴ, ㄷ

> 25594-0367

04 그림은 지구에서 일어나는 탄소 순환 과정의 예를 나타낸 것이다.

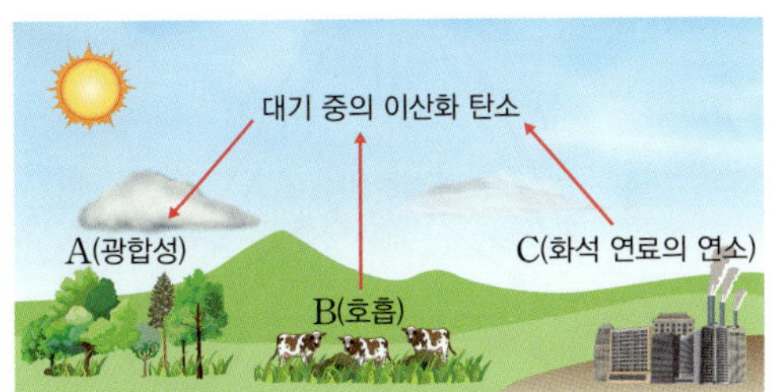

이에 대한 설명으로 옳은 것만을 〈보기〉에서 있는 대로 고른 것은?

보기

ㄱ. A는 생물권과 기권의 상호작용에 해당한다.
ㄴ. B와 C가 증가하면 대기 중의 온실 기체량이 증가한다.
ㄷ. A가 증가하고 B와 C가 감소하면 지구 전체의 탄소량은 감소한다.

① ㄱ   ② ㄷ   ③ ㄱ, ㄴ   ④ ㄴ, ㄷ   ⑤ ㄱ, ㄴ, ㄷ

05 표는 자연 현상 A, B의 특징을 나타낸 것이다.   > 25594-0368

자연 현상	특징
A	지진 해일이 발생해 해안 지역이 침수되었다.
B	태풍의 발생으로 강한 바람이 불어 나무가 쓰러졌다.

이에 대한 설명으로 옳은 것만을 〈보기〉에서 있는 대로 고른 것은?

보기
ㄱ. A는 태양 에너지에 의해 발생하였다.
ㄴ. B는 기권, 수권, 생물권의 상호작용에 해당한다.
ㄷ. A와 B가 발생하는 동안 에너지의 이동이 일어난다.

① ㄱ   ② ㄴ   ③ ㄱ, ㄷ
④ ㄴ, ㄷ   ⑤ ㄱ, ㄴ, ㄷ

수능 유형

06 그림은 지구시스템 구성 요소 간의 상호작용을 나타낸 것이다.   > 25594-0369

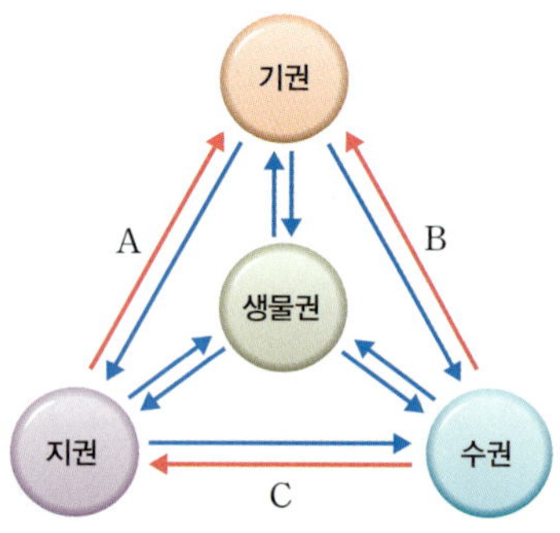

A, B, C에 해당하는 예로 옳은 것만을 〈보기〉에서 있는 대로 고른 것은?

보기
ㄱ. A − 다량의 화산재로 기후 변화가 나타난다.
ㄴ. B − 해수면의 온도가 높아져 강한 태풍이 발생한다.
ㄷ. C − 해수에 용해된 물질이 침전되어 퇴적암이 생성된다.

① ㄱ   ② ㄷ   ③ ㄱ, ㄴ
④ ㄴ, ㄷ   ⑤ ㄱ, ㄴ, ㄷ

07 그림은 물의 순환을 나타낸 것이다.   > 25594-0370

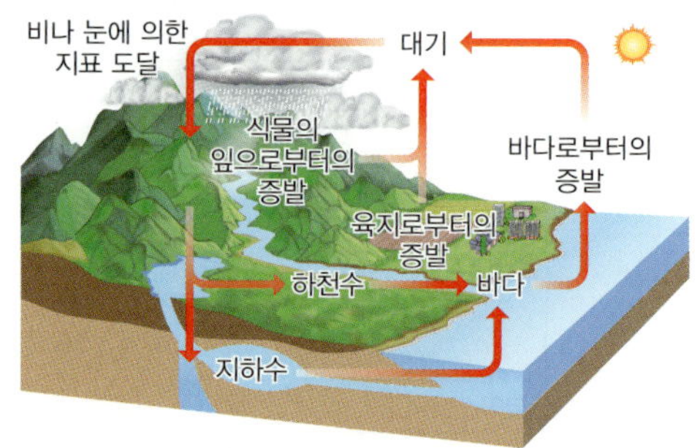

이에 대한 설명으로 옳은 것만을 〈보기〉에서 있는 대로 고른 것은?

보기
ㄱ. 대기 중의 물은 강수 과정을 통해 지권으로 이동한다.
ㄴ. 지권으로 유입된 물은 모두 바다로 이동한다.
ㄷ. 물의 순환을 일으키는 주요 에너지원은 태양 에너지이다.

① ㄱ   ② ㄴ   ③ ㄱ, ㄷ
④ ㄴ, ㄷ   ⑤ ㄱ, ㄴ, ㄷ

08 그림은 판의 경계와 이동 방향을 나타낸 것이다.   > 25594-0371

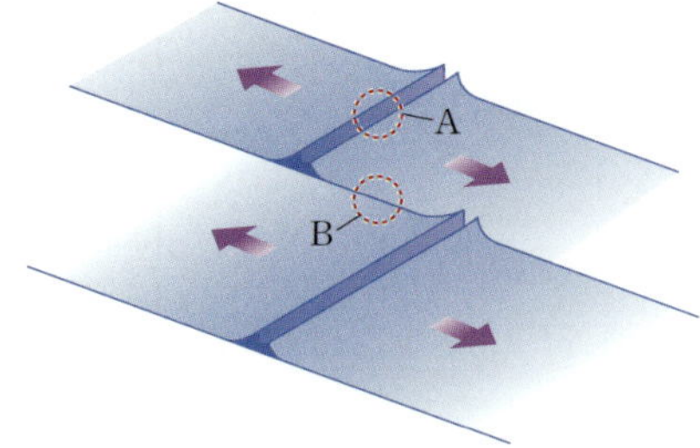

이에 대한 설명으로 옳은 것만을 〈보기〉에서 있는 대로 고른 것은?

보기
ㄱ. A는 맨틀 대류의 상승부에 위치한다.
ㄴ. 화산 활동은 A보다 B에서 활발하다.
ㄷ. B에서는 판의 생성이나 소멸이 일어나지 않는다.

① ㄱ   ② ㄴ   ③ ㄱ, ㄷ
④ ㄴ, ㄷ   ⑤ ㄱ, ㄴ, ㄷ

09 > 25594-0372

그림은 전 세계에 분포하는 변동대의 일부를 나타낸 것이다.

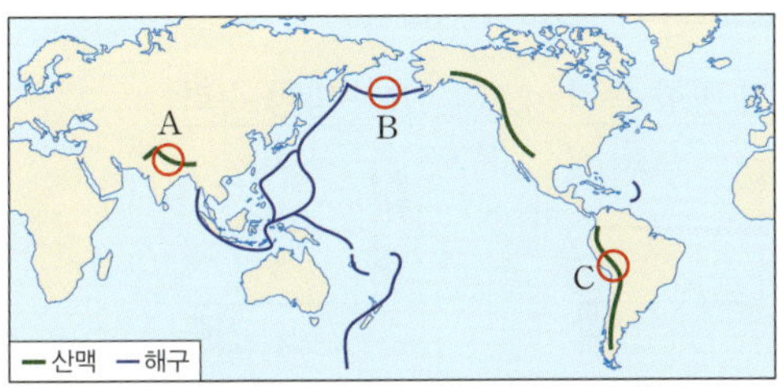

이에 대한 설명으로 옳은 것만을 〈보기〉에서 있는 대로 고른 것은?

┤ 보기 ├

ㄱ. A에서는 화산 활동이 활발하게 일어난다.
ㄴ. B와 C에서는 해양판이 소멸된다.
ㄷ. A와 C에는 습곡 산맥이 발달해 있다.

① ㄱ ② ㄴ ③ ㄱ, ㄷ
④ ㄴ, ㄷ ⑤ ㄱ, ㄴ, ㄷ

수능 유형

10 > 25594-0373

그림 (가)는 판의 경계와 어느 지진이 발생한 위치(★)를, (나)는 이 지진으로 발생한 지진 해일에 의한 피해를 나타낸 것이다.

(가)

(나)

이에 대한 설명으로 옳은 것만을 〈보기〉에서 있는 대로 고른 것은?

┤ 보기 ├

ㄱ. 유라시아판은 대륙판, 태평양판은 해양판이다.
ㄴ. 이 지진은 해구 부근에서 발생하였다.
ㄷ. (나)는 지권과 수권의 상호작용으로 인해 발생했다.

① ㄱ ② ㄷ ③ ㄱ, ㄴ
④ ㄴ, ㄷ ⑤ ㄱ, ㄴ, ㄷ

11 > 25594-0374

그림은 어느 지역의 판 경계와 화산 분포를 나타낸 것이다.

이 지역에 대한 설명으로 옳은 것만을 〈보기〉에서 있는 대로 고른 것은?

┤ 보기 ├

ㄱ. 화산들의 일부는 호상열도를 이룬다.
ㄴ. 판의 경계에는 열곡대가 발달해 있다.
ㄷ. 판의 밀도는 태평양판이 북아메리카판보다 크다.

① ㄱ ② ㄴ ③ ㄱ, ㄷ
④ ㄴ, ㄷ ⑤ ㄱ, ㄴ, ㄷ

12 > 25594-0375

다음은 화산 활동에 의해 나타난 현상들을 나타낸 것이다.

- A: 2010년 아이슬란드에서 분출한 화산은 유럽에 항공 대란을 일으켰다.
- B: 인도네시아 탐보라 화산이 분출한 해는 여름이 없는 해로 기록되었다.
- C: 필리핀 피나투보 화산의 분출로 지구 평균 기온이 약 0.5 ℃ 낮아졌다.

이에 대한 설명으로 옳은 것만을 〈보기〉에서 있는 대로 고른 것은?

┤ 보기 ├

ㄱ. A, B, C 모두 화산재가 주요 원인이다.
ㄴ. A, B, C 모두 지구 내부 에너지가 이동하는 과정에서 발생하였다.
ㄷ. C는 지권과 수권 간의 상호작용의 결과이다.

① ㄱ ② ㄷ ③ ㄱ, ㄴ
④ ㄴ, ㄷ ⑤ ㄱ, ㄴ, ㄷ

> 25594-0376

13 그림은 같은 사람이 달에서 더 높이 뛸 수 있는 현상에 대해 학생 A, B, C가 대화하는 모습을 나타낸 것이다.

제시한 내용이 옳은 학생만을 있는 대로 고른 것은?

① A   ② B   ③ A, C
④ B, C   ⑤ A, B, C

> 25594-0377

14 그림 (가), (나)는 쇠구슬과 깃털을 같은 높이에서 가만히 놓았을 때, 진공에서 낙하하는 모습과 공기 중에서 낙하하는 모습을 순서 없이 나타낸 것이다.

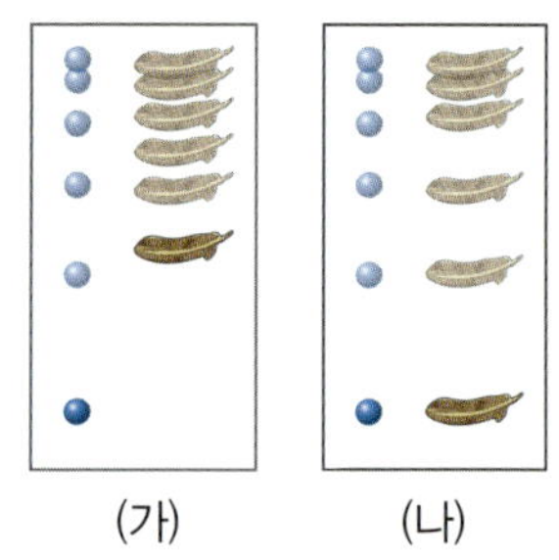

(가)   (나)

이에 대한 설명으로 옳은 것만을 〈보기〉에서 있는 대로 고른 것은?

보기

ㄱ. (가)는 공기 중에서 낙하하는 모습이다.
ㄴ. 깃털에 작용하는 중력의 크기는 (나)에서가 (가)에서보다 크다.
ㄷ. (나)에서 쇠구슬과 깃털이 같은 높이에 있을 때, 쇠구슬과 깃털의 속력은 서로 같다.

① ㄱ   ② ㄴ   ③ ㄱ, ㄷ
④ ㄴ, ㄷ   ⑤ ㄱ, ㄴ, ㄷ

> 25594-0378

15 쇠구슬을 수평으로 던졌을 때, 쇠구슬의 수평 방향 속력과 연직 방향 속력을 시간에 따라 나타낸 것으로 가장 적절한 것은? (단, 공기 저항은 무시한다.)

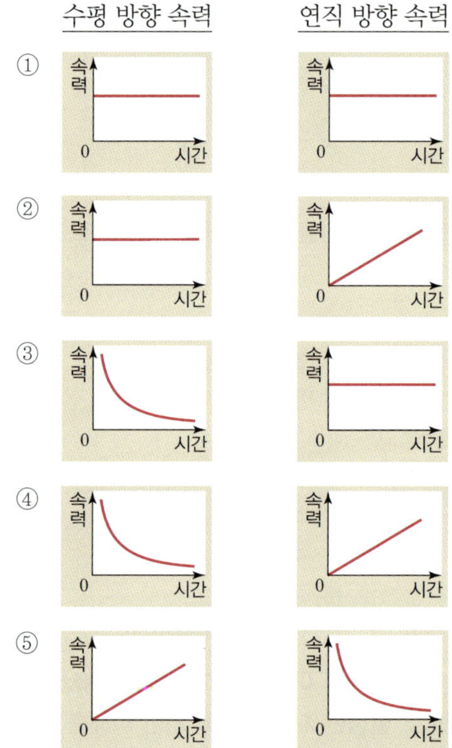

> 25594-0379

16 그림은 물체 A, B, C를 지면과 수평인 점선 방향으로 각각 던졌을 때 물체의 운동 경로를 나타낸 것이다.

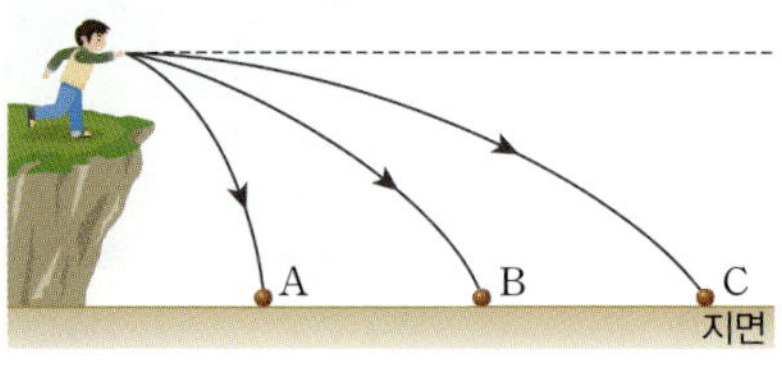

이에 대한 설명으로 옳은 것만을 〈보기〉에서 있는 대로 고른 것은? (단, 물체의 크기, 공기 저항은 무시한다.)

보기

ㄱ. A의 수평 방향 속도의 크기는 일정하다.
ㄴ. 지면에 도달할 때까지 걸린 시간은 A, B, C가 같다.
ㄷ. 가속도의 크기는 C가 가장 크다.

① ㄱ   ② ㄷ   ③ ㄱ, ㄴ
④ ㄴ, ㄷ   ⑤ ㄱ, ㄴ, ㄷ

> 25594-0380

17 그림과 같이 두 물체 A와 B를 각각 수평으로 발사하였더니 A와 B가 동일한 수평 거리만큼 운동한 후 수평면에 동시에 도달하였다.

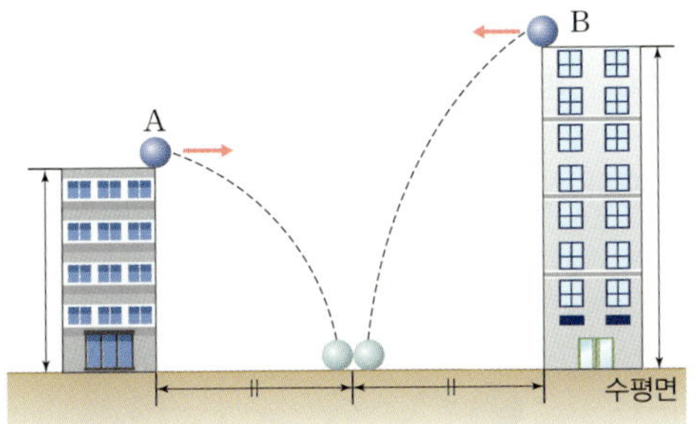

이에 대한 설명으로 옳은 것만을 〈보기〉에서 있는 대로 고른 것은? (단, 물체의 크기, 공기 저항은 무시한다.)

┤ 보기 ├
ㄱ. A와 B의 수평 방향 속력은 서로 같다.
ㄴ. B를 먼저 발사한 후 A가 발사되었다.
ㄷ. 가속도의 크기는 B가 A보다 크다.

① ㄱ　　　　② ㄴ　　　　③ ㄱ, ㄷ
④ ㄴ, ㄷ　　　⑤ ㄱ, ㄴ, ㄷ

> 25594-0381

18 그림은 지구 위의 한 점에서 물체 A와 B를 각각 v_A, v_B의 속력으로 발사했을 때, A와 B가 운동하는 모습을 나타낸 것이다. A는 원궤도를 따라 운동하고, B는 타원궤도를 따라 운동한다.
이에 대한 설명으로 옳은 것만을 〈보기〉에서 있는 대로 고른 것은?
(단, 공기 저항은 무시한다.)

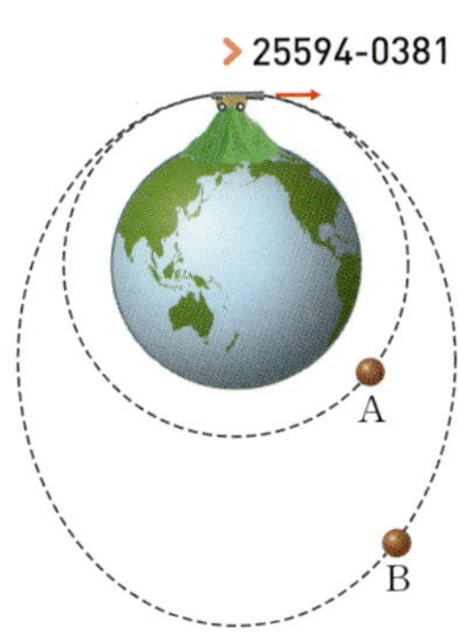

┤ 보기 ├
ㄱ. $v_A < v_B$이다.
ㄴ. B의 가속도 방향은 지구 중심을 향하는 방향이다.
ㄷ. B가 지구로부터 멀어지는 동안, B에 작용하는 중력의 크기는 감소한다.

① ㄱ　　　　② ㄴ　　　　③ ㄱ, ㄷ
④ ㄴ, ㄷ　　　⑤ ㄱ, ㄴ, ㄷ

> 25594-0382

19 그림은 같은 높이에서 자유 낙하시킨 물체 A와 수평으로 던진 물체 B의 위치를 시간 $t=0$부터 $t=0.3$초까지 0.1초 간격으로 나타낸 것이다.

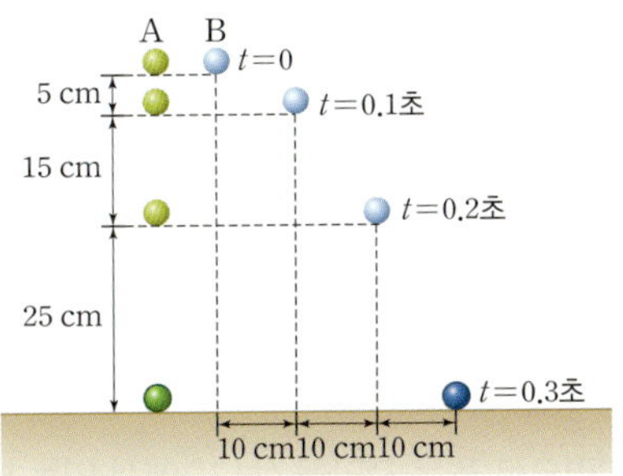

이에 대한 설명으로 옳은 것만을 〈보기〉에서 있는 대로 고른 것은? (단, 물체의 크기는 무시한다.)

┤ 보기 ├
ㄱ. $t=0$일 때, B의 속력은 1 m/s이다.
ㄴ. $t=0.2$초일 때 속력은 B가 A보다 크다.
ㄷ. $t=0$부터 $t=0.3$초까지 A의 가속도의 크기는 10 m/s^{2}이다.

① ㄱ　　　　② ㄴ　　　　③ ㄱ, ㄷ
④ ㄴ, ㄷ　　　⑤ ㄱ, ㄴ, ㄷ

> 25594-0383

20 그림은 질량이 m으로 같은 두 물체 A와 B가 각각 $3v$의 속력으로 등속도 운동을 하다가 벽에 충돌하여 튀어나오는 모습을 나타낸 것이다. 벽과 충돌 후 A의 속력은 v, B의 속력은 $2v$이다.

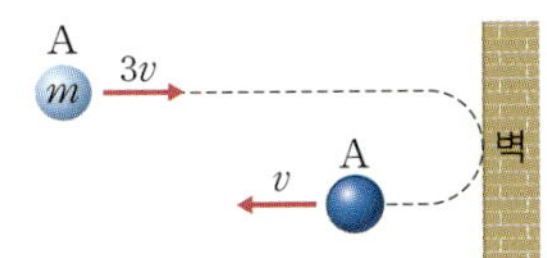

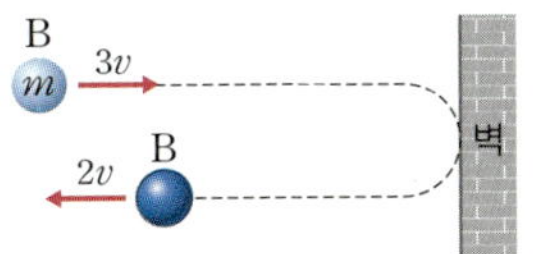

이에 대한 설명으로 옳은 것만을 〈보기〉에서 있는 대로 고른 것은?

┤ 보기 ├
ㄱ. 충돌 후 A의 운동량의 크기는 mv이다.
ㄴ. 충돌 과정에서 A의 운동량 변화량의 크기는 $2mv$이다.
ㄷ. 충돌 과정에서 B가 받은 충격량의 크기는 $5mv$이다.

① ㄱ　　　　② ㄴ　　　　③ ㄱ, ㄷ
④ ㄴ, ㄷ　　　⑤ ㄱ, ㄴ, ㄷ

> 25594-0384

21 그림은 시간 $t=0$일 때 10 m/s의 속력으로 수평으로 던진 물체가 운동하는 모습을 나타낸 것이다. 물체의 질량은 5 kg이다. $t=2$초일 때, 물체의 수평 방향 속력은 v_1, 연직 방향 속력은 v_2이다.

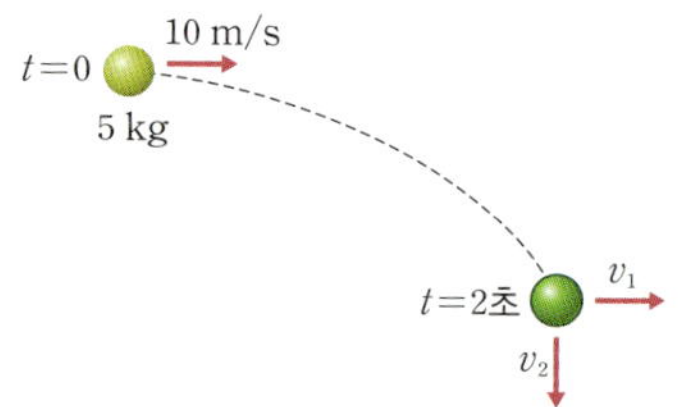

이에 대한 설명으로 옳은 것만을 〈보기〉에서 있는 대로 고른 것은? (단, 중력 가속도는 10 m/s^{2}이고, 공기 저항은 무시한다.)

〈보기〉
ㄱ. $v_1=10$ m/s이다.
ㄴ. $v_2=20$ m/s이다.
ㄷ. $t=0$부터 $t=2$초까지 물체가 받은 충격량의 크기는 100 N·s이다.

① ㄱ ② ㄴ ③ ㄱ, ㄷ ④ ㄴ, ㄷ ⑤ ㄱ, ㄴ, ㄷ

> 25594-0385

22 그림 (가)는 빗면 위의 같은 높이에서 질량이 각각 m, $2m$인 두 물체 A, B를 가만히 놓았을 때, A, B가 빗면을 따라 내려와 재질이 다른 두 벽에 부딪혀 정지한 모습을 나타낸 것이다. 그림 (나)는 벽과 충돌하는 동안 A, B가 받은 힘의 크기를 시간에 따라 나타낸 것이다.

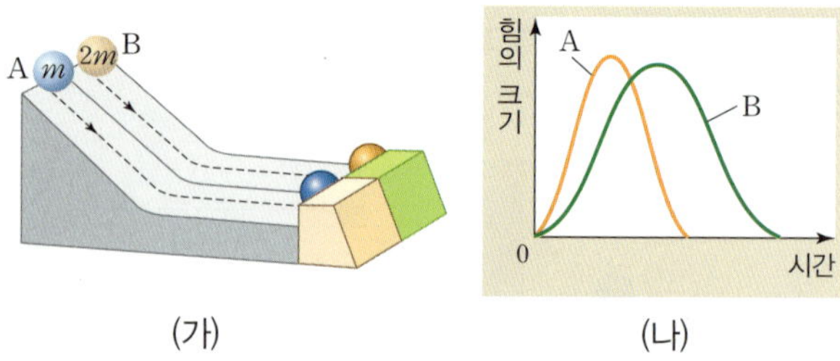

이에 대한 설명으로 옳은 것만을 〈보기〉에서 있는 대로 고른 것은? (단, 물체의 크기, 모든 마찰과 공기 저항은 무시한다.)

〈보기〉
ㄱ. 벽과 충돌하기 전 A와 B의 속력은 서로 같다.
ㄴ. 충돌 과정에서 운동량 변화량의 크기는 A와 B가 같다.
ㄷ. (나)에서 곡선과 시간 축이 만드는 넓이는 B가 A의 2배이다.

① ㄱ ② ㄴ ③ ㄱ, ㄷ ④ ㄴ, ㄷ ⑤ ㄱ, ㄴ, ㄷ

> 25594-0386

23 그림 (가)는 질량이 m인 물체 A가 수평면을 따라 v_0의 일정한 속력으로 정지해 있는 B를 향해 운동하는 모습을 나타낸 것이다. 그림 (나)는 (가)에서 A와 B가 충돌하는 동안 A가 B로부터 받은 힘의 크기를 시간에 따라 나타낸 것으로, 곡선과 시간 축이 만드는 넓이는 $\frac{2}{3}mv_0$이다. B는 A와 충돌 후 $\frac{1}{2}v_0$의 일정한 속력으로 운동한다.

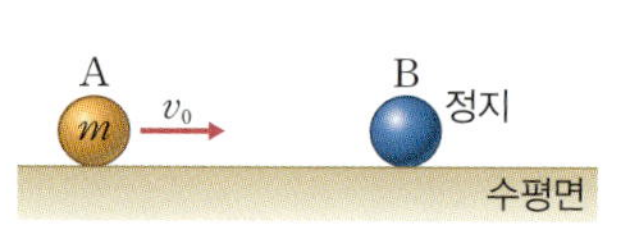

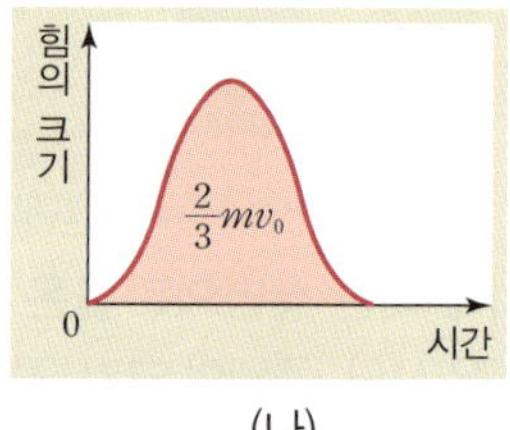

(가)   (나)

B의 질량을 구하시오.

> 25594-0387

24 다음은 충격 완화에 대한 내용이다.

최근 들어 국내 레저용 차량에 장착되어 인기를 끌고 있는 스테인리스 재질의 범퍼가 안전에 큰 위협이 되고 있다. 스테인리스 범퍼를 장착할 경우 ㉠에어백 센서의 감지 능력이 떨어지는 등 안전장치들이 작동하지 않을 수도 있다. 기존의 범퍼와 비교할 때, ㉡같은 속력으로 달리다가 충돌하는 충돌 시험에서 평균 힘의 크기가 작아지지 않아 충격 완화 성능도 떨어지는 것으로 나타나 사용하지 않을 것을 권고하고 있다.

이에 대한 설명으로 옳은 것만을 〈보기〉에서 있는 대로 고른 것은?

〈보기〉
ㄱ. ㉠은 충돌 시간을 줄여 주는 안전장치이다.
ㄴ. 스테인리스 범퍼가 받는 충격량이 기존의 범퍼보다 크기 때문에 ㉡과 같은 결과가 나타난다.
ㄷ. 스테인리스 범퍼의 충돌 시간이 기존의 범퍼보다 짧기 때문에 ㉡과 같은 결과가 나타난다.

① ㄱ ② ㄷ ③ ㄱ, ㄴ ④ ㄴ, ㄷ ⑤ ㄱ, ㄴ, ㄷ

수능 유형

> 25594-0388

25 그림 (가)는 세포막의 구조 일부를, (나)는 생명체를 구성하는 2가지 물질의 단위체 ㉠과 ㉡을 나타낸 것이다. A와 B는 각각 인지질과 단백질 중 하나이고, ㉠과 ㉡은 각각 뉴클레오타이드와 아미노산 중 하나이다.

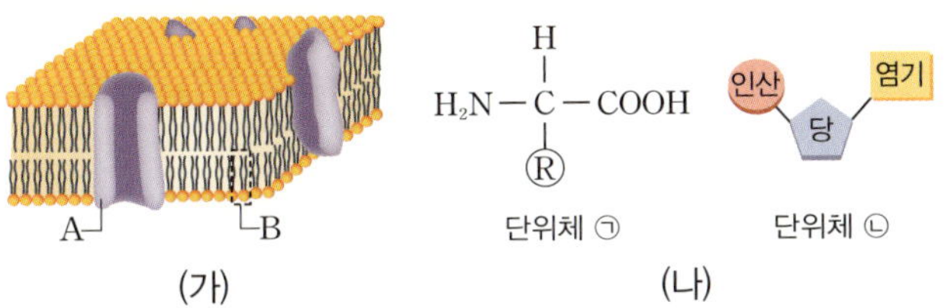

이에 대한 설명으로 옳은 것만을 〈보기〉에서 있는 대로 고른 것은?

보기

ㄱ. ㉠은 A의 단위체이다.
ㄴ. B와 ㉡의 공통 구성 원소에 탄소(C)가 포함된다.
ㄷ. 세포막에서 B는 2중층으로 배열되어 있다.

① ㄱ   ② ㄴ   ③ ㄱ, ㄷ
④ ㄴ, ㄷ   ⑤ ㄱ, ㄴ, ㄷ

> 25594-0389

26 그림 (가)는 식물 세포의 구조 일부를, (나)는 유전정보 흐름의 일부를 나타낸 것이다. A~C는 각각 핵, 라이보솜, 엽록체 중 하나이다.

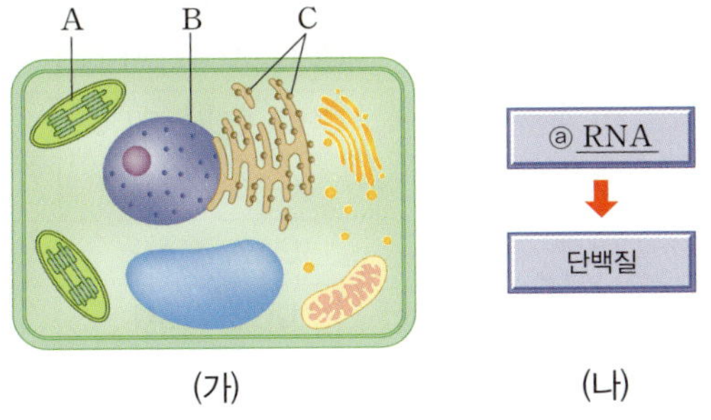

이에 대한 설명으로 옳은 것만을 〈보기〉에서 있는 대로 고른 것은?

보기

ㄱ. A는 엽록체이다.
ㄴ. B에서는 ⓐ의 합성이 일어난다.
ㄷ. (나)에 C가 관여한다.

① ㄱ   ② ㄴ   ③ ㄱ, ㄷ
④ ㄴ, ㄷ   ⑤ ㄱ, ㄴ, ㄷ

> 25594-0390

27 그림 (가)는 서로 다른 농도의 용액 A~C에 사람의 적혈구를 각각 넣은 다음 시간에 따른 ㉠을, (나)는 A에서의 적혈구 변화를 나타낸 것이다. ㉠은 적혈구의 부피와 적혈구 세포질의 농도 중 하나이다.

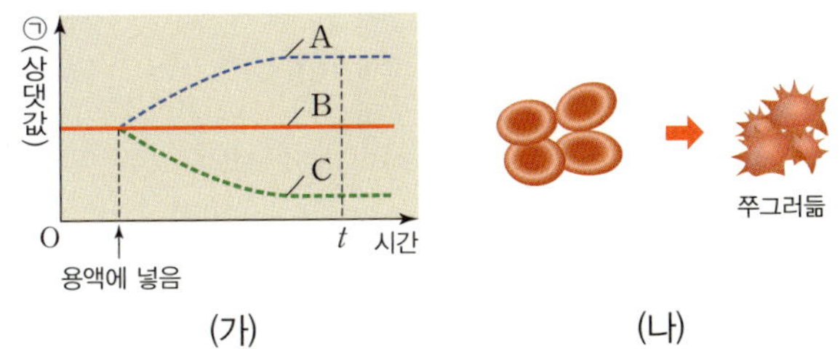

이에 대한 설명으로 옳은 것만을 〈보기〉에서 있는 대로 고른 것은?

보기

ㄱ. ㉠은 적혈구의 부피이다.
ㄴ. 적혈구를 넣기 전 용액의 농도는 A가 C보다 높다.
ㄷ. t일 때 A에 있던 적혈구를 꺼내어 B로 옮겨 넣으면 ㉠은 감소한다.

① ㄱ   ② ㄴ   ③ ㄱ, ㄷ
④ ㄴ, ㄷ   ⑤ ㄱ, ㄴ, ㄷ

> 25594-0391

28 그림은 세포막을 통한 산소(O_2)와 포도당의 확산을 나타낸 것이다. A와 B는 각각 산소와 포도당 중 하나이고, ㉠과 ㉡은 세포 안과 세포 밖을 순서 없이 나타낸 것이다.

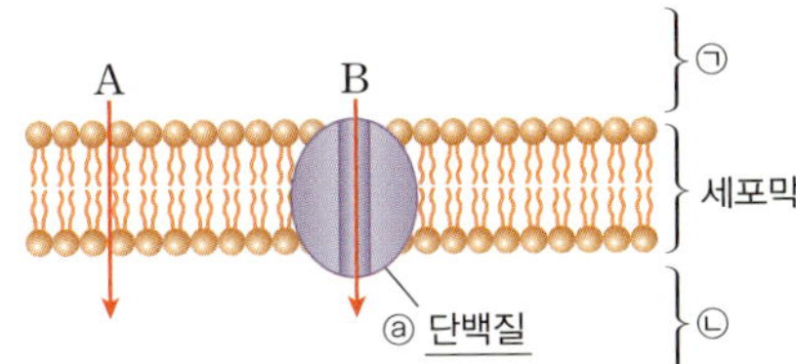

이에 대한 설명으로 옳은 것만을 〈보기〉에서 있는 대로 고른 것은?

보기

ㄱ. A는 산소이다.
ㄴ. ⓐ에는 펩타이드결합이 있다.
ㄷ. B의 농도는 ㉠에서가 ㉡에서보다 작다.

① ㄱ   ② ㄷ   ③ ㄱ, ㄴ
④ ㄱ, ㄷ   ⑤ ㄴ, ㄷ

• 정답과 해설 **51**쪽

[29~30] 그림 (가)는 사람에서 일어나는 물질대사 Ⅰ과 Ⅱ를, (나)는 Ⅰ과 Ⅱ 중 하나에서의 에너지 변화를 나타낸 것이다.

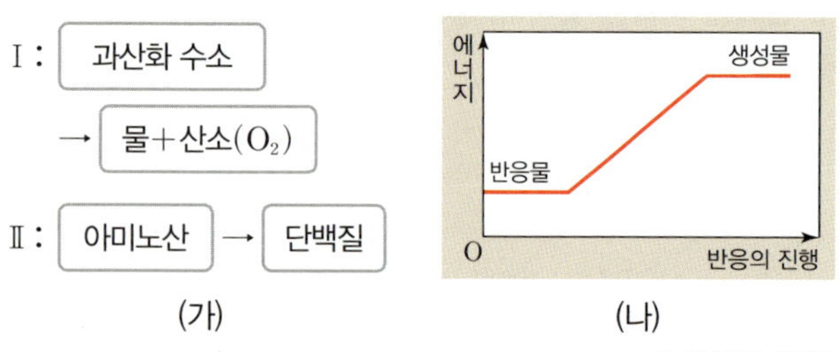

> 25594-0392

29 그림은 (가)에 대한 학생 A~C의 발표 내용을 나타낸 것이다.

제시한 내용이 옳은 학생만을 있는 대로 고른 것은?

① A   ② B   ③ A, C
④ B, C   ⑤ A, B, C

> 25594-0393

30 (나)에 대한 설명으로 옳은 것만을 〈보기〉에서 있는 대로 고른 것은?

〔 보기 〕
ㄱ. 에너지의 흡수가 일어난다.
ㄴ. Ⅰ과 Ⅱ 중 Ⅰ에서의 에너지 변화이다.
ㄷ. 반응물과 생성물의 에너지 차이는 효소가 없을 때가 효소가 있을 때보다 크다.

① ㄱ   ② ㄴ   ③ ㄱ, ㄷ
④ ㄴ, ㄷ   ⑤ ㄱ, ㄴ, ㄷ

> 25594-0394

31 그림 (가)는 생명체 내 유전정보의 흐름을, (나)는 ㉠과 ㉡ 중 하나를 구성하는 단위체를 나타낸 것이다. ㉠과 ㉡은 DNA와 RNA를 순서 없이 나타낸 것이다.

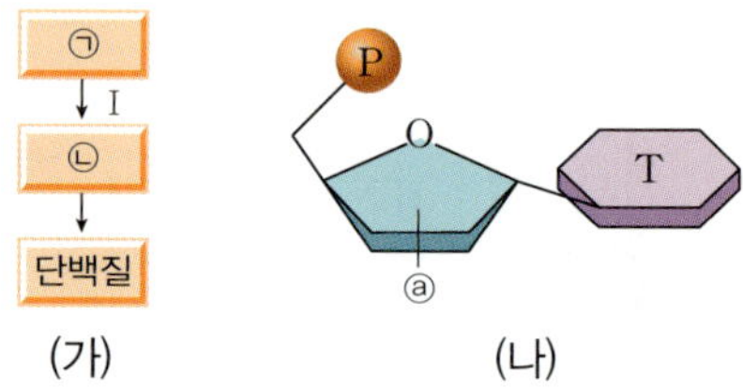

이에 대한 설명으로 옳은 것만을 〈보기〉에서 있는 대로 고른 것은?

〔 보기 〕
ㄱ. ⓐ는 디옥시라이보스이다.
ㄴ. ㉡에는 코돈이 있다.
ㄷ. 사람의 세포에서 과정 Ⅰ은 세포질에서 일어난다.

① ㄱ   ② ㄷ   ③ ㄱ, ㄴ
④ ㄴ, ㄷ   ⑤ ㄱ, ㄴ, ㄷ

> 25594-0395

32 그림 (가)는 유전정보의 흐름을, (나)는 일부 코돈이 지정하는 아미노산을 나타낸 것이다. ㉠~㉣은 아데닌(A), 사이토신(C), 구아닌(G), 타이민(T)을 순서 없이 나타낸 것이다.

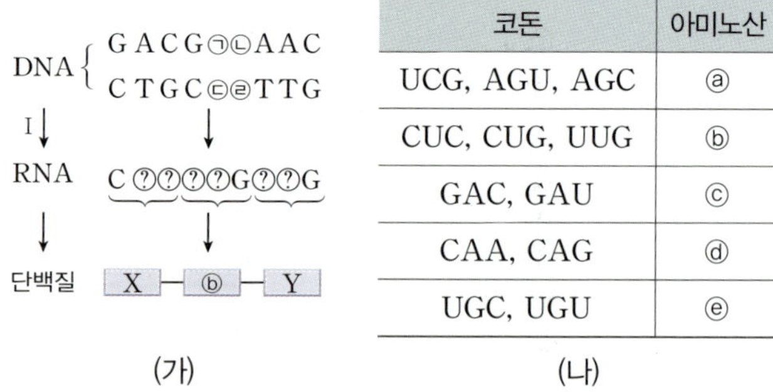

코돈	아미노산
UCG, AGU, AGC	ⓐ
CUC, CUG, UUG	ⓑ
GAC, GAU	ⓒ
CAA, CAG	ⓓ
UGC, UGU	ⓔ

(가)   (나)

이에 대한 설명으로 옳은 것만을 〈보기〉에서 있는 대로 고른 것은?

〔 보기 〕
ㄱ. 과정 Ⅰ은 전사이다.
ㄴ. ㉠은 사이토신(C)이다.
ㄷ. X와 Y는 모두 ⓑ이다.

① ㄱ   ② ㄴ   ③ ㄱ, ㄷ
④ ㄴ, ㄷ   ⑤ ㄱ, ㄴ, ㄷ

Since 2011
국어 No.1 베스트셀러

윤혜정의
개념의 나비효과

입문부터 고난도 기출까지
흔들리지 않는 국어 영역 학습의 기본

내신도 수능도
기본서는 역시, EBS

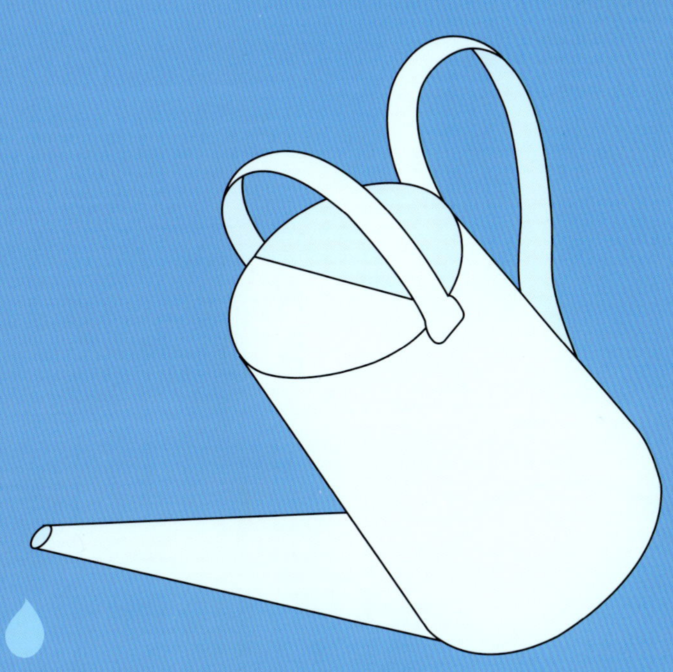

통합과학
1

정답과 해설

개념완성

내신과 수능을 동시에 완성하는
EBS 대표 기본서

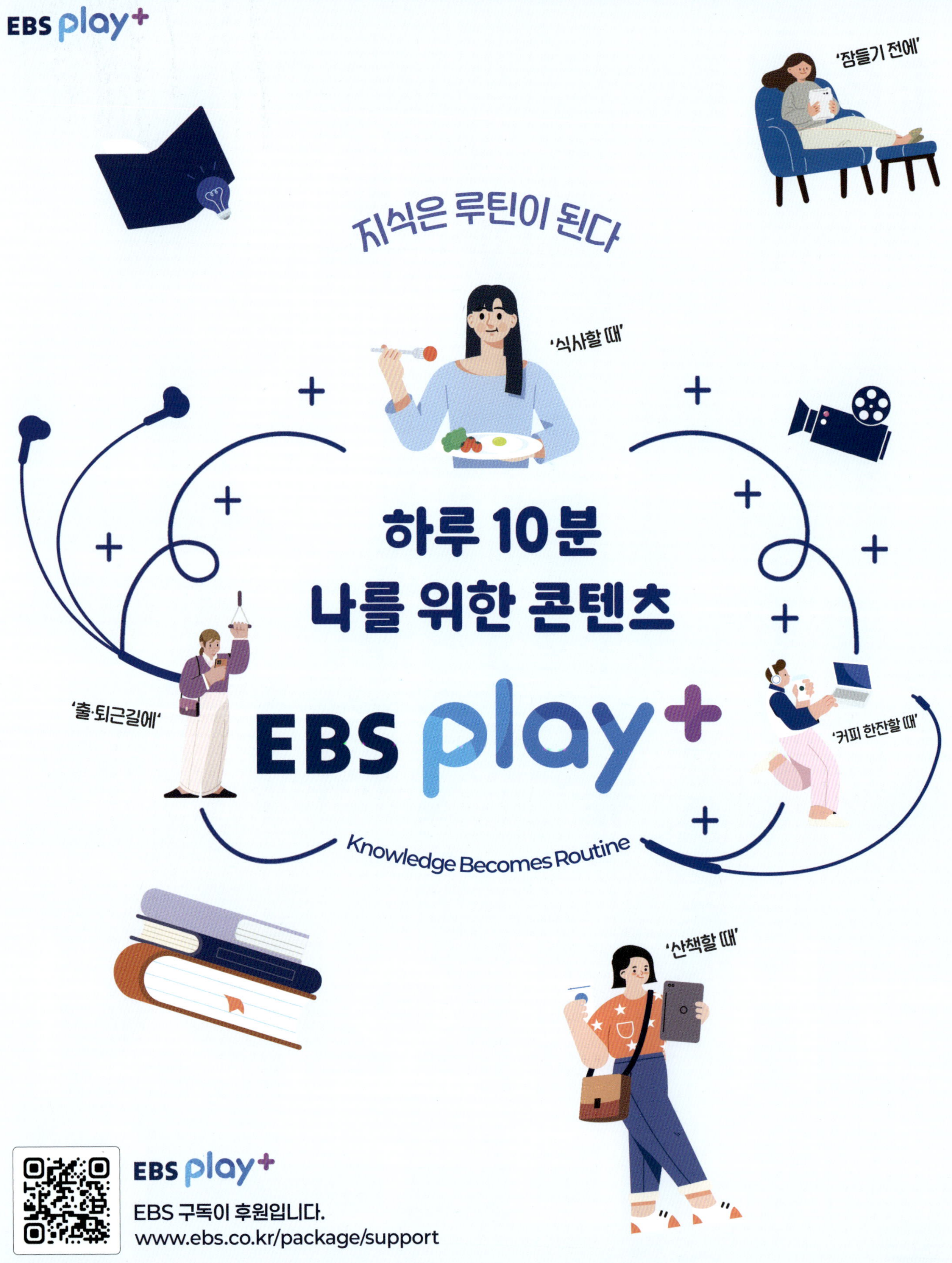

지식은 루틴이 된다

'식사할 때'

하루 10분
나를 위한 콘텐츠

EBS play+

Knowledge Becomes Routine

개념완성

정답과 해설

I 과학의 기초

1 과학의 기본량

탐구 활동   본문 16쪽

1~3 해설 참조

내신 기초 문제   본문 17~18쪽

01 ③	02 ②	03 ⑤	04 ②	05 ③	06 ①
07 ⑤	08 ④	09 ⑤	10 ②, ⑤		11 ③
12 ③					

실력 향상 문제   본문 19~20쪽

01 ③	02 ④	03 ①	04 ①	05 ④	06 70
07 ⑤	08 해설 참조				

수능 유형 문제   본문 21쪽

01 ④	02 ④	03 ③	04 ③

2 측정 표준과 정보

탐구 활동   본문 30쪽

1~3 해설 참조

내신 기초 문제   본문 31~32쪽

01 ④	02 ③	03 ③, ④	04 ④	05 ④
06 ⑤	07 ⑤	08 ①, ②	09 ①	10 ⑤
11 ①	12 ⑤			

실력 향상 문제   본문 33~34쪽

01 ⑤	02 ③	03 ④	04 ②	05 ⑤	06 ⑤
07 ④	08 ⑤	09 (1) 80.5 km/h (2) 해설 참조			
10 해설 참조					

수능 유형 문제   본문 35~36쪽

01 ⑤	02 ⑤	03 ②	04 ④	05 ④	06 ①
07 ⑤	08 ④				

대단원 마무리 문제   본문 41~45쪽

01 ⑤	02 ⑤	03 ③	04 ③	05 ③	06 ③
07 ③	08 ①	09 288	10 ③	11 ①	12 ⑤
13 ③	14 ③	15 ⑤	16 ⑤	17 ③	18 ①
19 ①	20 ⑤	21 ⑤			

II 물질과 규칙성

1 원소의 생성과 규칙성

탐구 활동   본문 63쪽

1~3 해설 참조

내신 기초 문제   본문 64~67쪽

01 ⑤	02 ⑤	03 ③	04 ③	05 ①	06 ③
07 ①	08 ②	09 ④	10 ②	11 ④	12 ③
13 ⑤	14 ⑤	15 ②	16 ⑤	17 ①	18 ⑤
19 ③	20 ④				

01 ①	02 ②	03 ④	04 ③	05 해설 참조	
06 ①	07 ②	08 ④	09 ③	10 ④	11 ③
12 (1) ③ (2) ④	13 ②	14 ③	15 ④	16 ③	
17 ①	18 ③	19 ③	20 ④	21 해설 참조	
22 ④	23 해설 참조	24 ④	25 ④		
26 해설 참조	27 ③	28 ①	29 ④	30 ④	
31 ①	32 ④	33 해설 참조	34 ⑤		

실력 향상 문제　　본문 95~98쪽

01 ①	02 ①	03 ④	04 해설 참조	05 ③
06 ②	07 ③	08 해설 참조	09 ③	10 ①
11 ⑤	12 ④	13 해설 참조	14 해설 참조	
15 ⑤	16 ②	17 ②	18 ①	19 ④	20 ③

수능 유형 문제　　본문 76~83쪽

01 ②	02 ④	03 ③	04 ⑤	05 ③	06 ④
07 ①	08 ④	09 ④	10 ③	11 ②	12 ②
13 ②	14 ①	15 ④	16 ③	17 ④	18 ④
19 ③	20 ③	21 ③	22 ⑤	23 ③	24 ①
25 ③	26 ④	27 ③	28 ④	29 ④	30 ①
31 ⑤	32 ③				

수능 유형 문제　　본문 99~102쪽

01 ④	02 ⑤	03 ③	04 ②	05 ③	06 ①
07 ⑤	08 ④	09 ①	10 ⑤	11 ④	12 ②
13 ②	14 ②	15 ⑤	16 ⑤		

대단원 마무리 문제　　본문 108~113쪽

01 ④	02 ⑤	03 ③	04 ②	05 ⑤	06 ⑤
07 ③	08 ⑤	09 ②	10 ④	11 ③	12 ④
13 ③	14 ④	15 ③	16 ⑤	17 ④	18 ③
19 ②	20 ④	21 ②	22 ③	23 ②	24 ②

2 자연의 구성 물질

탐구 활동　　본문 92쪽

1 뉴클레오타이드
2 인산, 당(디옥시라이보스), 염기
3 해설 참조

Ⅲ 시스템과 상호작용

1 지구시스템

탐구 활동　　본문 125쪽

1 해설 참조

내신 기초 문제　　본문 93~94쪽

01 ③	02 ②	03 ⑤	04 ③	05 ③	06 ②
07 ①, ③		08 ②	09 ②, ③		10 ⑤
11 ②	12 ②				

내신 기초 문제　　본문 126~127쪽

| 01 ② | 02 ⑤ | 03 ② | 04 ⑤ | 05 ④ | 06 ③ |
| 07 ③ | 08 ③ | 09 ④ | 10 ③ | 11 ① | 12 ④ |

실력 향상 문제
본문 128~131쪽

01 ④　02 ③　03 ①　04 해설 참조
05 해설 참조　06 ②　07 ②　08 ④　09 ②
10 해설 참조　11 ④　12 ④　13 ①　14 ⑤
15 해설 참조　16 ①　17 ⑤　18 ⑤　19 ②

수능 유형 문제
본문 132~135쪽

01 ①　02 ①　03 ②　04 ⑤　05 ③　06 ⑤
07 ⑤　08 ②　09 ④　10 ①　11 ③　12 ②
13 ④　14 ③　15 ④　16 ④

2 역학 시스템

탐구 활동
본문 144쪽

1~4 해설 참조

내신 기초 문제
본문 145~146쪽

01 ①　02 ③　03 ④　04 ①　05 ①　06 ③
07 ②　08 ⑤　09 ①　10 ③　11 ⑤

실력 향상 문제
본문 147~150쪽

01 ②　02 ②　03 ①　04 ③　05 ①　06 ⑤
07 ⑤　08 해설 참조　09 ②　10 ④　11 ①
12 ④　13 ③　14 ⑤　15 ⑤　16 해설 참조

수능 유형 문제
본문 151~153쪽

01 ②　02 ⑤　03 ⑤　04 ②　05 ③　06 ②
07 ⑤　08 ③　09 ④　10 ③　11 ①　12 ③

3 생명 시스템

탐구 활동
본문 163쪽

1~2 해설 참조

내신 기초 문제
본문 164~165쪽

01 ⑤　02 ③　03 ③　04 ⑤　05 ③　06 ①
07 ①, ③　　08 ②　09 ④　10 ③　11 ①
12 ④

실력 향상 문제
본문 166~169쪽

01 ③　02 ⑤　03 ④　04 해설 참조　05 ⑤
06 ②　07 ②　08 ③　09 ③　10 ④　11 ⑤
12 해설 참조　13 ⑤　14 ⑤　15 ①
16 해설 참조

수능 유형 문제
본문 170~173쪽

01 ③　02 ④　03 ⑤　04 ⑤　05 ③　06 ⑤
07 ②　08 ⑤　09 ③　10 ④　11 ③　12 ⑤
13 ③　14 ②　15 ①　16 ④

대단원 마무리 문제
본문 177~184쪽

01 ③　02 ①　03 ②　04 ③　05 ④　06 ⑤
07 ③　08 ③　09 ④　10 ⑤　11 ③　12 ③
13 ④　14 ③　15 ②　16 ③　17 ②　18 ⑤
19 ⑤　20 ③　21 ⑤　22 ③　23 $\frac{4}{3}m$　24 ②
25 ⑤　26 ③　27 ④　28 ③　29 ④　30 ①
31 ③　32 ③

정답과 해설

I 과학의 기초

1 과학의 기본량

1~3 해설 참조

1 미시 세계와 거시 세계는 적용되는 과학 법칙이 다르며, 측정이 대상에 영향을 미치는 정도 또한 다르기 때문에 관측하는 방법이 다를 수 밖에 없다.

모범 답안 미시 세계는 눈으로 보이지 않는 원자나 전자 수준의 크기를 다루며, 전자 현미경으로도 관측이 불가능한 경우도 많다. 거시 세계는 일상생활과 천문 현상의 크기를 다루며 육안 관찰 또는 광학 망원경, 전파 망원경으로 관측 가능한 세계이다.

2 국제단위계(SI)가 아니더라도 관습적으로 계속 사용되어 왔고 앞으로도 계속 사용될 것으로 예상되는 몇 가지 단위들은 국제단위계와 함께 사용하는 것을 허용한다. AU(천문단위), pc(파섹)과 같은 천문학에서 주로 사용하는 단위들도 여기에 해당한다.

모범 답안 $1\,AU=$약 $1.469\times10^{11}\,m$이고, $1\,pc=$약 $2.063\times10^{5}\,AU$이다. 따라서 $1\,pc=$약 $3.03\times10^{16}\,m$이다.

3 측정을 할 때 측정 규모에 맞는 측정 도구를 선택해야 하며, 측정 규모에 맞게 물리량을 표기해야 의사소통이 편리하다.

모범 답안 단위마다 특정한 규모의 측정에 유리한 점이 있으므로 규모에 따라 적절한 단위가 필요하다. 제각각 독립적인 단위를 적용하더라도 단위를 환산하는 데 복잡한 규칙이 들어가지 않을수록 그 비율을 짐작하기 편리하다.

01 ③	02 ②	03 ⑤	04 ②	05 ③	06 ①
07 ⑤	08 ④	09 ⑤	10 ②, ⑤		11 ③
12 ③					

01 **정답 맞히기** ③ 자연 현상이나 탐구 대상의 규모에 따라 적절한 관측 도구를 선택하여 측정해야 한다.

오답 피하기 ① 자연 현상의 규모는 탐구 대상과 방법에 따라 다양하다.

② 천체 망원경은 천문 현상과 같은 거시 세계에서도 규모가 큰 대상을 관측하는 기구이다. 따라서 미시 세계의 규모인 원자와 같은 대상을 관찰할 수 없다.

④ 우주의 나이를 추정할 때의 규모는 '억 년' 단위이다. 따라서 초시계는 우주의 나이를 측정할 때 필요 이상으로 정밀한 기구이므로 적절하지 않다.

⑤ 원자의 운동은 미시 세계에서 잘 적용되는 양자 역학으로 설명할 수 있고, 태양계 행성의 운동은 거시 세계에서 잘 적용되는 뉴턴 운동 법칙으로 설명할 수 있다.

02 **정답 맞히기** ② 지구의 반지름은 약 $6\times10^{6}\,m$이다.

오답 피하기 ① 사람의 키는 약 $1\sim2\,m$이다.

③ 적혈구의 반지름은 약 $4\times10^{-6}\,m$이다.

④ 수소 원자의 반지름은 약 $5\times10^{-11}\,m$이다.

⑤ 에베레스트산의 높이는 약 $9\times10^{3}\,m$이다.

03 **정답 맞히기** ⑤ 세슘 원자에서 방출되는 빛이 한 번 진동하는 데 걸리는 시간은 원자시계의 기준이 되는 시간으로 약 $\dfrac{1}{9192631770}$초이다.

오답 피하기 ① 달의 공전 주기는 약 30일이다.

② 지구의 공전 주기는 약 365일이다.

③ 눈을 한 번 깜빡이는 시간은 0.11초 정도의 시간이다.

④ 공룡이 지구에 번성한 기간은 약 1억 8천만 년 정도이다.

04 **정답 맞히기** ㄴ. 미시 세계는 관측이 불가능한 전자, 원자핵과 같은 것이 대상이다.

오답 피하기 ㄱ. 미시 세계는 너무 작아서 육안뿐만 아니라 여러 가지 장비로도 이론적으로 관측이 불가능한 세계이다.

ㄷ. 미시 세계는 양자 역학으로 여러 현상을 설명한다.

05 **정답 맞히기** ㄱ. 앙부일구는 조선 시대에 사용한 시간 측정 도구로, 시간뿐만 아니라 절기(계절)까지 측정할 수 있었다.

ㄴ. 유척은 조선 시대에 사용한 길이를 측정하는 도구로 암행어사가 휴대하고 다니며 비리를 감찰했다.

오답 피하기 ㄷ. 레이저를 이용해 길이를 측정하는 방법은 현대의 길이 측정 방식이다.

06 정답 맞히기 ① 지구의 둘레는 줄자와 같은 실물 자를 이용해서 측정할 만큼 작지 않으므로 기하학적인 방법이나 빛을 이용해 간접적으로 측정한다.

오답 피하기 ② 세슘 원자시계는 매우 정밀한 시계로 국제적인 표준시를 정할 때 기준이 된다.

③ 화석이 생성된 시기는 매우 긴 시간을 측정해야 하므로 방사성 물질의 반감기를 이용해 측정한다.

④ 전자 현미경으로 탄소 원자의 대략적인 크기를 측정할 수 있다.

⑤ 지구와 달 사이의 거리를 정밀하게 측정하기 위해 달 표면에 설치한 거울을 이용한다. 지구에서 쏜 레이저 빛이 달 표면에 설치한 거울에서 반사되어 돌아오는 시간을 측정하면 지구와 달 사이의 거리를 측정할 수 있다.

07 정답 맞히기 ⑤ n(나노)는 '$\times 10^{-9}$'을 의미하며 1 nm는 1×10^{-9} m와 크기가 같다.

오답 피하기 ① M(메가)는 '$\times 10^{6}$'을 의미한다.

② k(킬로)는 '$\times 10^{3}$'을 의미한다.

③ c(센티)는 '$\times 10^{-2}$'을 의미한다.

④ m(밀리)는 '$\times 10^{-3}$'을 의미한다.

08 정답 맞히기 ④ $100 \, \mu m = 100 \times 10^{-6}$ m $= 1 \times 10^{-4}$ m 이며, 0.0001 m $= 1 \times 10^{-4}$ m이다.

오답 피하기 ① 0.1 m $= 1 \times 10^{-1}$ m이다.

② 0.01 m $= 1 \times 10^{-2}$ m이다.

③ 0.001 m $= 1 \times 10^{-3}$ m이다.

⑤ 0.00001 m $= 1 \times 10^{-5}$ m이다.

09 정답 맞히기 ⑤ 속력은 길이와 시간으로 표현되는 유도량이다.

오답 피하기 ①, ②, ③, ④ 기본량은 총 7가지로 길이, 시간, 온도, 전류, 물질량, 광도, 질량이다.

10 정답 맞히기 ② 국제단위계에서 통용되는 온도의 단위는 K(켈빈)이며, 일상생활에서는 ℃(섭씨도)를 사용하기도 한다.

⑤ 국제단위계는 큰 단위와 작은 단위를 표현하기 위해 10진법을 바탕으로 한 접두사를 사용한다.

오답 피하기 ① 일률의 유도 단위는 W(와트)이다.

③ 길이의 기본 단위는 m(미터)이다.

④ 질량의 기본 단위는 kg(킬로그램)이다.

11 정답 맞히기 ③ 가속도는 단위 시간당 속도 변화를 의미하므로 시간 단위의 s와 속도 단위의 m/s를 이용하여 m/s^{2}으로 나타낸다.

오답 피하기 ① 넓이는 가로와 세로의 길이의 곱으로 표현하므로 m^{2}로 나타낸다.

② 부피는 가로, 세로, 높이의 곱으로 표현하므로 m^{3}로 나타낸다.

④ 밀도는 단위 부피당 포함하는 질량을 의미하므로 kg/m^{3}으로 나타낸다.

⑤ mol/m^{3}는 단위 부피당 포함하는 물질량을 의미하므로 농도의 단위로 적절하다.

12 정답 맞히기 ㄱ. k(킬로)는 1000배를 나타내는 접두사이므로 1 kg $=$ 1000 g이다.

ㄷ. 이 사과 주스 속 당의 % 농도는 $\dfrac{120 \text{ g}}{1000 \text{ g}} \times 100 \text{ \%} = 12 \text{ \%}$이다.

오답 피하기 ㄴ. %(퍼센트)는 농도를 의미하는 백분율이다.

<table>
<tr><td colspan="2">실력 향상 문제</td><td align="right">본문 19~20쪽</td></tr>
</table>

01 ③	02 ④	03 ①	04 ①	05 ④	06 70
07 ⑤	08 해설 참조				

01 정답 맞히기 ③ 바이러스의 크기는 약 1×10^{-8} m, 피라미드의 높이는 약 1.5×10^{2} m, 종이 한 장의 두께는 약 1×10^{-4} m의 규모이다. 바이러스는 눈으로 보이지 않는 크기이고, 종이 한 장의 두께는 겨우 보이는 크기, 피라미드의 높이는 한눈에 보기 어려운 규모이다. 따라서 가장 큰 길이 규모는 피라미드의 높이, 가장 작은 길이 규모는 바이러스의 크기이다.

02 정답 맞히기 ④ 1 T $=$ 10000 G이므로 40 T $= 40 \times 10000$ G $= 400000$ G $= 400$ kG이다.

03 정답 맞히기 ① 1 nm $= 1 \times 10^{-9}$ m이므로 $1 \text{ Å} = 1 \times 10^{-10}$ m $= 0.1 \times 10^{-9}$ m $= 0.1$ nm이다.

04 (정답 맞히기) ㄱ. 숫자 통증 등급은 단위가 존재하지 않으므로 관찰자나 환자에 따라 표현하는 등급이 다를 수 있다.

(오답 피하기) ㄴ. 과학의 기본량은 7가지이며, 기본 단위로 표현한다.

ㄷ. 국제단위계는 과학의 기본량에 대한 합의이므로 숫자 통증 등급은 국제단위계에 해당되지 않는다.

05 (정답 맞히기) ㄴ. μ는 10^{-6}을 의미하므로 $4\,\mu\text{s}=4\times10^{-6}\,\text{s}$이다.

ㄷ. 빛의 속력과 왕복 시간의 곱은 레이저에서 물체까지의 거리의 2배이다. 따라서 레이저에서 물체까지의 거리는

$$\frac{3\times10^{8}\,\text{m/s}\times4\times10^{-6}\,\text{s}}{2}=600\,\text{m}$$이다.

(오답 피하기) ㄱ. 해시계로 측정 가능한 시간의 규모는 2시간 정도의 시간 간격이다. μs의 시간 규모를 측정하기에 해시계의 규모는 너무 크다.

06 (정답 맞히기) X로 측정할 때, A와 B 사이의 간격은 $252-60=192$, B와 C 사이의 간격은 $348-252=96$이다. 따라서 A와 B 사이의 간격이 B와 C 사이의 간격의 2배이다. Y로 측정할 때 B와 C 사이의 간격은 $142-118=24$이므로 A와 B 사이의 간격은 48이 된다. 따라서 ㉠$=118-48=$ 70이다.

07 (정답 맞히기) ㄱ. GPS 수신기는 시간을 측정하므로 기본량을 측정한다.

ㄴ. 빛의 속력은 불변의 값이므로 빛의 속력과 시간을 이용하면 거리를 측정할 수 있다.

ㄷ. 시간을 정확하고 정밀하게 측정하기 위해서는 모든 위성에서 정밀한 시계를 사용해야 하고, 모두 같은 시간 단위를 사용해야 한다.

서술형
08 지구의 둘레는 원의 기하학적 성질을 이용하여 구할 수 있다.

(1) (모범 답안) ㉠ $360°:x$, ㉡ 250000(25만)

채점 기준	배점
㉠과 ㉡을 모두 옳게 쓴 경우	100 %
㉠과 ㉡ 중 1가지만 옳게 쓴 경우	50 %

(2) (모범 답안) 막대의 길이, 그림자의 길이, 알렉산드리아와 시에네 사이의 거리

채점 기준	배점
기본량 3가지를 모두 옳게 쓴 경우	100 %
기본량 3가지 중 2가지만 옳게 쓴 경우	50 %
기본량 3가지 중 1가지만 옳게 쓴 경우	20 %

(3) (모범 답안) 지구는 완전한 구의 형태이고, 알렉산드리아와 시에네는 같은 선상(동일 경도상)에 있어야 한다.

채점 기준	배점
2가지를 모두 옳게 서술한 경우	100 %
1가지만 옳게 서술한 경우	50 %

수능 유형 문제
본문 21쪽

01 ④ **02** ④ **03** ③ **04** ③

01 (정답 맞히기) ④ 지우개를 매단 실이 기울어진 각 θ는 눈과 교실 벽 모서리를 잇는 직선과 바닥이 이루는 각과 같으므로 $\tan\theta=\dfrac{H}{d}$이다. 따라서 $d=\dfrac{H}{\tan\theta}=\dfrac{160\,\text{cm}}{\tan30°}$이다.

02 (정답 맞히기) ④ 힘은 질량이 $1\,\text{kg}$인 물체를 $1\,\text{m/s}^2$의 가속도로 가속시키는 물리량이므로 $1\,\text{N}=1\,\text{kg}\cdot\text{m/s}^2$이다. $1\,\text{Pa}$은 $1\,\text{m}^2$에 $1\,\text{N}$의 힘이 작용할 때의 압력이므로 $1\,\text{Pa}=1\,\text{N/m}^2=1\,\text{kg/m}\cdot\text{s}^2$이다.

03 (정답 맞히기) ㄱ. $1\,\text{L}=1000\,\text{cm}^3=10^3\,\text{cm}^3$이고, $1\,\text{m}^3=10^6\,\text{cm}^3$이므로 $1\,\text{L}=10^3\,\text{cm}^3\times\dfrac{1\,\text{m}^3}{10^6\,\text{cm}^3}=10^{-3}\,\text{m}^3=0.001\,\text{m}^3$이다.

ㄴ. 물질량의 기본 단위는 mol(몰)이다.

(오답 피하기) ㄷ. pH는 물질량과 부피를 이용해 나타낸 농도 지수이므로 유도량이다.

04 (정답 맞히기) ㄱ. 반지름은 길이의 차원을 가지고 단위가 m이므로 기본량이다.

ㄷ. θ는 $\dfrac{길이}{길이}$이므로 rad은 차원이 없는 물리량의 단위이다.

오답 피하기 ㄴ. rad은 기본 단위 7가지에 포함되지 않는다.

2 측정 표준과 정보

탐구 활동
본문 30쪽

1~3 해설 참조

1 경험을 통해 기억하고 있는 어느 정도의 거리 척도를 통해 어림한 길이와 정밀한 측정을 통해 실측한 값은 차이가 날 수 있다. 수많은 경험을 통해 어림을 반복하다 보면 어림값이 측정값과 크게 차이가 나지 않을 수 있지만, 기기를 통한 측정은 경험을 쌓지 않아도 원하는 값을 정밀하게 구할 수 있다.

모범 답안 어림은 측정 도구 없이 눈이나 논리적 추론만으로 측정값을 정하는 행위이므로 어림값은 실제 측정값과 차이가 날 수 있다.

2 스마트 기기를 이용하여 다양한 기본량을 측정할 수 있다.

모범 답안 스마트 기기는 스마트 기기에 내장된 카메라를 통해 원하는 지점의 위치 정보를 얻고, 삼각 측량법을 이용해 거리를 측정한다.

3 측정을 통해 얻은 정보는 일상생활에서 의사결정을 하는 데 과학적인 근거가 되어 과학적 의사결정에 도움을 준다.

모범 답안 냉난방기가 작동할 때 실내 공기는 부분적으로 데워지거나 냉각되며, 실내 공기 순환이 잘 되지 않으면 위치에 따라 온도 편차가 크다.

내신 기초 문제
본문 31~32쪽

01 ④	02 ③	03 ③, ④	04 ④	05 ④
06 ⑤	07 ⑤	08 ①, ②	09 ①	10 ⑤
11 ①	12 ⑤			

01 정답 맞히기 ④ 측정을 할 때는 측정 규모에 따라 적절한 측정 도구를 사용해야 한다.

오답 피하기 ① 측정을 하기 위해서는 단위가 필요하다.
② 어림은 논리적으로 측정값을 추정하는 것을 말한다.
③ 측정 도구에는 한계가 있으므로 어림이 필요하다.
⑤ 측정은 어떤 대상의 물리량을 기준량을 통해 수량화하여 단위로 나타낸 것이다.

02 정답 맞히기 ③ 최소 눈금이 1 mL 단위이므로 최소 눈금을 2등분 또는 10등분 하여 어림한다. 측정값이 75.0 mL와 76.0 mL 사이에 있으므로 그 사이의 값으로 어림하여 나타낸 것이 가장 적절한 측정값이다.

03 정답 맞히기 ③ 측정 표준을 이용하여 제공되는 정보는 신뢰할 수 있으며 의사소통에 편리하다.
④ 측정 표준은 측정 기준을 정하는 단위에 대한 합의나 약속을 포함한다.

오답 피하기 ① 측정 기기도 측정 표준에 포함된다.
② 측정 표준은 현재가 과거보다 더 정밀하다.
⑤ 예전에는 시간에 따라 변하지 않을 것이라 생각했던 킬로그램 원기를 기준으로 질량에 대한 측정 표준을 정의하였다. 그러나 킬로그램 원기는 시간에 따라 질량이 변하는 문제가 있어 현대에는 플랑크 상수를 바탕으로 한 측정 표준을 정하였다.

04 정답 맞히기 ④ 국제단위계에는 인치, 피트를 비롯한 야드－파운드 법이 포함되어 있지 않다.

오답 피하기 ① 기본량은 길이, 시간, 온도, 전류, 물질량, 광도, 질량의 7가지이다.
② 10진법을 바탕으로 설계되어 의사소통이 편리하다.
③ 국제도량형총회에서 내용을 정한다.
⑤ 기본량은 불변의 물리 상수를 바탕으로 정의한다.

05 정답 맞히기 ④ 1 m는 진공에서 빛이 특정한 시간 동안 진행하는 거리로 정의한다.

오답 피하기 ① 플랑크 상수 h를 불변의 값으로 간주하고 1 kg을 정의한다.
② 기본 전하량 e를 불변의 값으로 간주하고 1 A를 정의한다.
③ 아보가드로수 N_{A}를 불변의 값으로 간주하고 1 mol을 정의한다.
⑤ 세슘 원자에서 나오는 빛의 진동수를 불변의 값으로 간주하고 1초를 정의한다.

06 (정답 맞히기) ⑤ 진공에서 빛이 $\dfrac{1}{299792458}$초 동안 진행한 거리가 1 m의 정의이다.

(오답 피하기) ① 또 다른 미국 대통령이 선출되면 길이 표준이 바뀔 수 있다.
② 경복궁 후원의 한 변을 어디서부터 어디까지 정하느냐에 따라 길이 표준이 바뀔 수 있다.
③ 또 다른 영국 왕이 즉위하면 길이 표준이 바뀔 수 있다.
④ 군인에 따라 보폭이 다를 수 있으므로 길이 표준으로 적절하지 않다.

07 (정답 맞히기) ⑤ 모스 부호는 불연속적으로 발생하는 인공적인 신호이다.

(오답 피하기) ①, ②, ③, ④ 자연계에서는 빛, 힘, 다양한 형태의 소리, 지진파와 같은 신호가 발생한다.

08 (정답 맞히기) ① 센서는 수집한 신호를 전기 신호로 변환시키고 출력한다. 즉, 센서는 전기 신호를 내보낸다.
② 센서는 자연계의 신호를 수집하므로 아날로그 신호를 수집한다.

(오답 피하기) ③ 자연계의 신호는 센서에 입력되는 신호이며 센서에서 똑같이 출력하기 어렵다.
④ 센서가 수집하는 신호는 대부분 아날로그 신호이다.
⑤ 측정하려는 물리량의 종류에 따라 다양한 센서를 이용한다.

09 (정답 맞히기) ① 광센서는 빛을 감지하는 센서로 빛 신호를 전기 신호로 변환한다.

(오답 피하기) ② 힘 센서는 압력이나 힘을 감지하는 센서이다.
③ 소리 센서는 소리를 감지하는 센서이다.
④ 온도 센서는 온도의 차이를 감지하는 센서이다.
⑤ 화학 센서는 기체나 이온을 감지하는 센서이다.

10 (정답 맞히기) ㄱ, ㄴ, ㄷ. 디지털 신호는 정보 기록 간격이 불연속적이므로 정보를 압축할 수 있으며 복제와 편집이 편리하다. 또한 가공한 정보를 멀리까지 전송할 수 있는 장점이 있다.

11 (정답 맞히기) ① 화가가 종이에 그린 인물화는 연속적인 정보를 포함하고 있으므로 아날로그 신호이다.

(오답 피하기) ②, ④, ⑤ 저장 매체에 녹화된 영상이나 음악, 사진은 저장 방식에 따라 약간의 차이가 있지만 모두 불연속적인 간격으로 정보를 저장하므로 디지털 신호이다.
③ 컴퓨터 화면은 수많은 픽셀로 이루어져 있으므로 디지털 신호이다.

12 (정답 맞히기) ⑤ 정보가 기록된 비석은 디지털 정보를 활용하는 예로 보기 어렵다.

(오답 피하기) ①, ②, ③, ④ 인터넷 뱅킹, 원격 교육, 문화 콘텐츠의 공유, 원격 진료 서비스는 모두 디지털 정보를 일상생활에 활용하는 예이다.

실력 향상 문제
본문 33~34쪽

01 ⑤　**02** ③　**03** ④　**04** ②　**05** ⑤　**06** ⑤
07 ④　**08** ⑤　**09** (1) 80.5 km/h　(2) 해설 참조
10 해설 참조

---

01 (정답 맞히기) ⑤ 세슘 원자에서 흡수하거나 방출하는 빛의 진동수는 현재 시간의 측정 표준인 1초의 정의에 사용된다.

(오답 피하기) ① 지구의 공전 주기는 미세하게 변하기 때문에 현대의 측정 표준으로 적절하지 않다.
② 전기 에너지를 받은 수정의 진동수를 이용한 시계는 세슘 원자시계가 개발되기 전에 시간을 측정하는 방법이었다.
③ 자격루에서 발생하는 물방울의 낙하는 조선 시대의 측정 표준이었다.
④ 왕복 운동하는 물체의 주기를 이용해 기계식 시계를 제작할 수 있지만 현재 사용하고 있는 세슘 원자시계보다 정밀도가 크게 떨어진다.

02 (정답 맞히기) ③ 현재 1 m의 기준은 진공에서 빛이 $\dfrac{1}{299792458}$초 동안 진행하는 거리로 정의한다.

(오답 피하기) ① 사람의 걸음 수와 같이 실험자에 의해 달라지는 양은 측정 표준으로 적절하지 않다.
②, ④ 사람의 신체 부위는 현대의 측정 표준으로 적절하지 않다.
⑤ 과거에는 지구 둘레를 이용해 1 m를 정의하였다.

03 【정답 맞히기】 ④ 기본 단위를 이용하지 않은 측정이나 어림은 측정 표준을 활용한 예가 아니다.

【오답 피하기】 ① 실내 미세 먼지 농도를 표시할 때는 측정 표준을 활용한 유도 단위를 사용한다.
② 시간의 측정 표준은 국제단위계로 합의되어 있다.
③ 측정 표준을 이용하면 정밀한 부품을 정확한 규격으로 제작할 수 있으므로 협업에 도움이 되며 신뢰도가 높다.
⑤ 버스의 이동 거리를 표시할 때는 길이의 측정 표준을 사용한다.

04 【정답 맞히기】 ㄷ. 세슘 원자를 이용한 시간에 대한 측정 표준은 세계 대부분의 국가에서 사용하고 있다.

【오답 피하기】 ㄱ. '평'은 현대의 측정 표준에 포함되지 않는다.
ㄴ. '갤런'은 영국과 미국에서도 그 양이 다르며 측정 표준에 포함되지 않는다.

05 【정답 맞히기】 ㄱ. km/h는 국제단위계의 기본 단위를 활용한 허용되는 단위이다. 즉 측정 표준을 활용한 사례이다.
ㄴ. 속력을 나타내기 위해 길이의 기본 단위인 m(미터)를 활용한다.
ㄷ. 일상생활에서 측정 표준을 이용하면 과학 개념이나 일상 개념을 보다 정확하게 표현할 수 있다.

06 【정답 맞히기】 ⑤ 초음파 센서는 초음파가 반사되는 시간 차이를 측정하여 물체의 크기나 물체까지의 거리를 측정한다.

07 【정답 맞히기】 ㄴ. 광원에서 나온 빛이 사람에 반사되지 않으면 광센서에 도달하지 않고, 사람에 반사되면 광센서에 도달한다.
ㄷ. 광센서는 빛을 감지하여 전기 신호를 송출하는 장치이다.

【오답 피하기】 ㄱ. 광원에서 나온 빛은 사람이 발생시킨 인공적인 신호이다.

08 【정답 맞히기】 ⑤ 걸음 수를 측정하기 위해서는 걸을 때마다 흔들리는 몸의 움직임을 감지하는 가속도 센서가 필요하다.

【서술형】
09 서로 다른 단위는 각 단위의 값의 비를 이용해 변환할 수 있다.
(1) 50마일은 약 $50 \times 1.61 = 80.5$ (km)이므로 50 mph는 약 80.5 km/h이다.

(2) 【모범 답안】 50 mph는 약 80.5 km/h이므로 50 km/h와 약 30.5 km/h의 속력 차이가 있다. 따라서 측정 표준을 이용해야 정확한 의사소통을 할 수 있다.

채점 기준	배점
속력 차이를 옳게 비교하고, 측정 표준의 필요성을 과학적 의사소통과 연결지어 서술한 경우	100 %
속력 차이만 옳게 비교하거나 측정 표준의 필요성만 옳게 서술한 경우	50 %

【서술형】
10 아날로그 정보를 디지털 정보로 변환할 때는 정보의 왜곡이 발생하며, 정보의 왜곡 정도에 따라 디지털 정보의 크기가 다르다.

(1) 【모범 답안】 표현하는 화소의 수는 A가 B보다 많으므로 정보의 양은 A가 B보다 많다.

채점 기준	배점
화소의 수로 정보의 양을 옳게 비교하여 서술한 경우	100 %
A가 B보다 정보의 양이 많다고만 서술한 경우	50 %

(2) 【모범 답안】 A는 B보다 정보의 양이 많아서 처리 시간이 오래 걸릴 수 있고, 저장 공간이 많이 필요하다.

채점 기준	배점
단점 2가지를 모두 옳게 서술한 경우	100 %
단점 1가지만 옳게 서술한 경우	50 %

수능 유형 문제
본문 35~36쪽

01 ⑤ **02** ⑤ **03** ② **04** ④ **05** ④ **06** ①
07 ⑤ **08** ④

01 【정답 맞히기】 ㄱ. 과자 1봉지에는 과자가 $5 \times 2 = 10$(개) 들어 있으므로 상자 1개에는 과자가 $10 \times 12 = 120$(개) 들어 있다.
ㄴ. (다)는 측정 도구 없이 논리적 추론을 통해 측정값을 추정하는 과정이므로 어림이다.
ㄷ. (다)에서는 논리적 추론만으로 측정값을 추정했으므로 측정 도구가 필요 없다.

02 (정답 맞히기) ㄱ, ㄴ. 유척은 조선 시대에 길이의 측정 표준으로 사용된 측정 도구로, 지방 수령을 감찰하기 위해 암행어사가 휴대하여 사용하였다.

ㄷ. 측정 표준이 잘 정립되어 있을수록 정확한 의사소통을 할 수 있으며 신뢰도가 높아진다.

03 (정답 맞히기) ㄴ. 미터원기는 시간, 위치, 온도에 따라 길이가 미세하게 변하는 문제점이 있다.

(오답 피하기) ㄱ. 미터원기는 길이의 측정 표준이었다.

ㄷ. 빛을 이용한 $1\,\mathrm{m}$의 정의가 지구 둘레를 이용한 $1\,\mathrm{m}$의 정의보다 더욱 정밀하다.

04 (정답 맞히기) ㄴ. 광마우스에는 마우스에서 나오는 빛의 반사를 감지하는 광센서가 포함되어 있다.

ㄷ. 가로등 자동 스위치에는 사람이나 사물의 위치를 알기 위해 광센서가 내장되어 있다.

(오답 피하기) ㄱ. 스피커는 자석과 코일 사이에 작용하는 힘을 이용한 장치로, 광센서가 들어 있지 않다.

05 (정답 맞히기) ㄴ. 전류의 단위를 정의할 때 $1\,\mathrm{m}$의 길이, $2 \times 10^{-7}\,\mathrm{N}$의 힘과 같은 용어가 포함되어 있고, 힘은 질량, 길이, 시간으로 정의되므로 질량, 길이, 시간의 기본량의 단위가 포함되어 있다.

ㄷ. 현대의 측정 표준에서 전류의 단위는 기본 전하량 e를 이용해 정의한다.

(오답 피하기) ㄱ. 단면적이 0에 가깝고 길이가 무한히 긴 물체는 이론상으로만 존재하며, 실제로 구현하기 어렵거나 불가능하다.

06 (정답 맞히기) ① 광통신은 빛을 이용한 통신으로 빛 신호를 송출할 때는 발광 다이오드가, 빛 신호를 받아들일 때는 광센서가 사용된다. 마이크에서는 소리 신호가 전기 신호로 변환된다.

07 (정답 맞히기) ㄱ. CCD는 빛 신호를 전기 신호로 변환하는 장치이므로 광센서의 한 종류이다.

ㄴ. CCD에 입력되는 빛 신호는 자연에서 오는 아날로그 신호이다.

ㄷ. 저장 장치에 저장하는 정보는 불연속적인 신호로 이루어진 디지털 정보이다.

08 (정답 맞히기) B. 상점을 가지 않고도 원격으로 물건 사양을 확인하거나 원하는 물건을 구입할 수 있는 것은 디지털 정보를 실시간으로 확인할 수 있기 때문이다.

C. 실시간으로 디지털 정보가 전달되면 원격 교육이 가능하다.

(오답 피하기) A. 금융 서비스를 방문하지 않고도 이용할 수 있는 것은 디지털 정보가 일상생활에 활용되는 예이다.

대단원 마무리 문제

본문 41~45쪽

01 ⑤	02 ⑤	03 ③	04 ③	05 ③	06 ③
07 ③	08 ①	09 288	10 ③	11 ①	12 ⑤
13 ③	14 ③	15 ⑤	16 ⑤	17 ③	18 ①
19 ①	20 ⑤	21 ⑤			

01 (정답 맞히기) A. 세슘 원자시계는 현대의 측정 표준이며 과거에 사용되던 앙부일구보다 훨씬 정밀한 측정이 가능하다.

B. 세슘 원자 시계는 기본량 중 하나인 시간을 측정한다.

C. 앙부일구는 하루 중에 태양의 위치 변화를 이용해 시간을 측정하는 장치이다.

02 (정답 맞히기) ㄱ. 각 A와 B의 크기가 각각 $30°$, $60°$이므로 삼각형의 성질에 의해 각 AOB는 $180° - 30° - 60° = 90°$이다.

ㄴ. 세 각을 모두 알고 있고, 한 변의 길이를 알고 있으므로 삼각형의 성질을 이용하면 모든 변의 길이와 수선의 길이를 구할 수 있다.

ㄷ. $\overline{BO}$의 길이는 $\dfrac{1}{2}L$, $\overline{AO}$의 길이는 $\dfrac{\sqrt{3}}{2}L$이고, 삼각형의 넓이는 어떤 방법으로 구해도 같아야 하므로 $\dfrac{1}{2}L \times \dfrac{\sqrt{3}}{2}L \times \dfrac{1}{2} = L \times d \times \dfrac{1}{2}$에서 $d = \dfrac{\sqrt{3}}{4}L$이다.

03 (정답 맞히기) ㄱ, ㄴ. 가속도의 단위는 $\mathrm{m/s^2}$으로 길이와 시간의 단위를 하나씩 포함한다. 따라서 시간과 길이를 측정하면 가속도를 구할 수 있다.

(오답 피하기) ㄷ. 가속도의 단위는 길이와 시간의 단위를 이용해 나타낼 수 있으며, 질량의 단위는 포함되지 않는다.

04 (정답 맞히기) ㄱ. 온도의 기본 단위는 K(켈빈)이지만 일상생활에서는 ℃를 주로 사용한다.

ㄷ. 4 ℃의 물 1 cm³의 질량은 $1\,g = 10^{-3}\,kg = 0.001\,kg$이다.

(오답 피하기) ㄴ. 부피는 길이를 이용해 나타내고, 밀도는 질량과 부피를 이용해 나타내므로 밀도는 유도량이다.

05 (정답 맞히기) ㄱ. 1일은 24시간이므로 10일은 240시간과 같다.

ㄴ. $1\,\mu m = 10^{-6}\,m$이므로 $2.6\,m = 2.6 \times 10^{6}\,\mu m$이다.

(오답 피하기) ㄷ. $\mu m/s$는 길이와 시간의 기본 단위가 포함되어 있으므로 기본 단위를 이용한 유도 단위이다.

06 (정답 맞히기) ㄴ. km/h는 속력을 나타내는 유도 단위이다.

ㄷ. hPa는 압력을 나타내는 유도 단위이다.

ㅁ. m/s는 속력을 나타내는 유도 단위이다.

(오답 피하기) ㄱ. km는 기본 단위 m에 1000배를 나타내는 접두사 k를 붙여 표기한 단위이다.

ㄹ. mm는 기본 단위 m(미터)에 $\dfrac{1}{1000}$배를 나타내는 접두사 m(밀리)를 붙인 단위이다.

07 (정답 맞히기) ③ 중력의 단위는 $kg \cdot m/s^2$이므로 $kg \cdot m/s^2 = G \cdot kg^2/m^2$에서 G의 단위는 $m^3/kg \cdot s^2$이다.

08 (정답 맞히기) ① $1\,AU \approx 1.5 \times 10^{8}\,km = 1.5 \times 10^{11}\,m$이므로 $c = 3.0 \times 10^{8}\,m \times \dfrac{1}{1.5 \times 10^{11}}(\dfrac{AU}{m})/s = 2.0 \times 10^{-3}\,AU/s$이다. $1\,min = 60\,s$이므로 $c = 2.0 \times 10^{-3}(AU/s) \times 60(s/min) = 120 \times 10^{-3}\,AU/min = 0.12\,AU/min$이다.

09 (정답 맞히기) $1\,in = 6\,pica = 6 \times 12\,point = 72\,point$이다. $1\,in = 2.5\,cm$이므로 $10\,cm = 4\,in$이다. 따라서 $10\,cm = 4\,in = 4 \times 72\,point = 288\,point$이다.

10 (정답 맞히기) A. μ는 10^{-6}을 나타내는 접두사이므로 $\mu g = 10^{-6}\,g$이다.

B. 미세 먼지 농도는 질량과 부피의 단위를 이용해 나타낸다. 즉 미세 먼지 농도는 기본량인 질량과 길이를 이용해 나타낸 유도량이다.

(오답 피하기) C. 미세 먼지의 질량을 측정하기 위해서는 질량을 정밀하게 측정할 수 있는 장치가 필요하다.

11 (정답 맞히기) ㄱ. 눈금 한 개의 단위가 0.5 cm이므로 측정값은 7.0 cm와 7.5 cm 사이에 있다.

(오답 피하기) ㄴ. 측정값이 7.0~7.5 cm 사이에 있으므로 어림을 통해서 측정값을 추정할 때 측정값은 7.0~7.5 cm 사이에 존재해야 한다.

ㄷ. 눈금의 간격이 작을수록 더욱 정밀한 측정이 가능하다.

12 (정답 맞히기) ㄱ, ㄷ. 서로 사용하는 단위가 다르면 의사소통에 큰 문제가 일어날 수 있다. 따라서 측정 표준은 협업에 매우 중요하다.

ㄴ. 서로 다른 단위계를 쓰면 단위마다 의미하는 값이 다르므로 변환할 때 특정한 비율이 필요하다.

13 (정답 맞히기) ㄱ. mg은 질량의 측정 표준을 이용한 단위이다.

ㄴ. dL는 부피의 측정 표준이 사용된 단위로 10 dL=1 L이다.

(오답 피하기) ㄷ. $1\,dL = 10^{-1}\,L = 10^{-4}\,m^3$이다.

따라서 98 mg/dL는 부피 1 m³에 포함된 당이 $98\,mg \times 10^4 = 980\,g$이라는 것을 의미한다.

14 (정답 맞히기) ㄱ. 물의 삼중점의 온도는 물 분자를 이루는 원자들의 상태에 따라 조금씩 다른 값을 가질 수 있다. 이와 같이 물리 상수가 아닌 물질이나 임의의 상태를 기준으로 기본 단위를 정의할 경우 문제점이 있다.

ㄴ. 볼츠만 상수 k를 측정에 따라 달라지는 값이 아닌 참값으로 고정하고 1 K을 정의하는 것이 현대의 측정 표준이다.

(오답 피하기) ㄷ. 물리 상수를 바탕으로 측정 표준을 정의한 후에는 과거의 측정 표준은 더 이상 사용되지 않는다.

15 (정답 맞히기) ㄱ, ㄴ, ㄷ. 측정 표준은 물리량의 측정 단위, 척도, 측정 기기, 측정 방법, 측정 체계를 통칭해 표현하는 것이므로 층간 소음 차단 성능 검사에서 소음을 발생시키는 방법, 측정 기기의 종류, 소리를 측정하는 위치는 모두 측정 표준에 포함된다.

16 (정답 맞히기) ㄱ. 가스 감지기는 특정한 기체 분자를 감지해야 하므로 가스 센서(화학 센서)가 들어 있다.

ㄴ. 가스 감지기는 특정한 기체를 감지하여 전기 신호를 송출하는 센서이므로 가스 감지기에서 나오는 신호는 전기 신호이다.

ㄷ. 센서에서 송출하는 전기 신호는 디지털 신호이고, 컨트롤러에서는 가스 감지기에서 전송한 신호를 처리하므로 컨트롤러에서 처리하는 정보는 디지털 정보이다.

17 (정답 맞히기) ㄱ. (가)와 (나)의 지진계는 모두 자연에서 오는 신호인 지진파를 감지하므로 아날로그 신호를 수집한다.

ㄷ. 진동을 움직임을 통해 감지하는 센서 A는 가속도 센서이다.

(오답 피하기) ㄴ. (가)에서는 회전통이 천천히 돌아가면서 연속적으로 정보를 기록하므로 아날로그 신호가 기록된다.

18 (정답 맞히기) ㄱ. 휴대 전화의 자동 화면 전환 기능은 휴대 전화 내부의 가속도 센서가 중력 방향을 감지하기 때문에 가능하다.

(오답 피하기) ㄴ. 적외선 체온계는 광센서가 포함되어 있다.

ㄷ. 카드 판독기는 전자기 유도를 이용하는 장치이다.

19 (정답 맞히기) ㄱ. B는 신호의 간격이 불연속적이므로 디지털 신호이다.

(오답 피하기) ㄴ. C는 변환된 디지털 신호를 다시 재생한 것으로 원래의 신호 A와 비교할 때 신호가 손실되어 정보의 왜곡이 있다.

ㄷ. 변환기 2는 디지털 신호 B를 아날로그 신호 C로 바꾸는 장치이다.

20 (정답 맞히기) ㄱ. (가)는 아레시보 메시지로 인간과 태양계의 정보를 연속적으로 표기한 아날로그 신호이다.

ㄴ. (나)는 (가)의 정보를 변환한 디지털 신호로 정보의 왜곡이 발생한다.

ㄷ. (나)는 디지털 신호이므로 정보의 전송과 편집이 편리하다.

21 (정답 맞히기) ㄱ. 측정 장치에서 측정하는 대기 환경에 대한 정보는 자연에서 오는 아날로그 신호이다.

ㄴ. 국가 관리 시스템에서 관리하는 신호는 센서를 통해 수집된 정보이므로 디지털 신호이다.

ㄷ. 재난 알림과 같은 정보는 다양하고 많은 디지털 정보를 빠르게 송수신할 수 있을 때 가능하므로 디지털 기술이 일상생활에 이용된 사례이다.

Ⅱ 물질과 규칙성

1 원소의 생성과 규칙성

탐구 활동   본문 63쪽

1~3 해설 참조

1 과정 1은 불이 켜진 백열등을 분광기로 관찰하여 얻은 스펙트럼이므로 모든 파장의 빛이 관찰되는 연속 스펙트럼이 나타나고, 과정 2는 수소, 헬륨, 나트륨 방전관을 고전압 발생 장치에 끼운 후 관찰한 스펙트럼이므로 방출 스펙트럼이 나타난다.

모범 답안 과정 1은 백열등을 분광기로 관찰하였으므로 연속적인 색의 띠가 나타나는 연속 스펙트럼이 나타난다. 과정 2는 수소, 헬륨, 나트륨 방전관을 고전압 발생 장치에 끼운 후 관찰한 스펙트럼이므로, 검은색 바탕에 여러 가지 색깔의 밝은 선이 나타나는 방출 스펙트럼이 나타난다.

2 별이 특정 원소를 포함하고 있으면, 포함된 원소들에 의해 흡수선이 나타나며, 흡수선들의 위치를 비교해 보면 별이 포함하고 있는 원소의 종류를 알아낼 수 있다.

모범 답안 별 A에는 수소, 헬륨, 나트륨의 방출 스펙트럼과 같은 파장에서 흡수선이 나타나고 있다. 따라서 별 A에는 수소, 헬륨, 나트륨이 존재한다. 별 B에는 수소의 방출 스펙트럼과 같은 파장에서 흡수선이 나타나고 있지만, 헬륨과 나트륨의 방출 스펙트럼과 같은 파장에서 흡수선이 나타나지 않는다. 따라서 별 B에는 수소와 그 밖의 원소가 존재한다.

3 각각의 원소는 특정한 파장의 에너지만을 흡수하거나 방출하기 때문에 저마다 고유의 스펙트럼을 나타내며, 한 종류의 원소에서 관측되는 흡수선과 방출선의 위치는 동일하다. 또한 스펙트럼에 나타나는 선의 위치, 굵기, 개수는 원소에 따라 다르게 나타난다.

모범 답안 별에서 관찰한 스펙트럼을 여러 가지 원소들의 스펙트럼과 비교하면 별의 구성 원소에 대한 정보를 얻을 수 있다.

01 ⑤	02 ⑤	03 ③	04 ③	05 ①	06 ③
07 ①	08 ②	09 ④	10 ②	11 ④	12 ③
13 ⑤	14 ⑤	15 ②	16 ⑤	17 ①	18 ⑤
19 ③	20 ④				

01 [정답 맞히기] ⑤ 백열등에서 나온 빛을 차가운 기체를 통과시킨 후 분광기로 관찰하면 연속 스펙트럼 중간중간에 검은색의 흡수선이 나타난다.

[오답 피하기] ① 스펙트럼에 나타난 붉은색 빛은 보라색 빛보다 파장이 길다.

② 스펙트럼 중간에 검은 선이 생기는 까닭은 특정 파장의 빛을 흡수했기 때문이다.

③ 흡수 스펙트럼과 방출 스펙트럼은 모두 선 스펙트럼에 해당한다.

④ 백열등에서 나온 빛을 분광기로 관찰하면 연속 스펙트럼이 나타난다.

02 [정답 맞히기] ⑤ 동일한 원소의 흡수선과 방출선의 파장은 같다.

[오답 피하기] ① 원소의 스펙트럼은 선 스펙트럼으로 나타난다.

② 스펙트럼선의 개수는 원자 번호와 관계 없다.

③ 선 스펙트럼에 나타나는 선의 굵기는 다양하다.

④ 원소마다 스펙트럼선의 위치와 개수는 다양하게 나타난다.

03 [정답 맞히기] ③ 중성 원자는 헬륨 원자핵이 생성된 이후에 생성되었다.

[오답 피하기] ① 기본 입자는 원자가 생성되기 전에 생성되었다.

② 쿼크는 양성자보다 먼저 생성되었다.

④ 헬륨 원자핵은 양성자 2개와 중성자 2개로 구성된다.

⑤ 빅뱅 이후 우주의 온도가 점차 낮아지면서 원자가 생성될 수 있었다.

04 [정답 맞히기] ㄱ. 빅뱅 우주론에 따르면 우주는 한 점에서 대폭발이 일어나 시작되었다.

ㄴ. 우주는 빅뱅 이후 계속 팽창하고 있다.

[오답 피하기] ㄷ. 우주에서 수소 원자핵과 헬륨 원자핵의 질량비는 약 3:1이다.

05 [정답 맞히기] ㄱ. ㉠은 원자의 중심에 위치하며 양성자와 중성자로 이루어진 원자핵이다.

[오답 피하기] ㄴ. ㉠은 양성자와 중성자로 이루어져 있다.

ㄷ. ㉡은 쿼크이며, 빅뱅 직후에 생성되었다.

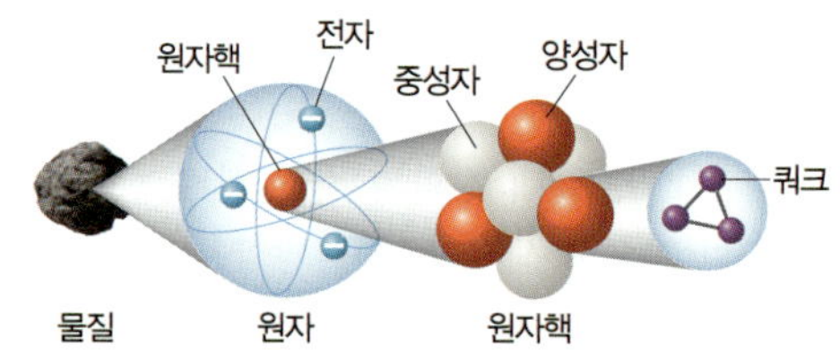

06 [정답 맞히기] ③ 태양이 진화함에 따라 중심부에서는 헬륨 핵융합 반응으로 탄소가 생성될 수 있다.

[오답 피하기] ① 현재 태양의 중심부에서는 수소 핵융합 반응이 일어나고 있으므로 ㉠은 수소이다.

② 태양 내부의 수소는 우주 생성 초기에 생성된 것이다.

④ 태양이 진화함에 따라 핵융합 반응이 진행되면서 태양의 질량은 조금씩 감소한다.

⑤ ㉠보다 무거운 원소의 핵융합 반응이 일어나려면 태양 중심부의 온도가 높아져야 한다.

07 [정답 맞히기] ㄱ. 태양의 중심부에서는 그림과 같은 수소 핵융합 반응이 일어난다.

[오답 피하기] ㄴ. 핵융합 반응이 일어나는 과정에서 질량 결손이 생기고, 줄어든 질량만큼 에너지가 발생한다.

ㄷ. 질량이 태양보다 매우 큰 별의 내부에서도 수소 핵융합 반응이 일어난다.

08 [정답 맞히기] ② 원시 태양은 수축을 계속하여 별이 되었다.

[오답 피하기] ① 태양계 성운은 태양계 형성 이전에 존재하던 별의 초신성 폭발로 만들어졌다.

③ 태양계 성운의 원반에서 티끌 같은 고체 물질들이 뭉쳐 미행성체가 형성된다.

④ 미행성체들의 충돌과 병합 과정을 거쳐 원시 행성이 형성
된다.
⑤ 태양에 가까운 곳에서는 주로 고체로 이루어진 지구형 행
성이 형성되었다.

09 (정답 맞히기) ④ 초신성 폭발로 태양계 성운이 형성되었
고, 태양계 성운의 회전과 수축으로 중심부에 원시 태양이 형
성되었다. 원반에서는 미행성체들의 충돌로 원시 행성이 형성
되었다. 따라서 시간 순서대로 옳게 나열한 것은 (다)−(나)−
(라)−(가)이다.

10 (정답 맞히기) ② 계속되는 원시 지구와 미행성체의 충돌
로 원시 지구의 온도가 높아지면서 마그마 바다가 형성되었
다. 마그마 바다 시기에 무거운 금속 성분이 가라앉고 가벼운
규산염 물질은 떠올라 맨틀과 핵이 분리되었다. 이후 미행성
체의 충돌이 줄어들면서 원시 지구의 온도가 내려갔고 원시
지각과 원시 바다가 차례로 형성되었다. 따라서 시간 순서대
로 옳게 나열한 것은 (가)−(다)−(나)−(라)이다.

11 (정답 맞히기) ④ 주기율표는 화학적 성질이 비슷한 원소
가 일정한 간격으로 나타나는 현상인 주기율을 기반으로 원소
들을 배열하여 만든 것이다.
(오답 피하기) ① 현대의 주기율표는 원소들이 원자 번호(양성자
수) 순서대로 배열되어 있다.
② 주기율표의 가로줄은 주기로, 1~7주기가 있다.
③ 주기율표의 세로줄은 족으로, 1~18족이 있다.
⑤ 같은 족 원소는 원자가 전자 수가 같아서 비슷한 화학적 성
질을 나타낸다.

12 (정답 맞히기) ㄱ. A와 D는 1족의 금속 원소이므로 알칼
리 금속이다.
ㄴ. C와 E는 17족 원소인 할로젠으로 원자가 전자 수가 같아
서 화학적 성질이 비슷하다.
(오답 피하기) ㄷ. B는 14족 원소이므로 원자가 전자 수가 4이
고, F는 18족 원소이므로 원자가 전자 수가 0이다. 따라서 B
와 F의 원자가 전자 수는 다르다.

13 (정답 맞히기) ⑤ 알칼리 금속은 반응성이 커서 공기 중의
산소, 물과 빠르게 반응하므로 액체 파라핀 또는 석유에 보관
해야 한다.
(오답 피하기) ① 주기율표의 1족 금속 원소인 리튬, 나트륨, 칼
륨은 비슷한 화학적 성질을 나타내는 알칼리 금속이다.
② 알칼리 금속은 반응성이 커서 공기 중의 산소와 빠르게 반
응한다.
③ 알칼리 금속(M)은 물과 반응하여 수소 기체를 발생한다.
$2M + 2H_2O \longrightarrow 2MOH + H_2$
④ 알칼리 금속이 물과 반응한 수용액에는 OH^-이 존재하므
로 수용액은 염기성을 띤다.

14 (정답 맞히기) ㄴ. 알칼리 금속은 물과 격렬하게 반응하여
기체가 발생하므로 알칼리 금속을 물과 반응시키는 실험 과정
은 ㉠으로 적절하다.
ㄷ. X와 물이 반응한 수용액에 페놀프탈레인 용액을 떨어뜨
렸을 때 붉은색으로 변하였으므로 (다)의 결과로부터 X와 물
이 반응한 수용액은 염기성을 띤다는 것을 알 수 있다.
(오답 피하기) ㄱ. X는 알칼리 금속이므로 산소와 반응하여 양
이온인 X^+이 되고, X_2O의 산화물을 형성한다.

15 (정답 맞히기) ② 실온에서 플루오린과 염소는 기체 상태이
고, 브로민은 액체 상태, 아이오딘은 고체 상태이다.
(오답 피하기) ① 주기율표의 17족 원소인 플루오린, 염소, 브로
민, 아이오딘은 모두 할로젠이다.
③ 할로젠은 원자가 전자 수가 7이므로 18족 원소와 같은 전
자 배치를 이루기 위해 2개의 원자가 전자쌍 1개를 공유하여
결합한 분자 상태로 존재할 수 있다.
④ 할로젠은 반응성이 커서 알칼리 금속과 격렬하게 반응하는
데, 이때 알칼리 금속은 전자를 잃고 양이온이 되고, 할로젠은
전자를 얻어 음이온이 되어 이온 결합 물질을 생성한다.
⑩ $2Na + Cl_2 \longrightarrow 2NaCl$
⑤ 할로젠(X_2)은 수소와 반응하여 산을 생성한다.
$X_2 + H_2 \longrightarrow 2HX$
반응 후 생성된 물질(할로젠화 수소)은 수용액에서 H^+을 생
성하므로 수용액의 액성은 산성이다.

16 (정답 맞히기) ㄴ. (나)의 원소들은 2주기 원소이므로 전자
가 들어 있는 전자 껍질 수가 모두 2로 같다.

ㄷ. (다)의 원소들은 할로젠으로, 수소와 반응하여 산(예 HF, HCl, HBr)을 생성한다.

오답 피하기 ㄱ. (가)는 금속 원소, (나)는 비금속 원소이다.

17 정답 맞히기 ㄱ. X와 Y는 원자가 전자 수가 모두 7이므로 17족 원소인 할로젠이다.

오답 피하기 ㄴ. Y는 전자가 들어 있는 전자 껍질 수가 3이고, 원자가 전자 수가 7이므로 3주기 17족 원소이다.

ㄷ. X는 할로젠이므로 수소와 반응하여 산(HX)을 생성한다.

18 정답 맞히기 ⑤ 이온 결합 물질은 수용액 상태에서 이온으로 존재하므로 전기 전도성이 있으나, 공유 결합 물질은 수용액 상태에서 이온으로 존재하지 않으므로 전기 전도성이 없다.

오답 피하기 ① 나트륨은 금속 원소, 플루오린은 비금속 원소이므로 나트륨과 플루오린은 이온 결합을 형성한다.

②, ③ 이온 결합은 양이온과 음이온 사이의 정전기적 인력으로 결합이 형성되어 결합력이 크므로 이온 결합 물질은 실온에서 대체로 고체 상태이다.

④ 비금속 원소는 대부분 18족 원소와 같은 안정한 전자 배치를 이루기 위해 공유 결합을 한다.

19 정답 맞히기 ㄱ. A와 B가 결합할 때 A는 양이온(A^+)이 되므로 금속 원소이고, B는 음이온(B^-)이 되므로 비금속 원소이다.

ㄴ. AB는 양이온(A^+)과 음이온(B^-)이 정전기적 인력에 의해 결합한 이온 결합 물질이다.

오답 피하기 ㄷ. 이온 결합 물질인 AB는 고체 상태에서 이온이 이동할 수 없으므로 전기 전도성이 없다.

20 정답 맞히기 ㄱ. 물 분자와 산소 분자를 구성하는 원소는 모두 비금속 원소이고, 이들이 전자쌍을 공유하여 결합을 형성하므로 물과 산소는 모두 공유 결합 물질이다.

ㄷ. 산소 분자에서 두 산소 원자는 전자쌍 2개를 공유하므로 산소 분자에는 2중 결합이 있다.

오답 피하기 ㄴ. 물 분자를 구성하는 원자 중 산소는 18족 원소인 네온(Ne)과 같은 전자 배치를 이루고, 수소는 헬륨(He)과 같은 전자 배치를 이룬다.

---

01 ①	02 ②	03 ④	04 ③	05 해설 참조
06 ①	07 ②	08 ④	09 ③	10 ④	11 ③
12 (1) ③ (2) ④	13 ②	14 ③	15 ④	16 ③
17 ①	18 ③	19 ③	20 ④	21 해설 참조
22 ④	23 해설 참조	24 ④	25 ④
26 해설 참조	27 ③	28 ①	29 ④	30 ④
31 ①	32 ④	33 해설 참조	34 ⑤

01 정답 맞히기 ㄱ. 그림은 검은색 바탕에 밝은 선 스펙트럼이 관찰되는 수소의 방출 스펙트럼이다.

오답 피하기 ㄴ. 고온의 수소 기체에 의해 만들어진다.

ㄷ. 방출선의 파장은 푸른색인 a가 붉은색인 b보다 짧다.

02 정답 맞히기 ㄷ. (가)와 (나)에서 흡수선과 방출선의 파장이 서로 같으므로 (가)와 (나)는 같은 원소의 스펙트럼이다.

오답 피하기 ㄱ. (가)는 연속 스펙트럼에 검은 선이 나타나는 흡수 스펙트럼, (나)는 검은색 바탕에 밝은 선이 나타나는 방출 스펙트럼이다.

ㄴ. 가열된 고온의 기체를 관측하여 얻을 수 있는 스펙트럼은 방출 스펙트럼인 (나)이다.

03 정답 맞히기 ㄴ. 그림에서 방출선의 개수는 수소가 헬륨보다 적다.

ㄷ. 원소마다 특정한 위치에서 특정한 개수의 스펙트럼이 나타나므로, 스펙트럼을 이용하여 원소를 판별할 수 있다.

오답 피하기 ㄱ. 수소와 헬륨의 스펙트럼에서 각각의 방출선은 색깔과 위치가 다르므로 a와 b는 파장이 다르다.

04 정답 맞히기 ㄱ. 대폭발 당시 우주의 밀도는 현재보다 높았으며, 점차 밀도는 작아지고 있다.

ㄴ. 대폭발 이후 우주가 팽창하면서 우주의 온도는 낮아지고 있다.

오답 피하기 ㄷ. 현재 우주에 존재하는 수소와 헬륨은 대부분 우주 탄생 초기에 생성되었지만, 그 밖의 원소들은 별의 진화 과정에서 일어나는 핵융합 반응과 초신성 폭발 과정에서 생성되었다.

05 빅뱅과 기본 입자의 생성, 입자들의 결합을 통해 우주가 생성된 초기에 우주 전역에는 수소와 헬륨으로 가득하게 되었다.

[모범 답안] 현재 우주를 구성하고 있는 물질은 대부분 우주 탄생 초기에 만들어진 수소와 헬륨이며, 이러한 수소와 헬륨이 우주 전역에 퍼져있기 때문이다.

채점 기준	배점
수소와 헬륨이 우주 탄생 초기에 만들어졌으며, 우주 전역에 퍼져있기 때문이라고 서술한 경우	100 %
수소와 헬륨이 우주 탄생 초기에 만들어졌기 때문이라고만 서술한 경우	50 %
수소와 헬륨이 우주 전역에 퍼져있기 때문이라고만 서술한 경우	20 %

06 [정답 맞히기] ㄱ. (가)는 헬륨 원자핵, (나)는 수소 원자핵이다. 수소 원자핵은 양성자 1개로 이루어져 있으므로 ⓛ은 양성자이며, 헬륨 원자핵은 양성자 2개와 중성자 2개로 이루어져 있으므로 ㉠은 중성자이다.

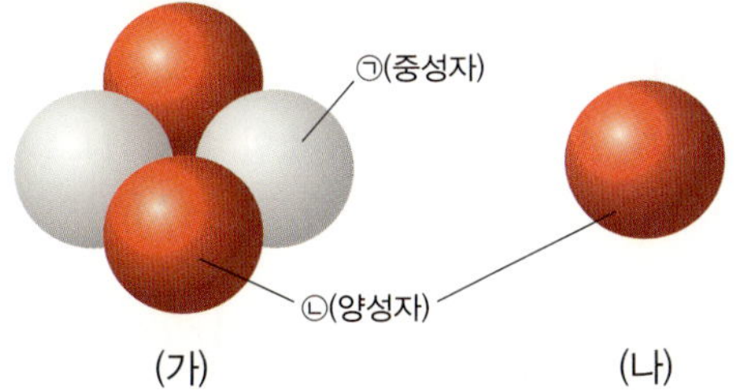

[오답 피하기] ㄴ. 우주에 분포하는 양은 헬륨 원자핵인 (가)가 수소 원자핵인 (나)보다 적다.

ㄷ. (나)는 수소 원자핵이다. 수소 원자핵은 별 내부의 핵융합 반응으로 생성되지 않고 우주 생성 초기에 기본 입자들이 모여서 생성되었다.

07 [정답 맞히기] ② 빅뱅 직후에 쿼크 및 기본 입자들이 생성되었으며, 기본 입자들이 모여 양성자와 중성자가 생성되었다. 이후 양성자 2개와 중성자 2개가 모여 헬륨 원자핵이 생성되었으며 빅뱅 이후 약 38만 년이 지났을 무렵 원자핵과 전자가 결합하여 중성 원자가 생성되었다. 따라서 시간 순서대로 옳게 나열한 것은 (가)−(라)−(다)−(나)이다.

08 [정답 맞히기] ④ 원자는 원자핵과 전자로 이루어져 있고,

원자핵은 양성자와 중성자로 이루어져 있다. 양성자와 중성자는 쿼크로 이루어져 있다. 따라서 크기가 작은 것부터 순서대로 옳게 나열한 것은 (나)−(라)−(다)−(가)이다.

09 [정답 맞히기] C. 쿼크가 생성된 시기는 빅뱅 직후이며, 헬륨 원자핵은 쿼크가 생성된 이후 양성자와 중성자가 모여서 생성된 것이다. 따라서 우주의 온도는 쿼크가 생성된 시기가 헬륨 원자핵이 생성된 시기보다 높았다.

[오답 피하기] A. 헬륨보다 무거운 원자핵은 대부분 별과 은하가 생성된 후 별의 내부에서 핵융합 반응으로 생성되었다.
B. 빅뱅 후 약 38만 년이 지났을 때는 원자핵과 전자가 결합하여 중성 원자가 생성된 시기이다.

10 [정답 맞히기] ㄴ. 별의 중심부에서 핵융합 반응에 의해 만들어질 수 있는 가장 무거운 원소는 철이다.
ㄷ. 철보다 무거운 원소는 초신성 폭발 과정에서 만들어진다.
[오답 피하기] ㄱ. 별의 질량이 클수록 별의 중심부 온도가 높아질 수 있으므로 중심부에서 핵융합 반응으로 더 무거운 원소가 생성될 수 있다.

11 [정답 맞히기] ㄱ. 별 중심부의 일부 헬륨은 별의 탄생 당시에 포함된 것도 있지만, 대부분의 헬륨은 별 내부에서 일어난 수소 핵융합 반응으로 생성된 것이다.
ㄴ. 진화 과정에서 헬륨 핵이 수축하면서 온도가 높아지면 헬륨 핵융합 반응이 일어나면서 탄소가 생성될 수 있다.

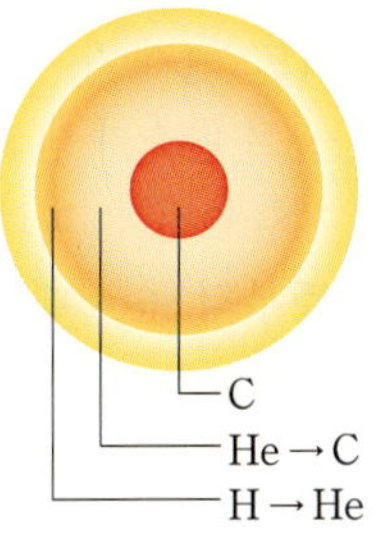

질량이 태양 정도인 별에서 생성되는 원소

[오답 피하기] ㄷ. 질량이 태양 정도인 별의 최종 진화 단계에서는 중심부에 철이 생성될 수 없고, 탄소로 이루어진 핵이 생성될 수 있다.

12 (1) [정답 맞히기] ③ 질량이 태양보다 매우 큰 별은 진화 과정에서 최종적으로 철까지 만들어질 수 있다. 따라서 질량이 태양보다 매우 큰 별의 진화 과정 중 별의 내부에서 만들어

질 수 있는 원소는 헬륨(ㄱ), 산소(ㄴ), 규소(ㄷ), 철(ㅁ)이다.
② 정답 맞히기 ④ 철보다 무거운 원소는 초신성 폭발 과정에서 만들어진다. 따라서 초신성 폭발 과정에서 만들어지는 원소는 납(ㄹ), 우라늄(ㅂ)이다.

13 정답 맞히기 ㄴ. 성운이 회전하면서 수축하여 원시별을 형성하고, 원시별이 중력 수축하는 과정에서 온도가 올라가 중심부에서 수소 핵융합 반응이 일어나면 별이 된다.

오답 피하기 ㄱ. 별은 성운의 밀도가 큰 곳에서 수축이 일어나며 생성된다.

ㄷ. 질량이 태양 정도인 별에서 생성될 수 있는 가장 무거운 원소는 탄소이다.

14 정답 맞히기 ㄱ. 원시 태양과 원반은 태양계 성운의 중력 수축으로 인해 만들어졌다.

ㄷ. 원반에서는 미행성체들의 충돌이 일어나면서 원시 행성이 형성되었다.

오답 피하기 ㄴ. 원시 태양 중심부는 중력 수축이 진행됨에 따라 온도가 점차 높아졌다.

15 정답 맞히기 ④ 온도가 높을수록 더 무거운 원소의 핵융합 반응이 가능해진다. 별 내부에서 핵융합 반응으로 만들어질 수 있는 가장 무거운 원소는 철이므로 (나)가 가장 높은 온도에서 일어나며, 별 내부에서 처음으로 일어나는 핵융합 반응이 수소 핵융합 반응이므로 (가)가 가장 낮은 온도에서 일어난다. 헬륨 핵융합 반응으로 탄소가 생성되며, 이후 산소의 핵융합 반응으로 네온이 만들어진다. 따라서 핵융합 반응이 일어나는 온도가 높은 것부터 순서대로 옳게 나열한 것은 (나)−(다)−(라)−(가)이다.

16 정답 맞히기 ㄱ. 태양계가 형성되기 이전에 우리은하에서 초신성 폭발이 있었고, 이 과정에서 태양계 성운이 형성되었다.

ㄴ. 태양계 원반을 이루던 물질들이 모여 미행성체가 형성되었다.

오답 피하기
ㄷ. 태양에 가까운 행성들은 주로 금속과 암석 성분들이 모여 형성되었다.

17 정답 맞히기 ㄱ. 헬륨 원자핵 생성 이후 우주에 존재하는 수소와 헬륨의 질량비는 약 3:1이 되었다.

오답 피하기 ㄴ. 우주에서 질량비가 가장 큰 원소는 수소이며, 인간의 몸에서 질량비가 가장 큰 원소는 산소이다.

ㄷ. 지구에서 질량비가 가장 큰 원소는 철이며, 대부분 태양계 성운에 분포하던 것이다.

18 정답 맞히기 ㄱ. A와 D는 1족 원소이므로 원자가 전자 수가 1로 같다.

ㄷ. D는 원자가 전자 수가 1이므로 D^+이 되면 C와 같은 전자 배치를 이루고, B는 원자가 전자 수가 7이므로 B^-이 되면 C와 같은 전자 배치를 이룬다. 따라서 D^+과 B^-의 전자 수는 같다.

오답 피하기 ㄴ. C는 2주기, D는 3주기 원소이므로 전자가 들어 있는 전자 껍질 수는 C와 D가 각각 2, 3이다.

19 정답 맞히기 ㄷ. D와 E가 결합할 때 D는 2족 원소이므로 D^{2+}이 되고, E는 17족 원소이므로 E^-이 되어 결합한다. 따라서 D와 E는 1 : 2로 결합하여 안정한 화합물을 형성한다.

오답 피하기 ㄱ. A는 1주기 1족 원소인 수소(H)로 비금속 원소이고, D는 3주기 2족 원소인 마그네슘(Mg)으로 금속 원소이다.

ㄴ. CA_4에서 C는 2주기 14족 원소인 탄소(C)이므로 A(H) 4개와 각각 공유 결합을 하여 2주기 18족 원소인 네온(Ne)과 같은 전자 배치를 이룬다.

20 정답 맞히기 A는 3주기 1족 원소인 나트륨(Na)이고, B는 3주기 17족 원소인 염소(Cl)이다.

ㄴ. A(Na)는 원자가 전자 수가 1이므로 알칼리 금속이다. 알칼리 금속은 물과 반응하여 수소 기체를 발생시킨다.

ㄹ. A(Na)는 금속 원소, B(Cl)는 비금속 원소이므로 화합물 AB(NaCl)는 이온 결합 물질이다.

오답 피하기 ㄱ. B(Cl)는 전자가 들어 있는 전자 껍질 수가 3이고, 원자가 전자 수가 7이므로 3주기 17족 원소이다.

ㄷ. B(Cl)의 원자가 전자 수는 7이므로 2개의 B 원자는 전자쌍 1개를 공유하여 결합한다. 따라서 $B_2(Cl_2)$의 공유 전자쌍 수는 1이다.

21 알칼리 금속의 화학적 성질이 유사한 까닭은 원자가 전자 수가 같기 때문이다.

모범 답안

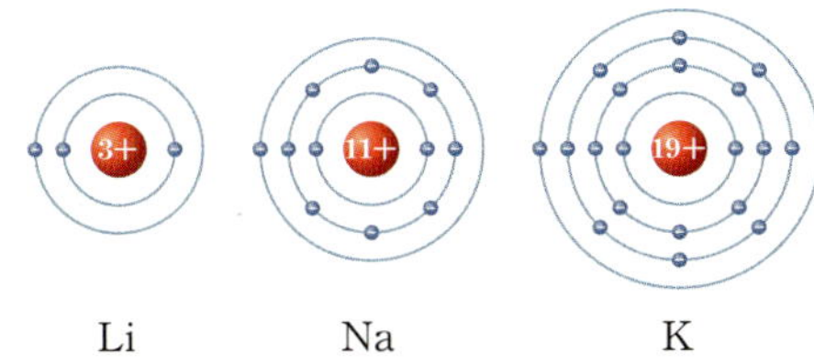

Li, Na, K은 모두 원자가 전자 수가 1로 같으므로 화학적 성질이 유사하다.

채점 기준	배점
전자 배치 모형을 옳게 그리고, 원자가 전자 수를 언급하여 옳게 서술한 경우	100 %
전자 배치 모형은 옳게 그렸으나, 원자가 전자 수를 언급하여 서술하지 않은 경우	50 %
전자 모형은 그리지 않고, 원자가 전자 수를 언급하여 옳게 서술한 경우	20 %

22 정답 맞히기 A는 2주기 16족 원소인 산소(O), B는 3주기 2족 원소인 마그네슘(Mg), C는 3주기 17족 원소인 염소(Cl)이다.

ㄱ. 금속 원소는 B(Mg) 1가지이다.

ㄴ. 3주기 원소는 전자가 들어 있는 전자 껍질 수가 3인 B(Mg)와 C(Cl) 2가지이다.

오답 피하기 ㄷ. 안정한 이온이 되었을 때 네온(Ne)과 같은 전자 배치를 이루는 것은 A(O)와 B(Mg)이다. C(Cl)는 안정한 이온이 되었을 때 아르곤(Ar)과 같은 전자 배치를 이룬다.

23 원자핵 전하로부터 A~C는 원자 번호가 각각 3, 8, 9인 리튬(Li), 산소(O), 플루오린(F)임을 알 수 있다. A^{a+}은 헬륨(He), B^{b-}과 C^{c-}은 네온(Ne)과 같은 전자 배치를 이루고 있다.

모범 답안 A의 원자핵 전하는 +3이므로 A 원자의 전자 수는 3이다. 따라서 A 원자가 전자 1개를 잃어 A^{a+}이 된 것이므로 $a=1$이다. B의 원자핵 전하는 +8이므로 B 원자의 전자 수는 8이다. 따라서 B 원자가 전자 2개를 얻어 B^{b-}이 된 것이므로 $b=2$이다. C의 원자핵 전하는 +9이므로 C 원자의 전자 수는 9이다. 따라서 C 원자가 전자 1개를 얻어 C^{c-}이 된 것이므로 $c=1$이다.

채점 기준	배점
원자핵의 전하로부터 전자 수를 구하고, 안정한 전자 배치를 이루기 위해 잃거나 얻는 전자 수를 구하는 과정을 포함하여 $a~c$를 모두 옳게 구한 경우	100 %
원자핵의 전하로부터 전자 수를 구하고, 안정한 전자 배치를 이루기 위해 잃거나 얻는 전자 수를 구하는 과정을 포함하여 $a~c$ 중 1가지 또는 2가지만 옳게 구한 경우	50 %

24 정답 맞히기 ㄱ. D는 3주기 1족 원소인 나트륨(Na)으로 금속 원소이고, A는 2주기 16족 원소인 산소(O)로 비금속 원소이므로 $D_2A(Na_2O)$는 이온 결합 물질이다.

ㄷ. B^-은 B 원자가 전자 1개를 얻었으므로 전자 수가 10인 음이온이고, E^{2+}은 E 원자가 전자 2개를 잃었으므로 전자 수가 10인 양이온이다. 따라서 B^-과 E^{2+}은 모두 C(Ne)와 같은 전자 배치를 한다.

오답 피하기 ㄴ. $EF_2(MgCl_2)$는 금속 원소인 E(Mg)와 비금속 원소인 F(Cl)가 결합한 이온 결합 물질이고, $AF_2(OCl_2)$는 비금속 원소인 A(O)와 F(Cl)가 결합한 공유 결합 물질이다.

25 정답 맞히기 A 원자가 전자 2개를 잃은 A^{2+}과 B 원자가 전자 2개를 얻은 B^{2-}의 전자 배치가 각각 네온(Ne)의 전자 배치와 같으므로 A는 3주기 2족 원소인 마그네슘(Mg)이고, B는 2주기 16족 원소인 산소(O)이다.

④ A(Mg)는 2족 원소, B(O)는 16족 원소이므로 원자가 전자 수는 각각 2, 6이다. 따라서 원자가 전자 수는 B>A이다.

오답 피하기 ①, ② A(Mg)는 2족 원소이므로 알칼리 금속이 아니고, B(O)는 16족 원소이므로 할로젠이 아니다.

③ 원자 번호는 A(Mg)와 B(O)가 각각 12, 8이므로 A>B이다.

⑤ AB(MgO)는 양이온과 음이온이 정전기적 인력으로 결합한 이온 결합 물질이다.

26 B는 원자가 전자 수가 6이므로 안정한 전자 배치를 이루기 위해서는 2개의 전자가 필요하다. 따라서 B 원자가 각각 전자를 2개씩 내놓아 전자쌍 2개를 공유한다.

모범 답안 공유 전자쌍 수는 2이다. B는 원자가 전자 수가 6이므로 B_2에서 B가 네온(Ne)과 같은 전자 배치를 이루기 위해 2개의 전자쌍을 공유하기 때문이다.

채점 기준	배점
B_2의 공유 전자쌍 수를 옳게 구하고, 구하는 과정을 B의 원자가 전자 수와 안정한 전자 배치를 이루기 위해 필요한 전자 수를 포함하여 옳게 서술한 경우	100 %
B_2의 공유 전자쌍 수만 옳게 구한 경우	50 %

27 (정답 맞히기) ㄱ. 공유 전자쌍 수는 A_2와 B_2가 모두 1이므로 A와 B는 모두 17족 원소이다. 전자가 들어 있는 전자 껍질 수는 B>A이므로 원자 번호는 B>A이다.

ㄴ. A와 B는 원자가 전자 수가 모두 7이고, 전자가 들어 있는 전자 껍질 수는 A와 B가 각각 2, 3이므로 A와 B는 각각 2, 3주기 할로젠인 플루오린(F)과 염소(Cl)이다.

(오답 피하기) ㄷ. $A_2(F_2)$에서 A는 네온(Ne)과 같은 전자 배치를 이루고, $B_2(Cl_2)$에서 B는 아르곤(Ar)과 같은 전자 배치를 이룬다.

28 (정답 맞히기) A는 2주기 15족 원소인 질소(N), B는 1주기 1족 원소인 수소(H), C는 2주기 16족 원소인 산소(O)이다.

ㄱ. 공유 전자쌍 수는 $A_2(N_2)$가 3, $B_2C(H_2O)$가 2이다. 따라서 공유 전자쌍 수는 $A_2>B_2C$이다.

(오답 피하기) ㄴ. A(N)는 2주기 15족 원소이고, B(H)는 1주기 1족 원소이다.

ㄷ. 원자가 전자 수는 A(N)가 5, C(O)가 6으로 C>A이다.

29 (정답 맞히기) A와 B는 모두 2주기 원소이고, A는 원자가 전자 수가 6인 산소(O), B는 원자가 전자 수가 7인 플루오린(F)이다.

ㄱ. A(O)는 원자 번호가 8, B(F)는 원자 번호가 9이므로 원자 번호는 B>A이다.

ㄴ. $AB_2(OF_2)$에서 A(O) 원자는 2개의 B(F) 원자와 각각 전자쌍 1개씩을 공유한다. 따라서 AB_2의 공유 전자쌍 수는 2이다.

(오답 피하기) ㄷ. $AB_2(OF_2)$는 비금속 원소가 결합한 공유 결합 물질이므로 액체 상태에서 전기 전도성이 없다.

30 (정답 맞히기) ㄱ. (가)는 물(H_2O), (나)는 염화 나트륨($NaCl$)이므로 두 물질 모두 인류의 생존에 필수적인 물질이다.

ㄷ. (가)의 구성 원소 중 H가 1족 원소이고, (나)의 구성 원소

중 Na이 1족 원소이다.

(오답 피하기) ㄴ. (가)는 물(H_2O)로 비금속 원소 사이의 결합인 공유 결합으로 이루어진 물질이고, (나)는 염화 나트륨($NaCl$)으로 금속 원소와 비금속 원소 사이의 결합인 이온 결합으로 이루어진 물질이다.

31 (정답 맞히기) ㄱ. A는 3주기 1족 원소인 나트륨(Na), B는 3주기 17족 원소인 염소(Cl)이다. 따라서 A와 B는 모두 3주기 원소이다.

(오답 피하기) ㄴ. A(Na)는 1족, B(Cl)는 17족 원소이므로 원자가 전자 수는 A, B가 각각 1, 7이다. 따라서 원자가 전자 수는 B가 A의 7배이다.

ㄷ. A(Na)는 금속 원소이므로 고체 A는 전기 전도성이 있고, AB(NaCl)는 이온 결합 물질이므로 고체 AB는 전기 전도성이 없다.

32 (정답 맞히기) ㄱ. (가)는 ㉠과 ㉡에서 모두 전기 전도성이 없으므로 공유 결합 물질이고, (나)는 ㉠에서는 전기 전도성이 없고 ㉡에서는 전기 전도성이 있으므로 이온 결합 물질이다. 따라서 ㉠은 '고체 상태', ㉡은 '수용액 상태'이다.

ㄷ. (가)는 공유 결합 물질인 포도당이므로 구성 원소는 모두 비금속 원소이다.

(오답 피하기) ㄴ. 공유 결합 물질인 (가)는 포도당이고, (나)와 (다)는 각각 이온 결합 물질인 염화 칼슘과 질산 나트륨 중 하나이다. 따라서 (다)는 이온 결합 물질이므로 수용액 상태에서의 전기 전도성 ㉣은 '있음'이다.

33 나트륨(Na)이 산소(O_2)와 반응하면 Na_2O이 생성되고, 물(H_2O)과 반응하면 NaOH과 H_2 기체가 생성된다.

(모범 답안) $4Na+O_2 \longrightarrow 2Na_2O$, Na_2O의 결합은 금속과 비금속의 화학 결합이므로 이온 결합이다.
$2Na+2H_2O \longrightarrow 2NaOH+H_2$, NaOH의 결합은 이온 결합, H_2의 결합은 공유 결합이다.

채점 기준	배점
두 반응의 화학 반응식을 모두 옳게 쓰고, 생성된 물질의 화학 결합 종류를 모두 옳게 서술한 경우	100 %
두 반응의 화학 반응식만 옳게 쓴 경우	50 %
두 반응에서 생성된 물질의 화학 결합 종류만 옳게 서술한 경우	20 %

34 [정답 맞히기] ㄴ. (나)의 B 수용액은 전기 전도성이 있으므로 B 수용액에는 이온이 존재함을 알 수 있다.

ㄷ. 공유 결합 물질은 수용액 상태와 액체 상태에서 모두 전기 전도성이 없고, 이온 결합 물질은 수용액 상태와 액체 상태에서 모두 전기 전도성이 있다. 따라서 액체 상태의 A와 B로 전기 전도성을 확인해도 (나)에서와 같은 결과를 나타낸다.

[오답 피하기] ㄱ. A는 고체 상태와 수용액 상태에서 모두 전기 전도성이 없으므로 공유 결합 물질인 포도당이다.

본문 76~83쪽

수능 유형 문제

01 ②	02 ④	03 ③	04 ⑤	05 ③	06 ④
07 ①	08 ④	09 ④	10 ③	11 ②	12 ②
13 ②	14 ①	15 ④	16 ③	17 ④	18 ④
19 ③	20 ③	21 ④	22 ⑤	23 ④	24 ①
25 ③	26 ④	27 ④	28 ④	29 ④	30 ①
31 ⑤	32 ③				

01 [정답 맞히기] ㄷ. (나)에서는 광원에서 방출된 빛이 저온의 기체를 통과했으므로 흡수선이, (다)에서는 고온의 기체에서 방출된 방출선이 나타난다. 동일한 원소이므로 흡수선과 방출선이 나타나는 파장은 같다.

[오답 피하기] ㄱ. (가)에서는 고온의 광원에서 방출된 빛을 관찰했으므로 연속 스펙트럼이 나타난다.

ㄴ. 태양을 분광기로 관찰하면 연속 스펙트럼인 (가)의 바탕에 흡수선인 (나)의 스펙트럼선이 나타난다.

02 [정답 맞히기] ㄴ. 동일한 원소의 흡수선과 방출선의 파장은 같다.

ㄷ. (나)에서 A의 연속 스펙트럼에 (가)의 수소의 방출선과 같은 파장에서 흡수선이 나타나고 있다. 따라서 (가)와 (나)를 통해 별 A에 수소가 존재함을 알 수 있다.

[오답 피하기] ㄱ. (가)의 스펙트럼은 모두 검은색 바탕에 밝은 색의 선이 나타나 있으므로 방출 스펙트럼이다.

03 [정답 맞히기] ㄱ. 쿼크는 기본 입자이며, 더 이상 쪼갤 수 없는 물질의 기본 입자 중 하나이다.

ㄷ. 원자는 원자핵과 전자로 구성된다.

[오답 피하기] ㄴ. 원자핵은 양성자와 중성자로 이루어져 있으므로 (+) 전하를 띤다.

04 [정답 맞히기] ㄱ. A는 전자이며 기본 입자에 속한다.

ㄴ. 수소와 헬륨의 질량비가 약 3:1로 결정된 시기는 헬륨 원자핵이 생성된 시기인 (다)이다.

ㄷ. 빅뱅 후 시간이 지남에 따라 우주는 (가) → (나) → (다) → (라)로 가면서 팽창하며 온도는 점차 낮아졌다.

05 [정답 맞히기] ㄱ. ㉠은 전자, ㉡은 쿼크이며, ㉠과 ㉡은 모두 빅뱅 직후 거의 비슷한 시기에 생성되었다.

ㄴ. ㉠과 원자핵인 ㉢이 모여 원자를 생성하였으므로 ㉠은 전자이다.

[오답 피하기]

ㄷ. ㉢은 원자핵이며, 원자핵은 기존의 양성자와 중성자가 모여서 생성된 것이므로 원자핵 형성 전후로 우주의 질량은 크게 변하지 않았다.

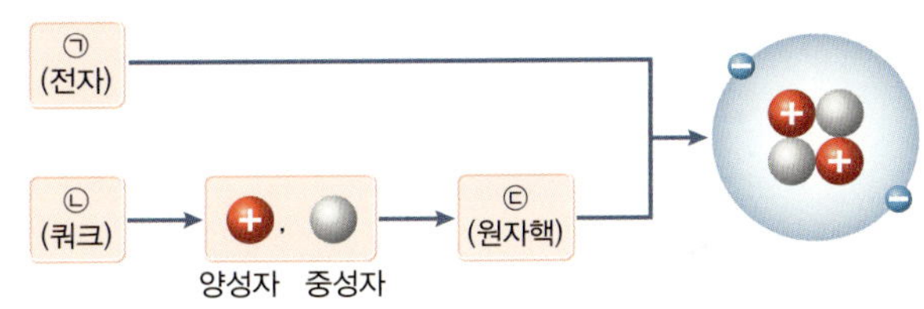

06 [정답 맞히기] ㄴ. 헬륨 원자핵은 양성자 2개와 중성자 2개가 결합하여 생성된다.

ㄷ. 우주 초기에 양성자와 중성자의 개수비는 약 7:1이었으며, 양성자 2개와 중성자 2개가 모여 하나의 헬륨 원자핵을 생성하였으므로, 이 과정을 통해 수소와 헬륨의 질량비가 약 3:1이 되었다.

[오답 피하기] ㄱ. 기본 입자가 모여 양성자와 중성자가 생성되었으므로, 이 과정은 기본 입자가 생성된 이후의 과정에 해당한다.

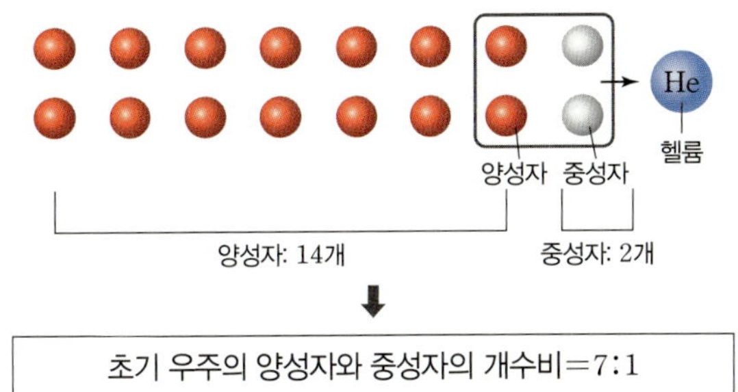

↓

헬륨 원자핵 생성 후
수소 원자핵(양성자)과 헬륨 원자핵의 개수비
$=12:1$

↓

수소 원자핵(양성자)과 헬륨 원자핵의 질량비$=3:1$

07 (정답 맞히기) ㄱ. (가)는 양성자이며, (다)는 헬륨 원자핵이다. 따라서 (가)는 (다)보다 먼저 생성되었다.

(오답 피하기) ㄴ. (가)는 양성자이므로 ($+$) 전하를 띠지만, (나)는 양성자 하나와 전자 하나가 결합하여 만들어진 중성 원자이므로 전기적으로 중성을 띤다.

ㄷ. 헬륨 원자핵인 (다)가 먼저 생성되고, 이후에 우주의 온도가 낮아져 원자핵과 전자가 결합하여 중성 원자인 (나)가 생성되었으므로 생성될 당시 우주의 온도는 (나)가 (다)보다 낮았다.

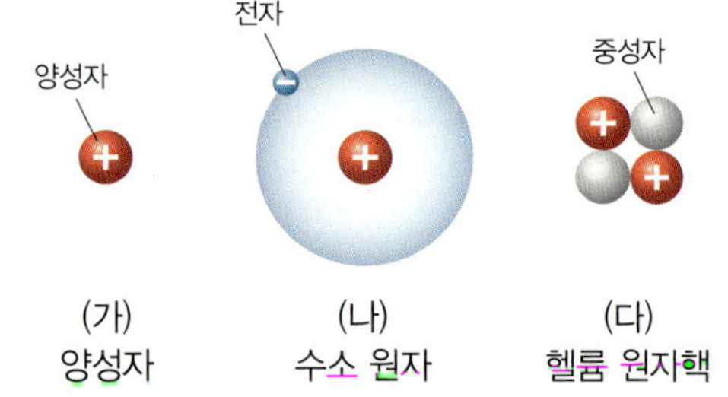

08 (정답 맞히기) ㄴ. 이 시기에 수소 원자핵과 헬륨 원자핵이 전자와 결합하여 중성 원자가 생성되었다.

ㄷ. 이 시기에 중성 원자가 생성되었고, 이로 인해 빛이 자유롭게 진행할 수 있게 되면서 우주 배경 복사가 방출되었다.

(오답 피하기) ㄱ. 중성 원자는 빅뱅 후 약 38만 년이 지나 우주의 온도가 약 3000 K이 되었을 때 생성되었다.

09 (정답 맞히기) ㄴ. 철보다 무거운 원소는 초신성 폭발 과정에서 생성된다.

ㄷ. 초신성 폭발 과정에서 우주 공간으로 퍼져나가는 물질들은 새로운 성운을 형성하고, 성운에서 새로운 별이 탄생하므로 이러한 물질은 새로운 별의 재료로 이용될 수 있다.

(오답 피하기) ㄱ. 진화 과정에서 초신성 폭발 과정을 거치는 별은 질량이 태양보다 매우 큰 별이다. 따라서 초신성 폭발 전이 별의 질량은 태양보다 컸다.

10 (정답 맞히기) ㄱ. 중심부의 철은 별 내부의 핵융합 반응으로 생성되었다.

ㄷ. 온도가 높을수록 더 무거운 원소가 핵융합 반응으로 만들어질 수 있다. 별의 중심으로 갈수록 더 무거운 원소가 존재하므로 별의 중심으로 갈수록 온도가 높다.

(오답 피하기) ㄴ. 중심부에 핵융합 반응으로 만들어진 철이 존재하므로 이 별의 질량은 태양보다 매우 크다.

11 (정답 맞히기) ㄴ. (가)에는 중심부에 탄소핵이 존재하고, (나)에는 헬륨핵이 존재하므로 중심부의 온도는 (가)가 (나)보다 높다.

(오답 피하기) ㄱ. 현재 태양은 중심부에서 수소 핵융합 반응이 일어나면서 헬륨이 만들어지고 있으므로 아직 탄소핵이 존재하지 않는다. 따라서 태양은 (가)와 같은 내부 구조를 갖지 않는다.

ㄷ. 헬륨핵이 중력 수축하면서 온도가 올라가면 헬륨 핵융합 반응으로 탄소가 생성된다. 따라서 별은 (나)에서 (가)로 진화한다.

12 (정답 맞히기) B. 성간 물질은 대부분 우주 초기에 생성된 수소와 헬륨으로 이루어져 있다.

(오답 피하기) A. 성간 물질은 밀도가 커서 중력이 큰 곳을 중심으로 모여들면서 수축이 일어난다.

C. 원시별에서는 중력 수축으로 인해 중심부의 온도가 점차 높아지지만, 수소 핵융합 반응이 일어나는 온도까지는 도달하지 못하기 때문에 핵융합 반응으로 새로운 원소가 생성되지 않는다.

13 (정답 맞히기) ㄷ. 이 시기는 미행성체의 충돌로 발생한 열 때문에 지표면의 온도가 가장 높았던 마그마 바다 시기 이후에 핵과 맨틀이 분리된 시기이다. 이 시기 이후 미행성체의 충돌이 줄어들면서 지표면의 온도가 낮아져 원시 지각과 원시 바다가 형성되었다. 따라서 미행성체의 충돌은 이 시기 이전이 이후보다 잦았다.

(오답 피하기) ㄱ. 지구의 크기는 이 시기가 현재보다 작다.

ㄴ. 미행성체의 충돌이 줄어들면서 지표면의 온도는 이 시기 이후 점차 낮아진다.

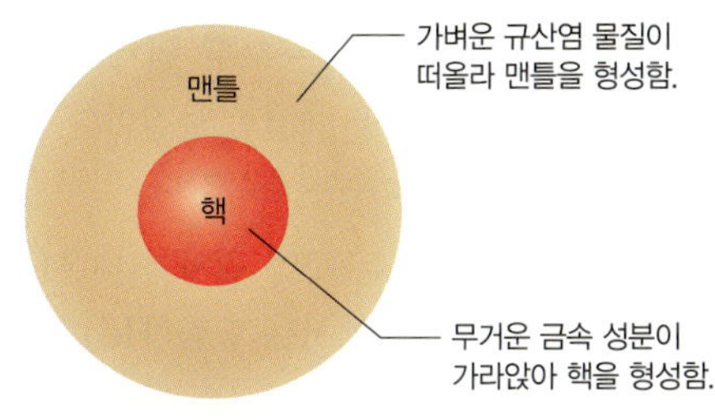

맨틀과 핵의 분리

14 정답 맞히기 ㄱ. 태양계 성운의 중력 수축이 일어나면서 원반이 형성되었고, 원반의 중심부에는 원시 태양이, 원반에는 미행성체가 형성되었다. 이후 미행성체의 충돌로 원시 행성이 형성되었다. 따라서 태양계의 형성 순서는 (가)―(라)―(나)―(다)이다.

오답 피하기 ㄴ. (가)에서 성운이 수축하면 중력 수축으로 인해 중심부 온도가 높아진다.

ㄷ. (나)의 원시 태양은 중력 수축으로 중심부 온도가 높아지지만, 아직 수소 핵융합 반응이 일어나는 약 1000만 K에 이르지 못했으므로 수소 핵융합 반응이 일어나지 않는다.

15 정답 맞히기 ㄴ. B 과정에서 금속으로 이루어진 핵이 형성되었으므로 지구 중심부의 밀도는 높아졌다.

ㄷ. C 과정 이후 지구에 원시 바다가 형성되면서 최초의 생명체가 출현할 수 있게 되었다.

오답 피하기 ㄱ. A 과정 이후 마그마 바다가 형성되었으므로, A 과정에서 원시 지구 표면의 온도는 점차 높아졌다.

16 정답 맞히기 ㄱ. (가)는 2가지 원소로 주로 이루어져 있으며 헬륨이 24 %를 차지하므로 우주를 구성하는 주요 원소의 질량비이다.

ㄴ. (가)의 ㉠은 수소이며, 수소는 대부분 우주 초기에 만들어졌다.

오답 피하기 ㄷ. (나)는 지구를 구성하는 주요 원소의 질량비이며, ㉡은 지구에서 두 번째로 많은 원소인 산소이다. 산소는 대부분 별의 내부에서 핵융합 반응으로 만들어진다.

17 정답 맞히기 ㄴ. 화합물 FD(NaF)는 금속 원소와 비금속 원소가 결합한 이온 결합 물질이고, FD에서 각 입자는 모두 2주기 18족 원소인 E(Ne)와 같은 전자 배치를 이룬다.

ㄷ. C(C)는 원자가 전자 수가 4이고, G(Cl)는 원자가 전자 수가 7이므로 CG_4(CCl_4)에서 공유 전자쌍 수는 4이다.

오답 피하기 ㄱ. 알칼리 금속인 B(Li)와 F(Na)는 물과 반응하여 수소 기체를 발생한다. A는 1주기 1족 원소인 수소(H)이므로 알칼리 금속의 성질을 나타내지 않는다.

18 정답 맞히기 ㄴ. C(F)와 E(Cl)는 17족 원소이므로 원자가 전자 수가 7로 같다.

ㄷ. DE는 NaCl으로 인류의 생존에 중요한 이온 결합 물질이다.

오답 피하기 ㄱ. A는 탄소(C)이고, B는 산소(O)이다. 지각을 구성하는 광물은 Si―O의 사면체를 기본 골격으로 하여 이루어진다.

19 정답 맞히기 ㄱ. (가)에서는 알칼리 금속과 공기 중의 산소의 반응을 확인할 수 있다. 알칼리 금속은 산소와 빠르게 반응하므로 단면의 광택이 사라진다.

ㄷ. (다)에서는 페놀프탈레인 용액으로 수용액의 액성이 염기성임을 확인할 수 있다.

오답 피하기 ㄴ. (나)에서는 알칼리 금속과 물의 반응 결과 기체가 발생한 것을 확인할 수는 있지만, 발생한 기체의 종류를 확인할 수는 없다. 기체의 종류를 확인하기 위해서는 기체의 성질을 확인하는 실험을 해야 한다.

20 정답 맞히기 W~Z는 각각 2주기 16족 원소인 산소(O), 3주기 1족 원소인 나트륨(Na), 3주기 2족 원소인 마그네슘(Mg), 3주기 17족 원소인 염소(Cl)임을 알 수 있다.

ㄱ. W~Z 중 금속 원소는 1족 원소인 X(Na)와 2족 원소인 Y(Mg) 2가지이다.

ㄴ. 원자가 전자 수는 W(O)가 6, Z(Cl)가 7이므로 Z>W이다.

오답 피하기 ㄷ. X^+(Na^+)의 전자 배치는 2주기 18족 원소인 네온(Ne)과 같고, Z^-(Cl^-)의 전자 배치는 3주기 18족 원소인 아르곤(Ar)과 같다.

21 정답 맞히기 X~Z의 원자가 전자 수가 각각 1, 3, 6이고, 안정한 이온의 전자 배치가 네온(Ne)과 같으므로 X는 3주기 1족 원소인 나트륨(Na), Y는 3주기 13족 원소인 알루미늄(Al), Z는 2주기 16족 원소인 산소(O)이다. 따라서 안정한 이온은 각각 X^+, Y^{3+}, Z^{2-}이고, $a=1$, $b=3$, $c=2$이다.

ㄱ. $b=3$, $c=2$이므로 $b>c$이다.

ㄷ. $X_2Z(Na_2O)$는 금속 원소인 X(Na)와 비금속 원소인 Z(O)가 결합한 이온 결합 물질이므로 액체 상태에서 전기 전도성이 있다.

오답 피하기 ㄴ. 원자 번호는 X(Na), Z(O)가 각각 11, 8이므로 X>Z이다.

22 정답 맞히기 X^+과 Y^{2-}은 모두 2주기 18족 원소인 네온(Ne)과 같은 전자 배치를 이루므로 X는 3주기 1족 원소인 나트륨(Na)이고, Y는 2주기 16족 원소인 산소(O)이다. Z^{2-}은 3주기 18족 원소인 아르곤(Ar)과 같은 전자 배치를 이루므로 Z는 3주기 16족 원소인 황(S)이다.

ㄱ. X(Na)와 Z(S)는 모두 3주기 원소이다.

ㄴ. Y(O)와 Z(S)는 모두 16족 원소이므로 원자가 전자 수가 6으로 같다.

ㄷ. Y(O)와 Z(S)의 원자 번호는 각각 8, 16이고 원자핵 속 양성자 수는 원자 번호와 같으므로 Z가 Y의 2배이다.

23 정답 맞히기 A는 2주기 1족 원소인 리튬(Li), B는 2주기 17족 원소인 플루오린(F), C는 3주기 1족 원소인 나트륨(Na), D는 3주기 17족 원소인 염소(Cl)이다.

ㄱ. A(Li)와 C(Na)는 각각 2주기 1족, 3주기 1족 원소이므로 알칼리 금속이다.

ㄴ. B(F)와 D(Cl)는 모두 17족 원소인 할로젠이므로 화학적 성질이 비슷하다.

오답 피하기 ㄷ. A~D 중 3주기 원소는 C(Na), D(Cl) 2가지이다.

24 정답 맞히기 전자가 들어 있는 전자 껍질 수는 주기와 같고, 원자가 전자 수가 0, 1, 2, 3, 4, 5, 6, 7인 원소는 각각 18족, 1족, 2족, 13족, 14족, 15족, 16족, 17족 원소이다. 따라서 A~E는 각각 He, Na, H, O, Cl이다.

ㄱ. 초기 우주에서 만들어진 질량은 수소가 헬륨의 약 3배로 많으므로 C(H)>A(He)이다.

오답 피하기 ㄴ. 화합물 BE는 NaCl으로 금속 원소와 비금속 원소가 결합한 이온 결합 물질이고, CE는 HCl로 비금속 원소끼리 결합한 공유 결합 물질이다.

ㄷ. C(H) 원자 2개와 D(O) 원자 1개가 결합한 화합물인 H_2O의 공유 전자쌍 수는 2이다.

25 정답 맞히기 ㄱ. (가)와 (나)는 모두 원자들이 전자쌍을 공유하여 화학 결합을 하므로 공유 결합 물질이다.

ㄴ. (가)와 (나)의 공유 전자쌍 수는 4로 같다.

오답 피하기 ㄷ. (가)에서는 모든 구성 원자가 네온(Ne)과 같은 전자 배치를 이루지만, (나)에서는 헬륨(He)과 같은 전자 배치를 이루는 원자가 있다.

26 정답 맞히기 A와 B는 원자가 전자 수가 같으므로 같은 족 원소이다. 따라서 A와 B는 1족 원소이다. B^+의 안정한 전자 배치는 C와 같으므로 C는 2주기 18족 원소인 네온(Ne)이고, B는 3주기 1족 원소인 나트륨(Na)이다. 따라서 A는 1주기 1족 원소인 수소(H)이고, D는 3주기 17족 원소인 염소(Cl)이다.

ㄱ. D(Cl)는 17족 원소이므로 할로젠이다.

ㄴ. AD(HCl)는 비금속 원소 사이에 형성된 공유 결합 물질이다.

오답 피하기 ㄷ. C(Ne)는 18족 원소이므로 화학 결합을 형성하지 않는다.

27 정답 맞히기 ㄱ. 원자가 전자 수는 C와 O가 각각 4, 6이므로 O>C이다.

ㄴ. 전자가 들어 있는 전자 껍질 수는 C와 O가 2로 같다.

오답 피하기 ㄷ. C는 원자가 전자 수가 4이므로 18족 원소와 같은 전자 배치를 이루려면 4개의 전자가 필요하다. 따라서 C 원자는 2개의 O 원자와 각각 2개씩의 전자쌍을 공유하여 결합을 하므로 CO_2에서 공유 전자쌍 수는 4이다.

28 정답 맞히기 지각을 구성하는 원소 중 질량이 가장 많은 원소 X와 두 번째로 많은 원소 Y는 각각 산소(O), 규소(Si)이다.

ㄱ. (나)는 2주기 16족 원소의 전자 배치이므로 X(O)의 전자 배치 모형이다.

ㄴ. Y는 Si로 원자가 전자 수가 4이므로 다른 원자와 다중 결합(2중 결합, 3중 결합)을 형성할 수 있다.

오답 피하기 ㄷ. YX_2는 SiO_2인데, 규산염 사면체는 Si 원자 1개에 O 원자 4개가 결합한 것이다.

29 정답 맞히기 고체 염화 나트륨(NaCl)은 Na^+과 Cl^-이 정전기적 인력으로 결합한 물질이며, NaCl에서 Na^+은 네온

(Ne), Cl⁻은 아르곤(Ar)과 같은 전자 배치를 이룬다. 따라서 ㉠은 Cl⁻이고, ㉡은 Na^+이다.

ㄴ. ㉡은 Na^+이고, ㉡이 전극 B 쪽으로 이동하므로 전극 B는 (−)극이다.

ㄷ. 염화 나트륨은 이온 결합 물질로 고체 상태에서는 전기 전도성이 없으나, 수용액 상태에서는 이온이 이동할 수 있으므로 전기 전도성이 있다.

(오답 피하기) ㄱ. ㉠은 아르곤(Ar)과 같은 전자 배치를 이루므로 Cl⁻이다.

30 (정답 맞히기) A는 3주기 1족 원소인 나트륨(Na), B는 2주기 17족 원소인 플루오린(F)이고, AB는 NaF이다. C는 1주기 1족 원소인 수소(H), D는 2주기 16족 원소인 산소(O)이고, C_2D는 H_2O이다.

ㄱ. B(F)는 원자 번호가 9이고, D(O)는 원자 번호가 8이다. 따라서 원자 번호는 B>D이다.

(오답 피하기) ㄴ. A(Na)와 C(H)는 모두 1족 원소이지만, A는 알칼리 금속이고 C는 비금속 원소이므로 A만 물과 반응하여 수소 기체를 발생한다.

ㄷ. DB_2는 OF_2이고, D(O)는 네온의 전자 배치를 이루기 위해 2개의 B(F)와 각각 전자쌍 1개씩을 공유하여 결합한다. 따라서 DB_2에서 공유 전자쌍 수는 2이다.

31 (정답 맞히기) (나)에서 A는 2주기 16족 원소인 산소(O)이고, C는 2주기 17족 원소인 플루오린(F)이다. 따라서 (가)에서 A는 2개의 전자를 얻어 네온(Ne)과 같은 전자 배치를 이루고, B는 3개의 전자를 잃어 네온(Ne)과 같은 전자 배치를 이루므로 B는 3주기 13족 원소인 알루미늄(Al)이다.

ㄴ. 원자가 전자 수는 A(O)와 B(Al)가 각각 6, 3이므로 A가 B의 2배이다.

ㄷ. B(Al)는 금속, C(F)는 비금속이므로 B와 C는 이온 결합을 하며 B^{3+}과 C⁻이 1 : 3으로 결합하여 안정한 화합물을 형성한다.

(오답 피하기) ㄱ. A(O)는 2주기 16족 원소이므로 $x=2$이다.

32 (정답 맞히기) 규산염 사면체에서 A는 Si, B는 O이다.

ㄱ. 원자가 전자 수는 A(Si)와 B(O)가 각각 4, 6이므로 B>A이다.

ㄷ. 규산염 사면체는 전하가 −4인 음이온이므로 금속 양이온과 결합하여 이온 결합을 형성할 수 있다.

(오답 피하기) ㄴ. 결합 (가)는 비금속 원소인 O와 Si의 화학 결합이므로 공유 결합이다.

2 자연의 구성 물질

탐구 활동 본문 92쪽

1 뉴클레오타이드
2 인산, 당(디옥시라이보스), 염기
3 해설 참조

1 DNA는 인산, 당, 염기로 구성된 뉴클레오타이드가 반복적으로 결합하여 형성되는 폴리뉴클레오타이드이다.

(모범 답안) 뉴클레오타이드

2 DNA와 RNA는 모두 단위체인 뉴클레오타이드가 결합된 구조이다. DNA를 구성하는 뉴클레오타이드는 인산, 당(디옥시라이보스), 염기(A, G, C, T)로 구성되고, RNA를 구성하는 뉴클레오타이드는 인산, 당(라이보스), 염기(A, G, C, U)로 구성된다.

(모범 답안) 인산, 당(디옥시라이보스), 염기

3 DNA는 RNA와 달리 2개의 폴리뉴클레오타이드 가닥을 구성하는 뉴클레오타이드의 염기 사이에 수소 결합이 형성되어 이중나선구조를 이룬다. 이때 뉴클레오타이드를 구성하는 아데닌(A) 염기는 타이민(T) 염기와, 구아닌(G) 염기는 사이토신(C) 염기와 짝을 이뤄 상보적으로 결합한다.

(모범 답안) 아데닌(A) 염기는 타이민(T) 염기와, 사이토신(C) 염기는 구아닌(G) 염기와 상보결합을 한다.

내신 기초 문제 본문 93~94쪽

01 ③	02 ②	03 ⑤	04 ③	05 ③	06 ②
07 ①, ③		08 ②	09 ②, ③		10 ⑤
11 ②	12 ②				

01 정답 맞히기 ㄱ. 생명체를 구성하는 유기물인 탄소 화합물의 중심 원소는 탄소(㉠)이다.

ㄴ. 규산염 광물은 Si−O 사면체가 다양하게 배열되어 형성되므로 산소(㉡)는 규소와 함께 규산염 광물을 구성하는 원소에 포함된다.

오답 피하기 ㄷ. 원자가 전자 수는 탄소(㉠) 원자가 4, 산소(㉡) 원자가 6이다.

02 정답 맞히기 ② 규소(㉡)는 핵산의 구성 성분에 포함되지 않는다. 핵산의 구성 성분은 C, H, O, N, P 등이다.

오답 피하기 ① ㉠은 산소이다.

③ 규소(㉡) 원자의 원자가 전자 수는 4이다.

④ Si−O 사면체는 1개의 규소(㉡) 원자에 4개의 산소(㉠) 원자가 결합한 구조이다.

⑤ Si−O 사면체는 규산염 광물의 단위체이다.

03 정답 맞히기 A, B, C. 단위체가 아미노산인 단백질은 펩타이드결합으로 연결된 아미노산의 수, 아미노산의 종류, 아미노산 배열 순서에 따라 입체 구조가 달라질 수 있다. 입체 구조가 다른 단백질은 서로 다른 기능을 수행하는 서로 다른 종류의 단백질이다.

04 정답 맞히기 ③ X는 핵산의 단위체인 뉴클레오타이드이다.

오답 피하기 ① 뉴클레오타이드는 당(㉡)에 인산(㉠)과 염기가 각각 결합한 구조이다.

② 핵산의 단위체인 X는 뉴클레오타이드이다.

④ DNA를 구성하는 뉴클레오타이드의 당(㉡)은 디옥시라이보스이고, RNA를 구성하는 뉴클레오타이드의 당은 라이보스이다.

⑤ X는 탄소(C)를 중심으로 여러 원소가 결합한 탄소 화합물에 해당한다.

05 정답 맞히기 ㄱ. 두 단위체 사이에 형성된 결합이 펩타이드결합이므로 그림은 단백질의 단위체인 아미노산이 결합하는 과정을 나타낸 것이다. 따라서 ⓐ는 아미노산이다.

ㄴ. 펩타이드결합이 형성되는 과정에서 물이 방출된다.

오답 피하기 ㄷ. 인산, 당, 염기가 1:1:1로 결합한 단위체는 뉴클레오타이드이다.

06 정답 맞히기 ㄷ. 규소와 산소로 이루어진 Si−O 사면체 사이에 산소를 공유하여 규산염 광물이 형성된다. Si−O 사면체에 다른 원소가 결합하기도 한다.

오답 피하기 ㄱ. 단사슬 구조이다.

ㄴ. 감람석은 Si−O 사면체가 독립형 구조로 존재하는 규산염 광물이다. 단사슬 구조인 규산염 광물에는 휘석이 있다.

07 정답 맞히기 ①, ③ 부도체(절연체)는 전기 저항과 비저항이 매우 큰 물질이며, 전기가 잘 통하지 않아 전류의 흐름을 차단해야 하는 곳에 사용된다.

오답 피하기 ② 교류를 직류로 바꾸는 데 사용하는 전기 소자는 다이오드이며, 주로 반도체로 제작한다.

④ 전류가 흐르면 빛을 내는 성질을 가진 발광 다이오드는 주로 반도체로 제작한다.

⑤ 빛을 받으면 전류가 흐르는 태양 전지나 광센서는 반도체로 제작한다.

08 정답 맞히기 ② 자유 전자의 이동 방향과 전류의 방향은 서로 반대이다. 음(−)전하를 띤 전자는 전자기 이론이 정립된 이후에 발견되었기 때문에 이러한 관계가 있다.

오답 피하기 ① 도체는 전류가 잘 흐르는 물질이다.

③ 전류가 흐르지 않을 때 자유 전자는 선호하는 방향이 없이 무작위적으로 움직인다.

④ 저항에 걸리는 전압이 같을 때 저항의 저항값이 클수록 저항에 흐르는 전류의 세기가 작다.

⑤ 저항의 저항값이 같을 때 저항에 걸리는 전압의 크기가 클수록 저항에 흐르는 전류의 세기가 크다.

09 정답 맞히기 ② 순수한 반도체는 주로 원자가 전자가 4개인 규소(Si)나 저마늄(Ge)이다.

③ 순수한 반도체에 13족이나 15족 원소를 추가해 전기 전도도를 높이는 과정을 도핑이라고 한다.

오답 피하기 ① 순수한 반도체에는 전류가 잘 흐르지 않는다.

④ 순수한 반도체에 불순물을 첨가하면 전기 전도도가 증가한다.

⑤ 첨가하는 불순물의 종류에 따라 p형 반도체와 n형 반도체로 구분할 수 있다.

10 정답 맞히기 ㄱ. 열이 적게 발생하는 반도체는 스마트 기기에 이용하기 적합하다.

ㄴ. 데이터 처리 기능이 있는 반도체는 데이터를 저장하는 메모리 반도체나 데이터를 연산하는 시스템 반도체에 적합하다.

ㄷ. 전류가 흐르면 빛을 내는 성질은 전기 에너지를 빛에너지로 전환하므로 조명 장치에 적합하다.

11 [정답 맞히기] ② 발광 다이오드는 전기 신호를 받아서 빛을 내는 특성이 있으므로 영상 표시 장치에 사용하기 적합하다.

[오답 피하기] ① 발광 다이오드는 반도체 소자이다.

③ 증폭 작용이나 스위치 작용을 하는 반도체 소자는 트랜지스터이다.

④ 고체와 액체의 성질을 모두 가지는 물질은 액정(Liquid Crystal)이다.

⑤ 특정 온도 이하에서 전기 저항이 0이 되는 물질은 초전도체이다.

12 [정답 맞히기] ㄴ. 트랜지스터는 증폭 작용이나 스위치 작용을 한다.

[오답 피하기] ㄱ. 트랜지스터는 대표적인 반도체 소자이다.

ㄷ. 전류가 흐르면 빛을 방출하는 반도체 소자는 발광 다이오드이다.

실력 향상 문제
본문 95~98쪽

01 ①	02 ①	03 ④	04 해설 참조	05 ③
06 ②	07 ③	08 해설 참조	09 ③	10 ①
11 ⑤	12 ④	13 해설 참조	14 해설 참조	
15 ⑤	16 ②	17 ②	18 ①	19 ④	20 ③

01 [정답 맞히기] ① A는 독립형 구조, B는 단사슬 구조, C는 복사슬 구조이다. 각 구조에 따른 대표적인 규산염 광물은 표와 같다.

구조		규산염 광물
독립형 구조	산소 / 규소	감람석
단사슬 구조		휘석
복사슬 구조		각섬석
판상 구조		흑운모
망상 구조		석영, 장석

02 [정답 맞히기] ㄱ. A는 산소(O) 원자, B는 규소(Si) 원자이다. 산소(O)는 단백질의 구성 원소에 포함된다.

[오답 피하기] ㄴ. (가)는 복사슬 구조, (나)는 판상 구조이다. 휘석은 단사슬 구조를 갖는다. 판상 구조(나)를 갖는 규산염 광물에는 흑운모가 있다.

ㄷ. 독립형 구조는 Si−O(규산염) 사면체 사이에 공유하는 산소가 없고, 망상 구조로 갈수록 공유하는 산소 수가 많아지므로 Si−O 사면체 1개당 공유되는 산소의 수는 (나)에서가 (가)에서보다 많다.

03 [정답 맞히기] ㄴ. 단백질(㉠)과 핵산(㉡)은 모두 탄소 화합물에 해당하므로 탄소(C)는 단백질(㉠)과 핵산(㉡)의 구성 원소에 공통적으로 포함된다.

ㄷ. 단백질(㉠)은 단위체인 아미노산이 펩타이드결합으로 연결된 구조이다.

[오답 피하기] ㄱ. 탄소 원자의 원자가 전자 수는 4이므로 최대 4개의 공유 결합이 형성될 수 있다.

서술형

04 암석의 대부분을 차지하는 규산염 광물은 단위체인 Si−O 사면체의 결합 방식에 따라 독립형 구조, 단사슬 구조, 복사슬 구조, 판상 구조, 망상 구조 등 다양한 구조를 나타낸다. 또한 구조마다 다양한 특성을 나타낸다.

[모범 답안] 흑운모와 석영은 동일한 단위체인 Si−O 사면체로 구성되지만 흑운모는 판상 구조를, 석영은 망상 구조를 이루고 있어 서로 다른 특성을 나타낸다.

채점 기준	배점
흑운모와 석영의 Si−O 사면체의 구조를 올바르게 제시하여 설명한 경우	100 %
단위체의 배열이 다르다는 것만을 제시한 경우	50 %

05 정답 맞히기 ㄱ. 인산, 당, 염기로 구성된 (가)는 핵산의 단위체인 뉴클레오타이드이다.

ㄴ. (나)는 아미노산이다. 여러 종류의 아미노산(나) 사이에 펩타이드결합이 형성되어 단백질이 만들어진다.

오답 피하기 ㄷ. 생명체 내 단위체의 종류는 뉴클레오타이드(가)가 8가지, 아미노산(나)이 약 20여 가지이다.

06 정답 맞히기 ㄴ. 특징 '유라실(U) 염기를 갖는다.'를 갖는 B는 RNA이고, RNA(B)는 단일 가닥 구조이다.

오답 피하기 ㄱ. 특징 '효소의 성분이다.'를 갖는 A는 단백질이고, 단백질(A)의 단위체는 아미노산이다.

ㄷ. C는 DNA이고, DNA는 특징 '유라실(U) 염기를 갖는다.'를 갖지 않으므로 ⓐ는 '×'이다.

07 정답 맞히기 ㄱ. ㉠은 인산이다.

ㄴ. ㉡은 DNA의 단위체인 뉴클레오타이드의 당인 디옥시라이보스이다.

오답 피하기 ㄷ. ㉢은 아데닌(A) 염기와 상보적 결합을 하는 타이민(T) 염기이고, ㉣은 사이토신(C) 염기와 상보적 결합을 하는 구아닌(G) 염기이다. 타이민(T) 염기는 RNA에 없다.

서술형
08 2개의 폴리뉴클레오타이드가 결합하여 이중나선구조를 이루고 있는 DNA에서 A는 T와, C는 G와 각각 상보적으로 결합하고 있다. DNA는 염기의 종류에 따라 4종류의 뉴클레오타이드로 구성되며, 이 뉴클레오타이드의 배열 순서에 따라 염기서열이 달라지고, 염기서열이 다른 DNA마다 서로 다른 유전정보를 저장한다.

모범 답안 (1) TCCGATGCATC

(2) 염기의 종류가 다른 뉴클레오타이드가 다양한 순서대로 결합하여 염기서열이 다른 DNA가 만들어질 수 있으므로 DNA마다 염기서열에 따라 다양한 유전정보를 저장할 수 있다.

채점 기준	배점
염기서열의 다양함으로 다양한 유전정보를 저장할 수 있음을 제시한 경우	100 %
뉴클레오타이드의 종류가 다양하므로 다양한 유전정보를 저장할 수 있음을 제시한 경우	25 %

09 정답 맞히기 ③ 도체는 전류가 잘 흘러야 하므로 피뢰침에 적합하고, 부도체는 전류의 흐름을 차단해야 하므로 전선의 피복이나 절연 장갑에 적합하다. 반도체는 다양한 성질이 있으며 다이오드는 대표적인 반도체 소자이다.

10 정답 맞히기 ① 전선 외피는 전류를 잘 차단해야 하므로 부도체가 사용된다.

오답 피하기 ② 부도체는 도체보다 전기 전도도가 작다.

③ 정전기 방지 패드는 잔류 전류를 잘 흘려 주어야 하므로 도체가 사용된다.

④ 상온에서 자유 전자가 매우 많은 물질은 도체이다.

⑤ 순수한 반도체인 규소(Si)에 소량의 다른 원소를 첨가하여 불순물 반도체를 만든다.

11 정답 맞히기 ⑤ 전류가 잘 흐르는 정도는 전기 전도도로 표현되며, 자유 전자가 많을수록 전기 전도도가 크다.

12 정답 맞히기 ④ 외피는 내부 소자를 잘 보호해야 하고, 외부 전기 자극을 차단해야 하므로 부도체가 적합하다. 발광 다이오드의 발광부는 반도체로 제작하며, 전극은 전류가 잘 흘러야 하므로 도체가 적합하다.

서술형
13 도체와 부도체의 전기 전도도는 같은 부피 안에 들어 있는 자유 전자의 수에 따라 결정된다.

모범 답안 구리 도선은 전류가 잘 흐르는 도체이고, 전선 피복은 전류가 잘 흐르지 않는 부도체이므로 같은 부피에서 자유 전자의 수는 구리 도선에서가 전선 피복에서보다 더 많다.

채점 기준	배점
구리 도선과 전선 피복의 용도를 비교하고, 자유 전자의 수를 도체와 부도체와 연결지어 서술한 경우	100 %
자유 전자의 수를 도체와 부도체를 구분해 서술한 경우	50 %
구리 도선과 전선 피복의 용도의 차이만 서술한 경우	50 %

서술형
14 도체, 부도체, 반도체는 그 목적과 용도에 따라 다양한 분야에서 사용된다.

모범 답안 강화 유리는 투명도가 높아 터치스크린이나 디스플레이의 보호막으로 적절하고, 입력 신호를 정확히 감지하기 위해 전류가 잘 흐르지 않는 부도체를 이용하는 것이 적절하다.

채점 기준	배점
보호 기능, 전류 차단 기능을 모두 포함해 서술한 경우	100 %
보호 기능, 전류 차단 기능 중 하나의 기능만으로 서술한 경우	50 %

15 (정답 맞히기) ⑤ p형 반도체는 주로 양공이 전류를 흐르게 한다.

(오답 피하기) ① 불순물이 추가되어 있으므로 불순물 반도체이다.
② 이 반도체는 양공을 통해 전기 전도성을 좋게 만든 p형 반도체이다.
③ 규소(Si)는 원자가 전자가 4개인 원소이다.
④ 갈륨(Ga)은 원자가 전자가 3개인 원소이다.

16 (정답 맞히기) ② 전류가 흐를 때 빛을 내는 반도체 소자는 발광 다이오드이다.

(오답 피하기) ①, ⑤ 안테나는 주로 금속으로 제작되며, 금속은 도체이다. 도체는 자유 전자가 매우 많다.
③ 트랜지스터는 전기 신호를 증폭하거나 제어하는 기능이 있다.
④ 트랜지스터는 대표적인 반도체 소자이다.

17 (정답 맞히기) ② 태양 전지는 빛을 받으면 전류가 흐르는 성질이 있는 반도체를 이용해 제작한다.

(오답 피하기) ①, ⑤ 전기 전도성이 나쁜 부도체는 전류의 흐름을 차단하는 데 주로 사용된다.
③ 약한 신호를 크게 증폭하는 반도체 소자는 트랜지스터이다.
④ 전류가 흐르면 빛을 방출하는 반도체 소자는 발광 다이오드이다.

18 (정답 맞히기) ① 교류를 직류로 바꾸는 전기 소자는 다이오드이다. 다이오드는 반도체를 이용해 만든다.

(오답 피하기) ② 다이오드는 반도체 소자이다.
③ 전기 전도도가 매우 낮은 물질은 부도체이다.
④ 특정 온도 이하에서 전기 저항이 0이 되는 물질은 초전도체이다.
⑤ 세기가 작은 전류로 세기가 큰 자기장을 만들어 내는 성질은 초전도체의 특징이다.

19 (정답 맞히기) ㄴ. 다양한 입력 신호를 제어하고 출력하는 역할을 하는 트랜지스터는 증폭 작용과 스위치 작용을 한다.
ㄷ. 트랜지스터는 불순물 반도체를 접합해 제작할 수 있다.

(오답 피하기) ㄱ. 빛을 받으면 전류를 흐르게 하는 반도체 소자는 태양 전지이다.

20 (정답 맞히기) ㄱ. 데이터를 저장하는 메모리 반도체의 전기적 특성은 컴퓨터의 중앙 처리 장치에 적합하다.
ㄴ. 태양 전지는 빛을 받았을 때 전류가 흐르는 반도체의 특징을 이용한다.

(오답 피하기) ㄷ. 자기 부상 열차는 초전도체나 자석의 특징을 이용한다.

수능 유형 문제

본문 99~102쪽

01 ④	02 ⑤	03 ③	04 ②	05 ③	06 ①
07 ⑤	08 ④	09 ①	10 ⑤	11 ④	12 ②
13 ②	14 ②	15 ⑤	16 ⑤		

01 (정답 맞히기) B. 단백질의 단위체는 아미노산이고, 펩타이드결합에 의해 복잡한 구조를 이룬다.
C. 지각의 광물 중 대부분은 Si−O 사면체를 기본 골격으로 하여 구조를 이룬다.

(오답 피하기) A. 지각의 구성 원소 중 가장 비율이 높은 것은 산소이다.

02 (정답 맞히기) ㄱ. Si−O 사면체에서 규소(ⓒ)와 산소(⊙)는 공유 결합으로 연결되어 있다.
ㄷ. 산소(⊙)는 생명체를 구성하는 탄소 화합물의 구성 성분에 포함된다.

(오답 피하기) ㄴ. (나)는 원자가 전자의 수가 6인 산소(⊙)이다.

03 (정답 맞히기) ㄱ. Si−O 사면체가 산소 2개를 공유하여 연결된 것은 단사슬 구조인 (가)이다.
ㄴ. 휘석은 단사슬 구조를 가지므로 X에 해당한다.

(오답 피하기) ㄷ. (나)는 복사슬 구조이다.

04 (정답 맞히기) ㄷ. 펩타이드결합(ⓐ)이 형성되는 과정에서

물이 방출된다.

오답 피하기 ㄱ. 펩타이드결합(ⓐ)이 있는 X는 단백질이다.
ㄴ. 단백질(X)에서 탄소는 사슬 모양으로 골격을 형성하고 있다.

05 정답 맞히기 ㄱ. 단백질의 단위체는 아미노산이다.
ㄴ. 케라틴(㉠)을 구성하는 단위체인 아미노산은 공유 결합인 펩타이드결합으로 연결된다.

오답 피하기 ㄷ. 케라틴(㉠)과 헤모글로빈(㉡)은 서로 기능이 다른 단백질이므로 입체 구조가 다르며, 단위체의 배열 순서도 서로 다르다.

06 정답 맞히기 ㄱ. 핵산의 단위체인 ㉠은 뉴클레오타이드이고, 뉴클레오타이드는 인산, 당, 염기가 1:1:1로 결합한 구조이다.

오답 피하기 ㄴ. 두 가닥의 사슬이 꼬인 이중나선구조를 갖는 ㉡은 DNA이다.
ㄷ. RNA(㉢)를 구성하는 염기 중에는 타이민(T) 염기는 없고, 유라실(U) 염기가 있다.

07 정답 맞히기 ㄱ. 유전정보를 저장하고 전달하는 생명체 구성 물질인 A는 핵산이고, 핵산(A)의 단위체는 뉴클레오타이드이다.
ㄴ. 단백질(B)의 단위체인 아미노산은 펩타이드결합으로 연결된다.
ㄷ. 핵산(A)과 단백질(B)은 모두 탄소를 기본 골격으로 하여 형성된 탄소 화합물에 해당한다.

08 정답 맞히기 B. 탄소 원자의 결합 구조에서 탄소와 탄소는 공유 결합으로 연결된다.
C. (나)는 Si−O 사면체가 판상으로 배열된 구조로 흑운모는 판상 구조(나)를 갖는다.

오답 피하기 A. 규소 원자와 탄소 원자는 원자가 전자의 수가 4로 서로 같다.

09 정답 맞히기 ① 상온에서 전기 전도성이 좋은 (가)는 도체이고, 불순물을 첨가해 전기 소자를 만드는 (나)는 반도체이며, (다)는 부도체이다. 도체, 반도체, 부도체에 해당하는 물질은 각각 구리, 규소, 나무이다.

10 정답 맞히기 ㄱ. IC 칩은 메모리 반도체이다.
ㄴ. 금속 도선은 도체이므로 금속 도선에는 자유 전자가 많다.
ㄷ. 플라스틱 외피는 외부의 전류를 차단해야 하므로 부도체를 사용해 제작한다.

11 정답 맞히기 ㄴ. 클립은 지우개보다 전류가 잘 흐르므로 지우개보다 자유 전자가 많다.
ㄷ. 지우개와 나무 도막은 전류가 흐르지 않으므로 부도체이다.

오답 피하기 ㄱ. 클립은 나무 막대보다 전류가 잘 흐르므로 나무 막대보다 전기 전도도가 크다.

12 정답 맞히기 ㄴ. a의 원자가 전자는 5개이며, A는 n형 반도체이다.

오답 피하기 ㄱ. 원자가 전자가 4개인 규소에 a를 도핑하였을 때 과잉 전자가 생겼으므로, a는 원자가 전자가 5개인 원소이다.
ㄷ. A는 불순물을 도핑하여 자유 전자가 더 많아졌으므로 주로 전자가 전류를 흐르게 한다.

13 정답 맞히기 C. 발광 다이오드는 대표적인 반도체 소자이다.

오답 피하기 A. USB 수신기를 장치에 삽입하여 장치로부터 전기 신호를 받아들이기 위해서는 삽입되는 부분에 도체를 사용해야 한다.
B. 마우스 휠은 외부 전류를 차단해야 하므로 부도체로 제작하는 것이 적합하다.

14 정답 맞히기 ㄴ. B는 전기 전도도가 A와 C의 중간 정도이므로 반도체이다.

오답 피하기 ㄱ. A는 전기 전도도가 매우 크므로 도체이다. 도체는 상온에서 전기가 잘 통한다.
ㄷ. C는 전기 전도도가 매우 작으므로 부도체이다. 피뢰침은 낙뢰를 대신 맞아 전류를 지면으로 흘려 주어야 하기 때문에 도체로 만들어야 한다.

15 정답 맞히기 ㄱ. X는 주로 양공이 전류를 흐르게 하는 p형 반도체이다.
ㄴ. 원자가 전자가 4개인 저마늄(Ge)에 비소(As)를 도핑했을 때 과잉 전자가 생겼으므로 비소의 원자가 전자는 5개이다.

ㄷ. X는 p형 반도체, Y는 n형 반도체이므로 X와 Y를 접합해 다이오드를 제작할 수 있다.

16 (정답 맞히기) ㄱ. 전류가 흐르면 빛을 내는 대표적인 반도체 소자는 발광 다이오드이다.

ㄴ, ㄷ. 휴대가 가능한 전자 기기는 주로 배터리를 이용해 작동하기 때문에 소비 전력이 적고, 발열량이 적을수록 유리하다.

대단원 마무리 문제　　　　　본문 108~113쪽

01 ④	02 ⑤	03 ③	04 ②	05 ⑤	06 ⑤
07 ③	08 ⑤	09 ②	10 ④	11 ③	12 ④
13 ③	14 ④	15 ③	16 ⑤	17 ④	18 ③
19 ②	20 ④	21 ②	22 ③	23 ②	24 ②

01 (정답 맞히기) ㄴ. 이 시기는 헬륨 원자핵이 생성되기 이전의 시기이다. 우주의 온도는 시간이 지날수록 낮아지므로 이 시기는 헬륨 원자핵이 생성된 시기보다 온도가 높았다.

ㄷ. 헬륨 원자핵 생성 이전에 우주에 존재하는 양성자와 중성자의 개수비는 약 7:1이므로 양성자의 개수가 중성자의 개수보다 많았다.

(오답 피하기) ㄱ. 중성 원자는 이 시기 이후 헬륨 원자핵이 생성되고 시간이 더 흘러 빅뱅 후 약 38만 년이 지났을 때 생성되었으므로 이 시기에는 중성 원자가 존재하지 않았다.

02 (정답 맞히기) ㄱ. 쿼크와 전자는 빅뱅 직후에 생성되었으며 쿼크가 모여 양성자를 생성하였으므로, 쿼크와 전자는 (가) 시기에 생성되었다.

ㄴ. 양성자 생성 이후 헬륨 원자핵이 생성되었으며, 헬륨 원자핵이 전자와 결합하여 중성 원자가 생성되었으므로 헬륨 원자핵은 (나) 시기에 생성되었다.

ㄷ. 빅뱅 이후 우주의 온도는 계속 낮아졌다. 따라서 우주의 온도는 (가) 시기가 (나) 시기보다 높았다.

03 (정답 맞히기) ㄱ. (가)에서는 중심부에 탄소로 이루어진 핵이 존재하고, (나)에서는 중심부에 철로 이루어진 핵이 존재한다. 질량이 태양 정도인 별은 중심부에서 탄소까지 만들어

지고, 질량이 태양보다 매우 큰 별은 중심부에서 철까지 만들어지므로 별의 질량은 (가)가 (나)보다 작다.

ㄷ. (나)는 진화 과정에서 초신성 폭발 과정을 겪게 되며, 철보다 무거운 원소는 초신성 폭발 과정에서 생성되므로, (나)는 진화 과정에서 철보다 무거운 원소가 생성될 수 있다.

(오답 피하기) ㄴ. 중심부의 온도가 높을수록 더 무거운 원소가 핵융합 반응으로 생성될 수 있다. 따라서 중심부의 온도는 중심부에 탄소핵이 존재하는 (가)가 중심부에 철핵이 존재하는 (나)보다 낮다.

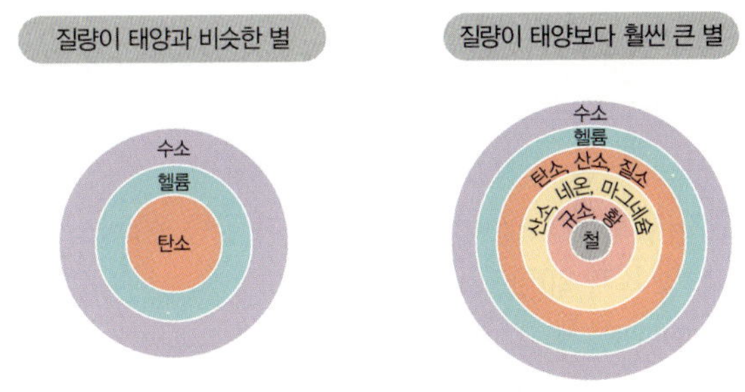

중심부에서 핵융합 반응이 끝난 별의 질량에 따른 내부 구조

04 (정답 맞히기) ㄴ. (나)는 수소와 헬륨이므로 은하에 분포하는 원소 중 질량비가 가장 큰 원소이다. 은하에 존재하는 수소와 헬륨의 대부분은 우주 초기에 생성되었다.

(오답 피하기) ㄱ. 지구에서 질량비가 가장 큰 원소는 철과 산소이므로 (다)이다.

ㄷ. (다)는 철과 산소이다. 철과 산소는 대부분 질량이 태양보다 매우 큰 별의 내부에서 핵융합 반응으로 생성된다. 초신성 폭발 과정에서는 철보다 무거운 원소가 생성된다.

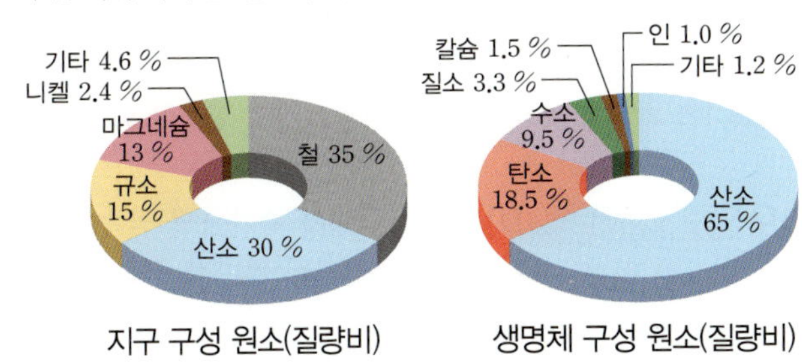

지구 구성 원소(질량비)　　　생명체 구성 원소(질량비)

05 (정답 맞히기) ㄱ. 기름에 보관되어 있는 모습에서 나트륨은 기름 아래쪽에 있고, 리튬은 기름 위에 떠 있으므로 밀도는 나트륨>리튬이다.

ㄴ. 알칼리 금속은 공기 중의 산소, 물과 빠르게 반응하므로 석유나 액체 파라핀과 같은 기름 성분에 보관해야 한다.

ㄷ. 알칼리 금속은 공기 중의 산소와 빠르게 반응하므로 산소와

접촉하지 않도록 보관 용기의 뚜껑을 닫아서 보관해야 한다.

06 (정답 맞히기) ㄱ. 할로젠은 원자가 전자 수가 7이므로 2개의 원자로 이루어진 분자의 공유 전자쌍 수는 모두 1이다.

ㄴ. 끓는점의 온도가 25 ℃보다 낮으면 25 ℃에서 기체 상태이다. 따라서 25 ℃에서 기체 상태인 것은 (가)와 (나) 2가지이다.

ㄷ. 할로젠이 수소와 반응하여 생성된 물질인 HF, HCl, HBr, HI는 모두 수용액 상태에서 산성을 나타낸다.

07 (정답 맞히기) ㄱ. 원자 번호가 2, 10, 18인 원소의 ㉠이 모두 0이고, 같은 주기에서 1~17족으로 갈수록 ㉠이 1~7로 증가하므로 ㉠은 '원자가 전자 수'로 적절하다.

ㄷ. 원자 번호가 1~20인 원소 중 4주기 금속 원소는 원자 번호가 19인 K과 20인 Ca 2가지이다.

(오답 피하기) ㄴ. 원자 번호가 10인 원소는 원자가 전자 수가 0인 원소로, 2주기 18족 원소이다.

08 (정답 맞히기) A는 2주기 17족 원소인 플루오린(F), B는 3주기 1족 원소인 나트륨(Na)이다.

ㄴ. A(F)는 원자가 전자 수가 7이므로 안정한 이온이 될 때 전자 1개를 얻어 $A^-(F^-)$이 되고, B(Na)는 원자가 전자 수가 1이므로 안정한 이온이 될 때 전자 1개를 잃어 $B^+(Na^+)$이 된다. 따라서 두 이온의 전자 배치는 네온(Ne)과 같다.

ㄷ. A(F)는 17족 원소이므로 비금속 원소이고, B(Na)는 1족 원소이므로 금속 원소이다. 따라서 BA(NaF)는 이온 결합 물질이므로 수용액 상태의 BA는 전기 전도성이 있다.

(오답 피하기) ㄱ. 전자가 들어 있는 전자 껍질 수는 A(F)와 B(Na)가 각각 2, 3이므로 A는 2주기, B는 3주기 원소이다.

09 (정답 맞히기) ㄴ. D는 원자가 전자 수가 1인 금속 원소, B는 원자가 전자 수가 7인 비금속 원소이다. 따라서 D는 전자 1개를 잃어 D^+이 되고, B는 전자 1개를 얻어 B^-이 되어 이온 결합을 형성한다. 화합물 DB를 이루는 D^+과 B^-은 모두 18족 원소인 C(Ne)와 같은 전자 배치를 이룬다.

(오답 피하기) ㄱ. A는 1주기 1족 원소, B는 2주기 17족 원소로, 모두 비금속 원소이므로 AB는 공유 결합 물질이다.

ㄷ. 원자가 전자 수는 B와 E가 각각 7, 6이므로 E는 2개의 B와 각각 전자쌍 1개씩을 공유하여 EB_2를 형성한다. 또 B 2개는 전자쌍 1개를 서로 공유하여 B_2를 형성한다. 따라서 공

유 전자쌍 수는 EB_2가 2, B_2가 1로 EB_2가 B_2의 2배이다.

10 (정답 맞히기) ㄱ. (가)는 질량이 태양과 비슷한 별에서 핵융합 반응이 모두 끝난 후 별의 내부 구조이므로 X는 수소(H), Y는 탄소(C)이고, (나)는 사람의 몸을 구성하는 주요 원소의 질량비이므로 가장 많이 차지하는 Z는 산소(O)이다.

ㄷ. YZ_2는 CO_2이고 구성 원소인 C는 2주기 14족, O는 2주기 16족 원소이다. 따라서 YZ_2에서 구성 원자는 모두 네온(Ne)과 같은 전자 배치를 이룬다.

(오답 피하기) ㄴ. 원자가 전자 수는 Y(C)와 Z(O)가 각각 4, 6이므로 Z>Y이다.

11 (정답 맞히기) ㄱ. 탄소(C)는 전자가 들어 있는 전자 껍질 수가 2이므로 2주기 원소이다.

ㄷ. 물(H_2O)에서 공유 전자쌍 수는 2이고, 메테인(CH_4)에서 탄소(C) 원자는 4개의 수소(H) 원자와 각각 전자쌍 1개씩을 공유하므로 공유 전자쌍 수는 4이다. 따라서 공유 전자쌍 수는 메테인(CH_4)이 물(H_2O)의 2배이다.

(오답 피하기) ㄴ. 물(H_2O)에서 산소(O) 원자는 2개의 수소(H) 원자와 각각 전자쌍 1개씩을 공유하므로 산소(O)의 원자가 전자 수는 6이다.

12 (정답 맞히기) AB_2에서 A 원자는 2개의 B 원자와 각각 1개씩의 전자쌍을 공유하므로 A와 B의 원자가 전자 수는 각각 6, 7이다. A의 원자가 전자 수가 6이므로 CA에서 A의 이온은 A 원자가 전자 2개를 얻은 A^{2-}이고, C의 이온은 C 원자가 전자 2개를 잃은 C^{2+}이다.

ㄴ. A의 원자가 전자 수는 6이고, C는 전자 2개를 잃고 네온(Ne)과 같은 전자 배치를 이루므로 C의 원자가 전자 수는 2이다. 따라서 원자가 전자 수는 A가 C의 3배이다.

ㄷ. CB_2는 금속 원소인 C와 비금속 원소인 B가 결합한 이온 결합 물질이고, A_2는 비금속 원소인 A끼리 결합한 공유 결합 물질이다. 따라서 수용액 상태에서 전기 전도성은 CB_2가 A_2보다 크다.

(오답 피하기) ㄱ. CA에서 양이온은 C^{2+}, 음이온은 A^{2-}이므로 $a=2$이다.

13 (정답 맞히기) ㄱ. 핵산과 단백질은 모두 탄소를 중심으로 형성된 기본 골격에 여러 원소가 결합하여 형성된 물질이다. 따라서 핵산과 단백질은 모두 탄소 화합물이다.

ㄷ. 핵산은 단위체인 뉴클레오타이드가 공유 결합으로 연결된 폴리뉴클레오타이드이다.

오답 피하기 ㄴ. 단위체의 배열 순서에 따라 서로 다른 유전정보를 저장하는 물질은 핵산이다. 핵산의 염기서열이 달라지면 아미노산의 배열 순서가 달라진다.

14 정답 맞히기 ㄴ. 핵산의 단위체는 인산, 당, 염기로 구성된 뉴클레오타이드이다.

ㄷ. DNA(가)에서 아데닌(A) 염기와 상보적인 염기 ⓐ는 타이민(T) 염기이다.

오답 피하기 ㄱ. 이중나선구조를 이루는 (가)는 DNA이다. RNA는 단일 가닥 구조이다.

15 정답 맞히기 ㄱ. 규소(Si) 1개와 산소(O) 4개가 공유 결합하여 사면체를 이루는 (가)는 Si−O(규산염) 사면체이다.

ㄴ. 원자가 전자의 수는 규소(Si)가 4, 산소(O)가 6이다.

오답 피하기 ㄷ. 감람석은 규산염 사면체(가)가 독립형 구조를 이루고, 석영은 망상 구조를 이룬다. 따라서 1개의 규산염 사면체가 공유하는 산소의 수는 독립형 구조에서 망상 구조로 갈수록 많으므로 감람석이 석영보다 적다.

16 정답 맞히기 ㄱ. 단백질의 단위체인 ㉠은 아미노산이다.

ㄴ. 아미노산과 아미노산 사이에 형성되는 펩타이드결합의 수는 단백질 (가)와 (나)에서 4이고, (다)에서 3이다.

ㄷ. 아미노산(㉠)의 종류, 수, 배열 순서 등에 따라 단백질의 종류가 달라진다.

17 정답 맞히기 ㄴ. 생명체를 구성하는 원소 중 구성 비율이 가장 높은 것은 산소(나)이다.

ㄷ. 핵산과 단백질은 모두 탄소(다)를 기본 골격으로 형성된 탄소 화합물이다.

오답 피하기 ㄱ. 규소(Si)는 생명체를 구성하는 원소에 포함되지 않는다. 규소(Si)는 지각을 구성하는 원소이다.

18 정답 맞히기 ㄱ. 이중나선구조인 (가)는 핵산(DNA)이다.

ㄴ. 헤모글로빈(나)은 단백질의 한 종류이므로 아미노산 사이에 형성되는 공유 결합인 펩타이드결합이 있다.

오답 피하기 ㄷ. DNA(가)는 단위체인 뉴클레오타이드가, 헤모글로빈(나)은 단위체인 아미노산이 연결된 구조이다.

19 정답 맞히기 ㄷ. 같은 족의 원소에 해당하는 규소와 탄소는 각각 최대 4개의 다른 원자와 결합할 수 있다.

오답 피하기 ㄱ. (가)는 규소 원자의 전자 배치이고, (나)는 탄소 원자의 전자 배치이다.

ㄴ. 규소와 탄소의 원자가 전자의 수는 4로 서로 같다.

20 정답 맞히기 ㄴ. 아미노산과 아미노산 사이에 펩타이드 결합이 형성되는 과정에서 물이 방출된다. 펩타이드결합은 일종의 탈수축합 반응이다.

ㄷ. X는 단위체가 아미노산인 단백질이다. 단백질은 단위체인 아미노산의 결합으로 만들어진 중합체이며, 효소, 항체, 호르몬 등의 주성분이다.

오답 피하기 ㄱ. 펩타이드결합으로 연결되는 단위체인 ㉠과 ㉡은 아미노산이다.

21 정답 맞히기 ㄷ. 반도체는 온도가 올라감에 따라 비저항이 작아진다. 전기 전도도와 비저항은 역수 관계이므로 반도체는 온도가 올라감에 따라 전기 전도도가 증가한다.

오답 피하기 ㄱ. 전기 전도도는 비저항의 역수이므로 도체는 온도가 올라감에 따라 전기 전도도가 감소한다.

ㄴ. 비저항은 부도체가 반도체보다 크고, 전기 전도도는 반도체가 부도체보다 크다.

22 정답 맞히기 ③ 상온에서 자유 전자 수가 가장 많은 A는 도체, 가장 적은 B는 부도체이며, B보다는 많고 A보다는 적은 C는 반도체이다. 절연 장갑에 적합한 고무는 부도체, 전기 도선에 적합한 구리는 도체, 트랜지스터의 재료가 되는 규소는 반도체이다.

23 정답 맞히기 ㄷ. 규소는 원자가 전자가 4개인 원소이다.

오답 피하기 ㄱ. 도자기는 상온에서 전류가 잘 흐르지 않으므로 도체가 아니다.

ㄴ. 상온에서 전기 전도성이 좋은 물질은 도체이며, 도자기는 전류가 잘 흐르지 않으므로 전기 전도성이 나쁘다.

24 정답 맞히기 ② 태양 전지에 빛을 비추면 태양 전지의 전극 사이에서 전류가 흐른다. n형 반도체 쪽의 전극은 전자가 모여서 (−)극이 되고, p형 반도체 쪽의 전극은 양공이 모여서 (+)극이 된다.

Ⅲ 시스템과 상호작용

1 지구시스템

1 해설 참조

1 지진과 화산 분출은 환경적 피해, 사회적 피해, 경제적 피해를 일으킨다. 이러한 피해를 줄이기 위해서는 다양한 대책을 마련하고 대응해야 한다.

(모범 답안) 지진과 화산 활동에 의한 피해를 줄이기 위해서는 화산 모니터링, 대피 계획과 훈련, 정부의 종합 대응 매뉴얼, 화산 피해 예상 지역 설정, 화산 분출에 대한 안전 교육 강화, 구조물에 대한 내진 설계, 지진 경보 시스템 등을 갖추어야 한다.

01 ②	**02** ⑤	**03** ②	**04** ⑤	**05** ④	**06** ③
07 ③	**08** ③	**09** ④	**10** ③	**11** ①	**12** ④

01 (정답 맞히기) ② 지구시스템의 에너지원에는 태양 에너지, 지구 내부 에너지, 조력 에너지가 있다.

(오답 피하기) ① 태양계는 태양의 중력의 영향을 받는 태양계의 역학적 시스템의 구성 요소이다.
③ 지구시스템은 지권, 수권, 기권, 생물권, 외권으로 이루어져 있다.
④ 지구시스템 각 권역은 서로 물질과 에너지를 주고 받으며 상호작용하고 있다.
⑤ 액체 상태의 물이 존재할 수 있는 지구는 태양계에서 유일하게 많은 생명체를 포함하고 있다.

02 (정답 맞히기) ⑤ 지구 내부 에너지는 맨틀 대류를 일으키며 여러 가지 지각 변동을 일으킨다.

(오답 피하기) ① 지구 내부로 갈수록 밀도는 커진다.
② 대륙 지각은 해양 지각보다 두께가 두껍다.
③ 지구에서 가장 큰 부피를 차지하는 것은 맨틀이다.
④ 맨틀은 주로 암석 성분으로 이루어져 있으며, 주로 철과 니켈로 이루어져 있는 것은 핵이다.

03 (정답 맞히기) ㄷ. 기권은 외권으로부터 들어오는 작은 암석 조각들로부터 지상의 생명체를 보호한다.

(오답 피하기) ㄱ. 기권은 지구 표면으로부터 높이 약 1000 km까지에 해당한다.
ㄴ. 기권은 높이에 따른 온도 분포에 따라 대류권, 성층권, 중간권, 열권으로 구분한다.

04 (정답 맞히기) ㄱ. 수권에는 액체 상태의 물이 존재하며, 다양한 생명활동이 가능하게 하여 지구에 생명체가 살 수 있도록 해 준다.
ㄴ. 수권의 물은 상태 변화 과정에서 에너지를 흡수하거나 방출하며, 이러한 과정을 통해 지구에서 에너지를 이동시킨다.
ㄷ. 수권의 물은 대기 및 해수의 순환을 따라 이동하면서 열에너지를 수송하며, 바다의 물은 낮과 밤이나 계절에 따른 기온 변화 폭을 줄여 지구의 기후를 조절한다.

05 (정답 맞히기) ㄴ. 물이 순환하는 과정에서 지권에 풍화, 침식, 운반 작용이 일어나므로 지권의 변화가 일어난다.
ㄷ. 물의 순환은 물을 이동시키며, 지구 기후를 안정적으로 유지하게 하므로 생물권의 생명 유지에 중요하다.

(오답 피하기) ㄱ. 물의 순환을 일으키는 에너지는 주로 태양 에너지이다.

06 (정답 맞히기) ㄱ. 지구시스템의 구성 요소 사이에는 물질과 에너지의 이동이 모두 일어나며 상호작용하고 있다.
ㄴ. 태풍 발생 과정에서 바다의 물이 증발하여 수증기가 되며, 이 과정에서 열을 흡수하므로 에너지는 수권에서 기권으로 이동한다.

(오답 피하기) ㄷ. 화산 분출 과정에서 에너지는 지권에서 기권이나 수권으로 이동한다.

07 (정답 맞히기) ㄱ. 화산 가스에 포함된 이산화 탄소와 그 밖의 성분들은 산성비를 유발할 수 있다.
ㄴ. 화산 활동을 일으키는 에너지원은 지구 내부 에너지이다.

(오답 피하기) ㄷ. 화산 활동은 인간에게 피해를 주기도 하지만, 관광 자원이나 지열 발전, 토지의 비옥화 등의 이점도 가지고 있다.

08 (정답 맞히기) ③ 화산 활동은 주로 판 경계 부근에서 발생

한다. 태평양 주변은 대부분 판의 경계가 분포하지만, 대서양 주변에는 판의 경계가 거의 분포하지 않는다. 따라서 화산 활동은 태평양 주변이 대서양 주변보다 활발하다.

오답 피하기 ① 지진이 자주 발생하는 지역이 띠 모양으로 분포한 것을 지진대라고 한다.
② 화산 활동이 자주 발생하는 지역이 띠 모양으로 분포한 것을 화산대라고 한다.
④ 지진대와 화산대는 판의 경계를 따라 주로 분포하므로, 지진대와 화산대는 거의 일치한다.
⑤ 대륙과 해양의 경계 부근은 대체로 판의 경계가 분포하므로, 지진대는 대륙과 해양의 경계 부근에 분포하기도 한다.

09 정답 맞히기 ㄴ. 판은 지각과 상부 맨틀 일부를 포함한 두께 약 100 km의 암석권에 해당한다.
ㄷ. 판은 암석권이며, 암석권의 아래쪽에는 맨틀의 대류가 일어나는 연약권이 있다.

오답 피하기 ㄱ. 판은 지각과 상부 맨틀 일부를 포함하므로 맨틀 일부가 포함된다.

10 정답 맞히기 ③ 습곡 산맥은 판이 수렴하는 곳에서 형성되므로, 습곡 산맥에서는 새로운 판이 생성되지 않는다. 새로운 판은 판의 발산형 경계에서 생성된다.

오답 피하기 ① 해구는 해양판이 수렴하는 경계에서 발달하므로 수렴형 경계에 발달한다.
② 열곡대는 맨틀 대류가 상승하는 곳에 발달하며 새로운 판이 생성되며 멀어지는 곳이므로 열곡대에서는 화산 활동이 활발하다.
④ 해령에서는 맨틀 대류가 상승하며 새로운 해양 지각이 생성된다.
⑤ 변환 단층은 해령과 해령 사이에서 이웃한 두 판이 서로 어긋나는 경계이다. 따라서 변환 단층에서는 화산 활동이 거의 일어나지 않는다.

11 정답 맞히기 ㄱ. 발산형 경계에서는 새로운 판이 생성되며 양쪽으로 멀어지므로 지진이 활발하게 일어난다.

오답 피하기 ㄴ. 발산형 경계는 판이 생성되는 경계이다.
ㄷ. 발산형 경계는 두 판이 멀어지는 경계이다.
ㄹ. 발산형 경계에서는 열곡대나 해저 산맥인 해령이 발달한다.

12 정답 맞히기 ㄴ. 지진은 지구 내부 에너지에 의해 발생한다.
ㄷ. 건축물이 지진의 진동에 견딜 수 있게 하는 내진 설계는 지진에 의한 피해를 줄이는 데 도움이 된다.

오답 피하기 ㄱ. 예보가 매우 어렵고 지진은 예상 정확도가 낮아서 지진에 대비하기가 어렵다.

실력 향상 문제
본문 128~131쪽

01 ④	02 ③	03 ①	04 해설 참조	
05 해설 참조	06 ②	07 ②	08 ④	09 ②
10 해설 참조	11 ④	12 ④	13 ①	14 ⑤
15 해설 참조	16 ①	17 ⑤	18 ⑤	19 ②

01 정답 맞히기 ④ 수권에서 해수면에 가장 가까운 층은 바람에 의한 해수의 혼합이 일어나는 혼합층이다.

오답 피하기 ① 기권에서 오존층은 성층권에 위치한다.
② 지권에서 가장 부피가 큰 것은 맨틀이다.
③ 기권에서 대류가 일어나는 층은 위로 갈수록 기온이 낮아지는 대류권과 중간권이다.
⑤ 수온 약층은 깊이가 깊어질수록 수온이 낮아지므로 해수의 연직 운동이 일어나지 않는 매우 안정한 층이다.

02 정답 맞히기 ㄱ. 지권에서 가장 큰 부피를 차지하는 것은 맨틀인 B이다.
ㄴ. 밀도는 지구 내부로 갈수록 커진다. 따라서 밀도의 크기는 $A < B < C < D$이다.

오답 피하기 ㄷ. 주로 규산염 물질로 이루어진 층은 지각인 A와 맨틀인 B이다. C는 외핵으로 주로 철과 니켈과 같은 금속 성분으로 이루어져 있다.

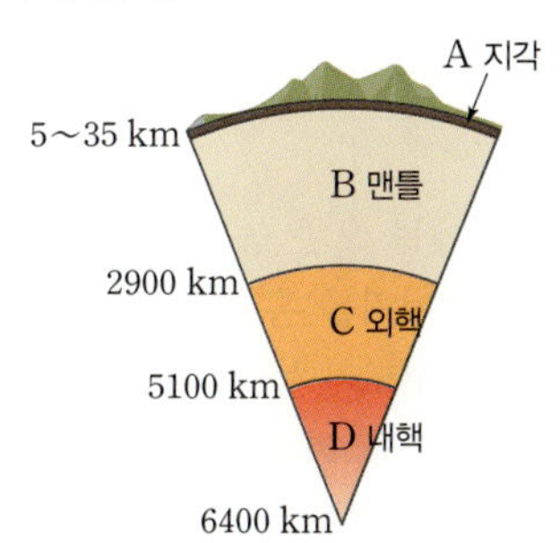

03 (정답 맞히기) ㄱ. A층은 혼합층으로, 바람이 약한 적도보다 바람이 강한 중위도에서 두껍다.

(오답 피하기) ㄴ. B층은 수온 약층으로 수온 약층에서는 아래로 갈수록 수온이 낮아져 안정하므로 해수의 연직 운동이 거의 일어나지 않는다.

ㄷ. C층은 심해층으로 태양 에너지의 영향을 거의 받지 않으므로 계절에 따른 온도 변화가 거의 없다.

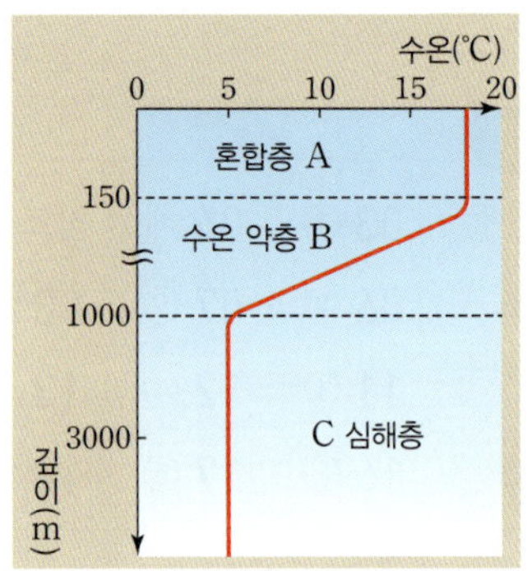

04 해수는 연직 수온 분포에 따라 혼합층, 수온 약층, 심해층으로 구분한다. 혼합층은 바람에 의한 혼합 작용으로 인해 깊이에 따른 수온 변화가 거의 없는 층이며, 수온 약층에서는 깊이가 깊어질수록 수온이 급격하게 낮아진다. 심해층은 태양 에너지의 영향을 거의 받지 않으므로 깊이에 따른 수온 변화가 거의 없고 계절에 따른 수온 변화가 거의 없다.

(모범 답안) 해수의 층상 구조 중 지구시스템 구성 요소의 상호작용에 의해 만들어진 층은 혼합층이다. 혼합층은 바람에 의한 해수의 혼합 작용으로 인해 깊이에 따른 수온 변화가 거의 없는 층으로, 기권과 수권의 상호작용으로 만들어진다.

채점 기준	배점
혼합층을 쓰고, 지구시스템 구성 요소의 상호작용을 정확하게 서술한 경우	100 %
혼합층을 썼으나, 지구시스템 구성 요소의 상호작용을 정확하게 서술하지 못한 경우	50 %
혼합층만 쓴 경우	20 %

05 기권의 성층권에는 오존 농도가 높은 오존층이 존재한다. 오존층은 태양 에너지를 흡수하여 기온을 높이는 역할을 하므로 성층권에서는 고도가 높아질수록 기온이 높아진다. 따라서 성층권의 아래쪽은 무거운 찬 공기가, 위쪽은 가벼운 따뜻한 공기가 위치하므로 대류가 일어나지 않는다.

(모범 답안) 성층권은 고도가 높아질수록 기온이 높아지는 안정한 층이므로 대류가 일어나지 않는다. 성층권에 존재하는 오존층은 태양 에너지를 흡수하여 기온을 높여 이와 같은 기온 분포가 나타난다.

채점 기준	배점
고도가 높아질수록 기온이 상승하는 것을 대류와 관련지어 쓰고, 오존층이 성층권의 기온 분포에 미치는 영향을 설명한 경우	100 %
고도가 높아질수록 기온이 높아진다고 쓰고, 오존층의 존재를 설명한 경우	50 %
성층권이 안정하다고만 쓴 경우	20 %

06 (정답 맞히기) ㄷ. 기권으로부터는 주로 광합성이나 호흡에 필요한 이산화 탄소나 산소를 얻는다.

(오답 피하기) ㄱ. 생물권은 지구시스템의 수권뿐 아니라 지권과 기권에도 분포한다.

ㄴ. 생명활동에 필요한 에너지는 주로 생물권으로부터의 먹이 활동과 광합성을 통해 태양으로부터 얻는다.

07 (정답 맞히기) ㄷ. 지구 내부 에너지는 지진이나 화산 활동과 같은 지각 변동의 에너지원이다.

(오답 피하기) ㄱ. 지구시스템의 에너지원 중 가장 많은 양을 차지하는 것은 태양 복사 에너지이다.

ㄴ. 지구에 들어오는 태양 복사 에너지의 양은 17.3×10^{16} W이며, 우주로 반사되는 양은 5.2×10^{16} W이다. 따라서 지구는 입사되는 태양 복사 에너지의 약 30 %를 반사한다.

08 (정답 맞히기) ㄴ. A 과정은 육지에서 대기로 물이 이동하는 과정이며, 육지의 물이 증발하면서 대기로 에너지가 이동한다.

ㄷ. C 과정은 육지에서 해양으로 물이 이동하는 과정이며, 이 과정에 의해 풍화, 침식, 이동이 일어나면서 지형의 변화가 나타난다.

(오답 피하기) ㄱ. A와 B 과정은 각각 육지와 해양에서 대기로 물이 이동하는 과정이다. 따라서 A와 B는 모두 '증발'에 해당한다.

09 (정답 맞히기) ㄴ. B는 생물권과 기권의 상호작용이다. 광합성 과정에서 식물은 대기 중 이산화 탄소를 이용하므로 광합성은 B에 해당한다.

(오답 피하기) ㄱ. A는 지권과 기권의 상호작용이다. 지진 해일은 해저 지진에 의해 발생한 해일이므로 지권과 수권의 상호

작용에 해당한다.

ㄷ. C는 지권과 수권의 상호작용이다. 태풍은 바다에서 증발한 수증기의 응결열(숨은열)에 의해 발생한 강력한 저기압이므로 수권과 기권의 상호작용에 해당한다.

서술형

10 광합성은 식물이 대기 중 이산화 탄소와 태양 에너지를 이용해서 포도당을 합성하는 과정이다. 이 과정에서 대기 중 이산화 탄소에 포함된 탄소는 식물에 포도당의 형태로 저장된다. 또한 태양 에너지가 전환되어 포도당에 저장된다.

모범 답안 식물의 광합성 과정에서 대기 중 이산화 탄소에 포함된 탄소가 식물에 포도당의 형태로 저장되므로 탄소는 기권에서 생물권으로 이동한다. 또한 광합성 과정에서 태양 에너지가 포도당에 저장되면서 에너지의 이동도 함께 일어난다.

채점 기준	배점
탄소의 이동 과정과 에너지의 이동을 모두 옳게 설명한 경우	100 %
탄소의 이동에 대해서만 옳게 설명한 경우	50 %
에너지의 이동에 대해서만 옳게 설명한 경우	50 %

11 **정답 맞히기** ㄴ. 그림에서 지진대는 해안선 주변에 분포하는 수렴형 경계 및 대양에 분포하는 발산형 경계와 보존형 경계에서 주로 발생하고 있다. 따라서 지진대는 주로 판의 경계를 따라 분포한다.

ㄷ. 화산대와 지진대는 주로 판 경계를 따라 분포하므로 거의 일치한다.

오답 피하기 ㄱ. 지진은 전 세계적으로 고르게 일어나지 않고, 판 경계에서 주로 발생한다.

12 **정답 맞히기** ㄴ. 판은 암석권에 해당하며, 판의 두께는 대륙판이 해양판보다 두껍다.

ㄷ. 암석권 아래의 연약권에서 맨틀 대류가 일어난다.

오답 피하기 ㄱ. 대륙 지각이 해양 지각보다 두껍다.

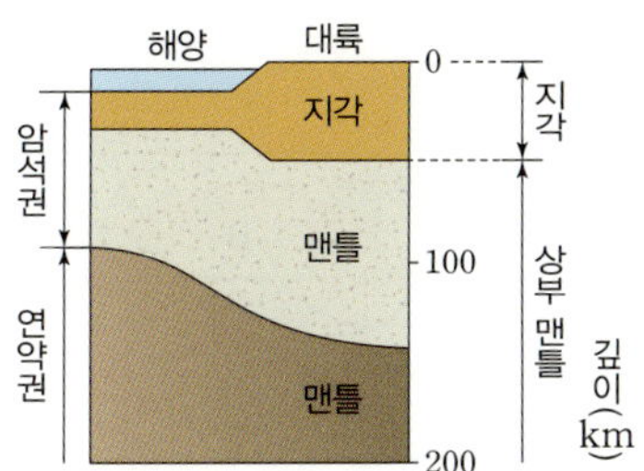

13 **정답 맞히기** ㄱ. (가)는 두 판이 서로 멀어지는 발산형 경계, (나)는 두 판이 서로 어긋나는 보존형 경계, (다)는 두 판이 서로 가까워지는 수렴형 경계이다. 지진은 발산형 경계, 보존형 경계, 수렴형 경계에서 모두 활발하게 일어난다.

오답 피하기 ㄴ. 화산 활동은 발산형 경계와 수렴형 경계 부근에서 활발하며, 보존형 경계에서는 거의 일어나지 않는다.

ㄷ. 판의 생성은 발산형 경계인 (가)에서만 일어난다.

14 **정답 맞히기** ㄱ. 그림은 열곡을 중심으로 판이 양쪽으로 멀어지고 있으므로 발산형 경계인 해령이 존재하며, 해령은 맨틀 대류의 상승부에 발달한다.

ㄴ. 판의 발산형 경계가 대륙에서 나타나면 동아프리카 열곡대와 같은 열곡대가 발달한다.

ㄷ. 해령이 발달한 발산형 경계에서는 지진과 화산 활동이 활발하다.

서술형

15 변동대는 지진대나 화산대와 같이 지진과 화산 활동이 자주 발생하는 지역이다. 변동대는 주로 대륙과 해양의 경계 부근이나 대양의 가운데에 위치하는데 이는 판의 경계 분포와 비슷하다. 판이 이동할 때 속도와 방향에 따라 판의 경계에서 판과 판이 부딪치기도 하고 멀어지거나 스쳐 지나가며 지진과 화산 활동이 일어나기 때문이다.

모범 답안 변동대는 주로 판 경계를 따라 분포하는데 지진이나 화산 활동은 주로 판 경계에서 발생하기 때문이다.

채점 기준	배점
변동대와 판 경계의 분포가 비슷한 까닭을 지각 변동이 판 경계에서 주로 발생하기 때문이라고 설명한 경우	100 %
변동대와 판 경계의 분포가 비슷하다고만 설명한 경우	50 %

16 **정답 맞히기** ㄱ. (가)는 해양판이 대륙판 아래로 섭입하는 수렴형 경계이며, (나)는 대륙판과 대륙판이 충돌하는 수렴형 경계이다. 따라서 (가)와 (나) 모두 수렴형 경계에 해당한다.

오답 피하기 ㄴ. (가)는 수렴형 경계에 해당하며, 맨틀 대류의 하강부에 발달한다.

ㄷ. 해구는 마리아나 해구나 페루—칠레 해구와 같이 해양판이 해양판이나 대륙판 아래로 섭입하는 경계에 발달하는 수심이 깊고 좁은 골짜기이다. 따라서 해구는 (가)에 발달하며, (나)에는 습곡 산맥이 발달한다.

17 (정답 맞히기) ㄱ. A에는 해저에서 판이 생성되며 양쪽으로 멀어지고 있으므로 해령이 발달해 있다.

ㄴ. B는 해령과 해령 사이에 위치하며, B를 경계로 이웃한 두 판이 서로 어긋나는 변환 단층이다.

ㄷ. A는 해령, B는 변환 단층, C는 해구이다. A, B, C는 모두 판의 경계에 해당하므로 지진이 활발하게 발생한다.

18 (정답 맞히기) ㄱ. A를 기준으로 양쪽으로 판이 멀어지고 있으므로 A는 해령이다. D는 해령과 해령 사이에 위치하며 D를 기준으로 이웃한 두 판이 서로 어긋나고 있으므로 D는 변환 단층이다. 해령과 변환 단층에서는 지진이 발생한다.

ㄴ. B가 속한 판과 C가 속한 판은 서로 가까워지고 있으며, B가 속한 판과 C가 속한 판의 경계에는 해구가 발달해 있다. 따라서 B와 C는 서로 가까워지고 있다.

ㄷ. B가 속한 해양판이 C가 속한 대륙판 아래로 섭입하고 있으므로 C에서는 습곡 산맥이 발달한다. C에는 안데스산맥이 발달해 있다.

19 (정답 맞히기) ㄴ. C가 위치한 판 경계를 기준으로 이웃한 두 판이 서로 반대 방향으로 어긋나고 있으므로 C는 보존형 경계에 위치하고 있다.

(오답 피하기) ㄱ. A와 B가 속해 있는 판은 A의 왼쪽에 위치한 해령에서 생성되어 오른쪽으로 멀어지고 있다. 따라서 B가 A보다 먼저 생성된 것이므로 지각의 나이는 B가 A보다 많다.

ㄷ. 수렴형 경계에서 화산 활동은 섭입한 판보다 섭입 당한 판에서 활발하며 습곡 산맥도 섭입 당한 판에서 형성된다. 그림에서 B가 속한 판이 D가 속한 판 아래로 섭입하고 있으므로 화산 활동은 D가 B보다 활발하다.

수능 유형 문제

본문 132~135쪽

01 ①	02 ①	03 ②	04 ⑤	05 ③	06 ⑤
07 ⑤	08 ②	09 ④	10 ①	11 ③	12 ②
13 ④	14 ③	15 ④	16 ④		

01 (정답 맞히기) ㄱ. 기권 중 기상 현상이 일어나는 층은 기층이 불안정하여 대류가 일어나며 수증기가 많이 존재하는 대류권이다. 따라서 A는 대류권이다.

(오답 피하기) ㄴ. B는 해수 중 수온이 가장 낮고 수심에 따른 수온 변화가 거의 없는 층이므로 심해층이다. 따라서 B는 바람에 의한 혼합 작용이 활발하게 일어나지 않는다. 바람에 의한 혼합 작용이 활발하게 일어나는 층은 혼합층이다.

ㄷ. B는 심해층이며 C는 지권 중 밀도가 가장 큰 층인 핵이다. 심해층인 B에는 생명체가 살고 있으나, 핵인 C에는 생명체가 살 수 없다.

02 (정답 맞히기) ㄱ. 공기의 밀도는 고도가 높아질수록 낮아진다. 따라서 공기의 밀도는 고도가 낮은 대류권이 고도가 높은 열권보다 높다.

(오답 피하기) ㄴ. 중간권은 고도가 높아질수록 기온이 낮아지므로, 아래쪽에는 밀도가 낮은 따뜻한 공기가, 위쪽에는 밀도가 높은 찬 공기가 존재한다. 따라서 중간권에서는 대류가 일어난다.

ㄷ. 성층권에 존재하는 오존층은 태양 에너지를 흡수하므로 성층권에서는 고도가 높아질수록 기온이 높아진다. 따라서 오존층이 없다면 높이 약 50 km 부근의 온도는 지금보다 낮을 것이다.

03 (정답 맞히기) ㄴ. A는 혼합층, B는 수온 약층, C는 심해층이다. 수온 약층인 B층은 수심이 깊어질수록 수온이 낮아지므로 연직 운동이 일어나지 않아 안정하므로, 혼합층인 A층과 심해층인 C층 사이의 물질 교환이나 에너지 흐름을 차단하는 역할을 한다.

(오답 피하기) ㄱ. 혼합층은 바람에 의해 해수가 혼합되어 깊이에 따른 수온이 거의 일정한 층이므로 혼합층의 두께는 바람이 강할수록 두껍다. 그림에서 혼합층의 두께는 바람이 약한 적도 지역이 바람이 강한 위도 30° 지역보다 얇다.

ㄷ. 위도 30° 지역에서 구간 h는 수온 약층에 해당하며, 적도 지역에서 구간 h는 심해층에 해당한다. 깊이에 따른 수온 변화는 수온 약층에서 크며, 심해층에서는 깊이에 따른 수온 변화가 거의 없다. 따라서 구간 h에서 깊이에 따른 수온 변화는 적도 지역이 위도 30° 지역보다 작다.

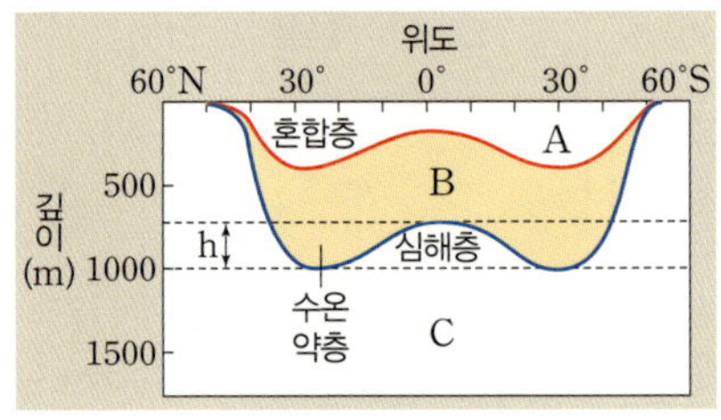

04 (정답 맞히기) ㄱ. 일교차는 공기가 희박할수록 크다. 따라서 (가)에서 일교차가 가장 큰 층은 열권인 D이다.

ㄴ. A는 대류권, C는 중간권, F는 맨틀이다. A, C, F 모두 아래쪽의 온도가 높고 위로 갈수록 온도가 낮아지므로 아래쪽의 밀도가 위쪽보다 작아서 대류 현상이 일어난다.

ㄷ. A는 대류권이며, E는 지각이다. 대류권에서 일어나는 기상 현상은 지각의 변화를 일으키며, 지각에서 일어나는 화산 활동은 대류권의 변화를 일으킨다. 따라서 A와 E는 상호작용하고 있다.

05 (정답 맞히기) ㄱ. (가)는 에너지의 양이 가장 많고, 대기와 해수의 순환을 일으키는 에너지이므로 태양 에너지이다. 태양 에너지는 물의 순환을 일으키며, 물은 순환 과정에서 지형의 변화를 일으킨다.

ㄴ. (나)는 지진과 화산 활동을 일으키는 에너지이므로 지구 내부 에너지이다. 방사성 원소의 붕괴열은 지구 내부 에너지인 (나)의 에너지원 중 하나이다.

(오답 피하기) ㄷ. (다)는 밀물과 썰물을 일으키는 조력 에너지이며, 조력 에너지는 조력 발전이나 조류 발전에 이용된다. 지열 발전은 지구 내부 에너지를 이용한다.

06 (정답 맞히기) ㄱ. 해양에서의 증발량은 320, 강수량은 284이다. 따라서 해양에서는 증발량이 강수량보다 많다.

ㄴ. 해양에서의 증발량은 320, 육지에서의 증발량은 60이므로 총 증발량은 380이다. 해양에서의 강수량은 284, 육지에서의 강수량은 96이므로 총 강수량은 380이다. 따라서 지구 전체에서 강수량과 증발량은 같다.

ㄷ. 해양에서 유출되는 물은 증발에 의한 320이며, 해양으로 유입되는 물의 양은 강수량인 284와 육지에서 해양으로 이동하는 물의 양인 36이다. 따라서 해양에서 유출되는 물의 양과 해양으로 유입되는 물의 양은 320으로 같다.

07 (정답 맞히기) ㄱ. 화석 연료의 사용량이 증가하면 지권의 탄소가 기권으로 이동하므로 기권의 탄소가 증가한다.

ㄴ. 산림 면적이 확대되면 식물에 의한 광합성량이 많아지므로 산림 면적의 확대는 대기 중 이산화 탄소의 양을 감소시킨다.

ㄷ. 지표의 화산 분출은 대기에 이산화 탄소를 공급하며, 수중 화산 분출은 해저에 이산화 탄소를 공급하므로, 화산 분출은 기권과 수권의 탄소량을 증가시킬 수 있다.

08 (정답 맞히기) ㄴ. ㉠은 육상 생물의 호흡이므로 기권과 생물권 간의 탄소 이동이다. 따라서 (가)는 기권이다. ㉡은 화석 연료의 생성이므로 생물권과 지권 간의 탄소 이동이다. 따라서 (나)는 지권이다. ㉢은 산호 골격의 생성이므로 생물권과 수권 간의 탄소 이동이다. 따라서 (다)는 수권이다. 화석 연료를 사용하면 지권의 탄소가 기권으로 이동하므로 지권인 (나)의 탄소량은 감소한다.

(오답 피하기) ㄱ. (가)는 기권이다.

ㄷ. 침전에 의해 석회암이 생성되는 과정에서 탄소는 수권에서 지권으로 이동하므로, 침전에 의한 석회암의 생성은 수권인 (다)에서 지권인 (나)로의 탄소 순환 과정의 예이다.

09 (정답 맞히기) ㄴ. 암석권은 판에 해당하며, 대륙판이 해양판보다 두꺼우므로 암석권의 두께는 대륙이 해양보다 두껍다.

ㄷ. 연약권에서는 맨틀 상부와 하부의 온도 차로 인해 대류가 일어난다.

(오답 피하기) ㄱ. 암석권은 지각과 상부 맨틀 일부가 포함되며, 연약권은 맨틀에 해당한다. 따라서 암석권의 일부만 지각에 해당한다.

10 (정답 맞히기) ㄱ. (가)는 두 대륙판이 서로 충돌하는 경계이므로 화산 활동이 거의 일어나지 않는다. (나)는 대륙판 아래로 해양판이 섭입하고 있으므로 화산 활동이 활발하다. 따라서 화산 활동은 (가)보다 (나)에서 활발하다.

(오답 피하기) ㄴ. (가)와 (나) 모두 수렴형 경계에 해당하므로 판이 생성되지 않는다. 판의 생성은 발산형 경계에서 일어난다.

ㄷ. (가)와 (나) 모두 수렴형 경계에 해당하므로 맨틀 대류가 하강한다. 맨틀 대류가 상승하는 지역에서는 발산형 경계가 발달하고 판이 생성된다.

11 (정답 맞히기) ㄱ. A는 동아프리카 열곡대이며, 대륙의 가운데에 발달한 발산형 경계이다. 오랜 시간이 지나면 판 경계 양쪽의 대륙이 멀어지면서 A에는 바다가 생긴다.

ㄴ. B와 D에서는 판 경계를 기준으로 양쪽의 판이 가까워지며 수렴하고 있다. 따라서 B와 D에는 수렴형 경계가 분포한다.

(오답 피하기) ㄷ. C에서는 판 경계를 기준으로 양쪽의 판이 서로 어긋나고 있으므로 C에는 보존형 경계가 발달해 있다. 보존형 경계에서는 지진은 활발하게 발생하지만, 화산 활동은 거의 일어나지 않는다.

12 [정답 맞히기] ㄴ. A는 발산형 경계인 해령, C는 수렴형 경계인 해구이다. 해령인 A와 해구인 C에서는 지진이 자주 발생한다.

[오답 피하기] ㄱ. A는 발산형 경계이므로 A의 하부에서는 맨틀 대류가 상승한다.

ㄷ. B는 판 경계를 기준으로 양쪽의 판이 서로 어긋나고 있으므로 보존형 경계에 해당한다.

13 [정답 맞히기] ㄴ. 동아프리카 열곡대는 맨틀 대류의 상승부에 위치하므로 화산 활동이 활발하다.

ㄷ. 발산형 경계인 동아프리카 열곡대에서는 새로운 판이 생성된다.

[오답 피하기] ㄱ. 동아프리카 열곡대는 맨틀 대류가 상승하는 지역이다.

14 [정답 맞히기] ㄱ. A에는 해양판과 대륙판의 수렴형 경계인 해구가 존재한다.

ㄷ. A는 해양판이 대륙판 아래로 섭입하는 지역이므로 화산 활동이 활발하지만, B는 대륙판끼리 충돌하는 지역이므로 화산 활동이 거의 일어나지 않는다. 따라서 화산 활동은 A가 B보다 활발하다.

[오답 피하기] ㄴ. 해구는 해양판이 대륙판이나 해양판 아래로 섭입하는 지역에 발달한다. 따라서 해구가 발달한 지역은 해양판이 대륙판 아래로 섭입하는 지역인 A이다.

15 [정답 맞히기] ㄴ. 해구는 수심이 매우 깊은 골짜기이며, 해령은 해저에 형성된 산맥이다. 따라서 A와 B의 경계에는 해구가, B와 C의 경계부에는 해령이 발달해 있다. 따라서 해령을 경계로 양쪽에 위치한 지점 ㉠과 ㉡은 서로 멀어지고 있다.

ㄷ. A는 대륙판이며, B는 해령에서 생성된 해양판이다. 해양판이 대륙판 아래로 섭입하면 대륙판에 습곡 산맥이 형성될 수 있으므로 A에는 습곡 산맥이 형성될 수 있다.

[오답 피하기] ㄱ. A와 B 사이에는 해구가 존재한다.

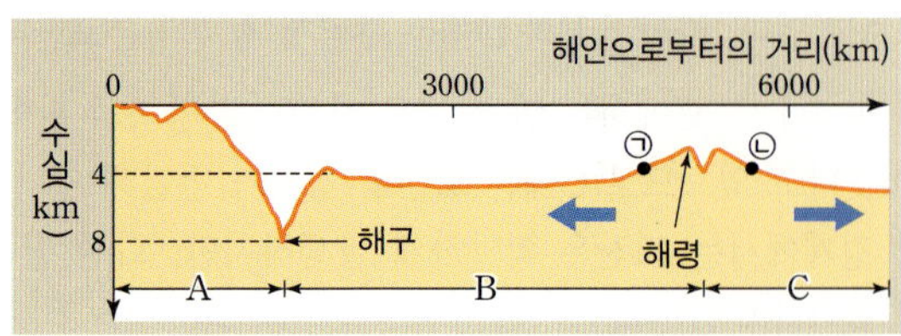

16 [정답 맞히기] ④ 화산재에 의한 피해는 백두산으로부터의 거리가 가까운 서울이 백두산으로부터의 거리가 먼 제주도보다 클 것이다.

[오답 피하기] ① 화산재의 분출로 항공기가 결항될 수 있다.

② 대기 중으로 분출된 화산재는 햇빛을 반사하므로 평균 기온이 내려갈 수 있다.

③ 도로에 쌓인 화산재는 교통을 마비시켜 교통 혼란이 올 수 있다.

⑤ 화산재가 경작지에 쌓이게 되면 오랜 시간이 지난 후에는 토양이 비옥해질 수 있다.

2 역학 시스템

탐구 활동 본문 **144**쪽

1~4 해설 참조

1 자유 낙하하는 쇠구슬은 속도가 일정하게 증가하는 운동을 한다.

[모범 답안] 0.1초 간격으로 설정된 구간에서 구간 평균 속도는 98 cm/s씩 일정하게 증가한다.

2 중력이 작용하는 방향은 연직 방향이므로 중력은 수평 방향의 운동에 영향을 주지 않는다.

[모범 답안] 수평으로 던진 쇠구슬의 수평 방향 속도는 시간에 따라 변하지 않고 처음 속도를 계속 유지한다.

3 자유 낙하하는 쇠구슬과 수평으로 던진 쇠구슬 모두 같은 방향으로 중력을 받고 있으므로 연직 방향 속도는 중력의 영향을 받는다.

[모범 답안] 수평으로 던진 쇠구슬의 연직 방향 속도는 0.1초당 98 cm/s씩 일정하게 증가하며, 이는 자유 낙하하는 쇠구슬의 속도 변화량과 같다.

4 연직 방향의 운동과 수평 방향의 운동은 서로 독립적이고 서로 영향을 주지 않으므로 수평으로 던진 쇠구슬의 운동은

연직 방향의 운동과 수평 방향의 운동으로 나누어 분석할 수 있다.

모범 답안 수평으로 던진 쇠구슬의 수평 방향 속도는 일정하게 유지되며, 연직 방향 속도는 자유 낙하하는 쇠구슬과 같이 일정하게 증가한다.

내신 기초 문제

본문 145~146쪽

01 ①　　02 ③　　03 ④　　04 ①　　05 ①　　06 ③
07 ②　　08 ⑤　　09 ①　　10 ③　　11 ⑤

01 정답 맞히기 ① 중력은 질량을 가진 물체 사이에서 인력으로만 작용하는 힘을 말한다.

오답 피하기 ② 부력은 액체나 기체에서 물체의 부피가 차지하는 무게만큼 물체를 밀어내는 힘이다.
③ 탄성력은 용수철과 같은 물체가 원래 상태로 되돌아가려는 힘이다.
④ 전기력은 전하를 띤 입자 사이에 작용하는 인력 또는 척력이다.
⑤ 자기력은 자석 사이에 작용하는 힘이다.

02 정답 맞히기 ③ 대류는 중력으로 인해 일어나며, 대류가 일어나지 않을 때 양초의 불꽃이 둥근 모양에 가까워진다.

오답 피하기 ① 물체가 지면으로 낙하하는 것은 중력에 의한 대표적인 현상이다.
② 지구 주위를 공전하는 달도 지구 중력 때문에 지구 궤도에 구속되어 있다.
④ 무거운 동물이 단단한 골격이 필요한 까닭은 중력을 견디기 위해서이다.
⑤ 다양한 기상 현상을 일으키는 물의 순환은 중력에 의해 일어나는 대류가 그 원인 중 하나이다.

03 정답 맞히기 ④ 물체에 작용하는 중력의 크기는 물체의 질량에 비례하여 증가한다.

오답 피하기 ① 중력은 물체가 떨어져 있어도 작용하는 힘이다.
② 지구의 질량은 달의 질량보다 크므로 지구에서의 중력은 달에서의 중력보다 크다.
③ 지구 대기권 밖에서도 지구의 중력이 작용하며, 지구에서 멀어질수록 감소한다.

⑤ 물체에 작용하는 중력의 크기는 물체의 속력과는 관계없다.

04 정답 맞히기 ① 물체가 자유 낙하하는 동안 물체에 작용하는 중력의 크기는 일정하므로 물체의 가속도의 크기도 일정하다.

오답 피하기 ② 물체의 가속도의 방향은 중력의 방향과 같은 연직 방향이다.
③ 물체에 작용하는 중력의 크기는 일정하다.
④ 물체가 자유 낙하하는 동안 속력은 일정하게 증가한다.
⑤ 물체가 낙하하는 동안 단위 시간당 이동 거리는 증가한다.

05 정답 맞히기 ① 중력은 연직 방향으로 작용하므로 수평 방향의 운동에 영향을 미치지 않는다. 따라서 수평 방향의 속력은 일정하게 유지된다.

오답 피하기 ② 연직 방향의 속력은 일정하게 증가한다.
③ 가속도의 방향은 연직 방향이고, 물체의 운동 방향과 같지 않다.
④ 운동하는 동안 물체에 연직 방향으로 중력만 작용한다.
⑤ 물체에 작용하는 중력의 방향은 연직 방향이고, 물체의 운동 방향과 같지 않다.

06 정답 맞히기 ㄱ. 인공위성의 운동 방향은 원 궤도의 접선 방향이므로 a 방향이다.
ㄷ. 인공위성의 가속도 방향은 인공위성에 작용하는 중력의 방향과 같으므로 d 방향이다.

오답 피하기 ㄴ. 인공위성에 작용하는 중력의 방향은 인공위성의 위치에 관계없이 지구 중심 방향이므로 d 방향이다.

07 정답 맞히기 ② 승용차의 운동량의 크기는 $1000 \, \text{kg} \times 10 \, \text{m/s} = 10000 \, \text{kg} \cdot \text{m/s}$이고, 버스의 운동량의 크기는 $10000 \, \text{kg} \times 5 \, \text{m/s} = 50000 \, \text{kg} \cdot \text{m/s}$이다. 따라서 운동량의 크기는 버스가 승용차의 5배이다.

08 정답 맞히기 ㄱ. 힘-시간 그래프에서 그래프가 시간 축과 만드는 넓이는 물체가 받은 충격량과 같다. 따라서 0초부터 2초까지 A가 받은 충격량의 크기는 $2 \times 5 \times \frac{1}{2} = 5(\text{N} \cdot \text{s})$이다.
ㄴ. 0초부터 4초까지 그래프가 시간 축과 만드는 넓이는 A가 $4 \times 10 \times \frac{1}{2} = 20(\text{N} \cdot \text{s})$이고, B가 $4 \times 5 = 20(\text{N} \cdot \text{s})$이다. 따

라서 0초부터 4초까지 A와 B가 받은 충격량의 크기는 서로 같다.

ㄷ. 물체가 받은 충격량은 물체의 운동량의 변화량과 같다. 따라서 0초부터 4초까지 A와 B가 받은 충격량이 같으므로 A와 B의 운동량 변화량의 크기는 서로 같다.

09 (정답 맞히기) ① 충격량은 힘과 힘을 가한 시간의 곱이므로 당구 막대가 당구공에 가한 충격량의 크기는 $10 \text{ N} \times 0.1 \text{ s} = 1 \text{ N} \cdot \text{s}$이다.

10 (정답 맞히기) ③ 당구공이 받은 충격량은 당구공의 운동량 변화량과 같다. 당구 막대와의 충돌 후 당구공의 운동량의 크기가 $1 \text{ kg} \cdot \text{m/s}$가 되므로 충돌 후 당구공의 속력을 v라고 하면, $1 \text{ kg} \cdot \text{m/s} = 0.2 \text{ kg} \times v$에서 $v = 5 \text{ m/s}$이다.

11 (정답 맞히기) ㄱ. 높이뛰기 경기장의 매트는 단단한 바닥보다 충돌 시간을 늘려 주는 장치이다.

ㄴ. 자동차의 범퍼는 충돌할 때 범퍼가 변형되는 동안 충돌 시간을 늘리기 위한 장치이다.

ㄷ. 태권도 선수의 보호대는 푹신한 재질로 이루어져 있어 충돌 시간을 늘려 준다.

실력 향상 문제

본문 147~150쪽

01 ②	**02** ②	**03** ①	**04** ③	**05** ①	**06** ⑤
07 ⑤	**08** 해설 참조	**09** ②	**10** ④	**11** ①	
12 ④	**13** ③	**14** ⑤	**15** ⑤	**16** 해설 참조	

01 (정답 맞히기) ㄷ. 자유 낙하하는 물체에는 중력만이 작용하므로 B의 가속도의 크기는 일정하다.

(오답 피하기) ㄱ. 중력은 물체의 속력에 관계없이 항상 작용한다. 따라서 정지해 있는 A에도 중력이 작용하고 있다.

ㄴ. 자유 낙하하는 B에 작용하는 중력의 크기는 일정하다.

02 (정답 맞히기) ② 물체가 받는 중력의 크기는 질량과 중력 가속도의 곱과 같다. 따라서 A, B, C가 받는 중력의 크기는 각각 g, $\frac{1}{3}g$, $\frac{1}{2}g$이므로 중력의 크기를 비교하면 A>C>B 순이다.

03 (정답 맞히기) ① 자유 낙하하는 물체는 질량이나 모양에 관계없이 일정한 시간 동안 같은 거리를 이동한다. 또한 시간이 지날수록 일정한 시간 동안 더 긴 거리를 이동한다.

04 (정답 맞히기) ㄱ. 물체에 작용하는 중력의 크기는 물체의 질량에 비례하므로 작용하는 중력의 크기는 B가 A의 2배이다.

ㄷ. 물체의 질량과 관계없이 A와 B는 같은 비율로 빨라지므로 매 시각마다 속력과 이동 거리가 같다. 따라서 A와 B는 동시에 지면에 도달한다.

(오답 피하기) ㄴ. 낙하하는 동안 A와 B의 높이는 같으므로 물체와 지면 사이의 거리는 A와 B가 동일하다.

05 (정답 맞히기) ㄱ. 한 점에서 다음 한 점까지 낙하하는 데 걸린 시간을 t라고 하면, A를 통과하는 데 걸린 시간은 $2t$, B를 통과하는 데 걸린 시간은 $2t$로 서로 같다.

(오답 피하기) ㄴ. 물체가 A를 벗어난 후, B에 도달할 때까지 속력이 점점 증가하므로 B에 진입할 때의 속력이 A를 벗어날 때의 속력보다 크다.

ㄷ. 물체는 속력이 일정하게 증가하는 운동을 하므로 가속도의 크기는 일정하다.

06 (정답 맞히기) ㄱ. 물체의 속력이 일정하게 증가하므로 0초부터 0.5초까지 속도 변화량과 0.5초부터 1초까지 속도 변화량은 서로 같다.

ㄴ. 속력—시간 그래프에서 그래프가 시간 축과 만드는 넓이는 이동 거리이므로 0초부터 1초까지 이동 거리는 $1 \times 10 \times \frac{1}{2} = 5(\text{m})$이다.

ㄷ. 속력이 일정하게 증가하고 있으므로 가속도의 크기는 일정하다.

07 (정답 맞히기) ⑤ A와 B의 연직 방향 운동은 같으므로 A와 B는 매 시각 같은 높이에 위치하고 수평면에 동시에 도달한다.

(오답 피하기) ① A의 속력은 일정하게 증가한다.

② 중력은 연직 방향으로 작용하므로 수평 방향의 운동에 영향을 미치지 않아 B의 수평 방향 속력은 일정하다.

③ A와 B 모두 연직 방향으로 중력이 작용한다.

④ 물체에 작용하는 중력의 방향은 물체의 가속도의 방향과 같다. A와 B에 작용하는 중력의 방향이 연직 방향으로 같으므로 가속도의 방향도 연직 방향으로 같다.

08 수평으로 던진 물체의 운동은 연직 방향의 자유 낙하와 수평 방향의 등속도 운동으로 나누어 분석할 수 있다.

모범 답안 (1) A는 연직 방향으로는 속력이 일정하게 증가하는 운동을 한다.

채점 기준	배점
A의 속력의 증가 여부와 증가하는 비율에 대한 서술이 옳은 경우	100 %
속력이 증가한다고만 서술한 경우	50 %

모범 답안 (2) A와 B의 연직 방향 위치는 매순간 같으므로 B의 연직 방향 운동은 자유 낙하하는 A의 운동과 같다.

채점 기준	배점
A와 B의 위치를 바탕으로 A와 B의 운동을 비교하여 옳게 서술한 경우	100 %
B의 연직 방향 운동과 A의 운동이 같다고만 서술한 경우	50 %

모범 답안 (3) A와 B의 가속도의 크기는 서로 같다. 연직 방향의 운동이 서로 동일하며 같은 시간 동안 속도의 변화량도 같기 때문이다.

채점 기준	배점
A와 B의 가속도의 크기를 옳게 비교하고, 그 까닭을 옳게 서술한 경우	100 %
A와 B의 가속도가 같다고만 쓰고, 그 까닭을 옳게 서술하지 못한 경우	50 %

09 정답 맞히기 ㄴ. 발사할 때의 속력이 클수록 더 멀리 진행하므로 $v_A < v_B < v_C$이다.

오답 피하기 ㄱ. 질량이 같은 물체에 작용하는 중력의 크기는 모두 같다.

ㄷ. B가 운동을 하는 동안 B의 운동 방향과 B의 가속도의 방향이 같은 순간도 없고, 반대 방향인 순간도 없다.

10 정답 맞히기 ④ 3초부터 6초까지 물체의 운동량의 변화가 없으므로 물체가 받은 충격량은 0이다.

오답 피하기 ① 0초부터 3초까지 물체의 운동량의 크기는 일정하게 증가한다.

② 0초부터 3초까지 물체가 받은 충격량의 크기는 물체의 운동량의 변화량과 같으므로 4 N·s이다.

③ 3초부터 6초까지 물체의 운동량이 일정하므로 물체는 속도가 일정한 등속 직선 운동을 한다.

⑤ 3초부터 6초까지 물체의 운동량은 4 kg·m/s이고, 물체의 질량이 1 kg이므로 물체의 속력은 4 m/s이다. 따라서 3초부터 6초까지 물체의 이동 거리는 4 m/s×3 s=12 m이다.

11 정답 맞히기 ① 0초일 때 물체의 운동량의 크기는 1 kg×4 m/s=4 kg·m/s 이다. 힘-시간 그래프에서 그래프가 시간 축과 만드는 넓이는 물체가 받은 충격량을 의미하며, 0초부터 2초까지 물체가 받은 충격량의 크기는 $2×3×\dfrac{1}{2}=3(\text{N·s})$이다. 물체에 가한 힘의 방향은 운동 방향의 반대 방향이므로 0초부터 2초까지 물체의 운동량은 감소하며, 2초일 때 물체의 운동량은 4 kg·m/s−3 kg·m/s=1 kg·m/s이다. 따라서 2초일 때 물체의 속력은 1 m/s이다.

12 정답 맞히기 ㄴ. 더 큰 충격량을 받는 B에서가 A에서보다 운동량의 변화량의 크기가 크다.

ㄷ. 면봉이 받은 충격량의 크기가 클수록 면봉의 운동량 변화량의 크기가 크며 빨대를 빠져나올 때 운동량의 크기가 크다. 수평 방향으로 물체를 발사할 때 속력이 클수록 수평 방향으로 멀리 날아가 바닥에 도달하므로, 날아간 거리를 비교하면 빨대를 빠져나올 때 면봉의 속력을 비교할 수 있다. 즉, 과정 (나)를 통해 면봉의 속력, 면봉의 운동량의 크기, 면봉이 받은 충격량의 크기를 비교할 수 있다.

오답 피하기 ㄱ. 면봉이 힘을 받은 시간에 비례하여 면봉이 받은 충격량의 크기가 커진다. 따라서 면봉은 B에서가 A에서보다 더 큰 충격량을 받는다.

13 정답 맞히기 ㄱ. 야구공의 운동량은 (가)에서와 (나)에서 모두 감소하므로 야구공의 속력은 모두 감소한다.

ㄷ. 야구공의 운동량 변화량이 (가)에서와 (나)에서가 서로 같으므로 야구공이 받는 충격량도 같다. 그런데 충돌 상황에서 힘을 받는 시간이 (가)에서가 (나)에서보다 길므로 손이 받는 평균 힘의 크기는 힘을 받는 시간이 짧은 (나)에서가 더 크다.

오답 피하기 ㄴ. 야구공의 처음 운동량은 (가)에서와 (나)에서가 서로 같고, 정지한 후 야구공의 운동량은 모두 0이므로 야구공의 운동량 변화량은 (가)에서와 (나)에서가 서로 같다.

14 정답 맞히기 ⑤ A와 B의 질량을 m이라고 하면 공이 정지할 때까지 충돌하는 과정에서 A의 운동량 변화량의 크기는 mv, B의 운동량 변화량의 크기는 $2mv$이다. A, B가 힘을 받는 시간은 각각 $2t$, t이므로 충돌 과정에서 A, B가 받는 평

균 힘의 크기는 각각 $\dfrac{mv}{2t}$, $\dfrac{2mv}{t}$이다. 따라서 벽과의 충돌 과정에서 공이 받은 평균 힘의 크기는 B가 A의 4배이다.

15 정답 맞히기 ㄱ. 충돌할 때 받는 힘은 상호작용이므로 A가 B에 가한 충격량의 크기는 B가 A에 가한 충격량의 크기와 같다. 따라서 A가 B를 미는 과정에서 A가 B로부터 받은 충격량의 크기도 120 N·s이다.

ㄴ. B가 받은 충격량의 크기는 B의 운동량 변화량의 크기와 같으므로 120 N·s의 충격량을 받은 B의 운동량 변화량의 크기는 120 kg·m/s이다.

ㄷ. B의 처음 운동량은 60 kg×3 m/s=180 kg·m/s이다. A가 B를 미는 과정에서 B는 운동 방향으로 120 N·s의 충격량을 받아 운동량이 120 kg·m/s만큼 증가하므로 A가 B를 민 후 B의 운동량의 크기는 180 kg·m/s+120 kg·m/s =300 kg·m/s이다. 따라서 A가 B를 민 후 B의 속력은 $\dfrac{300\ \text{kg·m/s}}{60\ \text{kg}}$=5 m/s이다.

서술형

16 충돌 과정에서 받는 충격량이 같아도 충돌 시간이 짧을수록 작용하는 평균 힘의 크기가 더 크다.

(1) 모범 답안 두 달걀의 속력은 서로 같다. 두 달걀은 모두 자유 낙하하여 떨어지므로 같은 높이에서 출발하여 같은 거리만큼 이동할 때 속력은 서로 같기 때문이다.

채점 기준	배점
두 달걀의 속력을 옳게 비교하고, 그 까닭을 옳게 서술한 경우	100 %
두 달걀의 속력만 옳게 비교한 경우	50 %

(2) 모범 답안 두 달걀의 질량과 충돌 전 속력이 서로 같으므로 두 달걀은 충돌 과정에서 같은 크기의 충격량을 받는다. 딱딱한 바닥과 충돌할 때는 짧은 시간 동안 큰 힘을 받기 때문에 딱딱한 바닥에 떨어진 달걀만 깨진 것이다.

채점 기준	배점
두 달걀이 받은 충격량을 옳게 비교하고, 바닥의 종류에 따른 충돌 시간, 달걀에 작용하는 평균 힘의 크기를 옳게 서술한 경우	100 %
받은 충격량, 충돌 시간, 평균 힘의 크기 중 2가지를 옳게 서술한 경우	50 %
받은 충격량, 충돌 시간, 평균 힘의 크기 중 1가지를 옳게 서술한 경우	20 %

01 ②	02 ⑤	03 ⑤	04 ②	05 ③	06 ②
07 ⑤	08 ③	09 ④	10 ③	11 ①	12 ③

01 정답 맞히기 ② 두 물체 사이에 작용하는 중력의 크기는 두 물체의 질량의 곱에 비례하고 두 물체 사이의 거리의 제곱에 반비례한다. 따라서 중력 상수를 G라고 하면 (가)에서 $F_0=G\dfrac{2m^2}{r^2}$이고, (나)에서 $F=G\dfrac{12m^2}{4r^2}=G\dfrac{3m^2}{r^2}$이므로 $F=\dfrac{3}{2}F_0$이다.

02 정답 맞히기 ㄱ. 자유 낙하하는 물체의 운동 방향과 가속도 방향, 작용하는 중력의 방향은 모두 연직 아래 방향으로 같다.

ㄴ. 자유 낙하하는 물체의 속력은 일정하게 증가한다. 표에서 $\dfrac{4.9\ \text{cm}-0}{0.1\ \text{s}}$=49 cm/s이고, $\dfrac{\text{㉠}-4.9\ \text{cm}}{0.1\ \text{s}}$=147 cm/s이므로 ㉠=19.6이다.

ㄷ. 구간별 평균 속력은 일정하게 증가하므로 147−49= 245−147=㉡−245=441−㉡이다. 따라서 ㉡=343이다.

03 정답 맞히기 ㄱ. 물체에 작용하는 중력의 크기는 물체의 질량에 비례한다. 따라서 B에 작용하는 중력의 크기는 A에 작용하는 중력의 크기의 2배이다.

ㄴ. 물체가 자유 낙하하는 동안 물체의 가속도의 방향은 모두 연직 아래 방향이다.

ㄷ. 정지 상태에서 출발해 A가 바닥에 도달할 때까지 A의 이동 거리가 h일 때, B의 이동 거리도 똑같이 h이므로 수평면으로부터 B의 높이는 $2h-h=h$이다.

04 정답 맞히기 ② P에서 B의 수평 방향 속력은 처음과 같은 v이고 연직 방향 속력은 수평 방향 속력의 $\dfrac{1}{2}$배이므로 $\dfrac{1}{2}v$이다. P에서 A와 B의 연직 방향 속력은 같으므로 P에서 A의 속력도 $\dfrac{1}{2}v$이다. Q에서 A의 속력은 P에서의 2배이므로 v이다. 동시에 출발해 자유 낙하하는 물체와 수평으로 던진 물체의 연직 방향 위치와 속력은 매 시각마다 같으므로 Q에서 B의 연직 방향 속력도 A와 같은 v이다.

05 (정답 맞히기) ㄱ. A와 B에 작용하는 중력의 방향은 연직 아래 방향으로 서로 같다.

ㄴ. A와 B의 연직 방향 운동은 중력에 의해 서로 같으므로 연직 방향으로 속도가 증가하는 정도도 같다. 따라서 A와 B의 가속도의 크기는 서로 같다.

(오답 피하기) ㄷ. A와 B의 연직 방향 운동은 서로 같으므로 B가 수평면에 도달할 때까지 걸린 시간과 A가 수평면에 도달할 때까지 걸린 시간은 서로 같다. 따라서 A가 수평면에 도달할 때까지 걸린 시간은 2초이다.

06 (정답 맞히기) ㄴ. B가 운동하는 동안 수평 방향의 속력은 일정하지만 연직 방향의 속력이 증가하므로 B의 속력은 증가한다.

(오답 피하기) ㄱ. 지표면 근처에서 질량이 같은 물체 A, B, C에 작용하는 중력의 크기는 모두 같다.

ㄷ. C는 가속도의 방향이 지구 중심 방향인 가속도 운동을 하며, C의 가속도의 크기는 A와 B의 가속도의 크기와 같다.

07 (정답 맞히기) ㄱ. 힘－시간 그래프에서 그래프가 시간 축과 만드는 넓이는 물체가 받은 충격량과 같다. 따라서 0초부터 2초까지 물체가 받은 충격량의 크기는 $2 \times 30 = 60 \, (\mathrm{N \cdot s})$이다.

ㄴ. 0초부터 4초까지 물체가 받은 충격량의 크기는 $2 \times 30 + 2 \times 20 = 100 \, (\mathrm{N \cdot s})$이며, 물체의 운동량 변화량의 크기는 물체가 받은 충격량의 크기와 같다. 따라서 물체의 운동량 변화량의 크기는 $100 \, \mathrm{kg \cdot m/s}$이다.

ㄷ. 4초부터 6초까지 물체에 힘이 작용하지 않고, 물체가 받은 충격량도 0이므로 물체의 운동량은 변화가 없다. 따라서 물체의 속력은 일정하다.

08 (정답 맞히기) ㄱ. 힘－시간 그래프에서 그래프가 시간 축과 만드는 넓이는 물체가 받은 충격량이며, 물체가 받은 충격량은 물체의 운동량 변화량과 같다. (가)의 B가 정지하는 과정에서 운동량의 변화량은 mv고, (나)의 S는 B가 받은 충격량이므로 $S = mv$이다.

ㄷ. 벽과 충돌한 후 A의 운동량의 크기는 mv이고, A의 질량은 $4m$이므로 A의 속력은 $\dfrac{mv}{4m} = \dfrac{1}{4}v$이다.

(오답 피하기) ㄴ. (나)에서 A가 받은 충격량의 크기는 $5S = 5mv$이다. (가)에서 A의 처음 운동량이 $4mv$이었으므로 벽과

충돌한 후 A의 운동량은 $4mv - 5mv = -mv$가 되며, 운동량의 크기는 mv이다. 운동량에서 음($-$)의 부호는 운동 방향이 반대임을 뜻한다.

09 (정답 맞히기) ㄴ. 빨대 속에서 물체가 받은 충격량은 물체의 운동량의 변화량과 같다. 따라서 운동량의 변화량은 $2I_0$의 충격량을 받은 B가 I_0의 충격량을 받은 A의 2배이다.

ㄷ. 빨대를 빠져나올 때 A, B의 운동량의 크기를 각각 p, $2p$라고 하면, 빨대를 빠져나올 때 A, B의 속력은 각각 $\dfrac{p}{2m}$, $\dfrac{2p}{m}$가 되어 B가 A의 4배이다.

(오답 피하기) ㄱ. 빨대 속에서 정지해 있던 물체가 충격량을 받으므로 A와 B 모두 운동량이 증가하고 속력도 증가한다.

10 (정답 맞히기) ㄱ. A는 짧은 시간 동안 큰 힘을 받고, B는 비교적 긴 시간 동안 작은 힘을 나누어 받는다. 따라서 A가 받은 힘을 나타낸 그래프는 X이고, B가 받은 힘을 나타낸 그래프는 Y이다.

ㄷ. 같은 크기의 충격량을 받아도 A는 B보다 짧은 시간 동안 힘을 받으므로 받은 평균 힘의 크기는 A가 B보다 크다.

(오답 피하기) ㄴ. 질량이 같고 충돌 직전의 속력이 같으므로 충돌 직전 운동량은 A와 B가 서로 같다. 충돌 후 정지 상태의 운동량은 0이므로 충돌하면서 받은 충격량의 크기는 A와 B가 서로 같다.

11 (정답 맞히기) ㄱ. 바닥에 닿기 직전 A의 운동 에너지는 $\dfrac{1}{2}(2m)v^2 = mv^2$이다.

(오답 피하기) ㄴ. A가 바닥에 도달할 때까지 A의 위치 에너지 감소량만큼 A의 운동 에너지가 증가한다. 따라서 $9.8(2m)h = \dfrac{1}{2}(2m)v^2$이다. B가 $4h$만큼 낙하할 때도 B의 위치 에너지 감소량만큼 B의 운동 에너지가 증가하므로 B가 바닥에 도달하기 직전의 속력을 V라고 하면, $9.8(m)(4h) = \dfrac{1}{2}mV^2$에서 $V = 2v$이다. 따라서 바닥과 충돌하는 동안 B의 운동량 변화량의 크기는 $2mv$이다.

ㄷ. 바닥과 충돌하는 동안 힘을 받은 시간은 A와 B가 서로 같고, 운동량 변화량의 크기도 $2mv$로 서로 같다. 따라서 충돌하는 동안 받은 알짜힘의 크기의 평균값은 A와 B가 같다.

12 정답 맞히기 ㄱ. 충돌할 때 받는 힘은 상호작용이므로 선수가 빙판에 가한 충격량만큼 선수도 빙판으로부터 충격량을 받는다.

ㄷ. ㉠은 바닥으로부터 힘을 받는 충돌 시간을 길게 하여 충격을 줄이기 위한 위한 동작이다.

오답 피하기 ㄴ. 공중에 떠 있을 때나 바닥에 닿아 있을 때 선수에게 작용하는 중력의 크기는 변하지 않는다.

3 생명 시스템

탐구 활동

본문 163쪽

1~2 해설 참조

1 감자즙을 넣은 시험관 B에서만 거품이 발생하고, A에서는 거품이 발생하지 않은 것은 과산화 수소의 분해 반응이 B에서만 일어났음을 의미한다. 이는 감자즙의 카탈레이스가 과산화 수소 분해 반응에 필요한 활성화에너지를 낮추었기 때문이다.

모범 답안 효소는 화학 반응에서 반응물과 결합하여 반응의 활성화에너지를 낮추어 반응 속도를 높인다.

2 B에서 거품 발생이 멈췄다는 것은 화학 반응이 종료된 것으로 과산화 수소가 모두 분해되었음을 뜻한다. 효소는 반응 과정에서 소모되지 않으므로 B에는 과산화 수소 분해 반응을 촉매하는 효소가 있다. 따라서 과산화 수소를 추가하면 효소에 의해 반응이 촉진되어 거품이 다시 발생하게 된다.

모범 답안 효소는 반응 과정에서 소모되지 않으므로 감자즙에 있는 카탈레이스에 의해 과산화 수소가 분해되어 거품이 다시 발생한다.

내신 기초 문제

본문 164~165쪽

01 ⑤	**02** ③	**03** ③	**04** ⑤	**05** ③	**06** ①
07 ①, ③		**08** ②	**09** ④	**10** ③	**11** ①
12 ④					

01 정답 맞히기 ㄱ. 세포는 생명 시스템의 기본 단위이다.

ㄴ. 세포는 생명체 내 화학 반응인 물질대사를 통해 생명활동에 필요한 에너지를 얻는 등 다양한 반응을 한다.

ㄷ. 세포는 세포막을 통해 물질대사에 필요한 물질이나 물질대사 결과 생성된 노폐물의 출입을 조절한다.

02 정답 맞히기 ㄱ. 효소는 생명체 내에서 일어나는 화학 반응인 물질대사를 촉매한다.

ㄴ. 물질대사가 일어나는 과정에서 에너지 출입이 일어난다.

오답 피하기 ㄷ. 물질대사는 생명체 내에서 일어나는 화학 반응이다.

03 정답 맞히기 ③ 마이토콘드리아(나)는 동물 세포와 식물 세포에 모두 있지만 엽록체(가)는 식물 세포에만 있다.

오답 피하기 ① (가)는 엽록체, (나)는 마이토콘드리아이다.

② 엽록체(가)에서 빛에너지를 흡수하여 포도당을 합성하는 광합성이 일어난다.

④ 엽록체(가)에서 광합성이, 마이토콘드리아(나)에서 세포호흡이 일어나므로 (가)와 (나)에서 모두 물질대사가 일어난다.

⑤ 마이토콘드리아(나)에서 세포호흡을 통해 생명활동에 필요한 에너지가 생성된다.

04 정답 맞히기 ㄱ. 단백질의 단위체인 아미노산이 단백질로 합성되는 과정 ㉠은 라이보솜에서 일어난다.

ㄴ. 라이보솜에서 아미노산 사이에 펩타이드결합이 형성되어 단백질이 합성되므로 에너지의 흡수가 일어난다.

ㄷ. 단백질이 단위체인 아미노산으로 분해되는 과정 ㉡에 효소가 관여한다.

05 정답 맞히기 ③ 인지질(A)은 친수성인 머리 부분과 소수성인 꼬리 부분으로 구성된다.

오답 피하기 ① A는 인지질이다.

② B는 인지질 2중층에서 막을 관통하고 있는 단백질이다.

④ 세포막에서 인지질(A)은 2중층을 이룬다.

⑤ 인지질 2중층을 통해 직접 투과하는 물질과 막단백질을 통해 이동하는 물질의 종류가 서로 다르므로 세포막을 통한 물질의 출입은 선택적으로 일어난다.

06 정답 맞히기 ① 산소와 포도당 중 인지질 2중층을 직접 투과하는 A는 산소이다.

오답 피하기 ② 산소(A)는 소수성 물질이다.

③ B는 막단백질을 통해 확산되는 물질이다.

④, ⑤ 확산은 용질의 농도가 높은 곳에서 낮은 곳으로 물질이 이동하는 현상이다. 산소(A)와 포도당(B)은 모두 세포 밖에서 세포 안으로 확산되므로 산소(A)와 포도당(B)의 농도는 세포 밖에서가 세포 안에서보다 높다.

07 정답 맞히기 ① X에 넣은 후 적혈구가 팽창하였으므로 적혈구의 부피는 증가하였다.

③ 세포막을 통한 삼투가 일어나 적혈구 내부로 물이 유입되어 적혈구가 팽창하였다.

오답 피하기 ② 적혈구 내부로 물이 유입되었으므로 적혈구의 세포질 농도는 감소하였다.

④ 물은 삼투에 의해 저농도 용액에서 고농도 용액으로 이동한다. X에서 적혈구로 물이 이동하였으므로 적혈구를 넣기 전 X의 농도는 적혈구의 세포질 농도보다 낮다.

⑤ 적혈구의 세포막을 통해 물이 세포 안으로 순유입되었다.

08 정답 맞히기 ㄷ. 활성화에너지의 크기는 ㉠에서가 ㉡에서보다 높다.

오답 피하기 ㄱ. 효소는 활성화에너지를 낮추어 반응 속도를 빠르게 한다. 따라서 ㉠은 효소가 없을 때의 에너지 변화이고, ㉡은 효소가 있을 때의 에너지 변화이다.

ㄴ. 반응 속도는 활성화에너지가 작을수록 빠르므로 활성화에너지가 작은 ㉡에서가 활성화에너지가 큰 ㉠에서보다 반응 속도가 빠르다.

09 정답 맞히기 ㄱ. 효소는 생명체 내에서 물질대사를 촉매하는 생체촉매로 단백질이 주성분이다.

ㄷ. 효소는 반응이 일어나기 위해 필요한 활성화에너지의 크기를 줄여 반응 속도를 빠르게 한다.

오답 피하기 ㄴ. 효소는 반응 과정에서 소모되지 않으므로 재사용이 가능하다.

10 정답 맞히기 ③ 1개의 염색체(㉠)에는 많은 수의 유전자가 함께 있다.

오답 피하기 ① 막대 모양으로 DNA와 단백질이 결합하여 응축된 ㉠은 염색체이다.

② DNA(㉡)의 단위체는 뉴클레오타이드이다.

④, ⑤ 유전자에는 단백질합성에 필요한 유전정보가 있으며 유전정보흐름에 따라 DNA의 유전정보를 바탕으로 RNA가 전사되고, RNA의 코돈 서열에 따라 아미노산이 배열되어 단백질이 합성된다.

11 정답 맞히기 ① ㉠은 DNA의 유전정보가 RNA로 전사되는 과정이다. 이 과정이 일어나는 세포소기관인 (가)는 세포의 생명활동을 조절하는 핵이다.

오답 피하기 ② 소포체는 세포 내 물질 수송을 담당하는 세포소기관이다.

③ 골지체는 세포 밖으로 물질을 분비하는 데 관여하는 세포소기관이다.

④ 엽록체는 빛에너지를 흡수하여 이산화 탄소와 물을 포도당으로 합성하는 세포소기관이다.

⑤ 라이보솜은 RNA의 코돈 정보를 바탕으로 단백질을 합성하는 세포 내 구조이다.

12 정답 맞히기 ④ 핵(가) 속에서 DNA의 유전정보가 RNA로 전달되는 ㉠은 전사이고, 세포질에서 RNA의 유전정보를 바탕으로 단백질이 합성되는 ㉡은 번역이다.

실력 향상 문제   본문 166~169쪽

01 ③	**02** ⑤	**03** ④	**04** 해설 참조	**05** ⑤
06 ②	**07** ②	**08** ③	**09** ③	**10** ④	**11** ⑤
12 해설 참조	**13** ⑤	**14** ③	**15** ①	
16 해설 참조				

01 정답 맞히기 ㄱ. 세포의 생명활동을 조절하는 A는 유전물질이 있는 핵이다.

ㄴ. RNA의 정보대로 단백질을 합성하는 B는 라이보솜이다. 라이보솜(B)에서 아미노산과 아미노산 사이의 펩타이드결합이 형성된다. 따라서 물질대사가 일어난다.

오답 피하기 ㄷ. 빛에너지를 이용하여 포도당을 합성하는 C는 엽록체이다. 엽록체(C)는 동물 세포에는 없고 식물 세포에 있는 세포소기관이다.

02 정답 맞히기 ㄱ. 핵막과 연결되어 있는 A는 세포 내 물질 수송을 담당하는 소포체이다.
ㄴ. 세포막(B)에서 인지질은 친수성인 머리 부분은 바깥쪽을, 소수성인 꼬리 부분은 안쪽을 향해 배열되어 서로 마주보는 2중층 구조를 형성한다.
ㄷ. 마이토콘드리아(C)에서 세포호흡을 통해 생명활동에 필요한 에너지가 생성된다.

03 정답 맞히기 ㄱ. ㉠은 인지질이고, ㉡은 단백질이다.
ㄴ. 전하를 띤 Na^+은 세포막에 있는 단백질(㉡)을 통해 이동한다.
오답 피하기 ㄷ. 세포막에서 인지질(㉠)과 단백질(㉡)은 모두 고정되어 있지 않고 유동적이다.

서술형
04 세포막에서 인지질은 2중층으로 배열되어 있고, 단백질은 인지질 2중층을 관통하거나 표면에 부착되어 있으므로 ㉠은 2중층을 이루는 인지질이다. 인지질은 친수성인 머리 부분과 소수성인 꼬리 부분으로 구성되며, 세포 안팎의 환경이 대부분 물로 이루어져 있으므로 세포막에서 2중층의 구조를 이룬다.

모범 답안 (1) 친수, 소수

(2) 세포 안팎은 모두 물이 풍부한 환경이므로 친수성인 ㉠의 머리 부분은 물과 접하는 바깥쪽으로, 꼬리 부분은 안쪽을 향해 2중층으로 배열된다.

채점 기준	배점
세포 안팎의 환경과 관련지어 인지질의 배열 형태를 옳게 설명한 경우	100 %
세포 안팎의 환경과 관련지어 인지질의 배열 형태 중 하나만 옳게 설명한 경우	50 %

05 정답 맞히기 ㄱ. (가)는 생성물의 에너지가 반응물의 에너지보다 크므로 에너지가 흡수되는 흡열 반응이다.
ㄴ. (나)에서 반응물의 에너지가 생성물의 에너지보다 크므로 반응물이 크기가 작은 생성물로 분해되었다.
ㄷ. 생명체에서 일어나는 물질대사에는 효소가 관여한다.

06 정답 맞히기 ㄴ. 질량 변화가 -이면 초기 질량이 더 큰 것이므로 물이 순유출된 것이다. 삼투에 의해 용질의 농도가 낮은 곳에서 용질의 농도가 높은 곳으로 물이 이동하므로 용액의 농도는 B에서가 A에서보다 높다.

오답 피하기 ㄱ. 질량 변화가 $+0.3$ g인 C에서 t가 경과한 후 양파 세포의 부피가 가장 크다.
ㄷ. 양파 세포에서 물의 순유출이 많을수록 나중 질량이 작으므로 질량의 변화가 -0.5 g인 D에서가 빠져나간 물의 양이 가장 많다.

07 정답 맞히기 ② 적혈구를 세포보다 농도가 높은 용액에 넣으면 적혈구에서 물이 빠져나가므로 세포의 부피가 감소하여 쭈그러든다. 적혈구를 세포와 농도가 같은 용액에 넣으면 적혈구와 용액 사이에서 물의 순이동이 없어 부피와 모양 변화는 없다. 적혈구를 세포보다 농도가 낮은 용액에 넣으면 적혈구 내부로 물이 들어와 세포의 부피가 증가하여 팽창한다.

08 정답 맞히기 ㄱ. X의 세포 안팎의 농도가 C에서 평형을 이루므로 X는 세포막을 통해 확산하는 물질이다.
ㄴ. t_1일 때 X의 세포 밖 농도는 감소하고, X의 세포 안 농도는 증가하므로 X의 농도는 세포 밖이 세포 안보다 높다.
오답 피하기 ㄷ. t_2일 때 X의 농도는 세포 안팎이 같으므로 세포 안으로 이동하는 X의 양과 세포 밖으로 이동하는 X의 양이 서로 같다.

09 정답 맞히기 ㄱ. 반응물의 에너지가 생성물의 에너지보다 크므로 이 반응 과정에서 에너지가 방출된다.
ㄴ. 효소는 활성화에너지의 크기를 낮춰 반응 속도를 높이므로 ㉠은 효소가 있을 때의 활성화에너지이다.
오답 피하기 ㄷ. 반응물과 생성물의 에너지 차이인 ㉡은 반응열이다. 반응열은 효소의 유무에 관계없이 일정하다.

10 정답 맞히기 ㄴ. X에 의한 반응에서 B의 분해가 일어났으므로 에너지가 방출된다.
ㄷ. X의 입체 구조는 물질 B와 알맞은 형태이므로 X에 의한 반응의 반응물은 A와 B 중 B이다.
오답 피하기 ㄱ. 반응 과정에서 X는 소모되지 않는다.

11 정답 맞히기 ㄱ. 포도당분해효소(㉠), 단백질분해효소(㉡) 등과 같은 효소의 성분에 단백질이 포함된다.
ㄷ. 키위에 있는 단백질분해효소는 키위의 세포에 있는 유전 정보로부터 전사, 번역을 통해 합성된 것이다.
오답 피하기 ㄴ. 포도당분해효소(㉠)는 포도당 분해 반응의 활성화에너지를 낮춰 반응 속도를 높인다.

서술형

12 감자즙, 생간 등에는 과산화 수소의 분해 반응을 촉매하는 카탈레이스가 있다. 카탈레이스는 과산화 수소의 분해 반응에서 활성화에너지를 낮춰 반응 속도를 빠르게 한다.

모범 답안 (1) 카탈레이스

(2) 효소 ㉠은 반응의 활성화에너지를 낮추므로 ㉠이 있을 때가 ㉠이 없을 때보다 반응 속도가 더 빠르다.

채점 기준	배점
효소의 기능과 반응 속도를 관련지어 ㉠이 있을 때와 없을 때를 옳게 비교한 경우	100 %
㉠이 있을 때와 없을 때만 옳게 비교한 경우	50 %

13 **정답 맞히기** ㄱ. 생명중심원리에서 ㉠으로부터 ㉡으로 유전정보가 전달되는 전사가 일어나므로 ㉠은 DNA, ㉡은 RNA, ㉢은 단백질이다.

ㄴ. (나)는 유라실(U) 염기와 인산기를 가지고 있으므로 뉴클레오타이드 중 RNA(㉡)의 단위체이다.

ㄷ. 단백질(㉢)은 세포 내 라이보솜에서 RNA의 유전정보에 따라 합성된다.

14 **정답 맞히기** A. 식물 세포에서는 핵 속에 DNA가 있으므로 핵 속에서 DNA로부터 RNA로 유전정보가 전달되는 전사가 일어난다.

C. RNA의 코돈 서열에 따라 단백질을 구성하는 아미노산의 서열이 결정된다.

오답 피하기 B. DNA의 3염기조합, RNA의 코돈은 모두 1개의 아미노산에 대한 정보를 저장한다.

15 **정답 맞히기** ㄱ. ㉠은 DNA에 있는 염기이고, 아데닌(A)과 상보적인 염기이므로 타이민(T)이다.

오답 피하기 ㄴ. DNA로부터 RNA가 합성되는 (가)는 전사, RNA로부터 단백질이 합성되는 (나)는 번역이다. 동물 세포에서 (가)는 핵에서 일어나고, (나)는 세포질에서 일어난다.

ㄷ. 1개의 아미노산에 대한 정보가 담긴 코돈은 연속된 3개의 염기로 구성되므로 9개의 염기로 구성된 RNA로부터 최대 3개의 아미노산이 펩타이드결합으로 연결될 수 있다. 따라서 ⓐ에는 최소 2개의 펩타이드결합이 있다.

서술형

16 DNA로부터 RNA가 합성되는 (가)는 전사, RNA로

부터 단백질이 합성되는 (나)는 번역이다. DNA에는 단백질의 합성에 필요한 유전정보가 저장되어 있으며, 1개의 아미노산에 대한 정보는 DNA에서 3염기조합, RNA에서 코돈에 저장되어 있다.

모범 답안 (1) (가): 전사, (나): 번역

(2) DNA에서 연속된 염기 1개 또는 2개가 1개의 아미노산을 지정한다면 최대 4개 또는 $16(=4^2)$개의 아미노산만 지정할 수 있다. 사람의 아미노산 20종류를 모두 지정하기 위해서는 연속된 염기 3개가 1개의 아미노산을 지정하여 최대 $64(=4^3)$개의 아미노산을 지정할 수 있어야 한다. 따라서 DNA에서 1개의 아미노산은 연속된 3개의 염기에 의해 지정된다.

채점 기준	배점
연속된 염기가 3개보다 적은 경우와 3개인 경우를 모두 제시하여 옳게 설명한 경우	100 %
연속된 염기가 3개인 경우만 제시하여 옳게 설명한 경우	50 %

수능 유형 문제

본문 170~173쪽

01 ③	02 ④	03 ⑤	04 ⑤	05 ③	06 ⑤
07 ②	08 ⑤	09 ③	10 ④	11 ③	12 ⑤
13 ③	14 ②	15 ①	16 ④		

01 **정답 맞히기** ㄱ. A는 라이보솜이다.

ㄴ. 인지질과 단백질이 있는 세포막은 세포 안팎으로의 물질 출입을 조절하는 선택적 투과성이 있다.

오답 피하기 ㄷ. 엽록체(C)는 식물 세포에는 있지만, 동물 세포에는 없다.

02 **정답 맞히기** ㄱ. (나)는 뉴클레오타이드를 이용하여 DNA(㉡)로부터 RNA(㉠)가 합성되는 과정인 전사를 나타낸 것이다. 전사는 핵(A)에서 일어난다.

ㄴ. 라이보솜에서는 RNA(㉠)의 코돈 서열에 따라 아미노산을 펩타이드결합으로 연결하여 단백질을 합성한다.

오답 피하기 ㄷ. 골지체(C)는 세포 밖으로의 물질 분비에 관여한다. 생명활동에 필요한 에너지를 생성하는 세포소기관은 마이토콘드리아이다.

03 [정답 맞히기] ㄱ. 세포소기관 중 A는 마이토콘드리아이고, B는 엽록체이다.

ㄴ. (나)에서는 빛에너지가 흡수되어 반응물의 에너지가 생성물의 에너지보다 작으므로 (나)는 흡열 반응이다.

ㄷ. 빛에너지를 이용한 흡열 반응이 일어나는 X는 A와 B 중 B(엽록체)이다.

04 [정답 맞히기] ㄱ. $\dfrac{\text{생성물의 에너지양}}{\text{반응물의 에너지양}}$이 1보다 큰 ㉠에서 생성물의 에너지양이 반응물의 에너지양보다 많으므로 ㉠은 에너지가 흡수되는 반응인 Ⅰ이다.

ㄴ. 생명체 내에서 일어나는 모든 화학 반응은 물질대사이므로 Ⅱ(㉡)는 물질대사에 해당한다.

ㄷ. 물질대사인 Ⅰ(㉠)과 Ⅱ(㉡)에서 모두 효소가 관여한다.

05 [정답 맞히기] ㄱ. A는 단백질이다. 단백질은 단위체인 아미노산이 펩타이드결합으로 연결되어 있다.

ㄷ. t일 때 세포 안 산소의 농도가 증가하므로 세포 밖에서 세포 안으로 산소가 확산되고 있다. 따라서 산소의 농도는 세포 밖에서가 세포 안에서보다 높다.

[오답 피하기] ㄴ. 산소는 인지질층을 통해 직접 확산한다.

06 [정답 맞히기] ㄱ. ㉠은 인지질이다. 인지질은 친수성인 머리 부분과 소수성인 꼬리 부분으로 구성된다.

ㄴ. B는 세포막에 있는 단백질을 통해 이동하는 K^+이다.

ㄷ. A와 B는 각각 고농도인 곳에서 저농도인 곳으로 이동하므로 A와 B의 이동 방식은 모두 확산이다.

07 [정답 맞히기] ㄴ. X를 ㉠에 넣은 후 X의 부피가 증가하므로 용액의 농도가 낮은 곳에서 높은 곳으로 물이 이동하는 삼투가 일어났다.

[오답 피하기] ㄱ. X를 ㉠에 넣었을 때 X의 부피가 증가하므로 ㉠은 X보다 농도가 낮고, X를 ㉡에 넣었을 때 X의 부피가 ㉡에 넣기 전보다 감소한다. 따라서 용액의 농도는 ㉡이 ㉠보다 높다.

ㄷ. 구간 Ⅰ에서는 세포의 부피가 증가하고, 구간 Ⅱ에서는 세포의 부피가 일정하므로 $\dfrac{\text{X의 안으로 들어오는 물의 양}}{\text{X의 밖으로 빠져나가는 물의 양}}$은 구간 Ⅰ에서가 구간 Ⅱ에서보다 크다.

08 [정답 맞히기] ⑤ (가)와 (나)에서 모두 적혈구의 세포막을 통해 물이 이동하였으므로 삼투가 일어났다.

[오답 피하기] ①, ② (가)에서 적혈구의 부피가 증가하였으므로 X는 증류수이다.

③ (나)에서 적혈구 내부의 물이 세포 밖으로 빠져나갔으므로 적혈구의 세포질 농도는 증가하였다.

④ Y에 넣은 (나)의 결과에서 적혈구가 쭈그러들었으므로 적혈구를 넣기 전 Y의 농도는 적혈구의 세포질 농도보다 높다.

09 [정답 맞히기] ㄱ. 산소 기체(O_2)는 산소 원자(O)가 전자를 공유하는 공유 결합을 통해 형성된다.

ㄴ. ㉠은 과산화 수소 분해 반응의 활성화에너지를 낮추므로 카탈레이스는 ㉠에 해당한다.

[오답 피하기] ㄷ. ㉠이 있을 때 과산화 수소 분해 반응의 활성화에너지가 더 낮으므로 ㉠은 활성화에너지를 낮춘다.

10 [정답 맞히기] ㄱ. X는 A를 B와 C로 분해하고, Y는 C를 D로 분해하므로 X에 의해 A의 분해가 촉진된다.

ㄷ. Y는 반응 과정에서 소모되지 않으므로 반응이 끝난 Y는 또 다른 C와 결합할 수 있다.

[오답 피하기] ㄴ. Y에 의해 C는 작은 크기의 물질(D)로 분해되므로 이 반응에서 에너지가 방출된다.

11 [정답 맞히기] ㄱ. 감자즙에 있는 카탈레이스는 과산화 수소를 물과 산소로 분해하므로 (나)의 A에서 발생한 기포(㉠)에는 산소가 들어 있다.

ㄴ. 효소는 반응 과정에서 소모되지 않으므로 (다)의 결과 A에서는 카탈레이스가 과산화 수소와 반응하여 기포가 다시 발생한다.

[오답 피하기] ㄷ. 과산화 수소 분해 반응의 활성화에너지가 낮을수록 반응이 잘 일어나 기포의 발생이 활발하다. 따라서 기포가 발생한 A에서가 기포가 발생하지 않은 C에서보다 과산화 수소 분해 반응의 활성화에너지가 낮다.

12 [정답 맞히기] ㄱ. 카탈레이스(㉠)와 같은 효소는 주성분이 단백질이므로 탄소 화합물에 해당한다.

ㄴ. 세탁용 세제에는 단백질의 분해를 촉진하는 효소가 있으므로 단백질분해효소는 세탁용 세제에 있는 여러 효소(㉡)에

포함되어 있다.

ㄷ. 카탈레이스(㉠)와 세탁용 세제에 들어 있는 여러 효소(㉡)는 활성화에너지를 낮춰 반응 속도를 높이는 촉매이다.

13 (정답 맞히기) ㄱ. 유전자에 의해 표현되는 개체의 특징을 형질이라고 하므로 이 동물의 털색은 형질이다.

ㄴ. 유전자는 DNA에서 특정 단백질의 합성 정보가 저장된 부분으로 핵 속 DNA에 있다.

(오답 피하기) ㄷ. 유전자(㉠)는 멜라닌 합성 효소에 대한 유전 정보를 저장하고 있고, 멜라닌(㉡)은 멜라닌 합성 효소에 의해 합성된 것이다.

14 (정답 맞히기) C. RNA의 코돈에는 1개의 아미노산에 대한 정보가 저장되어 있으므로 RNA의 코돈 배열 순서는 단백질을 구성하는 아미노산서열을 결정한다.

(오답 피하기) A. DNA에서 1개의 아미노산에 대한 정보는 연속된 3개의 염기에 저장되어 있다.

B. 번역은 RNA에 저장된 유전정보를 바탕으로 라이보솜에서 단백질이 합성되는 과정이다.

15 (정답 맞히기) ㄱ. DNA로부터 RNA로 유전정보가 전달되는 (가)는 전사이다.

(오답 피하기) ㄴ. DNA에서 1개의 아미노산 정보가 저장된 연속된 3염기는 3염기조합이라고 하며, 코돈은 RNA에서 1개의 아미노산 정보가 저장된 연속된 3개의 염기를 뜻한다.

ㄷ. RNA의 염기서열은 제시되지 않은 DNA 가닥의 염기와 상보적이므로 ⓐ를 암호화하는 코돈의 염기서열은 GCU이다.

16 (정답 맞히기) ㄴ. RNA로부터 단백질이 합성되는 과정 ㉮는 세포질에서 일어난다.

ㄷ. 왼쪽부터 코돈 CGC, GCU, CAG가 암호화하는 아미노산이 펩타이드결합으로 연결된 (나)에서 아미노산서열은 ⓔ－ⓒ－ⓓ이다.

(오답 피하기) ㄱ. (가)는 TAC와 상보적인 염기로 구성된 DNA 가닥의 염기서열이므로 ATG이다. DNA이므로 유라실(U)은 갖지 않는다.

01 ③	02 ①	03 ②	04 ③	05 ④	06 ⑤
07 ③	08 ③	09 ④	10 ⑤	11 ③	12 ⑤
13 ④	14 ③	15 ④	16 ③	17 ②	18 ⑤
19 ⑤	20 ③	21 ⑤	22 ③	23 $\frac{4}{3}m$	24 ②
25 ⑤	26 ⑤	27 ④	28 ③	29 ④	30 ①
31 ③	32 ③				

01 (정답 맞히기) ㄱ. A는 성층권, B는 대류권이다. 오존층은 성층권에 존재하므로 오존층은 A에 존재한다.

ㄴ. 대류는 고도가 높아짐에 따라 기온이 낮아지는 층에서 일어난다. 중간권과 대류권인 B에서는 고도가 높아질수록 기온이 낮아지므로 대류가 일어난다.

(오답 피하기) ㄷ. 지권에서 밀도는 핵이 가장 크며, 지각이 가장 작다. C는 핵이므로 평균 밀도는 지각이 C보다 작다.

02 (정답 맞히기) ㄱ. 혼합층은 바람에 의한 해수의 혼합에 의해 나타나므로 바람이 강할수록 혼합층의 두께가 두껍다. 혼합층은 깊이에 따른 수온의 변화가 거의 없는 층이므로 혼합층은 A 시기가 가장 두껍다. 따라서 바람의 평균 세기는 A 시기에 가장 강했다.

(오답 피하기) ㄴ. A, B, C 시기 모두 수심 400 m~600 m는 수온이 매우 낮으며 수온의 변화가 거의 없다. 따라서 수심 400 m~600 m는 심해층에 해당한다.

ㄷ. 수심 200 m 부근은 깊이에 따른 수온 변화가 매우 큰 수온 약층에 해당한다. 수온 약층은 연직 운동이 일어나지 않는 매우 안정한 층이므로 연직 방향으로의 물질 교환과 에너지 흐름을 차단하는 역할을 한다.

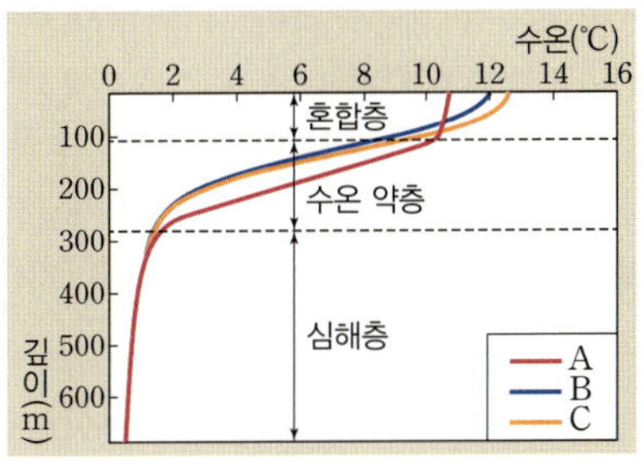

A 시기일 때의 혼합층, 수온 약층, 심해층

03 정답 맞히기 ㄴ. ㉠은 대기 중에서 오존의 농도가 가장 높은 곳이므로 오존층에 해당한다. 오존층은 태양 에너지를 흡수하여 기온을 높이는 역할을 한다.

오답 피하기 ㄱ. 대류는 고도가 높아질수록 기온이 낮아지는 층에서 나타난다. 고도가 높아질수록 기온이 낮아지는 층은 대류권인 A와 중간권인 C이므로 대류가 일어나는 층은 A와 C이다.

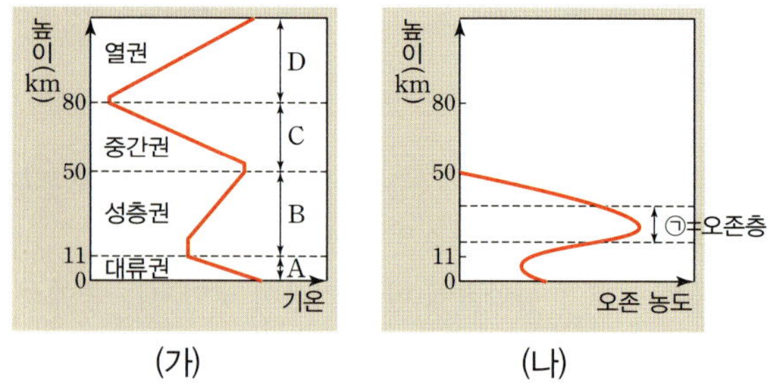

ㄷ. 태양풍의 고에너지 입자 대부분을 흡수하여 지구를 보호하는 역할을 하는 것은 외권의 자기권이다. A는 기권의 대류권이다.

04 정답 맞히기 ㄱ. A는 광합성이므로 생물권과 기권의 상호작용에 해당한다.

ㄴ. B는 호흡이므로 기권으로 이산화 탄소가 배출되며, C는 화석 연료의 연소이므로 마찬가지로 기권으로 이산화 탄소가 배출된다. 따라서 B와 C가 증가하면 대기 중의 온실 기체량이 증가한다.

오답 피하기 ㄷ. 지구 내부의 각 권역에서의 탄소 이동량이 변하면 각 권역에서 탄소의 총량은 변하지만 지구 전체의 탄소량은 변하지 않는다. 따라서 A가 증가하고 B와 C가 감소한다고 하더라도 지구 전체의 탄소량은 변하지 않는다.

05 정답 맞히기 ㄴ. B는 태풍의 발생으로 강한 바람이 불어 가로수가 쓰러진 현상이다. 태풍의 발생은 수권과 기권의 상호작용에 해당하며, 태풍으로 나무가 쓰러진 현상은 기권과 생물권의 상호작용에 해당한다.

ㄷ. A가 발생하는 동안 지구 내부 에너지가 수권으로 이동하였으며, B가 발생하는 동안 수권의 에너지가 기권으로 이동하였다. 따라서 A와 B가 발생하는 동안 에너지의 이동이 일어난다.

오답 피하기 ㄱ. A는 지진 해일이 발생한 것이므로 지구 내부 에너지에 의해 발생하였다.

06 정답 맞히기 ㄱ. A는 지권이 기권에 영향을 미친 상호작용에 해당한다. 따라서 다량의 화산재로 기후 변화가 나타난 것은 A의 예로 적절하다.

ㄴ. B는 수권이 기권에 영향을 미친 상호작용에 해당한다. 따라서 해수면의 온도가 높아져 강한 태풍이 발생한 것은 B의 예로 적절하다.

ㄷ. C는 수권이 지권에 영향을 미친 상호작용에 해당한다. 따라서 해수에 용해된 물질이 침전되어 퇴적암이 생성된 것은 C의 예로 적절하다.

07 정답 맞히기 ㄱ. 대기 중의 물은 강수 과정을 통해 지권으로 이동한다.

ㄷ. 물은 순환 과정에서 상태 변화를 하게 되고, 이 과정에서 에너지의 출입이 일어난다. 따라서 물의 순환을 일으키는 주요 에너지원은 태양 에너지이다.

오답 피하기 ㄴ. 지권으로 유입된 물은 대부분 증발 과정을 통해 대기로 이동하며, 일부가 지하수나 하천으로 이동하여 바다로 유입되거나 생물에 흡수된다.

08 정답 맞히기 ㄱ. A는 판이 양쪽으로 멀어지는 발산형 경계인 해령이므로 A는 맨틀 대류의 상승부에 위치한다.

ㄷ. B는 해령과 해령 사이에 위치한 보존형 경계인 변환 단층이므로 B에서는 판의 생성이나 소멸이 일어나지 않는다.

오답 피하기 ㄴ. 화산 활동은 해령에서 활발하지만 변환 단층에서는 거의 일어나지 않는다. 따라서 화산 활동은 B보다 A에서 활발하다.

09 정답 맞히기 ㄴ. B와 C에는 해양판이 다른 판 아래로 섭입하는 수렴형 경계인 해구가 발달해 있다. 따라서 B와 C에서는 해양판이 소멸된다.

ㄷ. A에는 두 대륙판이 충돌하면서 형성된 히말라야산맥이, C에는 해양판이 대륙판 아래로 섭입하면서 형성된 안데스산맥이 발달해 있다. 따라서 A와 C에는 습곡 산맥이 발달해 있다.

오답 피하기 ㄱ. 두 대륙판이 충돌하는 A에서는 화산 활동이 거의 일어나지 않는다.

10 정답 맞히기 ㄱ. 유라시아판은 대륙판, 태평양판과 필리핀판은 해양판이다.

ㄴ. 이 지진은 대륙판인 유라시아판 아래로 해양판인 태평양

판이 섭입하면서 형성된 일본 해구 부근에서 발생하였다.

ㄷ. (나)는 지진 해일에 의해 발생한 피해이다. 지진 해일은 지권과 수권의 상호작용으로 인해 발생한다.

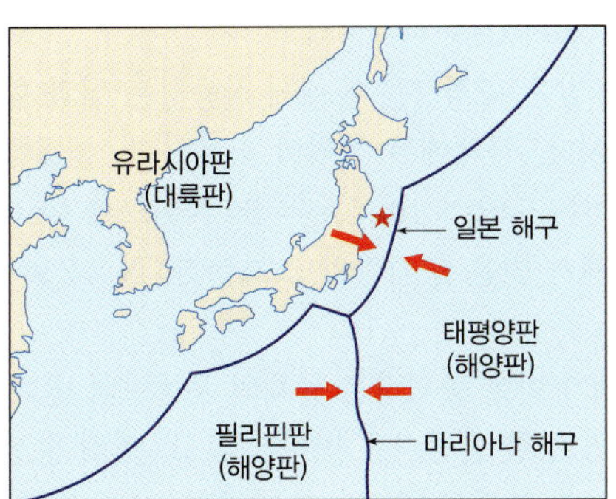

11 (정답 맞히기) ㄱ. 이 지역은 해양판인 태평양판이 북아메리카판 아래로 섭입하면서 만들어진 해구와 호상열도가 발달해 있다. 따라서 이 지역 화산들의 일부는 호상열도를 이룬다.

ㄷ. 호상열도가 태평양판이 아닌 북아메리카판에 형성되어 있으므로 태평양판이 북아메리카판 아래로 섭입하고 있음을 알 수 있다. 따라서 판의 밀도는 태평양판이 북아메리카판보다 크다.

(오답 피하기) ㄴ. 열곡대는 대륙에 발산형 경계가 있는 경우에 발달하는 지형이다. 따라서 이 지역에는 열곡대가 발달해 있지 않으며, 판의 경계에는 해구가 발달해 있다.

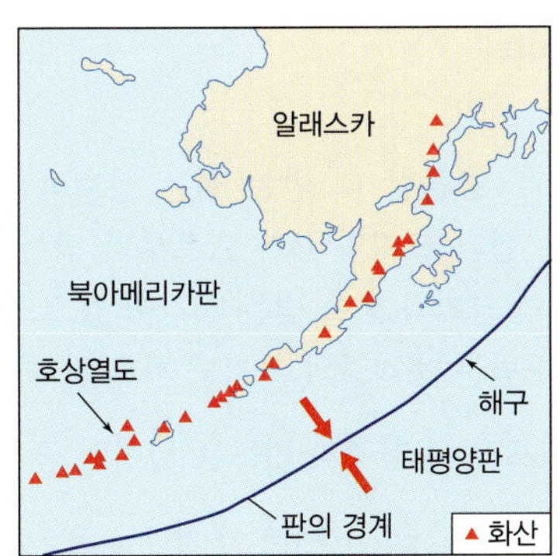

12 (정답 맞히기) ㄱ. A의 항공 대란은 주로 대기 중에 분출된 화산재로 인해 발생한 것이며, B와 C는 주로 대기 중의 화산재가 햇빛을 가리기 때문에 발생한 것이다. 따라서 A, B, C 모두 화산재가 주요 원인이다.

ㄴ. A, B, C 모두 화산 활동이 원인이며, 화산 활동은 지구 내부 에너지가 이동하는 과정에서 발생하는 현상이다.

(오답 피하기) ㄷ. C는 주로 대기 중의 화산재가 햇빛을 가리기

때문에 발생한 것이다. 따라서 C는 지권과 기권 간의 상호작용의 결과이다.

13 (정답 맞히기) B. 무게는 물체가 받는 중력의 크기를 의미한다. 사람이 달에서 받는 중력의 크기가 지구에서보다 더 작기 때문에 달에서의 무게가 더 작다. 따라서 사람은 달에서 더 높이 뛸 수 있는 것이다.

C. 달의 질량은 지구의 질량보다 작다. 따라서 달의 중력 가속도의 크기는 지구의 중력 가속도의 크기보다 작다.

(오답 피하기) A. 사람의 질량은 지구와 달에서 모두 같다. 질량은 측정 장소에 관계가 없는 고유한 물리량이기 때문이다.

14 (정답 맞히기) ㄱ. 공기 중에서는 중력 외에도 공기가 운동을 방해하는 힘(공기 저항)이 작용하므로 쇠구슬과 깃털의 가속도가 서로 다르다.

ㄷ. (나)에서 쇠구슬과 깃털은 모두 자유 낙하하며 가속도의 크기도 서로 같다. 따라서 매 시각 같은 높이에 있으며 속도의 증가량이 같으므로 속력도 서로 같다.

(오답 피하기) ㄴ. 깃털에 작용하는 중력의 크기는 지구의 질량, 깃털의 질량에 관계가 있으며, 공기의 유무에 따라 달라지지는 않고 일정하다.

15 (정답 맞히기) ② 수평으로 던진 물체는 수평 방향으로 속력이 일정한 운동을 하고, 연직 방향으로는 속력이 일정하게 증가하는 운동을 한다.

16 (정답 맞히기) ㄱ. 수평으로 던진 물체에도 연직 방향으로 중력이 작용하며, 중력은 수평 방향의 운동에 영향을 미치지 않으므로 수평 방향 속도의 크기는 일정하다.

ㄴ. A, B, C의 연직 방향 운동은 모두 같다. 따라서 지면에 도달할 때까지 걸린 시간은 A, B, C가 모두 같다.

(오답 피하기) ㄷ. A, B, C의 가속도의 크기는 모두 중력 가속도로 같다.

17 (정답 맞히기) ㄴ. 수평면에 도달할 때까지 걸린 시간이 B가 A보다 더 크고, 수평면에 A와 B가 동시에 도달하므로 B를 먼저 발사한 후 A가 발사되었다.

(오답 피하기) ㄱ. B가 더 높은 위치에서 출발하였으므로 수평면에 도달할 때까지 B의 낙하 시간이 A의 낙하 시간보다 더 크다. 따라서 A는 B보다 더 짧은 시간 동안 같은 수평 거리

만큼 이동하였으므로, A의 수평 방향 속력은 B보다 크다.

ㄷ. A와 B에는 중력만 작용하므로 A와 B의 가속도의 크기는 물체의 위치, 운동 방향, 질량과 관계없이 항상 중력 가속도로 같다.

18 (정답 맞히기) ㄱ. B는 A보다 더 멀리 진행했다가 다시 제자리로 돌아오므로 발사된 속력이 A보다 크다. 따라서 $v_A < v_B$이다.

ㄴ. B가 받는 중력의 방향은 B의 운동 궤도나 위치에 관계없이 항상 지구 중심 방향이다. 따라서 가속도 방향도 지구 중심 방향이다.

ㄷ. B가 지구로부터 멀어지는 동안 B와 지구 중심 사이의 거리가 증가하므로 B에 작용하는 중력의 크기는 감소한다.

19 (정답 맞히기) ㄱ. 수평으로 던진 B의 수평 방향 속력은 시간에 관계없이 일정하다. B의 수평 방향 운동은 0.1초마다 거리가 10 cm씩 이동하므로 수평 방향 속력은 $\dfrac{10\ \text{cm}}{0.1\ \text{s}} = 100\ \text{cm/s}$ $= 1\ \text{m/s}$이다.

ㄴ. $t = 0.2$초일 때, A와 B의 연직 방향 속력은 서로 같지만, B는 수평 방향의 속력이 존재하므로 속력은 B가 A보다 크다.

ㄷ. A와 B의 연직 방향 운동을 분석하면 $t = 0$부터 $t = 0.1$초까지 평균 속력은 $\dfrac{5\ \text{cm}}{0.1\ \text{s}} = 50\ \text{cm/s}$, $t = 0.1$초부터 $t = 0.2$초까지 평균 속력은 $\dfrac{15\ \text{cm}}{0.1\ \text{s}} = 150\ \text{cm/s}$, $t = 0.2$초부터 $t = 0.3$초까지 평균 속력은 $\dfrac{25\ \text{cm}}{0.1\ \text{s}} = 250\ \text{cm/s}$이다. $t = 0$부터 0.1초마다 100 cm/s씩 속력이 증가하므로 $t = 0$부터 $t = 0.3$초까지 가속도의 크기는 $\dfrac{100\ \text{cm/s}}{0.1\ \text{s}} = 1000\ \text{cm/s}^2 = 10\ \text{m/s}^2$이다.

20 (정답 맞히기) ㄱ. 운동량은 질량과 속도의 곱이므로 충돌 후 A의 운동량의 크기는 mv이다.

ㄷ. 충돌 과정에서 B의 운동량의 변화량은 $2mv - (-3mv)$ $= 5mv$이다. 운동량의 변화량은 물체가 받은 충격량과 같으므로 충돌 과정에서 B가 받은 충격량의 크기는 $5mv$이다.

(오답 피하기) ㄴ. 충돌 과정에서 A의 운동량의 변화량은 $mv - (-3mv) = 4mv$이다.

21 (정답 맞히기) ㄱ. 수평으로 던진 물체의 수평 방향 속력은 변하지 않으므로 $v_1 = 10\ \text{m/s}$이다.

ㄴ. 중력 가속도가 10 m/s²이라는 것은 1초마다 연직 방향으로 속력이 10 m/s씩 증가한다는 것을 의미한다. $t = 0$부터 $t = 2$초까지 연직 방향 속력의 증가량은 10 m/s × 2 = 20 m/s이므로 $v_2 = 20\ \text{m/s}$이다.

ㄷ. 물체가 받은 충격량은 물체에 작용하는 힘과 힘이 작용한 시간의 곱이다. 물체에는 중력이 작용하고, 물체에 작용하는 중력의 크기는 5 kg × 10 m/s² = 50 N이므로 $t = 0$부터 $t = 2$초까지 물체가 받은 충격량의 크기는 50 N × 2 s = 100 N·s이다.

[별해] 물체가 받은 충격량은 물체의 운동량의 변화량과 같다. 물체의 수평 방향 운동량은 변하지 않고, 연직 방향의 운동량만 변하므로 연직 방향만 고려하면 운동량의 변화량은 5 kg × 20 m/s = 100 kg·m/s이다. 따라서 $t = 0$부터 $t = 2$초까지 물체가 받은 충격량의 크기는 100 N·s이다.

22 (정답 맞히기) ㄱ. (가)에서 A와 B가 같은 높이에서 출발하였으므로 빗면을 내려와 벽과 충돌하기 전의 속력도 서로 같다.

ㄷ. 힘-시간 그래프에서 곡선과 시간 축이 만드는 넓이는 물체가 받은 충격량과 같다. 충돌 과정에서 운동량의 변화량이 B가 A의 2배이므로 충격량도 B가 A의 2배이며, (나)에서 곡선과 시간 축이 만드는 넓이도 B가 A의 2배이다.

(오답 피하기) ㄴ. 충돌 전 속력이 A와 B가 서로 같고, 질량은 B가 A의 2배이므로 충돌 과정에서 운동량 변화량의 크기는 B가 A의 2배이다.

23 (정답 맞히기) 충돌할 때 받는 힘은 상호작용이므로 A가 B로부터 받는 힘의 크기와 B가 A로부터 받는 힘의 크기는 서로 같다. 힘의 크기와 힘을 받는 시간이 같으므로 충돌 과정에서 A와 B가 받는 충격량의 크기도 서로 같다. 힘-시간 그래프에서 그래프가 시간 축과 만드는 넓이인 충격량이 $\dfrac{2}{3}mv_0$이므로 A와 B 모두 $\dfrac{2}{3}mv_0$만큼 충격량을 받는다. B의 질량을 M이라고 하면, 충돌 후 B의 속력이 $\dfrac{1}{2}v_0$이므로 $\dfrac{2}{3}mv_0 = M \times \dfrac{1}{2}v_0$에서 $M = \dfrac{4}{3}m$이다.

24 (정답 맞히기) ㄷ. 같은 충격량을 받아도 힘을 받는 시간이 짧을수록 물체가 받는 평균 힘의 크기가 크다. 따라서 스테인리스 범퍼는 힘을 받는 시간이 짧아서 ㉡과 같이 충격 완화 성능이 떨어진다는 표현을 쓴 것이다.

[오답 피하기] ㄱ. 에어백은 충돌 시간을 길게 하여 충격을 완화시키기 위한 안전장치이다.

ㄴ. 스테인리스 범퍼의 장착 유무에 관계없이 자동차가 받는 충격량은 충돌 직전 자동차의 속력, 자동차의 질량에 의해 결정되므로 충격 완화 성능의 결과는 충격량의 크기와 관계가 없다.

25 [정답 맞히기] ㄱ. 세포막에서 인지질은 2중층으로 배열되고, 단백질은 인지질 2중층을 관통하거나 표면에 붙어 있으므로 A는 단백질, B는 인지질이다. ㉠은 아미노산이고, 인산, 당, 염기로 구성된 ㉡은 뉴클레오타이드이다. 단백질(A)의 단위체는 아미노산(㉠)이다.

ㄴ. 인지질(B)과 뉴클레오타이드(㉡)는 모두 탄소(C)를 중심으로 여러 원소가 결합한 탄소 화합물이다. 따라서 인지질(B)과 뉴클레오타이드(㉡)의 공통 구성 원소에 탄소(C)가 포함된다.

ㄷ. 세포 안팎은 물이 많은 환경이므로 세포막에서 인지질(B)은 친수성인 머리 부분이 바깥을, 소수성인 꼬리 부분이 안쪽을 향해 2중층으로 배열된다.

26 [정답 맞히기] ㄱ. A는 빛에너지를 흡수하여 포도당을 합성하는 엽록체이다.

ㄴ. 핵(B)에서는 DNA로부터 RNA(ⓐ)가 합성되는 전사가 일어난다.

ㄷ. (나)는 번역으로 라이보솜(C)에서 RNA(ⓐ)의 코돈 서열에 따라 아미노산을 연결하여 단백질의 합성이 일어난다.

27 [정답 맞히기] ㄴ. (나)에서 적혈구가 쭈그러들었으므로 A에 넣은 적혈구의 부피는 감소하고, 적혈구 세포질의 농도는 증가한다. 따라서 A는 적혈구 세포질보다 농도가 높은 용액이고, B는 적혈구 세포질과 농도가 같은 용액이며, C는 적혈구 세포질보다 농도가 낮은 용액이다.

ㄷ. t일 때 A에 넣은 적혈구의 세포질 농도는 B보다 크므로 t일 때 A에 있던 적혈구를 꺼내고 B로 옮겨 넣으면 적혈구의 부피는 증가하고, 적혈구 세포질의 농도(㉠)는 감소한다.

[오답 피하기] ㄱ. ㉠은 적혈구 세포질의 농도이다.

28 [정답 맞히기] ㄱ. 산소는 세포막의 인지질 2중층을 직접 투과하여 이동하므로 A는 산소이고, B는 포도당이다.

ㄴ. 단백질(ⓐ)은 단위체인 아미노산이 펩타이드결합으로 연

결된 탄소 화합물이다.

[오답 피하기] ㄷ. 산소(A)와 포도당(B)은 모두 ㉠에서 ㉡으로 확산되고, 확산은 용액의 농도가 높은 곳에서 낮은 곳으로 물질이 이동하는 현상이므로 세포에서 B의 농도는 ㉠에서가 ㉡에서보다 높다.

29 [정답 맞히기] B. 라이보솜에서 아미노산이 펩타이드결합으로 연결되어 단백질이 합성된다.

C. 과산화 수소 분해 반응과 단백질의 합성 반응은 모두 물질대사이다. 물질대사에서는 에너지의 출입이 일어난다.

[오답 피하기] A. 카탈레이스는 과산화 수소 분해 반응(Ⅰ)의 활성화에너지를 낮춰 반응 속도를 높이는 생체촉매이다. 활성화에너지가 낮을수록 반응 속도가 높아진다.

30 [정답 맞히기] ㄱ. 반응물의 에너지가 생성물의 에너지보다 낮으므로 (나)에서 에너지의 흡수가 일어난다.

[오답 피하기] ㄴ. Ⅰ은 과산화 수소의 분해 반응으로 발열 반응이고, Ⅱ는 단백질의 합성 반응으로 흡열 반응이다. 따라서 (나)는 Ⅱ에서의 에너지 변화이다.

ㄷ. 효소는 반응의 활성화에너지를 낮추어 반응 속도를 높인다. 생성물과 반응물의 에너지 차인 반응열은 효소의 유무에 관계없이 일정하다.

31 [정답 맞히기] ㄱ. 타이민(T) 염기를 가진 (나)는 DNA(㉠)를 구성하는 뉴클레오타이드이다. DNA(㉠)를 구성하는 뉴클레오타이드의 당(ⓐ)은 디옥시라이보스이다.

ㄴ. RNA에는 연속된 3개의 염기가 1개의 아미노산을 암호화하는 코돈이 배열되어 있으며, 코돈 배열 순서에 의해 단백질을 구성하는 아미노산의 배열 순서가 결정된다.

[오답 피하기] ㄷ. 사람의 세포에서 전사 과정인 Ⅰ은 핵 속에서 일어난다.

32 [정답 맞히기] ㄱ. DNA에서 RNA로 유전정보가 전달되는 과정 Ⅰ은 전사이다.

ㄷ. 제시된 RNA의 염기서열은 다음과 같다.

$$\boxed{\text{CUGCUGUUG}}$$

코돈 CUG와 UUG는 모두 아미노산 ⓑ를 암호화하므로 X와 Y는 모두 ⓑ이다.

오답 피하기 ㄴ. RNA의 코돈은 아미노산에 대한 정보를 암호화하고 있다. RNA의 2번째 코돈은 아미노산 ⓑ에 대한 정보를 갖고 있고, 이 코돈의 3번째 염기가 G이므로 제시된 DNA에서 아래 가닥과 염기서열이 유사함을 알 수 있다. 따라서 ㉣은 G, ㉡은 G와 상보적인 C이며, ㉢은 T, ㉠은 T와 상보적인 A이다.

인용 사진 출처

• ⓒ sciencephotos / Alamy Stock Photo 56쪽 할로젠 고유의 색

EBS 최신 교재도, 지난 교재도
"한눈에"

초등부터, 중학, 수능교재, 단행본까지 한눈에, 편하게 구매해요!

EBS 북스토어 

개념완성 통합과학 1

정답과 해설

EBS
수학의 왕도
수학 공부의 핵심은
암기도, 양치기도 아닌
개|념|이|해
수학의 왕도
한눈에 쏙 들어오는 시각화 요소로
누구나 개념을 쉽게 이해하는
EBS 수학 기본서
공통수학1
공통수학2
대수
미적분 I
확률과 통계
고교 수학은
EBS 수학의 왕도로
한 번에 완성!
2022 개정 교육과정 완벽 적용 기본서
개념 이해가 쉬운 시각화 장치로 친절한 개념서
기초 문제부터 실력 문제까지 모두 포함된 종합서

 **고교**

내신 중점 ★ 고1~2 권장

구분	고교 입문	기초	기본 + 연습	특화
국어	고등 예비 과정	윤혜정의 개념의 나비효과 입문 편 + 워크북 / 어휘가 독해다! 수능 국어 어휘		국어의 원리
영어	고등 예비 과정	내 등급은? / 정승익의 수능 개념 잡는 대박구문 / 주혜연의 해석공식 논리 구조편	기본서 올림포스 / 유형서 올림포스 유형편 / 올림포스 전국연합 학력평가 기출문제집	Grammar POWER / Reading POWER / Listening POWER / Voca POWER / 고급 올림포스 고급영어독해
수학	고등 예비 과정	내 등급은? / 기초 50일 수학 + 기출 워크북 / 매쓰 디렉터의 고1 수학 개념 끝장내기		고급 올림포스 고난도 / 수학의 왕도
한국사 사회			기본서 개념완성 / 개념완성 문항편 / 개념완성 전국연합 학력평가 기출문제집	고등학생을 위한 多담은 한국사 연표
과학		50일 통합과학	기본서 개념완성 / 개념완성 문항편 / 개념완성 전국연합 학력평가 기출문제집	인공지능 수학과 함께하는 고교 AI 입문 / 수학과 함께하는 AI 기초

과목	시리즈명	특징	난이도	권장 학년
전 과목	고등예비과정	예비 고등학생을 위한 과목별 단기 완성		예비 고1
	내 등급은?	고1 첫 학력평가 + 반 배치고사 대비 모의고사		예비 고1
국/영/수	올림포스	내신과 수능 대비 EBS 대표 국어·수학·영어 기본서		고1~2
	올림포스 전국연합학력평가 기출문제집	전국연합학력평가 문제 + 개념 기본서		고1~2
한/사/과	개념완성&개념완성 문항편	개념 한 권 + 문항 한 권으로 끝내는 한국사·탐구 기본서		고1~2
	개념완성 전국연합학력평가 기출문제집	전국연합학력평가 문제 + 개념 기본서		고1~2
국어	윤혜정의 개념의 나비효과 입문 편 + 워크북	윤혜정 선생님과 함께 시작하는 국어 공부의 첫걸음		예비 고1~고2
	어휘가 독해다! 수능 국어 어휘	학평·모평·수능 출제 필수 어휘 학습		예비 고1~고2
	국어의 원리	원리로 이해하는 내신과 수능 대비 국어 특화서		고1~2
영어	정승익의 수능 개념 잡는 대박구문	정승익 선생님과 CODE로 이해하는 영어 구문		예비 고1~고2
	주혜연의 해석공식 논리 구조편	주혜연 선생님과 함께하는 유형별 지문 독해		예비 고1~고2
	Grammar POWER	구문 분석 트리로 이해하는 영어 문법 특화서		고1~2
	Reading POWER	수준과 학습 목적에 따라 선택하는 영어 독해 특화서		고1~2
	Listening POWER	유형 연습과 모의고사·수행평가 대비 올인원 듣기 특화서		고1~2
	Voca POWER	영어 교육과정 필수 어휘와 어원별 어휘 학습		고1~2
	올림포스 고급영어독해	영어 독해력을 높이는 영미 문학/비문학 읽기		고2~3
수학	50일 수학 + 기출 워크북	50일 만에 완성하는 초·중·고 수학의 맥		예비 고1~고2
	매쓰 디렉터의 고1 수학 개념 끝장내기	스타강사 강의, 손글씨 풀이와 함께 고1 수학 개념 정복		예비 고1~고1
	올림포스 유형편	유형별 반복 학습을 통해 실력 잡는 수학 유형서		고1~2
	올림포스 고난도	1등급을 위한 고난도 유형 집중 연습		고1~2
	수학의 왕도	직관적 개념 설명과 세분화된 문항 수록 수학 특화서		고1~2
한국사	고등학생을 위한 多담은 한국사 연표	연표로 흐름을 잡는 한국사 학습		예비 고1~고2
과학	50일 통합과학	50일 만에 통합과학의 핵심 개념 완벽 이해		예비 고1~고1
기타	수학과 함께하는 고교 AI 입문/AI 기초	파이선 프로그래밍, AI 알고리즘에 필요한 수학 개념 학습		예비 고1~고2